Eric Brown – Berühmte Flugzeuge der Luftwaffe 1939–1945
Berichte eines Testpiloten

Eric Brown

Berühmte Flugzeuge der Luftwaffe 1939-1945

Berichte eines Testpiloten

Motor buch Verlag spezial

Einbandgestaltung: Luis dos Santos/Zeichnungen: Carlo Demand.

Herausgegeben von William Green und Gordon Swanborough.

Redaktionelle Bearbeitung: Wolfgang Dierich.
Ins Deutsche übersetzt von Dietrich Widmann.

ISBN 978-3-613-3168-5

Sie finden uns im Internet unter:
www.motorbuch-verlag.de

Spezialausgabe: 1. Auflage 2011

Druck und Bindung:
Appel & Klinger Druck und Medien GmbH, 96277 Schneckenlohe
Printed in Germany

Inhalt

Vorwort

Fast zehn Jahre meines Lebens habe ich in Deutschland zugebracht. Ich zähle diese Zeit zur aufregendsten meines an Höhepunkten reichen Lebens.
Schon als Junge gehörte meine Liebe der Fliegerei. Ich hatte das große Glück, durch den großen deutschen Jagdflieger aus dem Ersten Weltkrieg, Ernst Udet, in das nervenkitzelnde Metier des Kunstfluges eingeführt zu werden.
Ebenso kann ich mich an die Hubschraubervorführungen von Hanna Reitsch in der Berliner Deutschlandhalle so klar erinnern, als sei es erst gestern gewesen. Sie waren eine wahre Welt-Uraufführung. Diese beiden Erlebnisse hinterließen unauslöschliche Eindrücke in meinem jugendlichen Gemüt und begründeten mein Verlangen, mich mit der Sprache dieser in so ungewöhnlichem Maße luftsportbegeisterten Nation vertraut zu machen.
(Später, während der Zeit des Dritten Reiches, kam ich nach Deutschland zurück und erwarb hier meinen Flugzeugführerschein.)
Viel wurde über die schlechten Seiten dieser Zeit in Deutschland geschrieben. Für mich als jungen begeisterungsfähigen Ausländer war die Atmosphäre gesättigt von Aufregung und militärischem Gepränge.
Ich war einfach zu jung und unerfahren, um die untergründigen Spannungen zu spüren; vor allem aber nahmen mich die ungeheuren Luftfahrtaktivitäten im ganzen Land gefangen. Es schienen zu jener Zeit in Deutschland bedeutend mehr Motor- und Segelflugzeuge als in England betrieben zu werden. Die deutsche Jugend wurde förmlich dazu gedrängt, sich im Flugsport aktiv zu üben, dazu noch kostenlos! Für mich war Deutschland das Schlaraffenland der Flieger!
An den Wochenenden suchte ich die Segelflugplätze auf. Dabei begegnete ich immer Luftwaffenoffizieren, die halfen, die überall zu beobachtende überschäumende Flugbegeisterung in geordneten Bahnen zu lenken. Sie erhoben keinerlei Einwände gegen meine Anwesenheit; sie ließen mich zwar nicht fliegen, hatten aber offensichtlich Freude daran, ihre Englischkenntnisse an den Mann zu bringen. Für mich bedeutete die Tatsache, daß ich Zaungast sein und aus den Fliegerheimen Luftfahrtzeitschriften mitnehmen durfte, Belohnung genug.
Ich las viel über den deutschen Flugzeugbau, ohne gewahr zu werden, daß die Zeitschriften wenig mehr als nur die Spitze des technologischen Eisberges in Deutschland aufdeckten. Mein sehnlichster Wunsch war es damals, die Flugzeuge, die auf den Seiten von »Der Flieger« oder ähnlicher Veröffentlichungen abgebildet waren, einmal selbst zu fliegen. Ich konnte damals nicht ahnen, wie sehr mein Wunsch in Erfüllung gehen sollte, aber unter welch anderen Voraussetzungen!
Der Ausbruch des Zweiten Weltkrieges schlug wie ein Blitz in mein Leben ein.
Ohne viele Umstände wurde ich damals aus Deutschland hinauskomplimentiert, bewarb mich bei der Royal Air Force und fand mich unversehens bei der Marineluftwaffe (Fleet Air Arm) wieder. Und dies alles innerhalb nur weniger Monate. Es kam mir wie ein großartiges Abenteuer vor. Ich hatte keinerlei ungute Gefühle bei dem Gedanken, gegen meine deutschen Freunde kämpfen zu müssen, solange sich das nur in der Luft abspielen sollte.
Zuerst wurde ich als Jagdflieger eingesetzt. Während ich noch bedauerte, keines der deutschen Jagdflugzeuge fliegen zu dürfen, tröstete ich mich mit dem Gedanken, daß ich ja bald Gelegenheit haben würde herauszufinden, ob diese deutschen Jagdflugzeuge nun wirklich so gut seien, wie sie zu sein schienen.
Ich war in den Tagen der Luftkämpfe mit dabei, und habe sie glücklich überlebt.
Das Glück war mir ganz besonders hold, als ich 1944 in die Welt der Einfliegerei eintreten konnte, um als Chefeinflieger der Royal Navy bei der berühmten Erprobungsstelle der Royal Air Force in Farnborough meinen Dienst zu versehen. Ich diente dort sechs Jahre und hatte das Kommando über die Spitzenkräfte der Einfliegerei: die AERODYNAMICS FLIGHT. Diese war immer schon das Traumziel aller Versuchsflieger Großbritanniens.
Während meines ersten Jahres in Farnborough konnte ich eine Menge Erfahrung mit den verschiedensten Flugzeugen sammeln, darunter auch einem halben Dutzend

deutscher Flugzeuge, die in unsere Hände gelangt waren.
Das Royal Aircraft Establishment (RAE) machte sich meine deutschen Sprachkenntnisse zunutze. Ich bereitete Spezialistenteams auf die Übernahme deutscher Einrichtungen und die Befragung deutscher Luftfahrtspezialisten für die Zeit unmittelbar nach dem Krieg vor. Unversehens fand ich mich im interessantesten, abwechslungsreichsten und faszinierendsten Abschnitt meines Lebens. Rückschauend betrachtet, hatte man doch ein recht großes Vertrauen in mich gesetzt. Der Lauf der Ereignisse sollte es bestätigen.
Ich konnte auf diese Weise wirklich jede wichtige Luftfahrteinrichtung Deutschlands aufsuchen, befragte manche Flugzeugkonstrukteure, deren Namen in Großbritannien und in den USA damals nicht weniger zur allgemeinen Bildung gehörten als in Deutschland selbst – Messerschmitt, Heinkel, Tank –. Ich bewunderte einige Ergebnisse ihres überragenden Erfindungsgeistes, so die Flugkörper V1 und V2, die ›Natter‹ – einen raketengetriebenen Abfangjäger, die ihr ähnliche *Me 163* ›Komet‹, die Horten *Ho IX* und viele andere.
Während der ersten chaotischen Monate, die dem Untergang des Dritten Reiches folgten, sandte das RAE seine Einflieger kreuz und quer durch die englische Besatzungszone Deutschlands, um die noch intakten Frontflugzeuge der Luftwaffe zum Fliegerhorst in Schleswig-Jagel, als dem von uns bestimmten Sammelpunkt, zu überführen, von wo das Fluggerät dann nach Farnborough gebracht werden sollte.
Die Flugzeugführer der AERODYNAMICS FLIGHT innerhalb des Royal Aircraft Establishment hatten die größten Erfahrungen im Umgang mit Düsenflugzeugen. Infolgedessen wurden diese Männer vorwiegend zur Überprüfung und Überführung der fortschrittlichsten Flugkonstruktionen eingesetzt.
Der Umstand, daß ich als Mitglied dieser Gruppe deutsche Sprachkenntnisse besaß, führte dazu, daß ich häufig für diese Aufgabe eingesetzt wurde und zuletzt verantwortlich für die Aufnahme aller deutschen Flugzeuge in Farnborough wurde. So konnte ich jedes deutsche Flugzeug gründlichen Flugversuchen unterziehen, lernte diejenigen auswählen, die weiterer Prüfung wert schienen, schrieb Bedienungsanleitungen für die RAE-Flugzeugführer, die diese Flugzeuge fliegen sollten, und überführte einen Teil derjenigen, die für Farnborough ohne größere Bedeutung waren, auf den Flugplatz Brize Norton zur Einmottung.
Insgesamt habe ich 55 verschiedene Typen deutscher Flugzeuge geflogen, die meisten davon in Farnborough, aber auch in Norwegen, Dänemark, Frankreich, Holland, Belgien, Österreich und Deutschland.
Die bloße Tatsache, daß alle diese Flugzeuge dem Feind gehört hatten, umgab sie mit einer Aura außergewöhnlicher Faszination. Aus diesem Grund habe ich ausführliche Aufzeichnungen über meine hierbei gewonnenen Eindrücke gemacht.
Diese Aufzeichnungen über die bekanntesten Flugzeuge der geschlagenen deutschen Luftwaffe bilden den Hauptinhalt für die Darstellung auf den folgenden Seiten.
Wenn ich an die Verwüstungen zurückdenke, die Deutschland nach dem Zusammenbruch des Dritten Reiches zeichneten, grenzt es fast an ein Wunder, daß wir alle diese Beuteflugzeuge mit nur geringen Unfällen ausfliegen konnten. Ohne Lebenslaufakten, oft nur mit britischem Wartungspersonal, das keinerlei Erfahrung mit deutschem Fluggerät hatte, wurde das alles bewältigt. Schließlich hatte ich noch Erfolg, zwei hochqualifizierte Luftwaffentechniker, die ich in Norwegen bei einer Arado *AR 234 B*-Staffel fand, für meinen Auftrag zu verpflichten, indem ich ihnen die Wahl zwischen einer interessanten Kommandierung zu meiner Einheit nach Farnborough oder der Kriegsgefangenschaft auf unbestimmte Dauer ließ.
Sie nahmen mein Angebot natürlich an und erwiesen sich in der Folgezeit als außerordentlich vertrauenswürdig, überaus fleißig und hochbegabt.
Sie flogen mit mir in einer Siebel *Si 204 D,* die ich in eine fliegende Werkstatt hatte umbauen lassen, kreuz und quer durch Europa zur Begutachtung von Luftwaffenflugzeugen, ehe diese dann nach England überführt wurden. Wir erlebten so manches Abenteuer miteinander.
Die folgenden Kapitel wurden ursprünglich als in sich abgeschlossene Aufsätze in der Zeitschrift *Air International* veröffentlicht.
Die Zusammenfassung der Aufsätze zu einem Buch soll dazu dienen, einen über den Tag hinausreichenden Bericht eines ehemaligen Gegners über die wichtigsten deutschen Flugzeuge abzugeben, deren wahre Qualitäten schon Legende sind; ein ganz natürlicher Vorgang, der sich unweigerlich im Laufe der Zeit einstellt. Es sollen nochmals die Flugzeuge lebendig geschildert werden, die

von einer Nation gebaut wurden, deren flugtechnischer Fortschritt so weit gediehen war, daß damit die Eroberung Europas als ein weniger verrücktes Unternehmen erscheinen mochte, als es sich in der Realität erwies. Das Unternehmen scheiterte, wie wir alle wissen, das Dritte Reich versank in Asche, aber einem Phönix gleich stieg aus dieser Asche ein reiches Vermächtnis luftfahrttechnischen Könnens und Wissens, das die Sieger über Deutschland befruchtete und den Fortschritt der Luftfahrt überaus beschleunigte.

Eric Brown
Copthorne, Sussex, im März 1977

Die Focke-Wulf Fw 200 C ›Condor‹

Seitdem der frisch beförderte Generalmajor und Chef des Technischen Amtes der Luftwaffe und langjährige Freund meines Vaters, Ernst Udet, mir an einem Tag im Spätherbst des Jahres 1937 auf dem Tempelhofer Feld stolz den ersten Prototyp aus Professor Dipl. Ing. Kurt Tanks jüngster Schöpfung zeigte, verband mich eine Art Haßliebe mit dem überaus eleganten Verkehrsflugzeug Focke-Wulf *Fw 200* ›Condor‹. Eine Affäre, die ihr Ende erst acht Jahre später, im Juli 1945, fand, als ich endlich Gelegenheit hatte, dieses vom Ästhetischen gesehen schönste Großflugzeug selbst zu fliegen.
In diesem Augenblick konnte ich mich genau an die Bewunderung erinnern, die ich für die klaren Linien und das majestätische Aussehen der ›Condor‹ hegte, als sie auf dem Hallenvorfeld des Tempelhofer Flugplatzes stand: innen noch eine Versuchsmaschine; aber ihre klaren Konturen ließen große Leistungen erwarten.
Vier Jahre später hatte ich wieder Anlaß zu mehr als nur

Die Version *Fw 200 C-3/U2* ›Condor‹ hatte als erste das *Lotfe 7D* Bombenzielgerät eingebaut bekommen. Seine beulenförmige Verkleidung ist hinter der glasverkleideten Spitze der Bodenwanne erkennbar. Dieses Zielgerät verbesserte die Treffgenauigkeit der ›Condor‹ ganz beträchtlich.

einem flüchtigen Interesse an der ›Condor‹, weil jetzt Prof. Kurt Tanks Schöpfung in eine andere Rolle geschlüpft war: sie war vom kommerziellen in das militärische Fach gewechselt, und ihre Fähigkeiten als Luftverkehrsflugzeug waren bereits von ihren Heldentaten als Fernbomber und Aufklärer über See übertroffen worden. Sie war, um Winston Churchill zu zitieren, zur »Geißel des Atlantiks« geworden. Aber trotz ihres nun »schlechten«

Besatzungen der I. Gruppe KG 40, in Paradeaufstellung vor ihren Maschinen vom Typ *Fw 200 C-3* ›Condor‹. Diese Gruppe war als einzige mit der ›Condor‹ während der Zeit ihrer großen Erfolge über dem Atlantik ausgerüstet.

Rufes und der furchteinflößenden Menge ihrer Waffen, deren Anbringung ihr ein wenig von ihrer ursprünglichen Eleganz genommen hatte, hatte sich die ›Condor‹ doch etwas von der anmutigen Wohlgestalt des Prototyps erhalten, die einen so unauslöschlichen Eindruck auf mich gemacht hatte.
1941 war ich ein junger Flugzeugführer der Fleet Air Arm (Marine-Luftwaffe) in der 802. Staffel. Wir waren ausgerüstet mit Grumman ›Martlet‹ und auf dem ersten Begleitflugzeugträger der Royal Navy, HMS *Audacity,* einem umgebauten deutschen Handelsschiff von 5600 Tonnen, eingeschifft.
Diese kleinen Flugzeugträger waren die geistigen Produkte Churchills, der in ihnen einen Teil der Antwort auf die jagenden U-Boot-Rudel sah, die eine ernsthafte Bedrohung für das Überleben Großbritanniens darstellten. Der Schlüssel für die ständig steigenden Erfolge der deutschen U-Boote war offensichtlich in ihrer Zusammenarbeit mit den *Fw 200* ›Condor‹ zu suchen, die wie ihre Augen wirkten, mit denen die alliierten Geleitzüge beschattet wurden. Als Fühlunghalter haben sie kontinuierlich Standortmeldungen an die U-Boote weitergegeben. Die Einsatzführung der ›Condor‹ für die Zusammenarbeit mit den U-Booten wurde vom Befehlshaber der U-Boote gesteuert, es gab keine direkte Verbindung Flugzeug zu U-Boot.
Die ›Condor‹ wurde von den Alliierten zu einem furchterregenden Wesen hochstilisiert, die es als eine Art geflügelten Barrakuda betrachteten.
Ihre herausragenden Erfolge haben ihr sicherlich den Ruf eines gefährlichen ›Killers‹ eingetragen. In der Zeit vom 1. August 1940 bis zum 9. Februar 1941 haben die ›Condor‹ der I. Gruppe des Kampfgeschwaders 40 (I./KG 40), die von Bordeaux-Mérignac aus flogen, die Biskaya überquerten und in einem großen Bogen um West-Irland herumflogen, um die auftauchenden Ziele zu bekämpfen, ehe sie in Stavanger-Sola oder Trondheim-Vaernes landeten, 85 alliierte Schiffe mit einer Gesamttonnage von 363 000 Tonnen versenkt.
Im Spätsommer 1941 hat der ›Fliegerführer Atlantik‹ die Einsätze der ›Condor‹ radikal vom Kämpfer gegen Versorgungsschiffe zum Teamgefährten der U-Boote umgeändert. Die Besatzungen wurden angewiesen, nicht mehr länger Angriffe selbständig zu unternehmen und im Falle eines Angriffes durch Jäger den Schutz von Wolkenbänken aufsuchen. Ein Kampf sollte nur noch aufgenommen werden, wenn ein Ausweichen nicht möglich war.
Als Waffen-Einsatzoffizier meiner Staffel war mir jedoch der taktische Wechsel der Deutschen entgangen. Ich wies meine Flugzeugführer in bezug auf die mögliche Bewaffnung der Feindflugzeuge hin, mit denen wir es auf unserer Route nach Gibraltar zu tun haben würden, und das war im großen und ganzen die *Fw 200.*

TÖDLICHE ABWEHR

Im Nachhinein könnte es so aussehen, als seien die Informationen, auf Grund derer ich meine Einweisung in die Bewaffnung der ›Condor‹ ausarbeitete, etwas zu schmeichelhaft in bezug auf deren Leistungskraft gewesen.
Beim damaligen Stand der Dinge wurden gerade die ersten Einsätze der *Fw 200 C-3* gemeldet, und nach der Einweisung der Besatzungen durch mich mußte sie den Flugzeugführern wie eine wahre Rüstkammer erscheinen.
Angeblich konnte sie unter den Flächen vier 1000-kg-Bomben tragen, hinzu kamen noch zwei 500-kg-Bomben im Rumpf; zusammen also 5000 kg Bomben oder beinahe soviel wie eine ›Lancaster‹.
Die Abwehrbewaffnung, die sie angeblich hatte, wirkte auf uns Jäger auf alle Fälle entmutigend. Sie enthielt nach unserer Informationen eine starre, nach vorne gerichtete 2-cm-Kanone in der Rumpfnase, eine zweite 2-cm-Kanone in der Nase der Rumpfgondel, die nach vorne und unten in einem Schwenkbereich von 55° und 28° nach jeder Seite feuern konnte, eine dritte Kanone, die nach hinten und unten dieselben Schwenkbereiche unter Feuer nehmen konnte wie die vorgenannte, und eine vierte, die in einer Drehringlafette gleich hinter der Kanzel montiert und um 360° schwenkbar war.
Reichte diese Bewaffnung nicht aus, dann konnte noch ein 13-mm-MG, das an der hinteren Rumpfoberseite montiert war, ein 7,9-mm-Zwillings-MG hinter verschließbaren Luken sowie zwei Zwillings-MG, die hinten rechts durch die Seitenfenster schossen, eingebaut werden. Es stellte sich dann heraus, daß die von uns angenommene Bombenbeladung der ›Condor‹ bei weitem zu hoch angesetzt war. Für offensive Zwecke kamen nur vier 250-kg-Bomben in Frage, die Abwehrbewaffnung wich jedoch nicht so sehr von unseren Informationen ab, wenn auch von Umrüstbausatz zu Umrüstbausatz eine Kanone oder ein Zwillings-MG mehr oder auch weniger vorhanden war, so

Die *Fw 200 C-4 U2* (CE+IC) oben, und die *Fw 200 C-4/U1* unten – beides Baumuster einer bewaffneten Transportversion der ›Condor‹ für hochgestellte Persönlichkeiten. Die letztere wurde vom Royal Aircraft Establishment in Farnborough geflogen. Beide hatten sie verkürzte Bodenwannen. Sie unterschieden sich voneinander lediglich in der Sitzplatzanordnung. Die U1 bot 11 Passagieren und die U2 14 Passagieren Platz.

war doch der Abwehrfähigkeit der ›Condor‹ mit allergrößtem Respekt zu begegnen.
Wir Flugzeuführer diskutierten stundenlang über den wohl besten Weg, dieses »geflügelte Stachelschwein« anzugreifen, das offensichtlich keine verwundbare Stelle hatte. Ich persönlich entschied mich für den Frontalangriff, der die Angegriffenen am meisten irritieren mußte. Außerdem gefährdete er die verwundbarste Stelle der ›Condor‹, den Flugzeugführer und Kampfbeobachter. So hatte jeder von uns acht Flugzeugführern mit sechs ›Martlet‹ seine Lieblingstheorie, als wir im September 1941 Segel setzten, um einen nach Gibraltar auslaufenden Geleitzug zu beschützen.

In der I./KG 40 war es üblich gewesen, die Anzahl der Feindflüge und die versenkten Schiffe am Seitenleitwerk aufzumalen. Ein frühes Beispiel dafür ist links oben abgebildet. Später wurden dann in diesem Verband die Tonnagen der versenkten Schiffe sowie das Datum der Versenkung am Seitenleitwerk aufgemalt.

Unsere Flugzeuge hatten auf dem Achterdeck der *Audacity* ihre Liegeplätze. Das Deckmaß war 128 m auf 18 m. Hangars unter Deck fehlten, so daß die erste Maschine eigentlich nur 91 m Startstrecke zur Verfügung hatte. Die Höchstgeschwindigkeit unseres Schiffes betrug ganze 14,5 Knoten. So waren unsere Start- und Landeräume alles in allem knapp genug und damit das Ganze von daher schon ziemlich riskant. Insbesondere traf das für die Landungen zu. Mit nur zwei Fangseilen und einer

Die erste Version der ›Condor‹, die *Fw 200 C-1,* deren fünftes Exemplar hier abgebildet ist, hatte direkt hinter der Kanzel eine Kuppel, in welche ein einziges MG 15, Kaliber 7,9 mm, eingebaut war. Sie war aus einem Verkehrsflugzeug entwickelt worden und hatte nicht die geringste Zellenverstärkung erhalten, was zu einer Reihe von Zellenbrüchen führte.

Die hier abgebildete *Fw 200 C-3* stellt eine Version dar, die bereits Zellenverstärkungen erhalten hatte. Mit diesen Verstärkungen wollte man den fortwährenden Laständerungen, verursacht durch Tiefflüge über See, begegnen.

Focke-Wulf Fw 200 C-4/U3 Schnittzeichnung:

1 rechtes Positionslicht
2 Flächenbeplankung
3 rechtes Querruder
4 Querrudertrimmkante
5 äußerer Hauptholm
6 Schacht für Querruder-steuerung
7 Flächenrippen, mittlerer Teil
8 Flächenrippen, vorderer Teil
9 Ansatz des Flächenknicks
10 rechte Landeklappe, außen
11 rechte Landeklappe, Mitte
12 rechte Landeklappe, innen
13 Abdeckungen für Kraft-stoffbehälter
14 innerer Hauptholm
15 rechter äußerer Schmier-stoffbehälter
16 Auspuffstutzen
17 Kühlerspreizklappen
18 rechte Außenmotorgondel
19 Dreiblattverstelluftschraube
20 Luftschraubennabenhaube
21 Vergasereinlaufhutze
22 Zusatzkraftstoffbehälter
23 rechte Innenmotorgondel
24 FuG 200 ›Hohentwiel‹, Suchradar (die linke Antenne wurde der besseren Übersicht wegen weggelassen)
25 vordere Rahmenantenne für Peilgerät
26 vorderer Rumpfspant
27 Seitenruderpedale
28 13-mm-MG 131 (D-Stand)
29 Lotfe (lotgerechtes Fernrohr), 7D Bombenzielgerät
30 Seitenfenster in der Bodenwanne
31 Sitzplatz des Bordschützen vom B-Stand für Start und Landung
32 Bullauge für den Flugzeugführer
33 Führersitz
34 Schiebefenster
35 Copilotensitz, der zweite Flugzeugführer war gleichzeitig Bombenschütze
36 Einstieg in die Kanzel
37 Unterbrecherbügel für den Feuerkreis
38 Einlaßhutze für Kabinenluft
39 Hydraulisch betriebener MG-Stand Fw 19 mit MG 15, Kaliber 7,9 mm, sogenannter A-Stand
40 Sitzplatz für den Bordschützen vom A-Stand
41 Munitionskästen (A-Stand)
42 Schott
43 Ausguck für den Bordfunker
44 Einstiegluke zur Bodenwanne
45 Sitz für den Bordfunker (Sitz für den Bordschützen vom A-Stand)
46 Munitionskästen D-Stand
47 Munitionskästen D-Stand
48 Mittelteil der Bodenwanne (mit Platz für 900 l Kraftstoff in gepanzertem Tank oder zwölf 50-kg-Bomben)
49 Unterbodenschächte für Steuerkabel

Technische Daten der Focke-Wulf Fw 200 C-3/U4

Triebwerke: Vier luftgekühlte Neunzylinder-Sternmotoren BWM-Bramo 323 R-2 ›Fafnir‹. Startleistung: 1200 PS bei 2600 U/min mit Methanol-Wassereinspritzung. In Seehöhe: 1000 PS bei 2500 U/min. In 4000 m Höhe: 940 PS bei 2500 U/min.

Leistungen: Höchstgeschwindigkeit: 306 km/h in Seehöhe, 360 km/h in 4800 m Höhe; höchste Marschgeschwindigkeit: 277 km/h in Seehöhe, 355 km/h in 4000 m Flughöhe; wirtschaftlichste Marschgeschwindigkeit: 255 km/h. Reichweite bei wirtschaftlichster Marschgeschwindigkeit und einer normalen Zuladung von 8060 Litern Kraftstoff: 3556 km. Mit Zusatzkraftstoff, also insgesamt 9955 Liter: 4400 km. Dienstgipfelhöhe: 5800 m.

Gewichte: Leergewicht:12 950 kg; höchstzulässiges Abfluggewicht: 22 700 kg.

Abmessungen: Spannweite: 32,84 m; Länge: 23,46 m; Höhe: 6,30 m; Flügelfläche: 118,0 m^2.

Bewaffnung: 1. Abwehrbewaffnung : Ein MG 15, Kaliber 7,9 mm, mit 1000 Schuß Munition im hydraulisch betätigten A-Stand Fw 19 auf der vorderen Rumpfoberseite. Ein MG 131, Kaliber 13 mm, mit 500 Schuß Munition im beweglichen B-Stand auf der hinteren Rumpfoberseite. Zwei MG 131, Kaliber 13 mm, mit je 300 Schuß Munition in den F-Ständen an den hinteren Rumpfseitenfenstern. Ein MG 15, Kaliber 7,9 mm, mit je 1000 Schuß Munition im hinteren Teil der Bodenwanne, dem C-Stand.
2. Angriffsbewaffnung: größtmögliche Bombenzuladung von 2100 kg, bestehend aus zwei 500-kg-Bomben, zwei 550-kg-Bomben und zwölf 50-kg-Bomben.

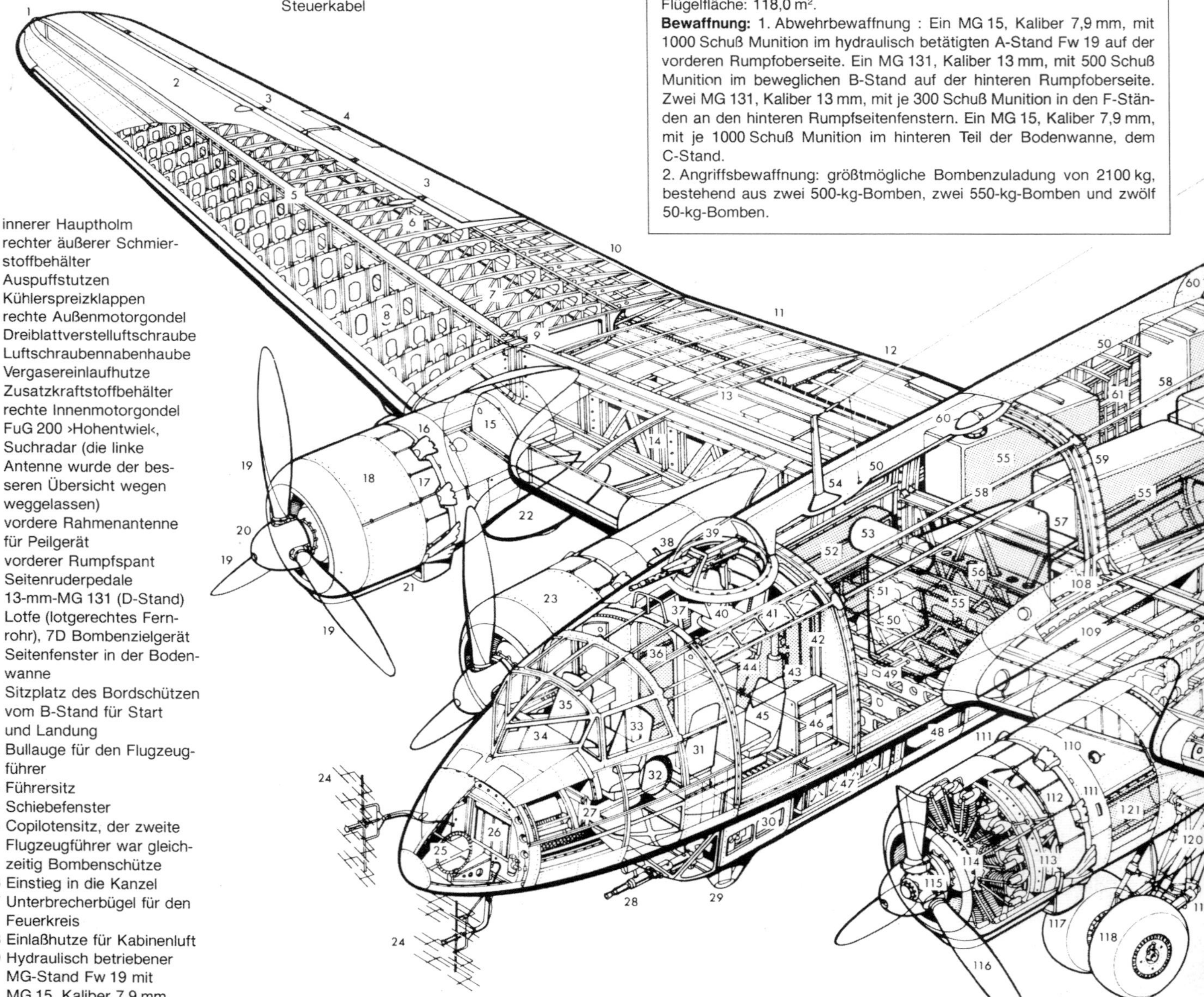

50 Seitenfenster, zwei an Backbord, drei an Steuerbord
51 Unterbodenaufbau
52 Rumpföltank
53 Behälter für Enteisungsflüssigkeit
54 Antennenmast
55 Rumpfhaupttanks (fünf Stück)
56 Kraftstoffleitung durch den Hauptholm
57 Sitz für den Bordschützen vom C-Stand
58 oberer Rumpflängsholm
59 Rumpfhauptspant
60 Kabinenbelüftung

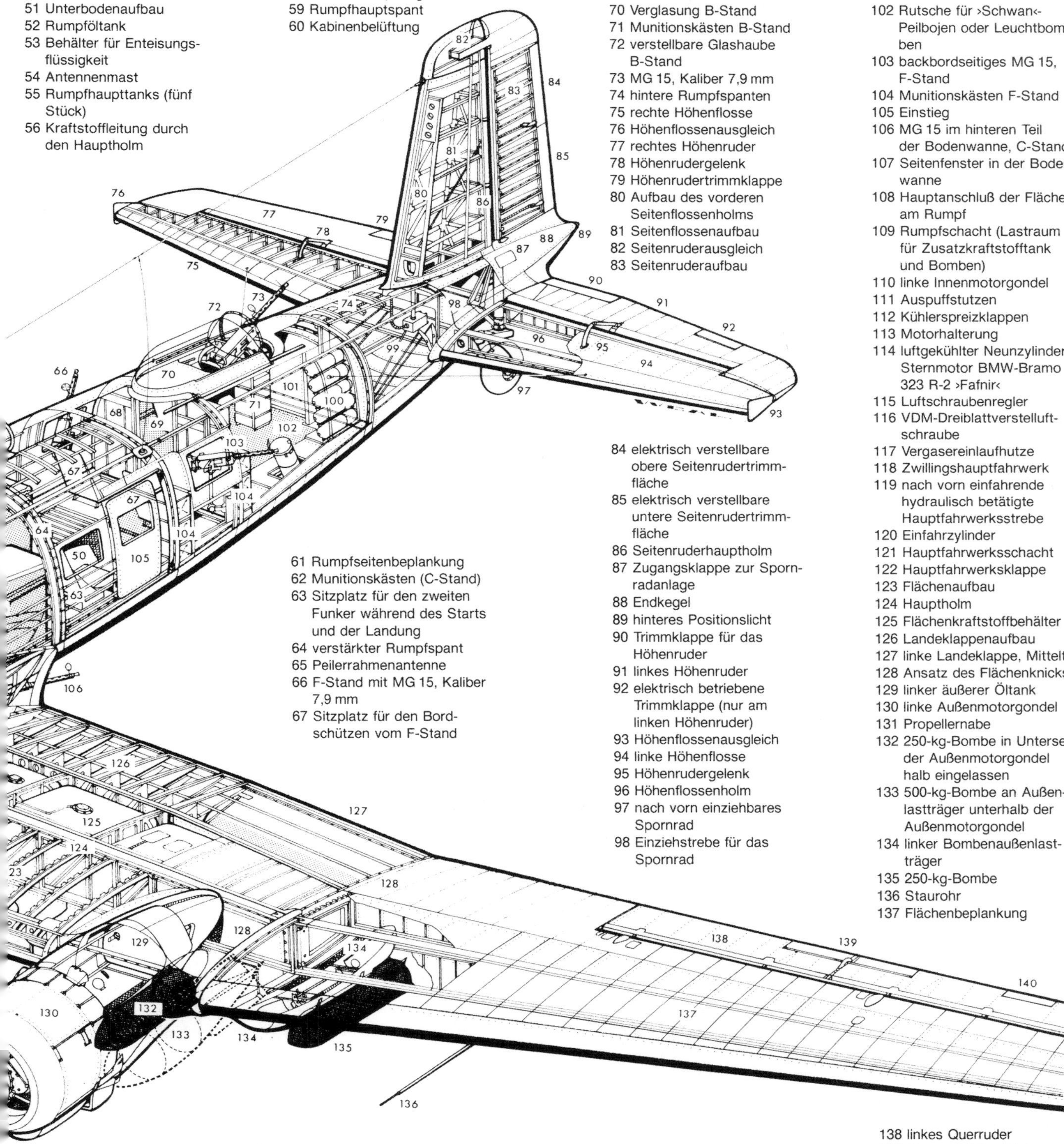

61 Rumpfseitenbeplankung
62 Munitionskästen (C-Stand)
63 Sitzplatz für den zweiten Funker während des Starts und der Landung
64 verstärkter Rumpfspant
65 Peilerrahmenantenne
66 F-Stand mit MG 15, Kaliber 7,9 mm
67 Sitzplatz für den Bordschützen vom F-Stand
68 Schott
69 Gefechtsposition des Bordschützen vom B-Stand
70 Verglasung B-Stand
71 Munitionskästen B-Stand
72 verstellbare Glashaube B-Stand
73 MG 15, Kaliber 7,9 mm
74 hintere Rumpfspanten
75 rechte Höhenflosse
76 Höhenflossenausgleich
77 rechtes Höhenruder
78 Höhenrudergelenk
79 Höhenrudertrimmklappe
80 Aufbau des vorderen Seitenflossenholms
81 Seitenflossenaufbau
82 Seitenruderausgleich
83 Seitenruderaufbau
84 elektrisch verstellbare obere Seitenrudertrimmfläche
85 elektrisch verstellbare untere Seitenrudertrimmfläche
86 Seitenruderhauptholm
87 Zugangsklappe zur Spornradanlage
88 Endkegel
89 hinteres Positionslicht
90 Trimmklappe für das Höhenruder
91 linkes Höhenruder
92 elektrisch betriebene Trimmklappe (nur am linken Höhenruder)
93 Höhenflossenausgleich
94 linke Höhenflosse
95 Höhenrudergelenk
96 Höhenflossenholm
97 nach vorn einziehbares Spornrad
98 Einziehstrebe für das Spornrad
99 Schacht für die Steuerkabel
100 Sauerstoffflaschen
101 hinteres Schott
102 Rutsche für ›Schwan‹-Peilbojen oder Leuchtbomben
103 backbordseitiges MG 15, F-Stand
104 Munitionskästen F-Stand
105 Einstieg
106 MG 15 im hinteren Teil der Bodenwanne, C-Stand
107 Seitenfenster in der Bodenwanne
108 Hauptanschluß der Fläche am Rumpf
109 Rumpfschacht (Lastraum für Zusatzkraftstofftank und Bomben)
110 linke Innenmotorgondel
111 Auspuffstutzen
112 Kühlerspreizklappen
113 Motorhalterung
114 luftgekühlter Neunzylinder-Sternmotor BMW-Bramo 323 R-2 ›Fafnir‹
115 Luftschraubenregler
116 VDM-Dreiblattverstellluftschraube
117 Vergasereinlaufhutze
118 Zwillingshauptfahrwerk
119 nach vorn einfahrende hydraulisch betätigte Hauptfahrwerksstrebe
120 Einfahrzylinder
121 Hauptfahrwerksschacht
122 Hauptfahrwerksklappe
123 Flächenaufbau
124 Hauptholm
125 Flächenkraftstoffbehälter
126 Landeklappenaufbau
127 linke Landeklappe, Mittelteil
128 Ansatz des Flächenknicks
129 linker äußerer Öltank
130 linke Außenmotorgondel
131 Propellernabe
132 250-kg-Bombe in Unterseite der Außenmotorgondel halb eingelassen
133 500-kg-Bombe an Außenlastträger unterhalb der Außenmotorgondel
134 linker Bombenaußenlastträger
135 250-kg-Bombe
136 Staurohr
137 Flächenbeplankung
138 linkes Querruder
139 Querrudertrimmklappen
140 elektrisch betätigte Querrudertrimmklappe (nur an der linken Fläche)

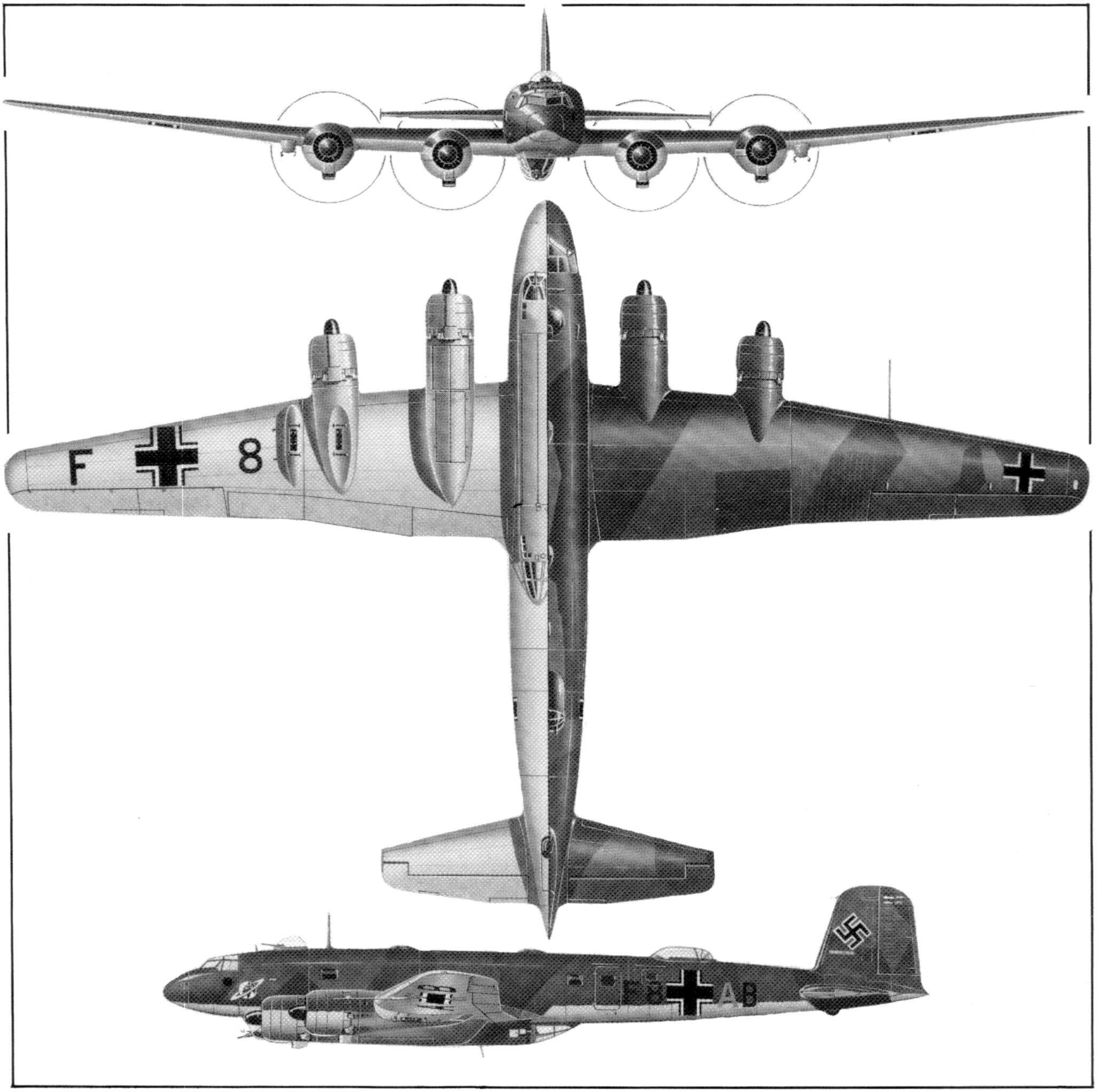

Die *Fw 200 C-3* wurde der I./KG 40 im Sommer 1941 zugeführt. Die hier abgebildete Maschine (F8+AB) gehörte zum Geschwaderstab. Während dieser Zeit operierte die I./KG 40 in der Hauptsache von Bordeaux-Mérignac aus. Bemerkenswert erscheint die Form des Balkenkreuzes am hinteren Teil des Rumpfes als auch Größe und Lage des Hakenkreuzes an der Seitenflosse.

Fangvorrichtung wurde der Fähigkeit der Piloten zu präzisen Landungen, vor allem bei rauher See, wenn die Deckhöhe auf Grund des stampfenden Flugdeckes nicht genau zu schätzen war, das Äußerste abverlangt.
Neben diesen Risiken, die allein schon die Verhältnisse an Deck mit sich brachten, mußten wir uns vor Augen halten, daß jeder Unfall mit einer unserer ›Martlet‹ den Geleitzug um ein Sechstel seines Luftschirmes bringen würde.

U-BOOT-ALARM!

Nachdem wir in der Nacht vom 19. auf 20. September einen Angriff durch U-Boote hatten und drei Schiffe versenkt worden waren, wurde unser Seenotschiff, sichtbar mit dem Roten Kreuz gekennzeichnet, ausgesandt, um die Überlebenden aus der See zu bergen. Eine ›Condor‹, die offensichtlich das Geleit beschattet hatte, konnte der Versuchung, die von dem allein gebliebenen Schiff ausging, nicht widerstehen und verwandelte mit einem Tiefangriff das Seenotrettungsschiff in ein Flammenmeer. Die ›Condor‹ hatte noch nicht die Bombenschächte geschlossen, als sie von zwei ›Martlet‹, geflogen von den Leutnanten z. S. N. H. Patterson und G. R. P. Fletcher, überrascht wurde und nach einem einzigen seitlichen angesetzten Angriff das ganze Leitwerk verlor. Die Besprechung dieses ersten Abschusses füllte unsere ganze einsatzfreie Zeit aus und führte zu interessanten Schlußfolgerungen auf seiten der Flugzeugführer:

1. da der Angriff 1450 km westlich von Brest stattfand, mußten wir annehmen, daß uns die ›Condor‹ auf dem gesamten Weg bis nach Gibraltar beschatten und aufklären würden;
2. haben wir als möglich unterstellt, daß die ›Condor‹-Besatzung, als sie zu einem schnellen, kurzen Tiefangriff aus den Wolken gestoßen war, möglicherweise nicht gewahr wurde, was für ein Schiff sie vor sich hatte, das Rote Kreuz also erst gesehen haben mag, als die Bomben schon fielen;
3. kamen wir zu dem Schluß, daß der seitliche Angriff nur darum zum Erfolge geführt hatte, weil die Besatzung vollkommen überrascht wurde und deshalb kaum Zeit zur Feuereröffnung zum Zwecke der Abwehr hatte;
4. waren unsere erfolgreichen Flugzeuführer überzeugt davon, daß das konzentrierte Feuer in den hinteren Rumpf, gepaart mit den Ausweichmanövern des ›Condor‹-Piloten, der harte Ruderausschläge ausführte, um der Bedrohung zu entkommen, zum Abbrechen des Leitwerkes führten.

Wir hatten jedoch mit der letzten Schlußfolgerung nicht begriffen, daß wir gerade damit den schwachen Punkt der ›Condor‹ schlechthin getroffen hatten, auf den man unter der Voraussetzung auch eines vollen Abwehrfeuers von seiten der ›Condor‹-Besatzung ansetzen mußte.
Natürlich hatten wir auch keine Mittel, diese Achillesferse der ›Condor‹, die wir zufällig entdeckt hatten, bestätigt zu bekommen. Die Schwäche an der Flugzeugzelle war das Ergebnis der raschen Umrüstung eines Verkehrsflugzeuges auf die Bedürfnisse eines Kampfflugzeuges.
In der Tat wurden keinerlei Änderungen an der Zelle vorgenommen im Hinblick auf die neuen Aufgaben der ›Condor‹. Eine Zelle, die nur für den alltäglichen Linienflug in mittleren Höhen ausgelegt war, konnte kaum den andauernd harten Anforderungen einsatzmäßiger Tiefflüge über lange Zeiträume, oft genug gepaart mit harten Ausweichmanövern, genügen.
So gab es viele Brüche am hinteren Rumpf während der Landung, trotz Verbesserung bei der Version *Fw 200 C-3* durch Zellenverstärkung an dieser kritischen Stelle.
Der nächste Kampf zwischen unseren ›Martlet‹ von der *Audacity* und einer ›Condor‹ fand während des zweiten Geleiteinsatzes im November 1941 statt. Er unterschied sich vom ersten wesentlich dadurch, daß diesmal die ›Condor‹-Besatzung auf unseren Angriff vorbereitet war. Wir setzten wieder unsere Angriffe seitlich an, und schon beim ersten Anflug ging eine unserer ›Martlet‹ verloren. Sie selbst hatte dabei nur den einen Motor der ›Condor‹ getroffen, der dann Feuer gefangen hatte. Der zweiten ›Martlet‹ gelang es dann aber doch, die Focke-Wulf zu erledigen. Der Ausgang dieses Kampfes bestärkte mich in meiner Ansicht, daß ein Frontalangriff am meisten Erfolg haben mußte, verbunden mit der geringsten Gefahr für den Angreifer. Die Chance, die Richtigkeit meiner Theorie zu bestätigen, bot sich mir gleich zweimal hintereinander.
Es erwies sich zunächst einmal als schwieriger, als von mir angenommen, sich in eine Position für den Frontalangriff zu bringen. Mein erster Ansatz war zum größten Teil zufällig zustande gekommen, nachdem ich vorher meine Beute in den Wolken verloren hatte.
So ein Frontalangriff läßt einem schon die Haare zu Berge stehen, denn während man sich seinem Ziel auf diese Weise nähert, addieren sich ja die Geschwindigkei-

Der hydraulisch angetriebene Waffenstand *Fw 19* auf der vorderen Rumpfoberseite (A-Stand), bestückt mit einem MG 15, Kaliber 7,9 mm. Mit ihm wurde die *Fw 200 C-3* als erste Version ausgerüstet.

Oben: Unterhalb der Motorgondeln für die Außenbordmotoren konnte ein Treibstofftank mit je 300 l Fassungsvermögen halbversenkt angebracht werden.

ten. Hinzu kommt, daß dieses Großflugzeug auch Feuer spie, während man selbst am Visier förmlich klebte. Ich war während des gesamten Angriffs voll und ganz mit Zielen, Schießen und Hochziehen über den Gegner beschäftigt. Ich kann mir jedoch lebhaft vorstellen, daß der Flugzeugführer der ›Condor‹ während meines Angriffes die Hölle durchgemacht haben muß, blieb ihm doch nichts anderes übrig, als seinen Kurs zu halten und den Himmel darum zu bitten, seine Bordschützen mögen diese kleine dicke Wespe zerquetschen, die da gerade ihr Gift gegen sie verspritzte.

Schon während des ersten Angriffs hatte ich den Eindruck gewonnen, daß die Frontscheibe der Kanzel unter den Einschlägen meiner 12,7-mm-Browning zusammen mit den Flugmanövern, die notwenig schienen, um mir auszuweichen, zerborsten war.

Das Ergebnis eines weiteren Angriffs auf eine ›Condor‹ war ähnlich. Diesmal, das wußte ich, war nur ein Angriff möglich, und deshalb setzte ich meinen Angriff etwas sorgfältiger an als beim ersten Mal.

Nicht alle Angriffe auf die ›Condor‹ waren von Erfolg gekrönt, denn die Flugzeugführer des KG 40 waren erfahren im Ausnützen schützender Wolken und Meister im Fliegen koordinierter Manöver, die es ihren Bordschützen ermöglichte, jeweils die geballte Feuerkraft gegen den Angreifer zusammenzufassen.

Unten: Eine der letzten in Serie gegangenen Versionen der ›Condor‹ war die hier abgebildete *Fw 200 C-8,* die eigens als Träger für den Schiffbekämpfungsflugkörper Henschel *Hs 293 A* gebaut wurde. Ein Teil dieser Serie wurde allerdings auch für normale Seeaufklärung in Dienst gestellt, wie die hier abgebildete (Werk-Nr. 256).

Unser einziger weiterer Erfolg auf diesem Gebiet kam dann auch durch einen Frontalangriff zustande, allerdings endete dieser mit einem Zusammenprall der beiden Kontrahenten, von denen die robuste ›Martlet‹, wenn auch mit Schäden, davonkam, während die ›Condor‹ verlorenging.
Sicherlich war die *Audacity* eine gehörige Überraschung für den »Fliegerführer Atlantik« und traf das KG 40 mit den härtesten Schlägen, das es jemals erhielt.
Um so schmerzlicher war es, daß der Einsatz der *Audacity* im Dienste der Royal Navy nur von kurzer Dauer war. Sie wurde von U 751 auf ihrer vierten Geleitfahrt nach siebentägiger Schlacht mit U-Booten und den sie begleitenden ›Condor‹ versenkt.
Die CAM-Schiffe (Catapult Armed Merchant ship – zu Hilfsflugzeugträgern umgebaute Handelsschiffe) von 1940 mit ihren ›Hurricane‹, die katapultiert wurden, sobald eine ›Condor‹ sich blicken ließ, waren das anschaulichste Zeugnis für die verzweifelte Lage, in der sich die Alliierten zu jener Zeit befanden. Das Auftauchen der *Audacity* und der Geleitflugzeugträger, die nach ihr kamen, waren der Anfang einer abnehmenden Erfolgskurve der ›Condor‹. Dennoch beendete ich meine Zeit als Flugzeugführer auf Geleitzügen mit einem gesunden Respekt vor diesem Verkehrsflugzeug, welches so erfolgreich in die Rolle des Freibeuters gewechselt war.

Oben und unten. Die ›Condor‹ mit Suchradar *FuG 200* ›Hohentwiel‹, welches in der Flugzeugnase der hier abgebildeten *Fw 200 C-8* eingebaut war. Das Radargerät ›Hohentwiel‹ wurde in Verbindung mit einem Blindflug-Bombenabwurfverfahren eingesetzt. Zielgenauigkeit bestand bis herunter auf eine Entfernung von etwa 1200 m.

Die ›Condor‹ besaß außer einer beachtlichen Reichweite nichts, was sie für ihre Aufgabe besonders ausgezeichnet hätte. Es war eine Notlösung, durchgesetzt vom Oberkommando der Luftwaffe nach dem Ausfall der *He 177*, die eigentlich für die Rolle der bewaffneten Langstreckenaufklärung und der Schiffsbekämpfung vorgesehen war. Sei es wie es will, die ›Martlet‹-Piloten, die weit draußen auf dem Atlantik zu kämpfen hatten, betrachteten die ›Condor‹ auf jeden Fall als einen ernst zu nehmenden Gegner. Die ›Condor‹ setzte während zweier Jahre Kampf über dem Atlantik hohe Maßstäbe.

SPEZIALAUSFÜHRUNGEN DER ›CONDOR‹

Während des Krieges traf ich nur noch einmal, westlich von Schottland, auf eine ›Condor‹. Aber als die Feindseligkeiten beendet waren, kam ich in den Genuß, das Flugzeug, mit dem ich nun schon seit nahezu acht Jahren vertraut war, selbst zu fliegen. Es war eine seltsame ›Condor‹, die Maschine des berüchtigten SS-Chefs Heinrich Himmler. Diese und mindestens zwei weitere Fw 200 C-4/U1 (Werk-Nr. 0137 CE+IB, 0176 GC+AE, 0240 TK+CV) schlossen den Kreis zwischen Passagier- und Spezialflugzeug. Die C-4/U1 war als Passagierflugzeug gebaut, jedoch voll bewaffnet und barg einige ganz besondere Einrichtungen. Sie konnte bis zu 11 Passagiere in zwei Räumen befördern. Der vordere war mit einem in Flugrichtung aufgestellten gepanzerten Sitz ausgestattet. Panzerplatten sollten zusätzlich Schutz vor seitlichen Angriffen gewähren. Vor dem Sitz befand sich eine absprengbare Luke, so daß bei unmittelbarer Gefahr der Betreffende eine Chance hatte, mit dem Fallschirm abzuspringen. Vor diesem Sitz befand sich ein Instrumentenbrett mit Fahrt-und Höhenmesser. Dieses Abteil bot weiteren vier Passagieren Platz. Sechs Passagiere konnten im hinteren Abteil untergebracht werden. Beide Abteile waren mit Edelholzfurnieren

Ein Erbe ihrer Abstammung aus der Verkehrsfliegerei war der schwache Rumpf der ›Condor‹ gewesen, welcher den dauernden Belastungen im Tiefflug und bei abrupten Flugmanövern nicht standhalten konnte. Das Ergebnis war eine Reihe von Zellenbrüchen wie hier an einer *Fw 200 C-3*.

Der Einbau des Bombenzielgerätes *Lotfe 7D* machte den Ersatz der 20-mm-Kanone MG 151 in der Nase der Bodenwanne durch das 13-mm-MG 131 notwendig.

verkleidet und mit dunkelgrauen Polstersitzen ausgestattet. Weitere Sonderausführungen der ›Condor‹ mit der Typenbezeichnung Fw 200 C-4/U2 (Werk-Nr. 0138 CB+IC, 0181 GC+SJ, 0216 TA+MR) wurden gebaut. Sie boten 14 Passagieren Platz. Als ich in die Kanzel kam, war ich über die tadellose Anordnung der Instrumente, Steuer- und Hilfsorgane überrascht. Hier waren weitaus bessere Lösungen gefunden worden als in allen anderen viermotorigen Flugzeugen jener Zeit. Die Leistungshebelanordnung war klassisch gelöst, sie befand sich auf einer Mittelkonsole, die Fluginstrumente

Die Fw 200 C-4/U1 (Werk-Nr. 0176 GC+AE). Sie wurde vom RAE in Farnborough geflogen.

waren für jeden Sitz gesondert vorgesehen. Nur die Sicht zur Seite war etwas mäßig, bedingt durch die verhältnismäßig starken Rahmen der Kanzelverglasung.

Der Anlaßvorgang war denkbar einfach: Man setzte den Hauptbrandhahn auf »START«, schaltete auf »Rumpftanks«, dann die vier Kraftstoffpumpen, spritzte mit Handpumpen Benzin in den Vergaser und kuppelte dann die elektrisch betriebenen Schwungkraftanlasser ein.

Die Neunzylinder-Sternmotoren BMW-Bramo (BMW-*Bra*ndenburger *Mo*torenwerke) 323 R-2 ›Fafnir‹, die zu dieser Maschine gehörten, ergaben einen gesunden Pulsschlag, wenn sie zum Laufen gebracht wurden. Zum Anwärmen wurde der Hauptbrandhahn auf »REISE« gestellt, und die Standardüberprüfungen für die Motoren und Hilfssysteme wurden mit 2300 Umdrehungen pro Minute (U/min) vorgenommen.

Dann war das Flugzeug fertig, um an den Start gerollt zu werden. Dort mußte noch folgendes ausgeführt werden: Hauptbrandhahn auf »START«; Kühlerklappen auf ein Drittel »OFFEN«; Luftschraubenverstellung auf »12-Uhr-Stellung«; Landeklappen auf »START«, Querrudertrimmung: eine halbe Gradeinteilung nach unten auf der rech-

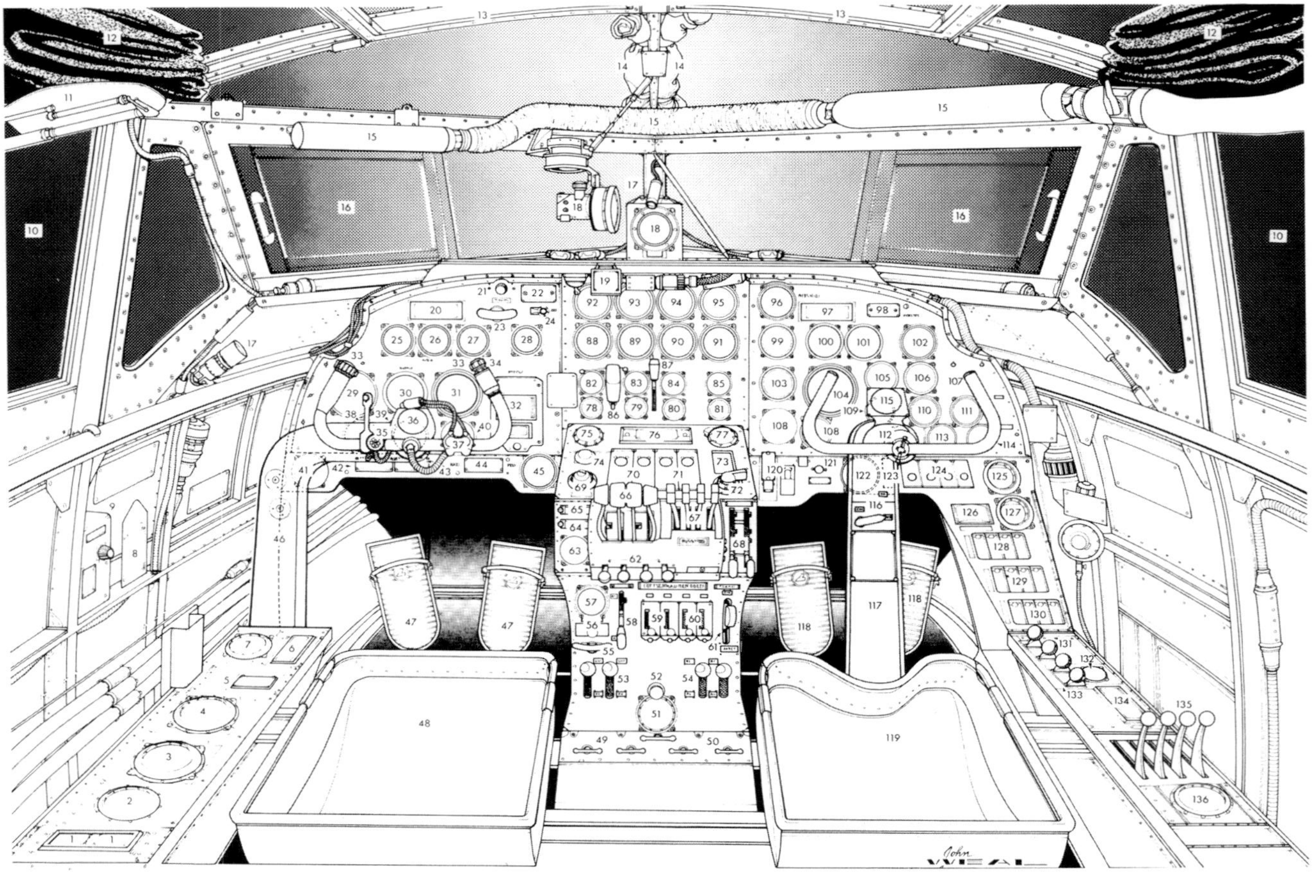

Focke-Wulf 200 C-3 Kanzelübersicht:

1 Fahrwerksenteisungsschalter
2 Fahrwerksenteisungshahn
3 Saugluftumschalter (rechts)
4 Saugluftumschalter (links)
5 Instrumentenbrettbeleuchtung
6 Schalter für NACA-Kühlerhaubenbeleuchtung
7 Sauerstoffanzeige für den Flugzeugführer
8 Frequenztafeln
9 Radioabstimmer
10 Seitenfenster
11 Blendschutz (Flugzeugführer)
12 Sonnenvorhänge (verstaut)
13 obere Kabinenverstrebung
14 Sonnenvorhänge (verstaut)
15 Warmluftleitung für Kanzel
16 Schiebefenster
17 Kanzelbeleuchtung
18 Kompaßhalterung
19 Beleuchtungsregler für Notbeleuchtung
20 Kurskreisel (Grobanzeige)
21 Kontrollampe für Rumpfspreizklappen
22 Anzeige für Kurskreiselheizung
23 Auslösegriff für Rumpfspreizklappen
24 Schalter für Kurskreiselheizung
25 Fahrt-(Geschwindigkeits-)messer
26 Wendezeiger
27 Variometer (Anzeige für Steigen und Fallen)
28 Radiokompaßanzeige
29 Tochterkompaß für Flugzeugführer
30 Grob-/Feinhöhenmesser
31 Künstlicher Horizont
32 Kurskreisel
33 Steuerhorn (Flugzeugführer)
34 Hauptschalter für Kurssteuerung
35 Bordnetzschalter
36 Borduhr
37 Beleuchtungsschalter
38 Sog- und Druckanzeige für Kreisel und Kurssteuerung (teilweise verdeckt)
39 Außentemperaturanzeige
40 Grobhöhenmesser
41 Querrudertrimmungsanzeige
42 Schalter für Kreiselunterstützung
43 Regler für Flächensuchscheinwerfer
44 Schalter für Flächensuchscheinwerfer
45 Signallampe
46 Steuersäule (Flugzeugführer)
47 Seitenruderpedale (Flugzeugführer)
48 Flugzeugführersitz (Rükkenlehne wurde aus Gründen der Übersichtlichkeit weggelassen)
49 Feuerlöscher für die Backbordmotoren
50 Feuerlöscher für die Steuerbordmotoren
51 Druckanzeige für Feuerlöscher
52 Schnelltrennung für Rudermaschine
53 Kraftstoffabsperrhähne (für Backbordbehälter)

54 Kraftstoffabsperrhähne (für Steuerbordbehälter)
55 Betätigungshebel für Parkbremsen
56 Trimmschalter für Seitenrudertrimmung
57 Anzeige für Seitenrudertrimmung
58 Fahrwerkbedienhebel
59 Bedienhebel für Luftschraubensteigung (Backbord)
60 Bedienhebel für Luftschraubensteigung (Steuerbord)
61 Landeklappenhebel
62 Leistungshebelverriegelung
63 Anzeige für Höhenrudertrimmung
64 Notschalter für Seitenrudertrimmung
65 Notschalter für Höhenrudertrimmung
66 Leistungshebel
67 Laderbedienhebel
68 Wahlschalter für Krafttstofftanks
69 Notschalter für Rudermaschine
70 Zündschalter (Backbord)
71 Zündschalter (Steuerbord)
72 Schalter für UV-Beleuchtung
73 Schalter für Landescheinwerfer
74 Trennschalter für Hauptbatterie
75 Schalter zur Beleuchtungsregelung am Instrumentenbrett
76 Anzeige für Fahrwerk und Landeklappen
77 Anlasserwahlschalter
78 Öltemperaturanzeige (Backbord, innen)
79 Öltemperaturanzeige (Backbord, außen)
80 Öltemperaturenanzeige (Steuerbord, innen)
81 Öltemperaturanzeige (Steuerbord, außen)
82 Anzeige für Luftschraubenverstellung (Backbord, außen)
83 Anzeige für Luftschraubenverstellung (Backbord, innen)
84 Anzeige für Luftschraubenverstellung (Steuerbord, innen)
85 Anzeige für Luftschraubenverstellung (Steuerbord, außen)
86 Notwurfschalter (versiegelt)
87 Bombenschärfungshebel
88 Ladedruckanzeige (für beide Backbordmotoren)
89 Öl- und Kraftstoffdruckanzeige (Backbordmotoren)
90 Öl- und Kraftstoffdruckanzeige (Steuerbordmotoren)
91 Ladedruckanzeige (für beide Steuerbordmotoren)
92 Drehzahlmesser (Backbord, außen)
93 Drehzahlmesser (Backbord, innen)
94 Drehzahlmesser (Steuerbord, innen)
95 Drehzahlmesser (Steuerbord, außen)
96 Wahlschalter für Drehzahlsynchronisierung
97 Fernkompaßkursanzeige
98 Staurohrheizungsanzeige
99 Fahrtmesser
100 Wendezeiger
101 Variometer (Anzeige für Steigen und Fallen)
102 Steuerflächentemperaturanzeige
103 Grob-/Feinhöhenmesser
104 Künstlicher Horizont
105 Zylinderkopftemperaturanzeige
106 Umschalter für Zylinderkopftemperaturanzeige
107 Steuerhorn (Copilot)
108 abgedeckte Anzeigengeräte
109 Vorratsanzeige für Marschkraftstoff
110 Vorratsanzeige für Anlaßkraftstoff
111 Vorratsanzeige für Schmierstoff
112 Umschalter für Marschkraftstoff (von der rechten Steuersäule teilweise verdeckt)
113 Umschalter für Anlaßkraftstoff
114 Umschalter für Schmierstoff
115 Borduhr
116 Steuersäulenverriegelung
117 Steuersäule (Copilot)
118 Seitenruderpedale (Copilot)
119 Copilotensitz (Rückenlehne wurde aus Gründen der Übersichtlichkeit weggelassen)
120 Anlaßschalter
121 Anlasserkontrolleuchte
122 Sog- und Druckanzeige für Fahrwerksenteisung und Kreiselkomponenten (teilweise durch rechte Steuersäule verdeckt)
123 Höhenrudertrimmung
124 Druckschalter für Einspritzventile
125 Anzeige für Hydrauliksystemdruck
126 Frontscheibenheizung
127 Schalter für Steuerflächen-Temperaturanzeige
128 Kraftstoffpumpenschalter (Backbordbehälter)
129 Kraftstoffpumpenschalter (Steuerbordbehälter)
130 Kühlerspreizklappenverstellung
131 Hebel für Luftschraubenenteisung (Backbordmotoren)
132 Signalleuchte für Hydrauliknotpumpe
133 Hebel für Luftschraubenenteisung (Steuerbordmotoren)
134 Schalter für Hydrauliknotpumpen
135 Hebel für Steuerflächenenteisung
136 Druckbehälteranzeige

ten Seite; Seitenrudertrimmung: vier Gradeinteilungen nach rechts; Höhenrudertrimmung: neutral für leichte Beladung; Motorendrehzahlmesser auf »MOTOREN GESAMT«. Der Start mit der ›Condor‹ war das Schwierigste, da sie eine starke Neigung besaß, nach links auszubrechen. Die deutschen Flugzeugführer empfahlen deshalb, die Leistunghebelstellung auf »Halb« für die ersten 300 m Rollstrecke zu belassen; nach dieser Strecke brachte bei dieser Leistungshebelstellung das Höhenruder das Rumpfende vom Boden frei, womit eine bessere Kontrolle um die Hochachse gegeben war.
Danach konnten die Leistungshebel langsam auf Vollast gebracht werden, und zwar unterschiedlich schnell, um auf diese Weise die noch auftretenden Gierbewegungen auszugleichen. Nach etwa 700 m Startstrecke liefen auf diese Weise alle Motoren auf Vollast mit 2500 U/min und 1,5 ata Ladedruck. Die ›Condor‹ hob dann von alleine bei 165 km/h ab.
Zog man das Steuerhorn unterhalb dieser Marke an, brach sie ziemlich heftig nach rechts aus. Mit Hilfe dieser Technik konnte das Flugzeug voll beladen nach 900 m Startrollstrecke abheben. Das Fahrwerk wurde hydraulisch eingefahren, brauchte aber 24 Sekunden, ehe es in den Fahrwerkschächten verriegelt war, und während dieser Zeit hatte man die Fahrt unter 200 km/h zu halten. Nach dem Einfahren der Landeklappen und dem Neutralisieren der Seitenrudertrimmung ging es in den Steigflug mit 250 km/h bei 2250 U/min und 1,25 ata Ladedruck.
Diese Geschwindigkeit wurde bis auf 4000 m Höhe beibehalten und dann auf 240 km/h zurückgenommen. Der

Lader wurde in 2600 m Höhe auf hohe Übersetzung umgeschaltet.
Diese von mir geflogene ›Condor‹ konnte ungefähr 8500 m Höhe halten, leistete aber offensichtlich am meisten in einer Höhe von 4570 m.
Die Höchstgeschwindigkeit, die wir in Farnborough mit diesen Spezialmaschinen erflogen haben, lag bei 402 km/h in 3960 m Höhe und war damit rund 40 km/h schneller als die Serien-Maschinen der Reihe Fw 200 C-3.
Die wirtschaftlichste Reisegeschwindigkeit betrug 275 km/h in 1525 m Höhe. Mit einer Tankfüllung von 8000 Litern konnten wir uns bei diesen Werten 14 Stunden lang in der Luft halten und hatten noch Sicherheitsreserven. Die zurückgelegte Strecke betrug dann etwa 3860 km (ohne Wind).
Mit Hilfe von Zusatztanks in der Rumpfgondel, wie für den Seeaufklärer üblich, konnte die Flugdauer auf 18 Stunden ausgedehnt werden. Kein Wunder also, daß mit der ›Condor‹ ein riesiges Seegebiet entlang den Geleitzugrouten von Bordeaux-Mérignac aus aufgeklärt werden konnte.
Im Fluge lag die ›Condor‹ um alle drei Achsen sehr stabil, jedoch machte jede Änderung der Geschwindigkeit oder Leistung gleichzeitige Trimmänderungen erforderlich.
Sowohl Höhen- als auch Seitenrudertrimmung waren dafür sehr bequem am linken Steuerhorn angebracht.
Eine zweite Höhenrudertrimmung war vor dem Copiloten angeordnet, und die Querrudertrimmung befand sich auf der ersten linken Konsole vom Führersitz aus gesehen.
Die ›Condor‹ kurvte leichter nach links als nach rechts, bedingt durch Motorfliehkräfte. Sie war keinesfalls ein ideales Flugzeug für Ausweichmanöver.
Die höchstzulässige Geschwindigkeit betrug unter 1525 m Höhe 450 km/h.
Alles in allem hatte dieses Flugzeug bei Angriffen durch Jäger kaum andere Möglichkeiten, als geradeaus zu fliegen, um auf diese Weise den Bordschützen eine stabile Plattform zur Bekämpfung des Angreifers zu geben. Die Schlechtwetterausrüstung war gut: Enteisungseinrichtung aus Gummischläuchen, Luftschraubenenteisungsflüssigkeit, Kurssteuerung sowie eine gute Innenheizung waren vorhanden.

Eine *Fw 200 C-3/U1*, ein vertrauter Anblick für die Jagdflieger der Royal Navy, die von Geleitflugzeugträgern aus ihre Einsätze zu fliegen hatten. Die ›Condor‹ stellte vielleicht die bemerkenswerteste Umwandlung eines Verkehrsflugzeuges in ein Kampfflugzeug dar.

Ich flog die ›Condor‹ verschiedene Male in wirklich scheußlichem Wetter und fand, daß diese Ausrüstung den Anforderungen voll gewachsen war.
Dennoch zählte die ›Condor‹ nicht zu der Art von Flugzeugen, mit denen ich gelassen einen Schlechtwetterstart hätte durchführen wollen. Das höchstzulässige Landegewicht betrug 19 000 kg. Zur Landung wurde das Fahrwerk bei 200 km/h im Horizontalflug ausgefahren. Es dauerte 10 Sekunden, bis es verriegelt war.
Die Landeklappen wurden bei 185 km/h ausgefahren. Über dieser Geschwindigkeit fuhren sie nicht voll aus, man mußte dann unter 175 km/h bleiben, um sie auf Landestellung zu bekommen. Die Landeanfluggeschwindigkeit betrug 165 km/h. Diese Geschwindigkeit konnte in der letzten Phase vor der Landung bis auf 130 km/h zurückfallen, dann wurde daraus eine Dreipunktlandung. Die Leistungshebelverstellung mußte leichtgängig eingestellt sein, sonst konnte es geschehen, daß man sie nicht ganz auf die Leerlaufstellung zurückbrachte. Das ergab dann im günstigsten Falle eine zu lange Ausrollstrecke.

Der Wert der ›Condor‹ für die deutsche Kriegführung ist leicht zu begreifen, denn zusammen mit den U-Booten hat sie Großbritannien 1940–1941 nahezu auf die Knie gezwungen. Jedoch hatte sie als Kriegsflugzeug alle Schwächen, die ein Flugzeug haben muß, das ursprünglich als Verkehrsflugzeug entworfen worden war. Ihre geringe Bombenzuladung und die Tatsache, daß alle Kraftstoffleitungen im Rumpfkiel entlangliefen, machten sie äußerst verwundbar. Um diese Schwächen auszugleichen, war sie bis an die Zähne bewaffnet und damit von der Selbstverteidigung her gut ausgerüstet. Wenn sie auch nicht die »perfekte Lady« war, als die sie mir an jenem Tag des Jahres 1937 in Tempelhof auf Grund ihres bestechenden Äußeren erschienen war, so war sie doch ein durch und durch brauchbares Flugzeug. Die Tatsache, daß so wenige ›Condor‹ eine so verheerende Wirkung hatten, ist ganz bestimmt der erfolgreichen Anpassung dieses Verkehrsflugzeuges an die Erfordernisse eines bewaffneten Langstrecken-Seeaufklärers zuzurechnen.

Heinkel He 162

Als ich es mir zum ersten Male in der Kanzel der schlank anzusehenden Heinkel *He 162* bequem machte, damals an einem Septembermorgen vor 31 Jahren, erinnerte ich mich der ersten Urteile, die über den sogenannten »Volksjäger« gefällt wurden: Ein Werkzeug der Verzweiflung. In diesem Sinne wurde sie in einem Bericht der britischen Spionageabteilung beurteilt. Sie wurde schlicht als das zu groß geratene Modell eines Flugmodellbauers bezeichnet.

In der Tat schien ihre Entwicklungsgeschichte ein solches Urteil zu rechtfertigen. Der »Volksjäger« trat in den Mittelpunkt der Überlegungen, als sich das Oberkommando der Luftwaffe eingestehen mußte, daß das Deutsche Reich nicht mehr länger einen offensiven Part in der Luft spielen könnte, da die Verschlechterung der Lage im fünften Kriegsjahr sich überstürzte und nur mehr eine starke Luftverteidigung das Blatt wenden konnte.
Nur der »Führer« selbst schien dem damaligen Schicksal

Eine erstaunliche Anzahl der winzigen *He 162 A-2* wurde von den Alliierten am Ende des Krieges erbeutet. Das hier dargestellte Exemplar wurde in Deutschland kurz vor seiner Überführung nach England aufgenommen. Mit dem oben abgebildeten Flugzeug verunglückte Flt. Lt. R. A. Marks am 9. November 1945 in Farnborough tödlich.

des Dritten Reiches gleichgültig gegenüberzustehen.
Hermann Göring hatte die eigentliche Herrschaft im Reichsluftfahrtministerium verloren, die Macht war an den hochbefähigten Minister der Rüstung, Albert Speer, übergegangen, obwohl der Reichsmarschall immer noch der Luftfahrt nominell vorstand.
Selbst Hitler, der eigentlich die verzeifelte Lage mehr oder minder gleichgültig zur Kenntnis nahm, schien aufgeweckt worden zu sein angesichts der schrecklichen Zerstörung, die durch die alliierten Bombenströme Ende Februar 1944 hervorgerufen worden waren. Deshalb brachte er auch keinen Widerspruch mehr auf, als Otto Sauer, einer der engsten Mitarbeiter Speers, den »Jägerstab« ins Leben gerufen hatte, um den verbliebenen Rest der deutschen Luftfahrtindustrie auf die Produktion von Jagdflugzeugen zu konzentrieren. In dem Chaos, in dem das Deutsche Reich mehr und mehr versank, war die Massenproduktion hochwertiger Turbinenflugzeuge, wie die der *Me 262,* der die ganzen Hoffnungen des RLM galten, ein immer schwieriger werdendes Unterfangen.
In den Sommermonaten des Jahres 1944 wurden die Jäger *Bf 109* und *Fw 190* im Kampf gegen die immer höher steigende Flut von gegnerischen Tieffliegern gegen Ziele in Westdeutschland zu Verlierern. Weder reichte die Geschwindigkeit der zur Verteidigung bereitstehenden deutschen Jäger aus, noch war das Tieffliegerwarnsystem ausreichend, um zu Erfolgen bei der Abwehr zu kommen. Außerdem verhinderte die zu geringe Anzahl der zur Verfügung stehenden Jäger deren ständigen Einsatz zur Luftüberwachung und -sicherung.
So war die Zeit reif für die Erwägung ganz unorthodoxer Maßnahmen, um die Lage wieder in den Griff zu bekommen. Eine der markantesten Ergebnisse dieser Überlegungen war die Geburt des »Volksjägers«, eines einfachen, einmotorigen Turbinenjägers, den man massenweise selbst in den Trümmern, in die die deutsche Industrie inzwischen gelegt worden war, noch herstellen konnte. Es war sogar erwogen worden, die Jungen der Hitler-Jugend, versehen mit einem Grundkurs im Segelfliegen, zur Verteidigung Deutschlands in den »Volksjäger« zu setzen.
Diese Pläne hatten selbstverständlich Gegner, so auch keinen geringeren als Adolf Galland, den damaligen »General der Jagdflieger«, sowie in Gestalt der genialen Konstrukteure Willy Messerschmitt und Kurt Tank.
Das Projekt wurde dennoch durchgesetzt, und die militärischen Forderungen, die das Technische Amt im RLM am 8. September 1944 herausgab, hatten folgenden Inhalt:

a) Höchstmögliche Geschwindigkeit in niedrigen und mittleren Höhen, in Seehöhe jedoch mindestens 750 km/h,
b) Startstrecke ohne Starthilfen: Weniger als 600 m,
c) Einfachste Bauweise, um eine Großproduktion innerhalb kürzester Zeit aufzunehmen,
d) Weitestgehende Verwendung von Holz für die Zelle,
e) Keinerlei Beschneidung des Messerschmitt *Me 262-* und Arado *Ar 234*-Bauprogrammes durch die Heinkel *He 162,*
f) Ausnutzung von potentiellen Produktionskapazitäten durch Streichung anderer Rüstungsprogramme,
g) Einbau nur eines Triebwerkes,
h) Die Bewaffnung sollte wahlweise aus zwei 2-cm-MG 151 oder zwei 3-cm-Kanonen MK 108 bestehen,
i) Die Funk-Ausstattung sollte FuG 24 (Funksprechgerät) und FuG 25 a (mit Freund/Feind-Kennung) enthalten.
j) Panzerung nur gegen Frontalangriffe.

Bereits zwölf Tage nach Ausschreibungseröffnung konnte das maßstabgetreue Holzmodell von Heinkel vorgestellt werden, und am 24. September begann die Fertigung der Prototypen parallel zur Erstellung der detaillierten Konstruktionszeichnungen.
Heinkel gewann mit dem von ihm vorgestellten Modell den Ausschreibungswettbewerb, teils auf Grund einer persönlichen Entscheidung von Otto Sauer, und teilweise

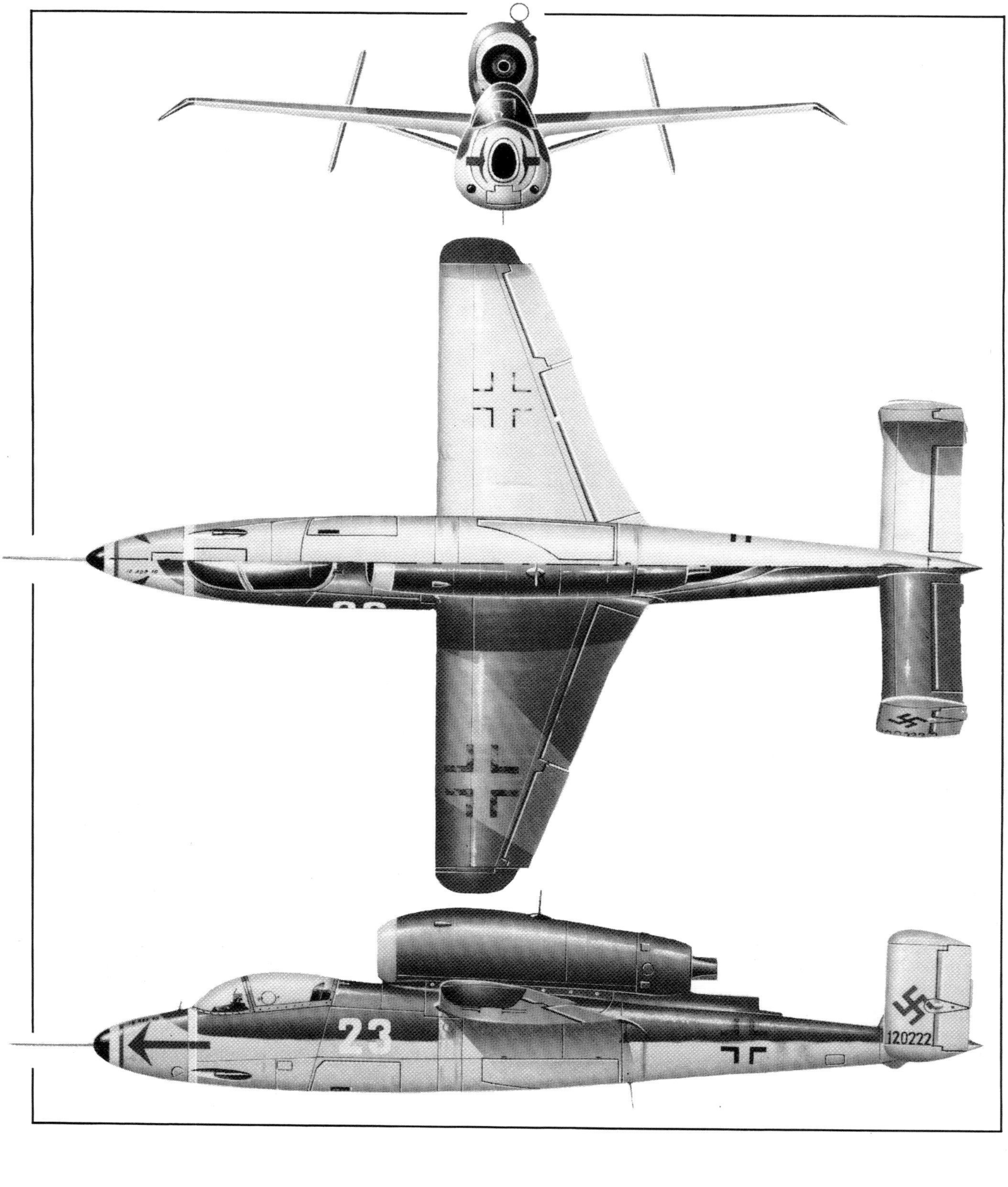
23
120222

deswegen, weil es im Grunde einfache Konstruktionsmerkmale aufwies, mit denen man schwerlich Entscheidungsschwierigkeiten haben würde.
Die Zeit drängte, und schon deswegen durfte man sich nicht mit möglichen, zu erwartenden Problemen herumschlagen.

Der erste Prototyp wurde in Wien/Schwechat am 6. Dezember 1944 durch einen Einflieger der Heinkelwerke, Flugkapitän Peter, geflogen – nur 90 Tage waren zwischen dem Entwurf und dem ersten Testflug vergangen.
Peter stürzte vier Tage später während einer Vorführung

Heinkel He 162 A-2 Führerraum:

1 Seitenrudertrimmung
2 Absprenghebel für Starthilferakete
3 Fahrwerkbedienhebel
4 Höhenrudertrimmung
5 Schalter für Starthilferaketen
6 Brandhahn
7 Leistungshebel
8 Fahrwerkshebel
9 Anzeige für linkes Fahrwerk
10 Lüftungsscheibe
11 Handpumpe für die Landeklappen
12 Landeklappenanzeige
13 Wendezeiger
14 Staudruckanzeige
15 Fahrtmesser
16 Waffenauslöseknopf (A-Knopf)
17 Durchladeknopf (B-Knopf)
18 Höhenmesser
19 Windschutzscheibe (aus einem Stück gezogen)
20 Kabinendachöffnung
21 Kabinendachverriegelung
22 Reflexvisier (Revi)
23 Anzeige für linke Kanone
24 Anzeige für rechte Kanone
25 Variometer
26 Kompaß
27 Öldruckanzeige
28 Abgastemperaturanzeige
29 Kraftstoffdruckanzeige
30 Kraftstoffvorratsanzeige
31 Drehzahlmesser
32 Sauerstoffventil
33 Sauerstoffvorratsanzeige
34 Seitenruderpedale
35 Verstellspindel für die Seitenruderpedale
36 Schauglas zur Sichtprüfung des Bugfahrwerkes
37 FuG 24-Sendeknopf
38 Steuerknüppel
39 Bordkanonenrohrmantel
40 vorderes Lager der Bordkanone
41 Fußrasten
42 Sitzgriffe
43 Abzugsgriff für Schleudersitz
44 Schleudersitz
45 Leinenabdeckung für die Rückstoßfeder der Bordkanone
46 Sauerstoffregler
47 Halterung für Signalpistole und Ausschußöffnung
48 Schalter für FuG 25a
49 rechte Fahrwerksanzeige
50 Schalter für Funkgerät FuG 24 und AFN 2 (Funknavigationsgerät)
51 Anlasser
52 Kommandoschalter für Schubdüse
53 Stecker für Funkgerät
54 elektrische Sicherungen, angeschlossen folgende Ausrüstungen: Batterie, Kraftstoffpumpe, Bordwaffen und Visier, Staurohrheizung, Zündung, Wendezeiger, Starthilferaketen, FuG 24, FuG 25a, Anlasser

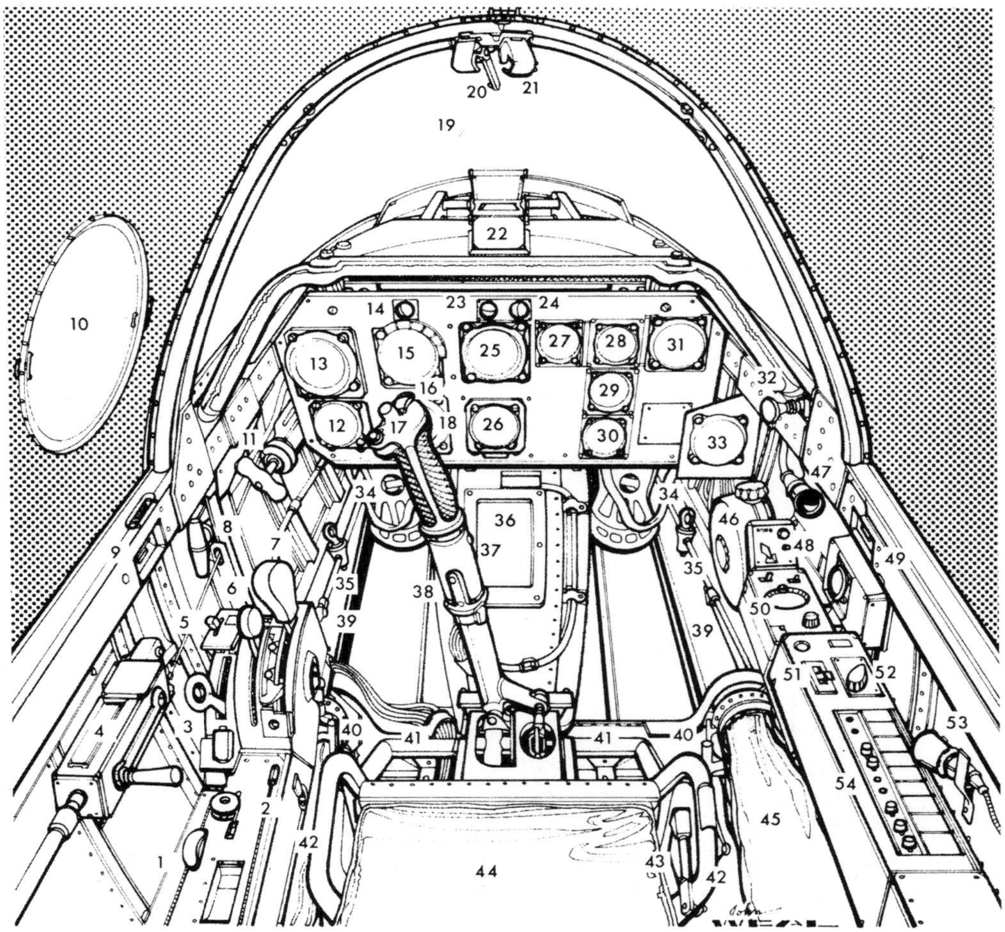

Die hier abgebildete *He 162 A-2* (Werk-Nr. 120 222) wurde in Leck (Nordfriesland) erbeutet. Sie gehörte zu den drei Heinkel *He 162 A-2,* die in die USA zu Flugerprobungen überführt wurden. Sie wurde als *T2-504* in Freeman Field, Seymour, Indiana nachgeflogen, um danach im Jahre 1947 dem Smithsonian Museum geschenkt zu werden. Die andere *He 162 A-2* (Werk-Nr. 120 077) wurde 1946 nach Edwards AFB überführt, wo sie als *T2-489* nachgeflogen wurde. Heute steht dieses Exemplar im Ontario Air Museum, Kalifornien. Die dritte *He 162 A-2* (Werk-Nr. 120 017) kam zu Testzwecken der Zelle nach Wright Field.

des Prototyps vor Vertretern des RLM, der Luftwaffe und Parteigrößen tödlich ab.

Einige Zeit darauf konnte ich mir einen Film, der zufällig vom Unfall gedreht worden war, ansehen. Das Flugzeug wurde im Tiefflug über den Platz geflogen, als die Flügelvorderkante der rechten Fläche aufzureißen schien, und sich die Beplankung der Flächenoberseite wie ein Teppich zusammenrollte. Daraufhin brach das rechte Querruder ab, die Maschine rollte außerhalb jeglicher Einwirkungsmöglichkeit und zerschellte knapp außerhalb der Flugplatzbegrenzung. Der Unfall wurde auf ein neuartiges Holzklebemittel zurückgeführt.

Die ersten Flüge offenbarten eine ungenügende Stabilität um die Hoch- und Querachse. Diese Schwächen wurden durch Änderungen an Höhen- und Seitenruder, durch Anbringen von Ballast im Rumpfbug und durch Herabziehen der Flügelhinterkanten behoben.

Die größte Schwäche des Flugzeuges war seine Neigung zu starken Schiebebewegungen, was durch die Absenkung der Flächenspitzen behoben wurde. Das war, wie so vieles an dem kleinen Flugzeug, eine einmalige Lösung, die der kleinen ›Heinkel‹ ein unverwechselbares Gesicht gab.

Die Neigung zum Trudeln bei steilen Anstellwinkeln wurde durch eine kleine Planke im V-Ausschnitt des Höhenruders beseitigt.

EIN AUFREGEND AUSSEHENDES FLUGZEUG

Die Geschichte der kurzen Entwicklung und der sich daran anschließenden Fertigung der Heinkel *He 162,* die ganz offiziell die Bezeichnung »Volksjäger« erhalten hatte, ist uns nun bekannt. Im Frühjahr 1945, zu der Zeit, als die Heinkel *He 162,* die an das Jagdgeschwader 1 ausgeliefert worden waren, am Boden lagen und auf Treibstoff warteten, mit dessen Hilfe die Flugzeugführer ihre ersten Eingewöhnungsflüge machen sollten oder

aber am Boden zerstört wurden, um sie nicht in die Hände der Alliierten fallen zu lassen, war ich gerade dabei, mich zusammen mit Wissenschaftlern und Technikern auf den Weg nach Deutschland zu machen, um erbeutete Flugzeuge nach Großbritannien zu Untersuchungs- und Testzwecken zu überführen.
Die Voraussetzungen, die ich für diesen Auftrag mitbrachte, waren von zweierlei Art: ich war der deutschen Sprache mächtig, und ich war Einflieger in der Aerodynamics Flight des RAE (Royal Aircraft Establishment) in Farnborough.
Unser Plan bestand darin, die Flugzeuge, die wir fanden, kurz auf ihre Flugfähigkeit hin zu untersuchen, und wenn diese gewährleistet schien, wurden die Flugzeuge nach Schleswig-Jagel überführt, um sie dort einer eingehenden Untersuchung zu unterziehen, ehe sie nach Farnborough geflogen werden sollten. Dieses Vorgehen war mit der Heinkel *He 162* kaum durchzuhalten, da sie nur eine Flugdauer von 20 Minuten in Meereshöhe hatte, die allerdings dem Vernehmen nach in 11000 m Höhe auf ganze 57 Minuten ausgedehnt werden konnte.
Das Problem löste sich von selbst, als wir in den Besitz von ein oder zwei Transportflugzeugen Arado *Ar 232 B* gelangten, und dabei herausfanden, daß die Heinkel *He 162,* fast ohne auseinandergenommen zu werden, in deren geräumigen Rumpf paßte.
Diese erste Heinkel *He 162,* die ich zu Gesicht bekam, war eine übliche Ausführung der A-Serie. Ich war erstaunt über ihre zierliche Erscheinung.
Ebenso erstaunt war ich über den Anteil an Holz, der bei ihrem Bau Verwendung gefunden hatte; die Notizen, die ich mir damals über sie gemacht hatte, lauteten:
»Ein aufregend aussehendes Flugzeug, obwohl nicht gerade schön zu nennen. So viel an ihr ist aus Holz, daß man meinen könnte, sie stamme aus der Hand eines begeisterten Modellbauers. Ihr schmalspuriges Fahrwerk scheint sie zum Spielball für jeden Querwind zu machen. Eine übergroße V 1 (Vergeltungswaffe 1 – mit Pulstriebwerk angetriebene fliegende Bombe; d. Ü.) auf Rädern!«
Uns fielen ein paar guterhaltene Heinkel *He 162* in die Hände, von denen wir die beste zur Überführung nach Farnborough aussuchten.
Einem Problem sahen wir uns jedoch noch gegenüber: Die Deutschen waren bei der Zerstörung aller Dokumente sehr gewissenhaft gewesen; das betraf ganz besonders die Zellen- und Triebwerksbeschreibungen nahezu aller Flugzeugtypen, die wir in Deutschland erbeuteten.
Auf Grund von Aufzeichnungen von Flugzeugführern der deutschen Luftwaffe, die diese aus verständlichen Gefühlen heraus zurückbehalten hatten, konnten wir uns ein Bild machen. Nur bei der Heinkel *He 162* waren auch diese nicht vorhanden.
Das Problem war, den richtigen »Dreh« zu finden, und das war unter den gegebenen Umständen nicht einfach. Es war offenbar auch nicht die Gelegenheit, sich den herausfordernd saloppen Spruch der »RAF-Düsenflieger« zu eigen zu machen, der da lautet: ›Ein Tritt gegen die Reifen, Turbinen gezündet, der Letzte in der Luft ist ein Feigling.‹ – (»Kick the tires, light the fires and the last man off is a sissy.«) –
Ich habe einige Zeit damit zugebracht, bekannte deutsche Flugzeugkonstrukteure und Versuchsflieger ausfindig zu machen, um sie zu befragen. Der einzige Flugzeugführer, der die Heinkel *He 162* anscheinend geflogen zu haben schien, war ein Bursche mit Namen Lohoffener, der von der Luftwaffe zu Heinkel als Werksflieger abgestellt worden war.
Während der Befragung hat mich Lohoffener weder durch die mir mitgeteilten Informationen noch durch seine Erfahrung als Flugzeugführer beeindruckt.
Es blieb mir keine andere Wahl, und so kletterte ich am 7. September 1945, morgens um 10.25 Uhr, in die Kanzel der Heinkel *He 162 A-2,* Werk-Nr. 120098, bewaffnet mit den Aufzeichnungen, die ich während der Befragung gemacht hatte.
Bis zu dieser Zeit hatte ich bereits die Arado *Ar 234* und die Messerschmitt *Me 262* geflogen, so daß ich einige Praxis in Cockpits deutscher Turbinenflugzeuge hatte. Das war insofern wichtig, als viele Schalter und Bedienungshebel, als auch einige Instrumente standardisiert waren.
Auch der Farbschlüssel – gelb für Treibstoff, braun für die Hydraulik, blau für Sauerstoff, rot für Notfälle – verbunden mit dem charakteristischen Geruch deutscher Flugzeugkanzeln – sorgten dafür, daß ich mir im »Kampfraum« dieses kleinen Jägers nicht verloren vorkam.
Hinzu kam ein anderer ungewohnter Komfort, den ich in der *Ar 234* und *Me 262* nicht erlebt hatte: Die *He 162* hatte einen Schleudersitz.
Der »Volksjäger« war im zusammenbrechenden Dritten Reich zwar für die Massenproduktion aber auch als ›Verlustgerät‹ vorgesehen. Woran es jedoch entscheidend

Diese *He 162 A-2* war offensichtlich unter Beschuß durch alliierte Jäger geraten. Die Zerstörungen der Windschutzscheibe und der Haube lassen darauf schließen, daß Sprengladungen gezündet worden waren, um sie nicht unzerstört in die Hände der Alliierten fallen zu lassen.

Eine *He 162 A-2* mit Angehörigen der Stabsstaffel JG 1 ›Oesau‹ in Leck, Schleswig-Holstein, im April 1945.

Taktstraße für die Produktion der *He 162 A-2*, die von Alliierten in einem ehemaligen Salzbergwerk in Tarthun bei Magdeburg vorgefunden wurde.

mangelte, war der Nachschub an Flugzeugführern.
Das Anlassen war wie bei allen anderen deutschen Turbinenflugzeugen dadurch gekennzeichnet, daß man das Triebwerk durch einen Hilfsmotor auf Touren brachte, während man mit Hilfe eines Knopfes am Leistungshebel Benzin einspritzte und die Zündung betätigte.
Danach wurde der Leistungshebel in die Leerlaufposition vorgeschoben, und zwar bei 3000 U/min, dabei wurde der Treibstoffhahn geöffnet.
Der Hilfsmotor wurde dann abgekoppelt und der Zündknopf nicht mehr betätigt.
Das BMW-Triebwerk 003 war mit einer 4-Positionen-Schubdüsenregelung versehen. Die Positionen waren: A-H-S-F. Position A wurde für das »Anlassen« gewählt, dabei war es von größter Bedeutung, daß die Flugzeugwarte die Öffnung der Schubdüse genau überprüften, um festzustellen, daß sie genau arbeitete. Die Schubdüse wurde für das Rollen in dieser Position belassen.
Das Rollen war leicht zu bewerkstelligen, da die Bremsen recht gut ansprachen. Das war insofern wichtig, als diese während des Rollens häufig benutzt werden mußten, denn die Seitenrudersteuerung war bei geringen Geschwindigkeiten vollkommen unwirksam.
Bei Leistungshebelbewegungen mußte man Vorsicht walten lassen, um Übertemperaturen zu vermeiden, wenn auch das BMW-Triebwerk 003 hierin besser war als das Jumo-Triebwerk 004.
Die Sicht aus der Kanzel war vorzüglich, wenn auch der nicht verstellbare Sitz für britische Sitzfallschirme zu niedrig eingestellt war.
Am Startbahnanfang setzte ich die Startklappen auf 20°, indem ich sie pumpenderweise so lange nach unten brachte, bis ich sie gerade noch vom Cockpit aus sehen konnte. Nach dem Einstellen der Höhenrudertrimmung wurde die Schubdüsenverstellung auf »S« (Start) gesetzt. Die Treibstoffanzeige zeigte 450 l an. Langsam schob ich den Leistungshebel nach vorne, bis 9500 U/min erreicht waren. Ich hielt das Flugzeug mit den Bremsen und prüfte die Flammgastemperatur, die 600° C nicht überschreiten durfte, wenn auch kurzzeitig 700° C bei Leistungshebelbewegungen nach vorne oder während des Anlaßvorganges erlaubt waren. Die Öffnung des Leistungshebels von der Leerlaufstellung bis zur vollen Umdrehungszahl beanspruchte 15 Sekunden. Dabei war die Temperaturbegrenzung genau im Auge zu behalten.
Die Startstrecke war länger, als ich es mir vorgestellt hatte, und jeder Versuch, das Flugzeug unter 190 km/h vom Boden wegzunehmen, führte zu einem Abkippen der Fläche.
Am besten nahm man die Flugzeugnase bei einer Geschwindigkeit von 170 km/h von der Startbahn weg, um dann das Flugzeug von selbst bei der entsprechenden Geschwindigkeit vom Boden abheben zu lassen. War man in der Luft, wurde das Fahrwerk durch Herunterdrücken des Einziehhebels eingefahren. Durch gleichzeitiges Drehen dieses Hebels fuhren die Klappen mittels Federdruck ein. Leichtes Trimmen nach vorne war erforderlich. Nachdem alles dies erledigt war, wurde der Leistungshebel langsam auf die empfohlenen 9200 U/min zurückgenommen; als Steiggeschwindigkeit hielt ich 346 km/h. Im Steigen erwies sich die Heinkel *He 162* als sehr stabil; 1500 m Höhe erreichte ich in 1 1/2 min, dort beendete ich den Steigflug und brachte den Leistungshebel langsam auf 8900 U/min zurück. Ich hielt damit 483 km/h bei einer Flammgastemperatur von 450° C.
In bezug auf die Stabilität ergab sich, daß die Heinkel *He 162* sehr stabil um Längs- und Querachse und neutral um die Hochachse war.
Die Abstimmung der Steuerorgane war ausgezeichnet, die Seitenruder waren vielleicht eine Idee zu leichtgängig.
Es war mir sehr bald klar, daß man bei Heinkel die ursprünglich aufgetretenen Stabilitätsprobleme gelöst hatte, ich war jedoch neugierig herauszufinden, ob sie auch mit den Gier-Problemen fertiggeworden waren.
Betätigung der Seitenruder verursachte starkes Rutschen und Schieben sowie Tauchbewegungen der Flugzeugnase. Es durften außerdem nicht mehr als 3/4 des Seitenruders ausgeschlagen werden, wollte man eine saubere flache Kurve fliegen.
Benutzte man mehr Ruderausschlag, begannen die Seitenruder zu flattern und zu vibrieren, und als ich mich nach hinten umsah, entdeckte ich, wie sich Wirbelzöpfe an den Leitwerksspitzen ablösten; die Kurve wurde unsauber, ruckartig.
Gefahrenzustände wurden vom Flugzeug deutlich angezeigt. Auf der Habenseite war die ausgezeichnete Richtungsstabilität des Flugzeuges zu verzeichnen, die es zu einer guten Waffenplattform machten.
Aus diesem Blickwinkel betrachtet, war er der beste Turbinenjäger (Düsenjäger) seiner Zeit. Dieses Urteil traue ich mir deshalb zu, weil ich zu dieser Zeit alle Turbinen-

Technische Daten der Heinkel He 162 A-2

Triebwerke: Ein axial verdichtendes Turbinentriebwerk BMW 003E-1 oder -2 mit einer Höchstschubleistung für 30 Sekunden von 920 kp. Normale höchstzulässige Schubleistung: 800 kp. Schubleistung in 11 000 m Höhe und einer Geschwindigkeit von 800 km/h: 332 kp.
Bewaffnung: Zwei Mauser-Kanonen MG 151, Kaliber 20 mm, mit je 120 Schuß Munition.
Leistungen: Höchstgeschwindigkeit bei einer Höchstschubleistung für 30 Sekunden: 890 km/h in Seehöhe, 965 km/h in 6000 m Höhe, 845 km/h in 11 000 m Höhe, Höchstgeschwindigkeit bei höchstzulässiger Schubleistung ohne zeitliche Begrenzung: 790 km/h in Seehöhe, 838 km/h in 6000 m Höhe und 765 km/h in 11 000 m Höhe. Flugdauer bei Vollast: 30 min in Seehöhe, 48 min in 6000 m Höhe und 83 min 11 000 m Höhe.
Steigleistung mit durchschnittlicher Beladung: 19,2 m/sec in Seehöhe, 1,6 m/sec in 11 000 m Flughöhe. Startrollstrecke: 850 m; Startrollstrecke zur Überwindung eines 15 m hohen Hindernisses: 980 m. Landerollstrecke aus 15 m Höhe: 950 m.
Gewichte: Leergewicht: 1663 kg, Leergewicht mit Ausrüstung: 1758 kg, Rollgewicht: 2907 kg, Abfluggewicht: 2805 kg.
Abmessungen: Spannweite: 7,20 m; Länge: 9,05 m; Höhe: 2,60 m; Flügelfläche: 11,16 m².

Heinkel He 162 A-2 Schnittzeichnung:

1 Staurohr
2 Rumpfbug aus geformtem Sperrholz
3 Einziehvorrichtung für Bugfahrwerk
4 federgespannte Bugfahrwerksausfahrvorrichtung
5 Stoßdämpferschere
6 Bugrad
7 Bugradgabel
8 Bugradfederbein
9 Bugfahrwerksklappe
16 (Reflexvisier) Revi 16 G austauschbar gegen Revi 16 B
17 abwerfbare Kabinenhaube
18 Lüftungsscheibe
19 Heinkel-Schleudersitz (mittels Kartuschen gefeuert)
20 Schleudersitzabzugsgriff
21 Leistungshebel
22 einschiebbarer Einstiegtritt

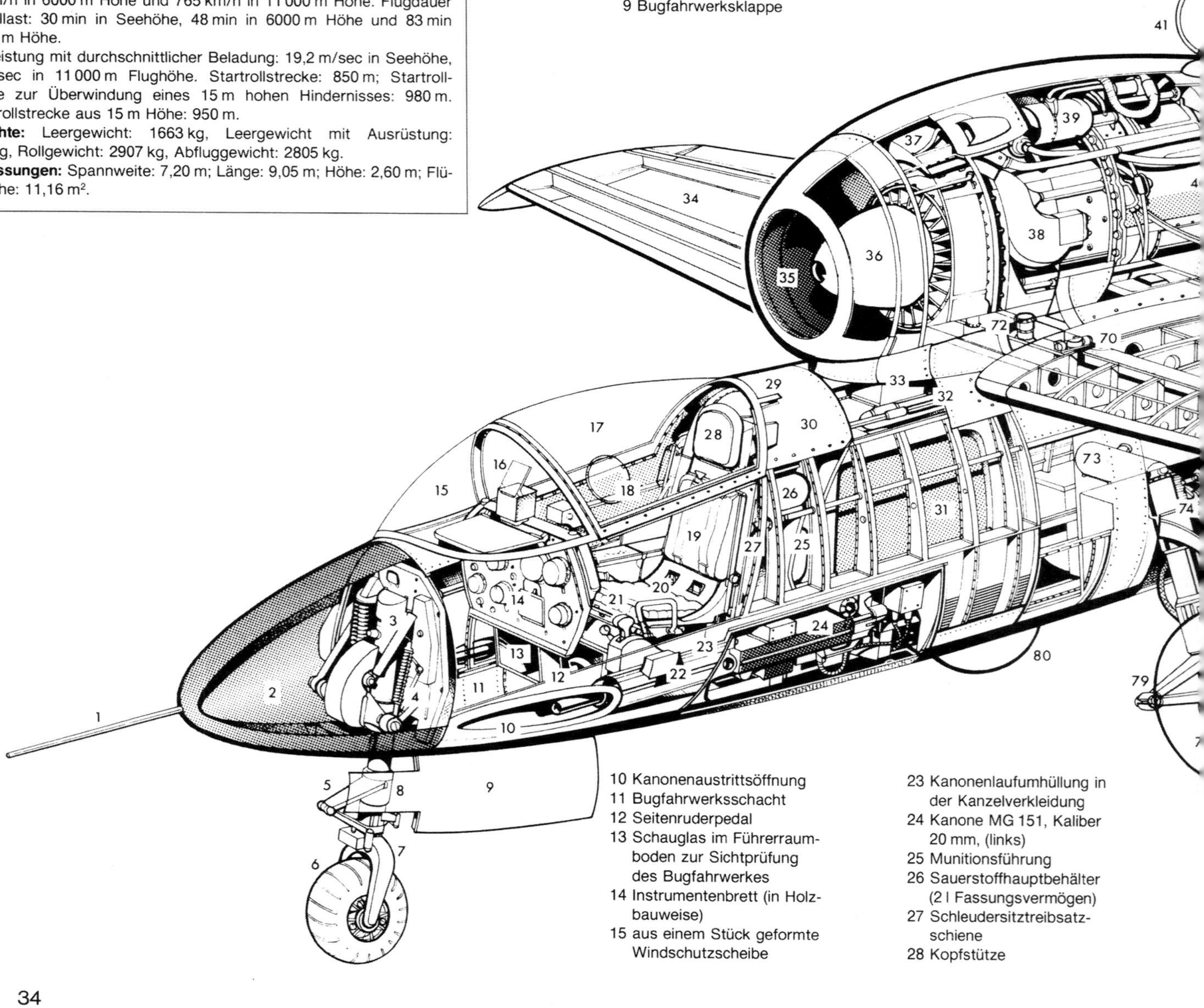

10 Kanonenaustrittsöffnung
11 Bugfahrwerksschacht
12 Seitenruderpedal
13 Schauglas im Führerraumboden zur Sichtprüfung des Bugfahrwerkes
14 Instrumentenbrett (in Holzbauweise)
15 aus einem Stück geformte Windschutzscheibe
23 Kanonenlaufumhüllung in der Kanzelverkleidung
24 Kanone MG 151, Kaliber 20 mm, (links)
25 Munitionsführung
26 Sauerstoffhauptbehälter (2 l Fassungsvermögen)
27 Schleudersitztreibsatzschiene
28 Kopfstütze

29 Kabinendachscharnier
30 Munitionsbehälter hinter der Kanzel (120 Schuß pro Kanone)
31 Gummierter Kraftstoffhaupttank (Fassungsvermögen: 695 l)

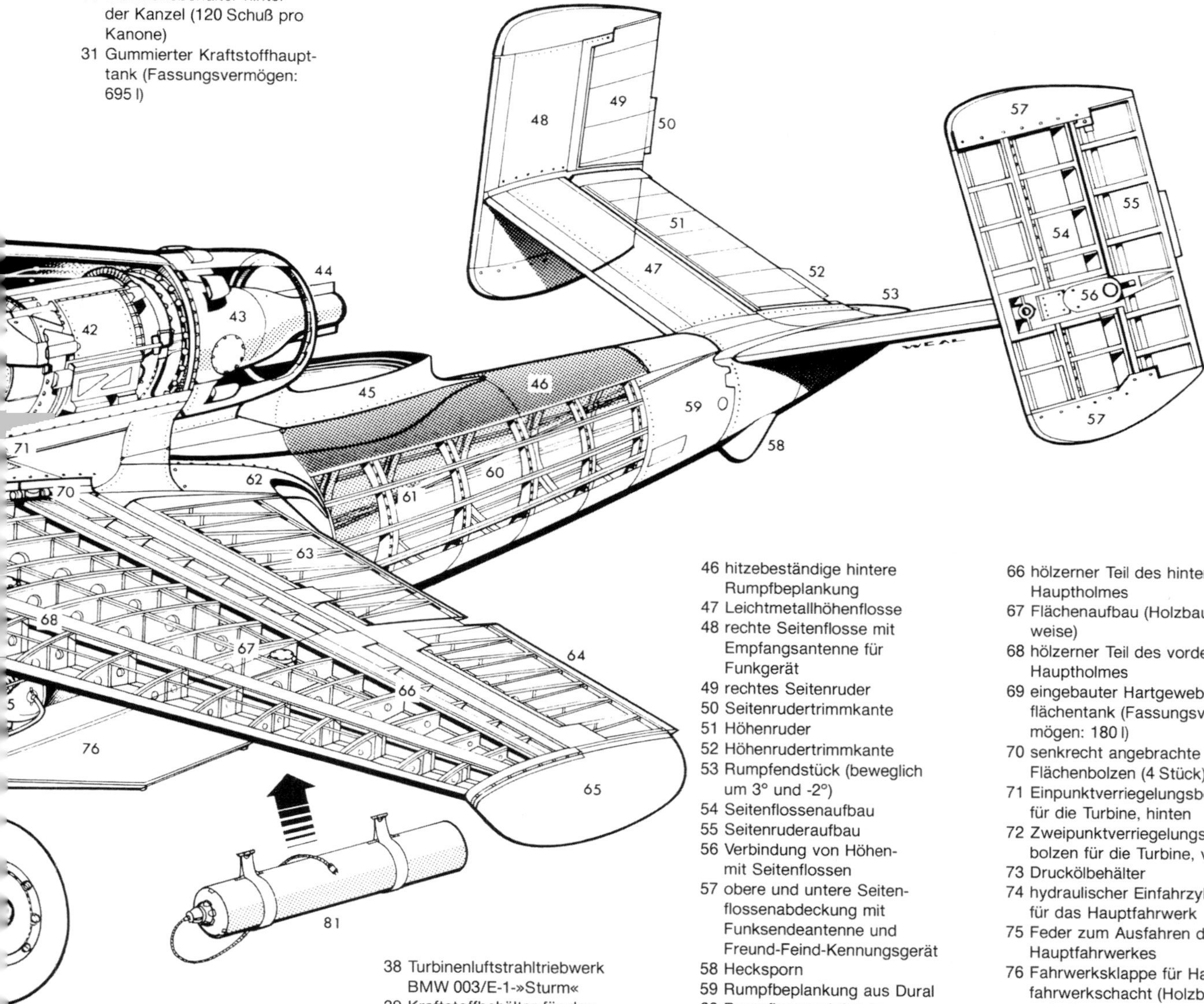

32 Kraftstoffleitungen
33 FuG 25a (Freund-Feind-Kennungsgerät)
34 Flächenbeplankung aus Buche
35 Triebwerkeinlaßöffnung
36 Verkleidung für den ›Riedel‹-Zweitaktanlaßmotor
37 Schmierstoffbehälter
38 Turbinenluftstrahltriebwerk BMW 003/E-1-»Sturm«
39 Kraftstoffbehälter für den ›Riedel‹-Motor
40 Gehäuse für den siebenstufigen Axialverdichter
41 FuG 24-Peilantenne
42 ringförmige Brennkammer
43 Mittelstück des Abgasrohres
44 Abgasaustrittsöffnung
45 Rumpfverkleidung zum Schutz gegen Abgase
46 hitzebeständige hintere Rumpfbeplankung
47 Leichtmetallhöhenflosse
48 rechte Seitenflosse mit Empfangsantenne für Funkgerät
49 rechtes Seitenruder
50 Seitenrudertrimmkante
51 Höhenruder
52 Höhenrudertrimmkante
53 Rumpfendstück (beweglich um 3° und -2°)
54 Seitenflossenaufbau
55 Seitenruderaufbau
56 Verbindung von Höhen- mit Seitenflossen
57 obere und untere Seitenflossenabdeckung mit Funksendeantenne und Freund-Feind-Kennungsgerät
58 Hecksporn
59 Rumpfbeplankung aus Dural
60 Rumpfkonstruktion in Schalenbauweise
61 Steuerkabel
62 Flächenwurzelauskehlung mit negativer V-Einstellung
63 hydraulisch betriebene Landeklappen
64 linkes Querruder
65 abnehmbare Flächenenden mit negativer V-Einstellung
66 hölzerner Teil des hinteren Hauptholmes
67 Flächenaufbau (Holzbauweise)
68 hölzerner Teil des vorderen Hauptholmes
69 eingebauter Hartgewebeflächentank (Fassungsvermögen: 180 l)
70 senkrecht angebrachte Flächenbolzen (4 Stück)
71 Einpunktverriegelungsbolzen für die Turbine, hinten
72 Zweipunktverriegelungsbolzen für die Turbine, vorne
73 Druckölbehälter
74 hydraulischer Einfahrzylinder für das Hauptfahrwerk
75 Feder zum Ausfahren des Hauptfahrwerkes
76 Fahrwerksklappe für Hauptfahrwerkschacht (Holzbauweise)
77 Hauptfahrwerkstrebe
78 Laufrad (660 x 190 mm)
79 Stoßdämpferschere
80 Schmalspurfahrwerk
81 Starthilferaketen-Gerät (unmittelbar hinter dem Hauptfahrwerkschacht eingebaut)

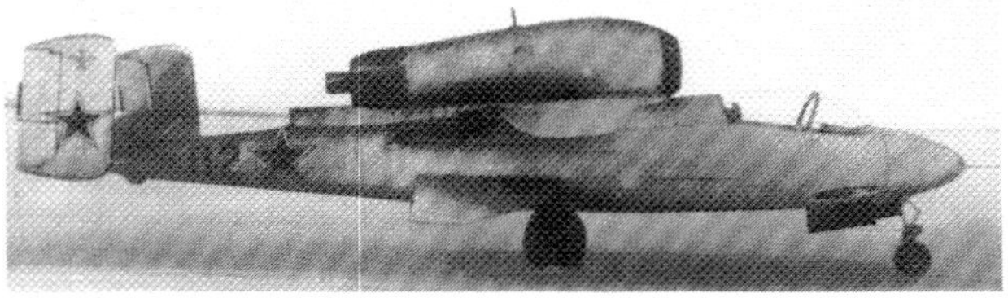

Eine von mehreren *He 162 A-2*, die auf verschiedenen Versuchsplätzen der Sowjetunion nachgeflogen und ausgewertet wurden.

flugzeuge, die es damals gab, geflogen habe.
Ich begann dann auf 9144 m zu steigen, dabei wurde die Schubdüse beim Durchfliegen der 7925-Meter-Marke auf »H« gestellt.
Während des Steigfluges nahm die Treibstoffanzeige ab, das hieß, daß die beiden, nicht an die Anzeigen angeschlossenen Flächentanks ihren Inhalt in den Haupttank abgegeben hatten, und somit nur noch der Vorrat des Haupttankes vorhanden war.
In 9144 m Höhe erwies sich die *He 162* immer noch als sehr stabiles und leicht steuerbares Flugzeug, wenn man von dem sehr empfindlichen Seitenruder einmal absah. Dieses war allerdings nur mit Vorsicht einzusetzen.
Ich drückte die Nase an, um in einen Sturzflug überzugehen, dabei die Schubdüse auf »S« stellend. Ich konnte dabei weder ein Flattern noch Vibrieren feststellen, und der Versuch, die *He 162* bei 644 km/h zu rollen, ergab die höchste Rollrate, die ich je mit manuell betätigten Querrudern erreichte; dabei waren die Steuerdrücke, die für die Ausführung dieser atemberaubenden Rollbewegungen nötig waren, angenehm leicht.
In 3685 m Höhe mußte nochmals die Schubdüse auf »F« für Hochgeschwindigkeiten unter 4000 m verstellt werden. Ich bereitete mich nochmals auf den Reiz dieser unglaublichen Rollrate in diesem netten kleinen Flugzeug vor, achtete jedoch darauf, nicht länger als 3 Sekunden negative Lastvielfache (G-Kräfte) auf das Flugzeug einwirken zu lassen, um einen Flammabriß zu vermeiden, denn die *He 162* als Segelflugzeug auszuprobieren, danach stand mir wirklich nicht der Sinn.
Bei 563 km/h zog ich hoch zu einem Looping. Sie kam über den Scheitelpunkt, ich hatte jedoch das unweigerliche Gefühl, daß ich bei dieser Flugfigur dicht an der zulässigen Mindestgeschwindigkeit geflogen war.
Zum Schluß flog ich die Maschine aus, bis die Strömung abriß, um mir ungefähr das Landeverhalten zu erfliegen. Kurz vor Erreichen das Strömungsabrisses schlingerte sie ein wenig um die Hochachse, und ein mildes Schütteln des Höhenruders setzte ein, gefolgt von einem leichten Stampfen, ehe die Nase nach unten wegging, damit anzeigend, daß der Strömungsabriß erreicht war.
Die Landung war aus technischen, nicht aus aerodynamischen Gründen eher schwierig. Es dauerte eine geschlagene Minute, ehe sich die Landeklappen nach unten pumpen ließen. Dagegen wurde das Fahrwerk schnell mittels Federn in seine Landeposition gedrückt. Der zweite Grund war der, daß der Leistungshebel auf Leerlauf gestellt werden mußte, sobald man sicher sein konnte, auf Grund der Höhe, der Entfernung und der Geschwindigkeit landen zu können.
Die Anfluggeschwindigkeit mußte bei 200 km/h bis zum Startbahnanfang gehalten werden, da eine Durchstartmöglichkeit bei der Leistungshebelstellung auf Leerlauf nicht bestand. Das setzte gute Bremsen voraus, und in der Tat erreichten die Bremsen der *He 162* britischen Standard – im Gegensatz zu allen anderen deutschen Flugzeugen, die ich Gelegenheit hatte zu fliegen.
Die Aufsetzgeschwindigkeit betrug 170 km/h. Nach zwei, drei weiteren Flügen in der *He 162* hatte ich den Bogen raus, wo man im richtigen Augenblick dann das Gas auf Leerlauf zu stellen hatte. Zusammen mit dem sehr wirkungsvollen Höhenruder, mit dessen Hilfe das Bugfahrwerk und damit die Nase nach dem Aufsetzen sehr lange zu Bremszwecken in der Luft gehalten werden konnte, führte das zu relativ kurzen Ausrollstrecken. Das Abschalten des Triebwerkes geschah wie üblich durch vollständiges Zurückziehen des Leistunghebels, Zudrehen des Brandhahnes sowie Abschalten der Treibstoffpumpen. Das hört sich zwar alles sehr einfach an, der Teufel liegt jedoch im Detail.
Der Brandhahn und der Fahrwerkshebel saßen dicht bei dicht und wurden obendrein noch in derselben Richtung betätigt. Das forderte direkt zu Fehlbedienungen heraus. Die *He 162* hatte keine Notsysteme für die Betätigung der Landeklappen oder des Fahrwerkes, sie war jedoch als eines der ersten deutschen Flugzeuge mit einem Schleudersitz ausgerüstet, dessen Handhabung relativ einfach war:
Zuerst Kabinendach abwerfen, Zurücksetzen der Fersen in dafür vorgesehene Halterungen am Schleudersitz; mit der Rechten Abnehmen der Abzugsicherung und Drük-

ken des Abzuges.
Meinen ersten Eindrücken, die ich vom »Volksjäger« bekommen hatte, hatte ich kaum etwas hinzuzufügen: Er war, wie alle deutschen Turbinenflugzeuge ein vortreffliches Flugzeug, wenn es in seinem Element war, jedoch schwierig bei Start und Landung.
Ich hatte es nie mehr mit so leicht zu bedienenden Steuerorganen zu tun, die allerdings auch so leicht falsch behandelt werden konnten. Eine solche Falschbehandlung führte in Farnborough am 9. November 1945 zu einem tödlichen Unfall, bei dem Flight Lieutnant R. A. Marks in der *He 162* (Werk-Nr. 120072) sein Leben ließ.
Er besaß auf dem »Volksjäger« noch wenig Erfahrung. Als er meine Routine-Vorführungen nachzuahmen versuchte, hatte ich ihn davor gewarnt, bei Rollfiguren zuviel mit dem Seitenruder nachzuhelfen.
Seine Begeisterung war stärker als seine Umsicht, und als er eine Rolle im Tiefflug ansetzte, zerbrachen Teile des Seitenleitwerkes und des Höhenruders, dann brach das ganze Rumpfende ab, worauf das Flugzeug senkrecht über die Nase nach unten wegging. Da gab es selbst mit dem Schleudersitz keine Rettung mehr. Ein Flugzeug, das nichts verzieh!
Die Tatsache, daß die *He 162* niemals im Einsatz geflogen wurde, läßt uns mit der interessanten, rein akademischen Frage zurück, wie sie sich wohl im Kampfe geschlagen haben würde. Sie wäre ohne Zweifel eine ausgezeichnete Waffenplattform gewesen, und ihre sehr kleinen Abmessungen würden es dem Gegner schwer gemacht haben, sie zu treffen. Auch wenn sie triebwerksmäßig etwas schwach ausgerüstet war, so erzielte sie doch hohe Geschwindigkeiten – sie hätte bestimmt Kreise um die zur selben Zeit auf dem Kriegsschauplatz erschienenen englischen ›Meteor‹ geflogen. Sie war jedoch für den Einsatz mit Anfängerpiloten denkbar ungeeignet. Es gehörte sogar mehr als nur durchschnittliches fliegerisches Können dazu, um sie aus einem kleinen Flugplatz in die Luft zu bekommen.
Als Ergänzung zur für alle Gegner gefährlichen *Me 262* hätte sie der Luftwaffe bei der Wiedergewinnung der Luftüberlegenheit über Deutschland wertvolle Dienste leisten können – wäre sie nur früher auf dem Kriegsschauplatz erschienen!
Ich werde mich der *He 162* immer mit besonderer Freude erinnern, denn sie schenkte mir ein paar unvergeßliche Stunden in der Luft. Meiner Ansicht nach können sich die Alliierten von damals glücklich schätzen, daß die *He 162* nicht ein, zwei Monate früher an die Front gekommen war, und daß die Deutschen keinen Treibstoff mehr besaßen, sonst hätte die kleine *He 162* zwischen unseren Bombern mit hoher Wahrscheinlichkeit gehörig aufgeräumt – zu einem Zeitpunkt, zu welchem verzweifelte Mittel möglicherweise zu sensationellen Ergebnissen geführt hätten.

Diese *He 162 A-2* (Werk-Nr. 120072) wurde in Marienehe/Mecklenburg gebaut und gehörte vermutlich zur Ausstattung des Jagdgeschwaders 1 ›Oesau‹. In dieser Ausgabe des bemerkenswerten kleinen Jagdflugzeuges verlor auf Grund sich ablösender Leitwerksteile während der Ausführung eines Rollmanövers im Tiefflug Flt. Lt. R. A. Marks am 9. November 1945 sein Leben.

Junkers Ju 87 D

Stuka! Welches Wort hat zu Beginn des Zweiten Weltkrieges mehr Schrecken verbreitet als dieses?
Für viele Flüchtlinge Europas, die die Straßen in ihrem verzweifelten Bemühen, der Kriegsfurie zu entkommen, verstopften, war Stuka gleichbedeutend mit Tod und Zerstörung, die vom Himmel mit schrecklicher Zielsicherheit herabkam.[1)]
In Militärkreisen war diese Bezeichnung der allgemein anerkannte »Spitzname« für ein Kriegsflugzeug, das sich eines größeren Namens erfreute, als alle anderen: der umstrittene Sturzbomber *Ju 87*. Als der Stuka zum erstenmal zum Einsatz gelangte – Stuka steht übrigens für Sturzkampfbomber, eine Bezeichnung, die eigentlich alle Sturzkampfbomber hätten führen können –, glaubten seine Förderer, unter denen sich kein geringerer als Ernst

[1)] Die Tatsache, daß die *Ju 87,* unter der Kurzformel »Stuka« weltbekannt geworden, so genau zielen und treffen konnte, spricht eigentlich dagegen, daß mit ihr wahllos Flüchtlingstrecks bombardiert wurden. Die deutschen Flieger haben sich gerade während der ersten Feldzüge peinlich genau an die Haager Landkriegsordnung gehalten. Zivilbevölkerung mit Bombenterror zu überschütten blieb den Anglo-Amerikanern und den Russen vorbehalten. Daß deutsche Flieger gezielt auf Flüchtlingstrecks Jagd gemacht hätten, wie das während des letzten Kriegsjahres von allen alliierten Gegnern Deutschlands praktiziert wurde, ist nicht einmal während der »Nürnberger Prozesse« und auch nicht durch die bislang veröffentlichten Dokumente zur Luftkriegsgeschichte bestätigt worden. (d. Ü.)

Udet befand, daß er eine überragende Waffe sei. Der sagenhafte Ruhm, den der Stuka während des Polen- und Frankreichfeldzuges erringen konnte, verlieh dem Glauben an seine Unbesiegbarkeit unmittelbar zusätzliche Nahrung. Dieser Glaube wurde von der deutschen Propaganda eifrig unterstützt. Der Stuka war nicht nur einsame Klasse als Präzisionsbomber, der zwar nicht in der Lage war, eine Bombe in ein Gurkenfaß zu plazieren, aber doch mit einer Genauigkeit Ziele angreifen konnte, die Abweichungen von weniger als dreißig Meter vom Zentrum möglich machten. – Er war Massendemoralisierer, der senkrecht auf die Erde niederstieß – begleitet von einem infernalischen Sirenengeheul, das eine vernichtende moralische Wirkung auslöste. Es war, als würden die Trompeten von Jericho geblasen.

Von Anfang an entwickelte die Luftwaffenführung eine bemerkenswerte Vorliebe für den Stuka. Zunächst war an den Einsatz zur unmittelbaren Heeresunterstützung gedacht, außerdem sollte der Stuka die weitreichende Artillerie ersetzen.

Der Einsatz der Stukawaffe setzte jedoch die eigene Luftüberlegenheit voraus; eine wünschenswerte Lage, die mit dem Fortgang des Krieges auf deutscher Seite immer weniger zu erringen gewesen war. Sobald jedoch die Luftüberlegenheit von den eigenen Jagd- und Kampfverbänden nicht mehr länger örtlich und zeitlich aufrechterhalten werden konnte, wurde der Stuka in Gestalt der *Ju 87* zum Anachronismus.

So handlich und standhaft, ja robust dieses häßliche Junkersflugzeug auch gewesen sein mag, es war das ganz natürliche Opfer für jeden halbwegs geschickten Jagdflieger.

Die Erfolgskurve der *Ju 87* erreichte ihren Höhepunkt während des Frankreichfeldzuges, mündete über den Britischen Inseln in einen absteigenden Ast und hatte ihren Nullpunkt über der Sowjetunion.[1)]

Als ich endlich Gelegenheit hatte, mir einen lang gehegten Wunsch zu erfüllen, und ich in diesem vielgerühmten Flugzeug fliegen konnte, war das Erwähnte längst Vergangenheit.

Ich habe viel Erfahrung in der Technik des Sturzfliegens mit der Blackburne ›Skua‹, der Vultee ›Vengeance‹ und der Douglas ›Dauntless‹ sammeln können. Und obwohl keines der vorgenannten Flugzeuge in bezug auf Horizontalgeschwindigkeit Eindruck machte, war ich doch davon überzeugt, daß alle drei der *Ju 87* darin ein ganzes Stück überlegen seien, weshalb die *Ju 87* meiner Überzeugung nach irgend etwas in der Hinterhand haben mußte, von dem ich noch nicht die leiseste Ahnung hatte.

Die Gelegenheit, die *Ju 87* zu fliegen, ergab sich für mich am 23. August 1945 in Husum. Auf diesem Fliegerhorst war einiges an veraltetem Luftwaffematerial abgestellt worden, und inmitten des Sammelsuriums, bestehend aus den verschiedensten Flugzeugtypen, stand verloren eine *Ju 87 D–3* herum.

Eine oberflächliche Überprüfung des wild aussehenden Ungetüms ergab, daß die gesamte Kanonen- und MG-Bewaffnung entfernt worden war, vermutlich zur Bodenverteidigung während der letzten Kampftage. Davon abgesehen, war sie noch in ganz guter Verfassung.

Sie sah mir nicht danach aus, als wäre sie schon im Fronteinsatz geflogen worden. Trotz ihres altmodischen Aussehens war ich überzeugt davon, daß sie frühestens im vorigen Sommer aus der Werkshalle der »Weser-Flugzeugbau« gekommen sein konnte.

Die *Ju 87* war ganz offensichtlich eine Maschine von großer Gediegenheit. Mit ihren starken Knickflügeln, ihrem solide abgestrebten Heckleitwerk sowie dem massiven starren Fahrwerk. Vom breitblättrigen Propeller vom Typ Junkers VS 11, der mit konstanter Drehzahl drehte, bis hin zu den Trimmkanten machte der Junkers Sturzbomber den Eindruck eines ungeheuer großen Flugzeuges. Und es war für den ölgekühlten Junkers Jumo 211 J-Motor, der eine Leistung von 1420 PS bei 2600 U/min und von 1190 PS bei 2400 U/min abgab, bestimmt kein Leichtes, dieses Flugzeug zu bewegen.

[1)] Der Verfasser übersieht hierbei die hervorragende Rolle, welche die Stukawaffe nach der Schlacht um England während des Balkanfeldzuges, bei der See-Luftschlacht um Kreta und der hierbei geglückten Ausschaltung der Royal Navy aus der Luft, die ganz überwiegend den Stuka-Verbänden zu danken war, und schließlich noch beim stürmischen Vormarsch des Afrika-Korps unter Generalfeldmarschall Rommel gespielt hatte.
Zum Nullpunk der Stukawaffe über Rußland ist anzumerken, daß sie zeitlich mit dem Niedergang der deutschen Wehrmacht zusammenfällt. Bis Anfang 1945 konnte die Stukawaffe große Erfolge im Einsatz gegen sowjetische Truppen, gegen Nachschublinien, Brücken, Schiffe und ähnliche Ziele verbuchen. Nicht umsonst sind die großen Asse der Stukawaffe aus dem Rußlandfeldzug hervorgegangen. Von ihnen hatten nicht wenige mehr als 1000 Feindflüge. Oberst Hans-Ulrich Rudel flog fast ausschließlich an der Ostfront 2534 Einsätze, eine Zahl, die in den Annalen der Luftkriegsgeschichte einmalig ist. (d. Ü.)

Junkers Ju 87 D-3 Schnittzeichnung:

1 Luftschraubennabenhaube (Spinner)
2 Luftschraubenregler
3 Luftschraubenblattnabe
4 Junkers Luftschraube VS 11 mit konstanter Drehzahl
5 schwingungsgedämpfte Motorträgeranschlüsse
6 Schmierstoffeinfüllöffnung und Markierung
7 Junkers Jumo 211 J-1, Zwölfzylinder flüssigkeitsgekühlter Reihenmotor mit hängender V-Anordnung
8 Schmierstoffnotbehälter (Inhalt: 26,8 l)
9 aus Magnesiumlegierung geschmiedeter Motorträger
10 Kühlstoffausgleichsbehälter
11 Auspuffstutzen
12 Kraftstoffeinspritzung
13 Kühlerklappen
14 gepanzerter Kühler
15 Kurbelklaue für Schwungkraftanlasser
16 unterer Kugelanschluß
17 Stahlrohrstrebe zur Stützung des Triebwerksgerüstes
18 Panzerung (8 mm)
19 Hauptschmierstoffbehälter (Inhalt: 45 l)
20 Schmierstoffüllkopf
21 Querverstrebung
22 Seitenruderpedale
23 Steuerknüppel
24 Heizpunkt
25 Nebenlufteinlaß
26 oberer Kugelanschluß
27 Brandschott
28 Schmierstoffbehälter (Inhalt: 31 l)
29 Schmierfüllkopf mit Markierung
30 Kraftstofftankdeckel
31 rechter äußerer Kraftstofftank (selbstdichtend/beschußsicher)
32 Flächenbomben mit Dinortstab (Zünderabstandsrohr)
33 Staurohr
34 kugelförmiger Sauerstoffbehälter
35 Flächenbeplankung
36 Positionslicht, Steuerbord
37 Ausgleichsgewicht für Querruder
38 Querruder und Landeklappe
39 Querruderaufhängung
40 gewellte Flächenrippe
41 gepanzerte Windschutzscheibe
42 Reflexvisier (Revi)
43 Schutzpolster
44 Ausschußöffnung für Signalmunition
45 verstrebter Rumpfhauptrahmen
46 Anschluß für den vorderen Hauptholm
47 Führersitz (gepanzert durch 4 mm Stahl seitlich und 8 mm Stahl im Rücken)
48 Schott zwischen Führer- und Bordschützensitz
49 Handgriff für Schiebedach
50 seitliche Panzerung am vorderen Schiebedach
51 Rückenpanzerung für Flugzeugführer (8 mm)
52 Kopfstütze
53 hinteres Schiebedach (teilweise geöffnet)
54 Aussparung für den Antennenmast
55 Überschlagbügel
56 Antennenmast
57 Funkgerät 16 (FuG 16)
58 Zusatzpanzerung (innen)
59 Gleitschiene für Schiebedach
60 Haltegriffe/Fußrasten
61 verstrebter Rumpfhauptrahmen
62 Anschlußstelle für den hinteren Hauptholm
63 Schützensitz (drehbar)
64 Bodenpanzerung (5 mm)
65 gepanzertes Brandschott (8 mm)
66 Magazinhalterung
67 Zusatzpanzerung, außen, mit Aussparung für Handgriff

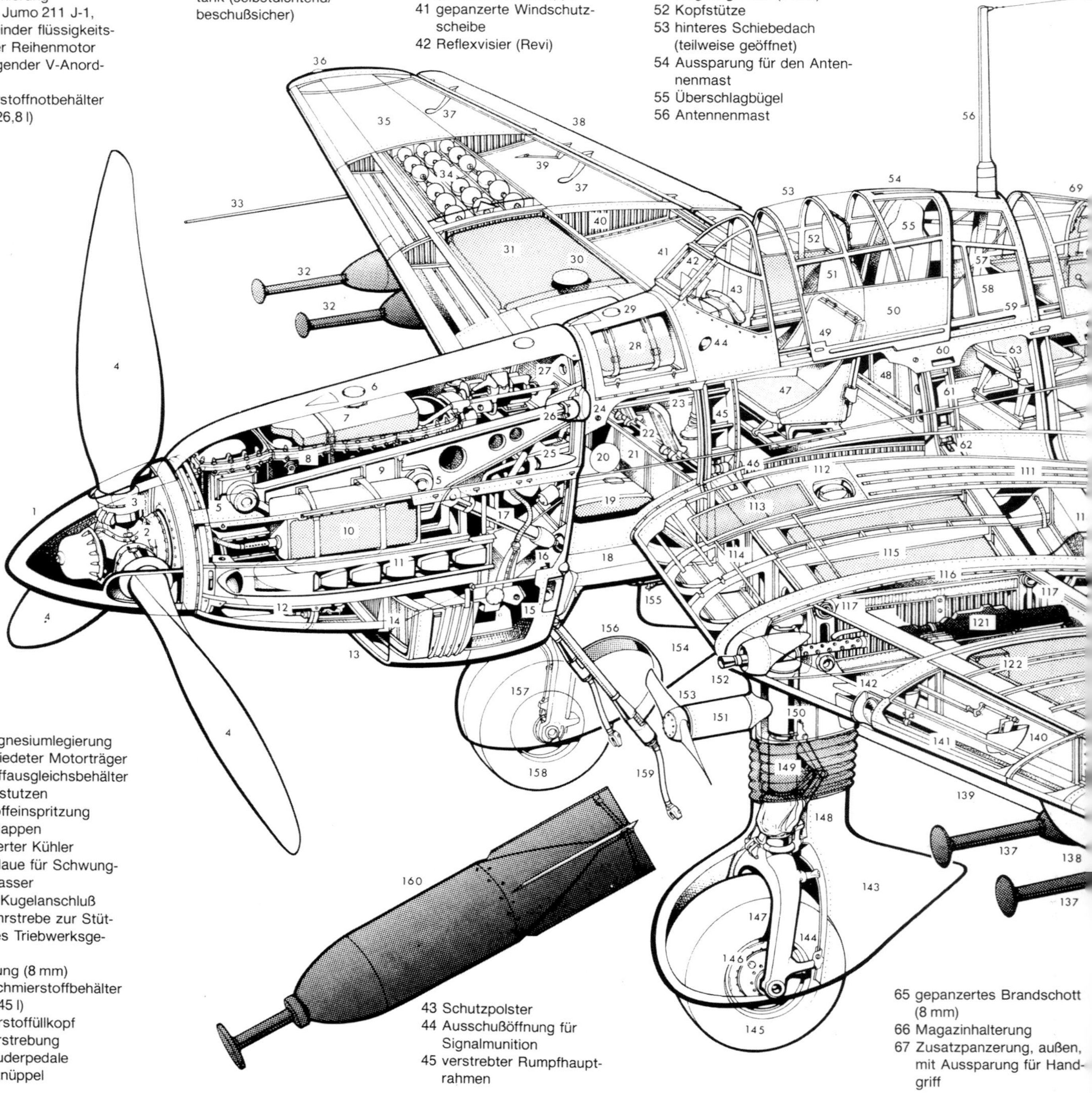

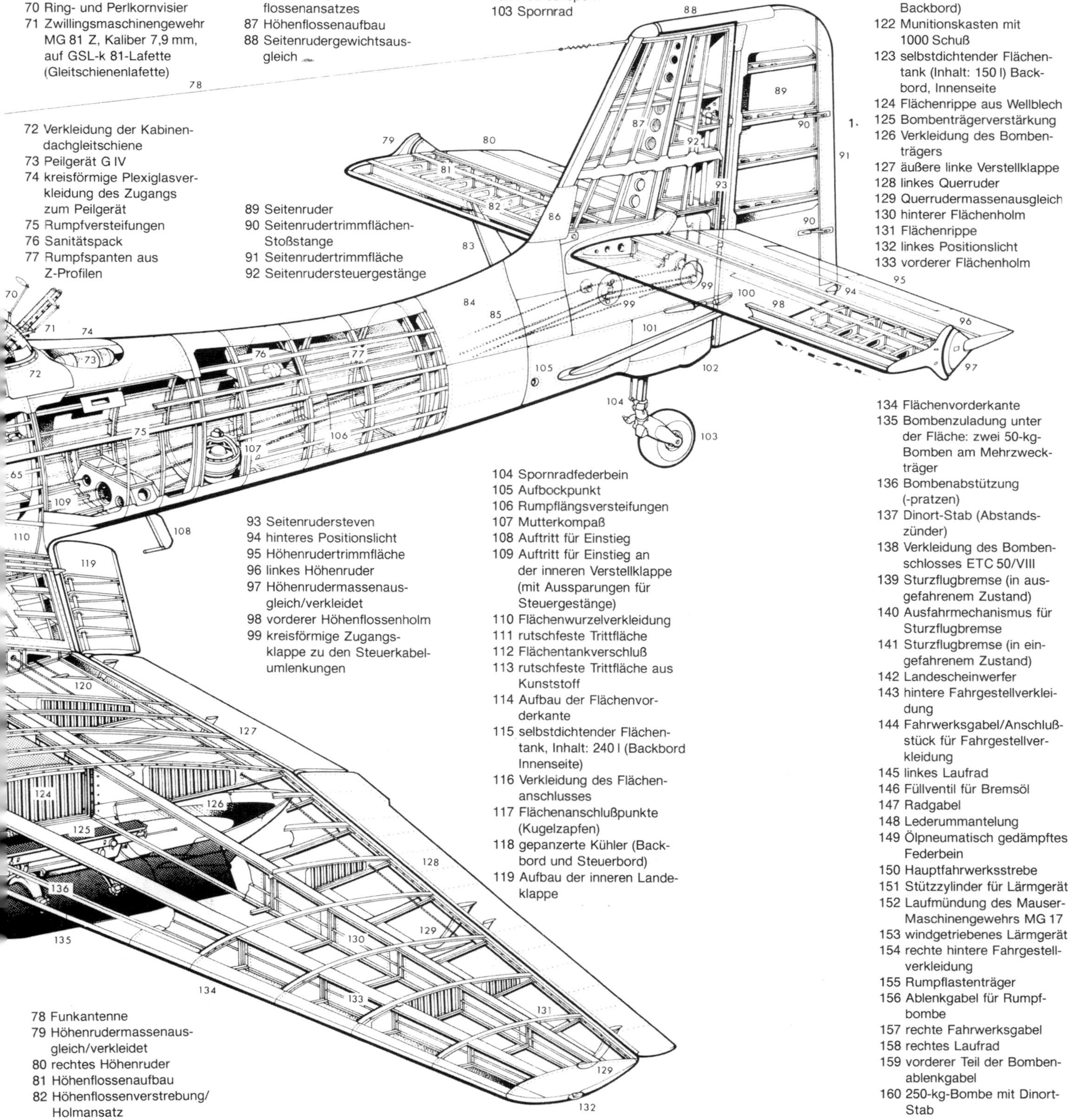

68 Innenpanzerung, seitlich und am Kopfbereich
69 Schiebedach (teilweise geöffnet)
70 Ring- und Perlkornvisier
71 Zwillingsmaschinengewehr MG 81 Z, Kaliber 7,9 mm, auf GSL-k 81-Lafette (Gleitschienenlafette)
72 Verkleidung der Kabinendachgleitschiene
73 Peilgerät G IV
74 kreisförmige Plexiglasverkleidung des Zugangs zum Peilgerät
75 Rumpfversteifungen
76 Sanitätspack
77 Rumpfspanten aus Z-Profilen
78 Funkantenne
79 Höhenrudermassenausgleich/verkleidet
80 rechtes Höhenruder
81 Höhenflossenaufbau
82 Höhenflossenverstrebung/Holmansatz
83 Höhenflossenstrebe
84 Rumpfbeplankung
85 Steuerkabel
86 Verkleidung des Höhenflossenansatzes
87 Höhenflossenaufbau
88 Seitenrudergewichtsausgleich
89 Seitenruder
90 Seitenrudertrimmflächen-Stoßstange
91 Seitenrudertrimmfläche
92 Seitenrudersteuergestänge
93 Seitenrudersteven
94 hinteres Positionslicht
95 Höhenrudertrimmfläche
96 linkes Höhenruder
97 Höhenrudermassenausgleich/verkleidet
98 vorderer Höhenflossenholm
99 kreisförmige Zugangsklappe zu den Steuerkabelumlenkungen
100 Verkleidung der unteren Seitenruderscharniere
101 Höhenflossenstrebe
102 Nothecksporn
103 Spornrad
104 Spornradfederbein
105 Aufbockpunkt
106 Rumpflängsversteifungen
107 Mutterkompaß
108 Auftritt für Einstieg
109 Auftritt für Einstieg an der inneren Verstellklappe (mit Aussparungen für Steuergestänge)
110 Flächenwurzelverkleidung
111 rutschfeste Trittfläche
112 Flächentankverschluß
113 rutschfeste Trittfläche aus Kunststoff
114 Aufbau der Flächenvorderkante
115 selbstdichtender Flächentank, Inhalt: 240 l (Backbord Innenseite)
116 Verkleidung des Flächenanschlusses
117 Flächenanschlußpunkte (Kugelzapfen)
118 gepanzerte Kühler (Backbord und Steuerbord)
119 Aufbau der inneren Landeklappe
120 Klappenscharnier
121 Rheinmetall-Borsig-Maschinenkanone MG 17, Kaliber 7,9 mm, (Steuer- und Backbord)
122 Munitionskasten mit 1000 Schuß
123 selbstdichtender Flächentank (Inhalt: 150 l) Backbord, Innenseite
124 Flächenrippe aus Wellblech
125 Bombenträgerverstärkung
126 Verkleidung des Bombenträgers
127 äußere linke Verstellklappe
128 linkes Querruder
129 Querrudermassenausgleich
130 hinterer Flächenholm
131 Flächenrippe
132 linkes Positionslicht
133 vorderer Flächenholm
134 Flächenvorderkante
135 Bombenzuladung unter der Fläche: zwei 50-kg-Bomben am Mehrzweckträger
136 Bombenabstützung (-pratzen)
137 Dinort-Stab (Abstandszünder)
138 Verkleidung des Bombenschlosses ETC 50/VIII
139 Sturzflugbremse (in ausgefahrenem Zustand)
140 Ausfahrmechanismus für Sturzflugbremse
141 Sturzflugbremse (in eingefahrenem Zustand)
142 Landescheinwerfer
143 hintere Fahrgestellverkleidung
144 Fahrwerksgabel/Anschlußstück für Fahrgestellverkleidung
145 linkes Laufrad
146 Füllventil für Bremsöl
147 Radgabel
148 Lederummantelung
149 Ölpneumatisch gedämpftes Federbein
150 Hauptfahrwerksstrebe
151 Stützzylinder für Lärmgerät
152 Laufmündung des Mauser-Maschinengewehrs MG 17
153 windgetriebenes Lärmgerät
154 rechte hintere Fahrgestellverkleidung
155 Rumpflastenträger
156 Ablenkgabel für Rumpfbombe
157 rechte Fahrwerksgabel
158 rechtes Laufrad
159 vorderer Teil der Bombenablenkgabel
160 250-kg-Bombe mit Dinort-Stab

2
2
Bärli
T6
B
C
2

◀ **Diese Vierseitenansicht stellt die Junkers *Ju 87 D-3* (Werk-Nr. 2491) T6+BC vom Stab II./Stukageschwader 2 ›Immelmann‹ dar, eingesetzt in der Schlacht um Stalingrad im Herbst/Winter 1942. Das Stabswappen stellt den Bamberger Reiter dar. Das Wappen war in Schwarz und Weiß auf einer roten Scheibe gehalten, das Pferd war auf einem Grasuntergrund stehend dargestellt. Der Name dieses speziellen Flugzeuges war ›Bärli‹, weiß aufgemalt. Das »C«, welches das Flugzeug als zum Stab der II. Gruppe gehörig auswies, war grün und war auf die weiße Erkennungsbinde aufgemalt.**

Die Motorverkleidung war weitgehend gepanzert, um Motor und Kühler vor Splittern zu schützen. Daneben entdeckte ich umfangreiche Panzerungen unterhalb und rund um die beiden Sitze, in welchen ansonsten nichts war, was die beiden Insassen gegen Beschuß durch Jäger geschützt hätte.

Nur relativ wenige deutsche Flugzeuge, die während des Zweiten Weltkrieges eingesetzt worden waren, konnten nach anerkannten Maßstäben als schön bezeichnet werden, aber die *Ju 87* war unleugbar häßlich in des Wortes eigentlicher Bedeutung, und man konnte kaum annehmen, daß die vor mir stehende Version des Stuka einen ernsthaften Versuch darstellte, die Grundkonzeption dieses Flugzeuges aerodynamisch aufzumöbeln.

Ihre Vorgängerin, die *Ju 87 B,* war sicherlich das Produkt eines Alptraumes eines Aerodynamikers. Mit ihrem starren verkleideten Fahrwerk und ihrem überdimensionierten Ölkühlers sah sie von vorne aus, als strecke ein Urweltvogel seine Klauen vor und reiße seinen Schlund weit auf.

Zwar hatte die *Ju 87 D* etwas von der Eckigkeit ihrer Vorgängerin verloren, war aber nach meinen Maßstäben immer noch keine Schönheit geworden. Ihr konstruktiver Aufbau war insgesamt hoffnungslos veraltet. Kein Wunder also, daß bis auf eine Gruppe, die durch den eingefleischten Stukaflieger Hans-Ulrich Rudel geführt wurde, und der darauf bestand, diesen Veteran unter den Kriegsmaschinen als »Kanonenvogel« weiterhin in Tageinsätzen gegen russische Panzer an der Ostfront zu fliegen, die *Ju 87* zu einem großen Teil ihre letzten Einsätze bei den Nachtschlachttruppen machten.

Technische Daten der Junkers Ju 87 D-1

Triebwerk: Ein luftgekühlter Zwölfzylinder-Motor Junkers Jumo 211 J-1 in hängender V-Anordnung. Startleistung: 1420 PS bei 2600 U/min. Für höchstzulässige Dauerleistung: 1190 PS bei 2400 U/min und 960 PS bei 2250 U/min.
Leistungen: Höchstgeschwindigkeit bei einem Gewicht von 5714 kg in 4100 m Höhe: 410 km/h. Marschgeschwindigkeit mit Bombenzuladung an den Außenstationen und einer Motorleistung von 72 %: 310 km/h in 5100 m Flughöhe. Wirtschaftlichste Reisegeschwindigkeit mit einer Bombenzuladung von 800 kg: 185 km/h in 5100 m. Normale Reichweite: 820 km. Größte Reichweite bei wirtschaftlichster Marschgeschwindigkeit: 1535 km. Dienstgipfelhöhe mit einem Gewicht von 5735 kg: 7285 m. Mit Höchstzuladung: 4730 m.
Gewichte: Leergewicht mit Ausrüstung: 3900 kg; mit Normalbeladung: 5842 kg; höchstzulässiges Abfluggewicht: 6600 kg.
Abmessungen: Spannweite: 13,80 m; Länge: 11,50 m; Höhe: 3,88 m; Flügelfläche: 31,9 m^2.
Bewaffnung: Zwei starre Maschinengewehre MG 17, Kaliber 7,9 mm in den Flächen und ein bewegliches Zwillingsmaschinengewehr MG 81Z, Kaliber 7,9 mm, mit dem der Bordfunker nach hinten schoß. Eine 1800-kg-Bombe für Naheinsätze, eine 1100-kg-, eine 500-kg-, oder eine 250-kg-Bombe unter dem Rumpf und zusätzlich bei einer Bombenzuladung von 500 kg unter dem Rumpf: vier 50-kg- oder zwei 250-kg-Bomben oder zwei Behälter mit je sechs MG 81, Kaliber 7,9 mm, oder zwei Behälter mit je zwei MG FF-Kanonen, Kaliber 20 mm, oder zwei Behälter mit 92 2-kg-Bomben unter den Flächen.

GROSS GENUG UND LANGSAM GENUG

Ich kletterte in die Flugzeugführerkanzel, sah mich um, und mein bereits gewonnener Eindruck von dem eines großen einmotorigen Flugzeuges bestätigte sich.

Ich folgte den »Aufzeichnungen für den Flugzeugführer«, brachte den Brandhahn in die Stellung, »Beide Tanks«, betätigte die Anlaßeinspritzung, schaltete die Kraftstoffpumpen ein, brachte den Leistungshebel auf Position 1, schaltete beide Magnete ein, betätigte den Schwungkraftanlasser und die Anlaßzündspule, indem ich 10 Sekunden einen Hebel an der linken unteren Seite drückte und ihn danach herauszog, bis der Motor in Gang kam. Den Motor ließ man mit 1600 U/min warmlaufen. Höhere Umdrehungszahlen machten bei diesem Vorgang eine Verankerung des Rumpfhecks notwendig, um einen eventuellen Kopfstand zu vermeiden. Mit verankertem Heck konnte man den Motor bei einem Ladedruck von 1,3 ata auf 2200 U/min bringen. Zur Prüfung der Magnetzündung ging man mit dem Leistungshebel auf 1,0 ata Ladedruck zurück.

Nach dem Standlauf des Motors wurde die Verankerung gelöst, das Spornrad entriegelt und zum Start gerollt. Ich stellte fest, daß die Bremsen sehr dosiert angewandt werden mußten, außerdem war das Flugzeug seitenwindempfindlich. Ehe man losflog, richtete man es gerade in

Eine *Ju 87 D-5* (T6+AS) der 8./St.G.2 ›Immelmann‹ über dem Kursker Bogen während des Sommers 1943.

Eine *Ju 87 D-1* der 7./St.G.1 während der Bombenbeladung im Sommer 1942 an der russischen Nordfront.

Ju 87 D-3 der 4./St.G.77 auf der Rückkehr vom Feindflug über der Sowjetunion im Winterfeldzug 1942/43. Die Version D-3 war hauptsächlich für Einsätze als Schlachtflugzeug vorgesehen und war deshalb mit verstärkter Panzerung um den Motorbereich, den Kühler und die Besatzung versehen.

Eine *Ju 87 D-8* des St.G.3, das während des Sommers 1943 von Italien aus Einsätze flog.

den Wind, verriegelte das Spornrad, schaltete die Kraftstoffpumpen ein, wählte die Landeklappenstellung für den Start, trimmte auf »Neutral« und verstellte die Luftschrauben auf »Start«. Meine *Ju 87 D-3* war mit wenig Treibstoff betankt worden, also entsprechend leicht. Mit Vollgas beschleunigte sie erstaunlich schnell, hob vom Boden mit etwa 116 km/h nach einer Startrollstrecke von nur 400 Metern ab. Gestiegen wurde mit 2300 U/min und einem Ladedruck von 1,15 ata, zwischenzeitlich wurden die Landeklappen hochgefahren; zwei Lämpchen leuchteten auf, sobald sie eingefahren waren. Danach konnte die Steiggeschwindigkeit auf 215 km/h erhöht werden. Für jede 1000-m-Höhenmarke wurden 10 km/h Fahrt zurückgenommen. In einer Höhe von 3500 m Höhe wurde der Lader vom niedrigen Gang auf »automatisch« umgeschaltet. Der ganze Steigflug war mühselig. Das Gefühl der Verwunderung ließ einen in diesem Flugzeug nie los. Es wurde dadurch verstärkt, daß der Flugzeugführer sehr hoch saß und eine ausgezeichnete Sicht nach allen Seiten aus seiner glashausartigen Kanzel hatte.

***Ju 87 D-5* mit Wintertarnanstrich beim Start zum Einsatz über der Sowjetunion im Winter 1942/43. Das hier abgebildete Flugzeug gehörte wahrscheinlich zum Stukageschwader 77.**

_Ju 87_ der 4./St.G.77. Über der Propellernabe wird der 300. Feinflug des Flugzeugführers angezeigt. Unter der rechten Tragfläche sind 50-kg-Bomben mit Abstandszündern (Stabo mit Dinortstab), »Dinortspargel« genannt, zu erkennen.

Die *Ju 87* war groß genug und langsam genug, um ein geradezu ideales Ziel auch für den bescheidenen Anfänger unter den Jagdfliegern abzugeben. Selbst bei den gegnerischen Flak-Kanonieren mußte sie in der Popularitätskurve hoch angesiedelt gewesen sein. Auch mit den großflächigen Querrudern kam kein richtiger Schwung bei Abwehrmanövern auf. Obwohl das Höhenruder ziemlich leichtgängig war, war das Flugzeug einfach zu stabil um seine Längsachse, um wendig zu sein. Deshalb ist es auch nicht verwunderlich, daß die Stukagruppen über der Ostfront dezimiert wurden, als es den Sowjets gelungen war, gut ausgebildete Jagdflieger in großer Zahl an die Front zu bringen. Es kann überhaupt kein Zweifel darüber bestehen, daß die *Ju 87* Jagdschutz benötigte wie der Fisch das Wasser, um dort hinzugelangen, wo sie gebraucht wurde.

Mein hauptsächliches Interesse galt jedoch der Antwort auf die Frage, wir gut dieses veraltete Flugzeug auf dem Gebiet war, für welches es vorgesehen war, und auf welchem es so erstaunliche Erfolge vorweisen konnte. Ich flog deswegen hinaus, um über der Nordsee einige Sturzflüge auszuführen. Vor dem Sturzflug gab es folgendes zu beachten:

Landeklappen: einfahren
Höhenrudertrimmung: neutral
Seitenrudertrimmung: neutral
Propellerstellung: Reise
Kontakthöhenmesser: an, und auf Ausklinkhöhe einstellen
Lader: automatisch
Leistungshebel: voll zurück
Kühlerklappen: zu
Sturzflugbremsen: aus.

Die Betätigung der Sturzflugbremsen ließ das Flugzeug

nach unten abkippen, gleichzeitig damit wurde die Abfangvorrichtung betriebsbereit gemacht.
Das Schwierigste der Sturzflugausbildung liegt darin, daß man den Sturzwinkel überschätzt, dieser scheint immer größer zu sein, als er in Wirklichkeit ist. Jeder Sturzkampfflieger-Jahrgang während des Zweiten Weltkrieges erfand irgendwelche Hilfsmittel, um den Sturzwinkel besser abschätzen zu können. In der *Ju 87* war das dadurch gelöst, daß eine Serie von Winkelstrichen an der rechten vorderen Seite der Kanzelverglasung angebracht war. Wurden diese Linien mit dem Horizont verglichen, so konnte man die Sturzwinkel von 30° bis 90° ablesen. Ein Sturzwinkel von 90° ist eine ziemlich erregende Erfahrung, da man das Gefühl nicht los wird, das Flugzeug stürze über die Senkrechte hinaus und flattere dabei.
Und das Ganze spielt sich ab, während die terra firma mit absolut tödlicher Schnelligkeit auf einen zurast.
Tatsächlich hatte ich bis dahin noch kein Sturzkampfflugzeug geflogen, mit welchem Stürze steiler als 70° möglich gewesen wären. Nur die *Ju 87* war ein echter 90°-Stürzer! Aus irgendeinem mir unbekannten Grunde blieb die

Eine *Ju 87 D-1* der II./St.G.1 über der Sowjetunion während des Sommers 1942. Unter den Flächen hängen je zwei 50-kg-Bomben. Eine 250-kg-Bombe mit »Dinortspargel« unter dem Rumpf.

Eine *Ju 87 D-3* der rumänischen Grupul 6 Picaj, der Stuka-Gruppe des Corpul 1 Aerian, bestehend aus drei Staffeln, die im Jahre 1943 mit deutschen Stuka-Gruppen im I. Fliegerkorps zusammenwirkten.

JU 87 D senkrecht auf der Nase stehen und beschleunigte bis zu 540 km/h in einer Höhe von 1370 m, danach ging dann die Geschwindigkeit etwas langsamer auf die absolut zulässige Marke von 600 km/h hoch.
Das Gefühl, man sitzt in einem durchfallenden wackeligen Untersatz, das man in den meisten Sturzbombern nicht loswurde, fehlte in der *Ju 87* völlig. Mit zunehmender Geschwindigkeit wurde die Nase der *Ju 87* als Zieleinrichtung genutzt. Das Höhenruder ließ sich anfänglich ziemlich leicht bedienen, wurde jedoch in der Hand des Flugzeugführers mit zunehmender Geschwindigkeit immer schwerer. Alle seitlichen Korrekturen, die zum Zielen notwendig wurden, konnten bequem mit dem Querruder vorgenommen werden. Die Querruder wurden mit zunehmender Geschwindigkeit zwar auch schwergängiger, konnten jedoch in allen Geschwindigkeitsbereichen wirksam eingesetzt werden. Weder die Seiten- noch die Höhenrudertrimmung durfte während des Stürzens betätigt werden. Das Leuchtzeichen am Kontakhöhenmesser mußte während des Sturzes unbedingt im Auge behalten werden. Leuchtete es auf, dann mußte der Knopf am Steuerknüppel gedrückt werden, der die automatische Abfangvorrichtung bei einer Mindesthöhe von 450 m einschaltete. Beim Abfangen wurden dann regelmäßig positive Beschleunigungswerte bis 6g erreicht. Damit war das Sturzmanöver beendet. In bezug auf ihre Zuverlässigkeit hatte die automatische Abfangvorrichtung einen guten Ruf. Sollte sie versagen, dann half ein kräftiges Ziehen am Steuerknüppel zusammen mit einer gefühlvollen Anwendung der Höhenrudertrimmung, um die Sicherheitsvorrichtung auszuschalten. Was sich alles nach dem Einschalten der automatischen Sturzflugbremsen abspielte, war höchst interessant. Zunächst wurden zwei rote Stifte aus jeder Flächenoberseite herausgefahren, damit wurde die Sicherheitsvorrichtung und die automatische Abfangvorrichtung in Betrieb gesetzt. Die automati-

Aus dieser Nahaufnahme, »geschossen« aus einer *Ju 87 D-2* »Heinrich« der I./St.G.2 sind die hohe Sitzposition des Flugzeugführers und das übergroße Kabinendach zu erkennen. Beide zusammen vermittelten dem Autor das Gefühl der (allzu leichten) Verwundbarkeit.

Eine *Ju 87 D-5* der 9./St.G.77 mit ausgezeichnetem Wintertarnanstrich.

sche Abfangvorrichtung hatte die Aufgabe, die Höhenrudertrimmflossen nach dem Bombenabwurf wieder in eine neutrale Stellung zu bringen. Das wiederum leitete den Abfangvorgang ein. Die Sicherheitsvorrichtung begrenzte den Steuerknüppelausschlag im Sturz mit Hilfe der Hydraulik. Dadurch konnte man nur 5° über die neutrale Steuerknüppelposition hinaus ziehen, um ein Überziehen der Flugzeugzelle während des Abfangens zu verhindern. Im Notfalle konnte diese Einrichtung umgangen werden. Dann konnte man den Knüppel 13° über die neutrale Stellung hinaus ziehen. Sobald man nach dem Sturz die Nase zum Horizont gezogen hatte, wurden die Sturzflugbremsen wieder eingefahren, die Propellerverstellung auf Start/Steigen gesetzt und der Leistungshebel auf einen Ladedruck von 1,15 ata eingestellt.
Im Flakfeuer war es sicherlich ratsam gewesen, Vollgas und einen Ladedruck von 1,35 ata beizubehalten.
Als ich mich dem Fliegerhorst in Schleswig näherte (dort sollte diese *Ju 87 D–3* abgeliefert werden), hatte ich einen genußreichen und erfreulicheren Flug hinter mir, als in allen Sturzkampfflugzeugen, die ich vordem Gelegenheit hatte zu fliegen. Irgendwie kam es mir vor, als sei die *Ju 87* erst im Sturz in ihrem wahrem Element. Mit diesem Flugzeug schien es die natürlichste Sache der Welt zu sein, wenn man mit ihm »auf dem Kopf« stand. Niemals hatte ich das Gefühl gehabt, während der beachtlichen Beschleunigung, die man im 90° Sturz erfuhr, in einen unkontrollierten Flugzustand zu geraten, wie ich das bei anderen Sturzkampfflugzeugen derselben Generation erlebt habe. Ganz offensichtlich waren das starre Fahrwerk in Verbindung mit den großflächigen Sturzflugbremsen eine wirkungsvolle Bremskombination. Die *Ju 87* stand allerdings sonst auch noch in dem Ruf, gerne auf die Nase zu gehen – bei der Landung.
Obwohl sie ziemlich wuchtig aussah, konnte man mit ihr alle normalen Kunstflugmanöver ausführen. Sie war leicht und sauber zu fliegen; aber eine Dreipunktlandung war auf jeden Fall wünschenswert. Eine Schwäche im Fahrwerksaufbau konnte zum Abscheren der oberen Radgabelbolzen führen, was immer mit dem Kollaps des gesamten Hauptfahrwerkes endete. Insbesondere geschah das gerne auf rauhem Untergrund. Das Fahrwerk konnte hierbei sowohl nach vorne als auch nach hinten abscheren. Im letzteren Falle bestand für die Besatzung die Gefahr, durch den sich mit hoher Wahrscheinlichkeit daran anschließenden Überschlag des Flugzeuges verletzt zu werden, wenn nicht gar mit schwereren Folgen zu rechnen war, denn in solchen Fällen bot die Kanzelverglasung wenig oder gar keinen Schutz. Ein weiterer schwacher Punkt war das Spornrad. Die Anweisungen für den Flugzeugführer warnten ausdrücklich davor, daß die Beschädigung des Spornrades drohe, falls keine Dreipunktlandung gemacht werde.
Gehörig gewarnt, bereitete ich mich auf die Landung einfach dadurch vor, daß ich die Fahrt auf 200 km/h zurücknahm, im Gegenanflug bei etwa 180 km/h die Landeklappen ausfuhr, das Spornrad verriegelte, die Propellerblattverstellung auf einen kleinen Anstellwinkel stellte und mit 150 km/h anschwebte, dabei den Leistungshebel mehr und mehr zurücknehmend, bis meine Fahrt 120 km/h betrug. Die Landung saß, die Bremsen sprachen hervorragend an und konnten fast unmittelbar nach der Dreipunktlandung benutzt werden. Die Ausrollstrecke war äußerst kurz. Aus Erzählungen konnte ich entnehmen, daß die *Ju 87* auch noch mit voller Bombenzuladung gelandet werden konnte. Selbst mit ausgefahrenen Sturzflugbremsen konnte im Notfalle gelandet werden, wenn auch die Kräfte, die hierfür zur Überwindung der Sicherheitsvorrichtung nötig gewesen sein mögen, bei etwa 27 kg lagen.
Die *Ju 87* wird immer in Zusammenhang gebracht werden mit den siegreichen Blitzkriegen des Deutschen Reiches gegen Polen und Frankreich, in denen der Stuka die kühnsten Erwartungen seiner Protagonisten erfüllte. Die erste Begegnung mit entschlossen geführten gegnerischen Jägern während der Luftschlacht um England, in deren Verlauf die Stukagruppen aus dem Raume Cherbourg herausgezogen und an den Pas de Calais verlegt werden mußten, um untätig den letzten Teil des großen Epos zu erleben, stach die pralle Blase ihrer Erfolge auf und machte für jeden sichtbar, daß diese Flugzeuge im Westen zu einem Anachronismus geworden waren.
Die Tage der Stuka waren jedoch noch lange nicht gezählt, der *Ju 87* waren noch außerordentliche Erfolge beschieden, und zwar überall dort, wo es der Luftwaffe gelungen war, die Luftügerlegenheit über die jeweils gegnerische Luftwaffe zu erringen und zu erhalten. Die Stuka-Geschwader sorgten mit dafür, daß der Feldzug gegen die Sowjetunion am Anfang noch einmal, diesmal für die Sowjets, zu einem Debakel wurde, ähnlich dem, welches zuvor die Franzosen erlitten hatten.
Nichtsdestoweniger war die *Ju 87* ein schlecht bewaffne-

Eine *Ju 87 D-1* der III./St.G.1 über der Sowjetunion im Sommer 1942.

***Ju 87 D-5* des St.G.77 auf dem Rückflug vom Feind während des Winterfeldzuges 1942/43.**

tes Flugzeug, dazu noch schwerfällig und leicht verwundbar. Und doch war es das Flugzeug, mit welchem der höchstdekorierte Offizier der deutschen Wehrmacht, der einzige Träger des Goldenen Eichenlaubs mit Schwertern und Brillanten zum Ritterkreuz des Eisernen Kreuzes, Oberst Hans-Ulrich Rudel, während des gesamten Krie-

ges ausschließlich flog, und zwar in nicht weniger als 2530 Feindflügen, einer Einsatzzahl, die von keinem Flugzeugführer während des Krieges auch nur annähernd erreicht wurde. Dabei vernichtete er 519 sowjetische Panzer und versenkte unter anderem das größte sowjetische Schlachtschiff, die »Marat«, durch einen Volltreffer in die Munitionskammer. Daß Rudel den Krieg überlebte, den er fast ausschließlich in der veralteten Junkersmaschine mitmachte, spricht nicht nur Bände über seine fliegerischen Fähigkeiten, sondern auch über die seiner Bordschützen, von denen zwei mit dem Ritterkreuz des Eisernen Kreuzes ausgezeichnet wurden.
Für mich wird es immer eine offene Frage bleiben, wie diese Unentwegten der Vernichtung hätten entgehen können, wären sie in ihren Einsatzräumen auch nur auf halbwegs fähige gegnerische Jäger getroffen. Gegen die Tatsache, daß der Junkers-Sturzbomber Unzulänglichkeiten in Hülle und Fülle aufwies, kann es eigentlich keinen ernsthaften Widerspruch geben.
Mit ihm wurde dennoch entschlossener Einsatz geflogen, seit am 1. September 1939, um 04.26 Uhr drei *Ju 87 B* der 3. Staffel des Stukageschwaders 1 von Elbing aus zum ersten Bombenangriff des Zweiten Weltkrieges starteten, bis hin zu den letzten Monaten des Krieges, als die *Ju 87 D* in verschiedenen Nachtschlachtgruppen und ihre panzerbrechende Version in den besonders ausgestatteten Panzerjäger-Staffeln noch ihren von Verlusten gekennzeichneten Dienst versahen.

Dornier 217

Die Geschmäcker in den Kreisen der Aerodynamiker mögen sich ändern. Selbst heute, in einer Zeit, in der die eckigen, häßlichen Konturen einer Panavia ›Tornado‹ oder die mehr knollige Form der *F-16* von General Dynamics als Abbild funktionaler Schönheit gelten, würde fast jeder, der Sinn für elegante Linienführung hat, bestätigen, daß der überaus zierliche Schulterdecker und Bomber von Dornier, der als *Do 17* zum ersten Mal 1935 das Licht der Öffentlichkeit erblickte und prompt mit dem Spitznamen »Fliegender Bleistift« belegt wurde, zu den schönsten und elegantesten Flugzeugen gehörte, die je den Himmel eroberten. Mit seiner aerodynamisch klaren Linienführung setzte dieses Schulterdecker-Kampfflugzeug neue Maßstäbe.

Es erlangte bereits Berühmtheit auf seinem internationalen Debüt im Juli 1937, als es in Zürich den Alpenrundflug gewann. Doch diese Windschlüpfrigkeit wurde bald hinfällig, denn der nahezu zylindrische Rumpfquerschnitt wurde verändert, und zwar dergestalt, daß eine Dreiecksform übrigblieb. Natürlich verursachte diese, bedingt durch die abnorm breite Rumpfmitte, einen erheblichen Stirnwiderstand. Später wurde dieser Rumpfteil elliptisch geformt und durch die Zeitumstände, also bedingt durch »militärische Notwendigkeiten«, noch vergrößert. Dieser Beeinträchtigungsprozeß der aerodynamischen sauberen Lösung, um höherer militärischer Wirksamkeit willen, setzte mit dem Bau der *Do 17 Z* ein. Deren vorderer Rumpfteil wurde deshalb abgeändert, um der nach hinten gerichteten, untenliegenden Bordkanone besseres Schußfeld zu gewähren, dabei wurde auf aerodynamische Linienführung keinerlei Rücksicht genommen.

Dennoch konnte auch bei der *Do 217,* dem letzten Abkömmling der *Do 17,* etwas von deren Formschönheit erhalten werden.

Die mädchenhafte Schlankheit der *Do 17* verwandelte sich allerdings immer mehr in die Korpulenz einer Matrone. Die Rumpfverbreiterung, welche an der E-Serie vorgenommen wurde, erweckte den Eindruck, als befände sich die *Do 17* in einem fortgeschrittenen Stadium der Schwangerschaft. Dennoch schaute sie immer noch recht gut aus, war jedoch am Ende mit der Aura schwerfälliger Zweckmäßigkeit behaftet, nicht unähnlich jener der letzten *Ju 88*-Serien.
Mich reizte diese Maschine allerdings immer noch, und so kletterte ich am 28. 8. 1945 in Schleswig in die Do 217 M, Werk-Nr. 56158, durch die an Scharnieren hängende Bodenluke an der Rumpfunterseite.
Die *Do 17 Z* hatte ich tags zuvor in Husum geflogen und fand, daß sie sehr gut zu steuern war. Wenn sie auch mit ihren Sternmotoren BMW-Bramo 323-P ›Fafnir‹ eine zu geringe Motorenleistung aufwies. Diese 9-Zylinder-Sternmotoren gaben je 1000 PS Startleistung und 940 PS in einer Höhe von 4000 m ab. Immerhin hatte die Maschine ein Abfluggewicht von 8587 kg, welches bei Höchstzuladung sogar 8836 kg betragen konnte.
Es bedurfte keiner großen mathematischen Fähigkeit, um herauszufinden, daß die *Do 217 M* mit ihren zwei Daimler-Benz-Motoren DB 603-A, welche am Start eine Leistung von 1750 PS und in 2100 m Höhe 1850 PS leisteten, ihr Gewicht von 16700 kg kaum besser in die Luft bringen würde, als das bei ihrer Vorgängerin der Fall gewesen war. Allerdings waren die Daimler-Benz-Motoren nur als Übergangslösung gedacht, um Produktionsengpässen der BMW-Werke bei der Herstellung des Doppelsternmotors BMW 801 zu begegnen. Aber selbst mit den neuen BMW-Motoren hatte die hiermit ausgerüstete *Do 217 K-1* kein verbessertes Gewichts-Leistungsverhältnis aufzuweisen.
Wir wußten eigentlich ziemlich früh über die *Do 217 M-1* Bescheid, nachdem in der Nacht vom 23. auf den 24. 2. 1944 ein Flugzeug dieses Typs, Werk-Nr. 56051, von der 2./KG 2 von ihrer Besatzung nach nur leichtem Flak-Beschuß aufgegeben worden war und danach führerlos eine ausgezeichnete Bauchlandung in Cambridge machte. Leider konnte diese Maschine nicht mehr in einen flugfähigen Zustand gebracht werden.
Die Herkunft der Maschine, die ich in Schleswig vorfand, lag etwas im dunkeln. Alle Zeichen, die ihre Herkunft hätten verraten können, waren verschwunden. Sie wurde wahrscheinlich nach der Kapitulation des Deutschen Reiches von unseren Leuten auf den Sammelplatz in Schleswig eingeflogen. Vielleicht gehörte sie ursprünglich dem Kampfgeschwader 2 an. Die *Do 217 M-1* war ganz gewiß gut bewaffnet. Sie war mit einem MG 81Z, Kaliber 7,9 mm, mit 1000 Schuß Munition in der Flugzeugnase, mit einem MG 131, Kaliber 13 mm, mit 500 Schuß Munition in einem elektrisch betriebenen Stand auf der Rumpfoberseite des Flugzeuges, einem weiteren MG-Stand mit MG 131 und 1000 Schuß Munition in einer Bodenlafette, sowie einem MG 81Z, Kaliber 7,9 mm, und je 750 Schuß Munition in seitlicher Anordnung ausgerüstet.
Der Neigung der Deutschen, die gesamte Besatzung im Rumpfbug unterzubringen, war auch bei der Konstruktion dieser Maschine nachgegeben worden. Der Flugzeugführer und der Kampfbeobachter saßen Seite an Seite in der Kanzel vorne, der Funker hinter dem Flugzeugführer und der Bordschütze hinter dem Funker. Unmittelbar hinter dem Besatzungsraum tat sich ein ziemlich geräumiger Bombenschacht auf, welcher Lasten bis zu 2520 kg aufnehmen konnte.

ENTSCHIEDEN ZU SCHWACH IM MOTOR

Nachdem ich mir am 24. und 25. 8. 1945 die *Do 217 M-1* in Schleswig erflogen hatte, machte ich erneut Bekanntschaft mit ihr zwei Monate danach in Farnborough – diesmal war es die Werk-Nr. 56158, die hierher überführt worden war und jetzt die Zulassungs-Nr. 107 des Air Ministry trug.
Auf dem Gelände des RAE (Royal Aeronautical Establishment) unternahm ich zum ersten Mal am 8. 10. Flugversuche in allen möglichen Lagen, und am 29. 12. mußte ich sie dann in Brize Norton abliefern, wo sie einem ungewissen Schicksal entgegenging. Sie war, das konnte man auf den ersten Blick sehen, eine dieser zweimotorigen Maschinen, wie sie während der frühen vierziger Jahre zu Hauf die Werkstore verlassen hatten. Sie war vielleicht weniger todbringend als andere Flugzeuge dieser Klasse. Auf jeden Fall aber war sie wunderbar zu fliegen – wenn alles in Ordnung war.
Ungeachtet des tiefen kraftvollen Röhrens, welches die beiden DB-Motoren von sich gaben, muß festgestellt werden, daß die *Do 217 M-1* über zu schwache Triebwerke verfügte. Als ich mich über die Leiter an der Rumpfunterseite in das Cockpit vorgearbeitet hatte, war mir, als befände ich mich in einer etwas zu enggeratenen Kanzel-

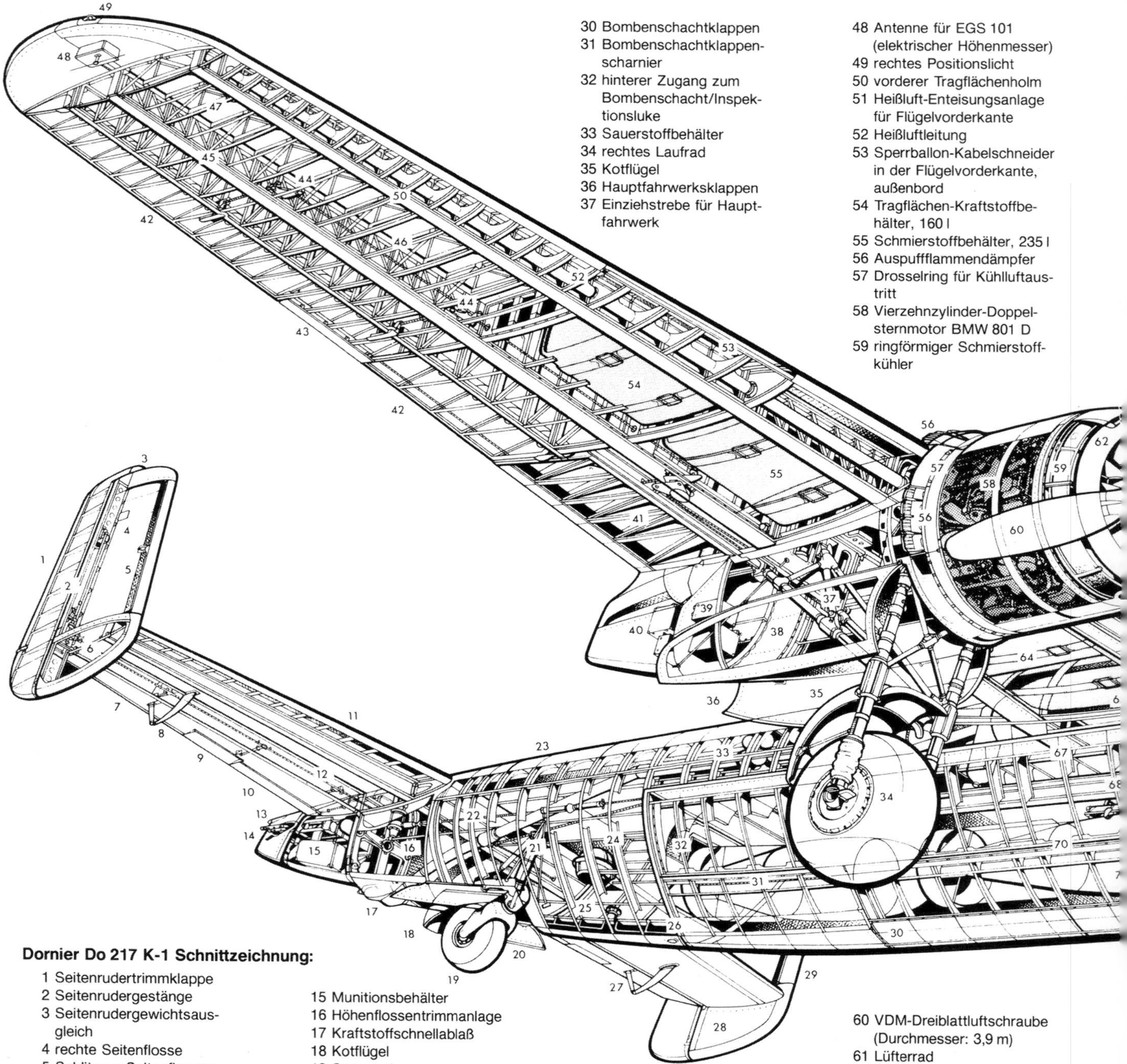

Dornier Do 217 K-1 Schnittzeichnung:

1 Seitenrudertrimmklappe
2 Seitenrudergestänge
3 Seitenrudergewichtsausgleich
4 rechte Seitenflosse
5 Schlitz an Seitenflossenvorderkante
6 Anschluß von Seiten- und Höhenflosse
7 Höhenruder
8 Höhenrudergewichtsausgleich
9 Höhenrudertrimmkante
10 Höhenrudertrimmklappe
11 Höhenflossenaufbau
12 Steuerseile für Höhenruder
13 hinteres Positionslicht
14 vier nach hinten gerichtete Maschinengewehre MG 81, Kaliber 7,9 mm (Rüstsatz 19)
15 Munitionsbehälter
16 Höhenflossentrimmanlage
17 Kraftstoffschnellablaß
18 Kotflügel
19 Spornrad
20 Fahrwerksklappen für Spornrad
21 Einziehstrebe für Spornrad
22 Höhenflossendurchgang (durch den hinteren Rumpfteil)
23 Rumpfbeplankung
24 Hauptkompaß
25 Dipolantenne
26 Zusammenstoßwarnlicht
27 Höhenrudergewichtsausgleich
28 linke Seitenflosse
29 Schlitz an Seitenflossenvorderkante
30 Bombenschachtklappen
31 Bombenschachtklappenscharnier
32 hinterer Zugang zum Bombenschacht/Inspektionsluke
33 Sauerstoffbehälter
34 rechtes Laufrad
35 Kotflügel
36 Hauptfahrwerksklappen
37 Einziehstrebe für Hauptfahrwerk
38 Hauptfahrwerkschacht
39 FuG 25 (Freund-Feind-Kennungsgerät)
40 FuG 101 (elektrischer Höhenmesser)
41 Spreizklappen, außenbord
42 rechtes Querruder
43 Querrudertrimmklappe
44 Steuerseilzüge
45 hinterer Tragflächenholm
46 verstrebte Tragflächenrippen
47 Zwischenrippen
48 Antenne für EGS 101 (elektrischer Höhenmesser)
49 rechtes Positionslicht
50 vorderer Tragflächenholm
51 Heißluft-Enteisungsanlage für Flügelvorderkante
52 Heißluftleitung
53 Sperrballon-Kabelschneider in der Flügelvorderkante, außenbord
54 Tragflächen-Kraftstoffbehälter, 160 l
55 Schmierstoffbehälter, 235 l
56 Auspuffflammendämpfer
57 Drosselring für Kühlluftaustritt
58 Vierzehnzylinder-Doppelsternmotor BMW 801 D
59 ringförmiger Schmierstoffkühler
60 VDM-Dreiblattluftschraube (Durchmesser: 3,9 m)
61 Lüfterrad
62 Gleitring der Triebwerksverkleidung
63 Luftschraubennabenhaube
64 Kraftstoffbehälter, 795 l
65 Hauptkraftstoffbehälter im Rumpf, 1050 l
66 Hauptholmdurchgang (durch den vorderen Rumpfteil)
67 obere Scharnierleiste für die Bombenschachtklappen
68 Lastträger
69 Bombenträgerpratzen
70 mittlere Scharnierleiste für die Bombenschachtklappen

71 Standardbeladung: zwei 1000-kg-Bomben SC 1000
72 vordere Bombenschachtklappen
73 unteres Rumpf-MG 131, Kaliber 13 mm
74 Hülsenauswurf
75 Bordschützenstand in der unteren Rumpfausbuchtung
76 gepanzertes Schott
77 Hülsensammelbehälter
78 zwei 24-Volt-Batterien
79 Funkgeräte
80 Halterung für Bordschützenstand
81 Kabinenheizung
82 Bordschützenstand, oberer Rumpfstand
83 gepanzerte Drehlafette
84 Antennenmast
85 Bordwaffensicherungsbügel
86 seitlich montiertes Maschinengewehr MG 81, Kaliber 7,9 mm, mit 750 Schuß Munition
87 Maschinengewehr MG 131, Kaliber 13 mm, 500 Schuß Munition
88 elektrisch betriebener MG-Stand
89 Reflexvisier
90 Seitenfenster
91 abwerfbares Kabinendach
92 Klappsitz für Bombenschützen
93 Navigationstisch
94 Führersitz
95 nach hinten gerichtetes Visier
96 oberes Instrumentenbrett
97 Bugverglasung
98 Steuerhorn
99 Leistungshebel
100 MG 113, mit Walzenlafette in verstärkte Kanzelverglasung eingelassen; alternativ: Zwillings-MG 81 Z
101 Sperrballon-Kabelschneider im horizontalen Bugrahmen
102 Hülsenauswurf
103 Gurtzuführung
104 Bombenzielgerät Lotfe 7D (Lotrechtes Fernrohr)
105 Beobachtungsfenster für den Bombenschützen (aus Planglas)
106 Gegengewicht für Steuersäule
107 Panzerplatte
108 Polsterung für den Bordschützen

Technische Daten der Dornier Do 217 M-1

Triebwerke: Zwei flüssigkeitsgekühlte Zwölf-Zylindermotoren, Daimler-Benz DB 603 A, mit je 1750 PS Startleistung und 1850 PS Leistung in 2103 m.

Leistungen: Höchstgeschwindigkeit in Seehöhe: 473 km/h; 560 km/h in 5700 m Flughöhe. Wirtschaftlichste Reisegeschwindigkeit: 400 km/h. Größte Reichweite mit normaler Kraftstoffzuladung: 2150 km; mit Zusatzbehältern: 2500 km. Anfangssteigleistung mit normaler Zuladung: 3,5 m/sec. Steigzeit bis 1000 m: 3,3 min bis 2000 m: 6,7 min Dienstgipfelhöhe mit höchstzulässiger Bombenzuladung im Rumpf: 7350 m, ohne Bombenzuladung: 9500 m.

Gewichte: Leergewicht: 9065 kg; Leergewicht mit Ausrüstung: 10 950 kg. Höchstgewicht mit Zuladung: 16 700 kg.

Abmessungen: Spannweite: 19,00 m; Länge: 17,075 m; Höhe: 5,0 m; Flügelfläche: 61,35 m²; Fahrwerksspurweite: 5,80 m.

Bewaffnung: Zwei Maschinengewehre MG 81, Kaliber 7,9 mm, mit je 500 Schuß Munition in der Flugzeugnase; ein MG 131, Kaliber 13 mm, in einem elektrisch betriebenen Stand auf der hinteren Oberseite der Kanzel mit 500 Schuß Munition; ein MG 131, Kaliber 13 mm, mit 1000 Schuß Munition in einer Ausbuchtung der Rumpfunterseite; zwei MG 81, Kaliber 7,9 mm, in seitlicher Anordnung. Höchstmögliche Bombenzuladung: 4000 kg, davon 2510 kg als Innenlast.

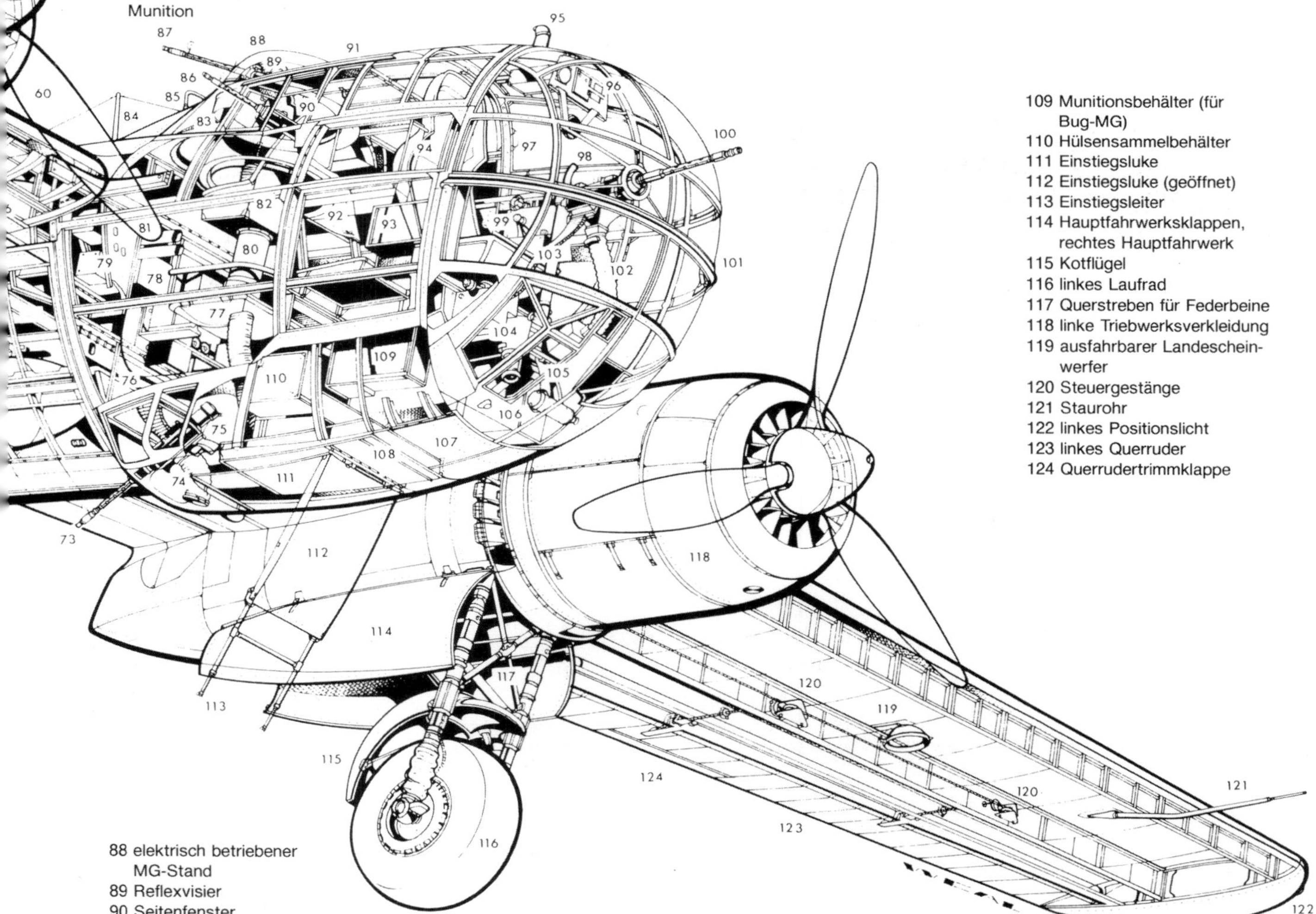

109 Munitionsbehälter (für Bug-MG)
110 Hülsensammelbehälter
111 Einstiegsluke
112 Einstiegsluke (geöffnet)
113 Einstiegsleiter
114 Hauptfahrwerksklappen, rechtes Hauptfahrwerk
115 Kotflügel
116 linkes Laufrad
117 Querstreben für Federbeine
118 linke Triebwerksverkleidung
119 ausfahrbarer Landescheinwerfer
120 Steuergestänge
121 Staurohr
122 linkes Positionslicht
123 linkes Querruder
124 Querrudertrimmklappe

Rechts und Mitte: Die *Do 217 K-1* stellt die erste Serienversion ohne abgestufte Windschutzscheibe dar.

version der *He 177*. Die Instrumentenanordung und die Anordnung der Bedienungshebel war logisch und aufgabengerecht. Jedoch war der ›Aquariumseffekt‹, der durch die riesige Glasscheibe der Kanzel verursacht wurde, – wie bei allen größeren Bombern (der deutschen Luftwaffe; d. Ü.) – nicht wenig verwirrend. Ein Flieger, der in der Behaglichkeit britischer oder US-amerikanischer Cockpits zu Hause war und noch nicht mit dieser überreichlichen Helligkeit im Cockpit vertraut war, mußte sich wie nackend und ausgesetzt vorkommen.

Das Steuerhorn konnte auf die Seite, auf der der Kampfbeobachter saß, geschwenkt werden. Der Kampfbeobachter konnte so den Flugzeugführer auf langdauernden Einsatzflügen entlasten.

Beim Anlassen der Motoren stellte man beide Brandhähne auf »Flugstellung« und den Hebel für die Zündzeitpunktverstellung auf »Normal«, die Kraftstoffpumpen auf »ZU« und spritzte Benzin in die Motoren über die Anlasserpumpen ein. Die Zündung wurde dann auf »M 1 + 2« gestellt und der Schwungkraftanlasser mittels eines

Die *Do 217 M-1*, hier ein erbeutetes Exemplar, unterschied sich von der *Do 217 K-1* nur durch die Motoren. Beide Versionen wurden gleichzeitig hergestellt und fast gleichzeitig in Dienst gestellt.

Die reichliche Verglasung des Rumpfbuges der K- und M-Serien der *Do 217* verursachten so etwas wie einen Aquariumseffekt. Auf dieser Abbildung ist die Verglasung der Kanzel am Beispiel einer *Do 217 K-2* erkennbar. Das Periskop *RF 2C* mit Visier *PV 1B* zur Steuerung der im Heck eingebauten Kanonen ist auf dem Kanzeldach deutlich zu erkennen.

Hebels in Gang gesetzt. Während die heiser klingenden DB-Motoren warmliefen, wurde der Start wie folgt vorbereitet: Ölkühler zu, Propellerblattverstellungsanzeiger auf 12-Uhr-Stellung, Landeklappen auf »START«, Trimmung auf Nullstellung, Höhenleitwerkseinstellung auf +1°, also kopflastig, Kraftstoff-Förderpumpen an, und Tankwahlschalter auf Stellung 1.

An der linken Seite des Instrumentenbrettes befand sich eine übersichtliche Anzeige, die aus 12 Lämpchen bestand. Mit ihrer Hilfe wurde die jeweilige Position sowohl des Fahrwerkes als auch der Klappen und der Sturzflugbremsen angezeigt. Nach den üblichen Triebwerksüberprüfungen rollte ich zur Startposition, überflog noch einmal die wichtigsten Instrumente, öffnete die Kühlerklappen auf 10°, verriegelte das Spornrad, indem ich das Steuerhorn über die Mittelstellung hinaus nach hinten zog. Mit Vollgas, 2700 U/min, und einem Ladedruck von 1,4 ata hob die leicht beladene *Do 217 M* schon mit 160 km/h ab. Bis zu 200 km/h wurde sie horizontal gehalten, dann fuhr man das Fahrwerk ein, und dieses dauerte ziemlich lange, nämlich 30-40 Sekunden. In 150 m Höhe nahm man das Gas zurück und hielt 2500 U/min bei einem Ladedruck von 1,3 ata. Die Klappen wurden bei 230 km/h eingefahren. Mit 235 km/h am Stau ergab sich eine eher mittelmäßige Steigleistung, und die Dienstgipfelhöhe von 7620 m war auch nicht gerade überragend.

Ich flog die Maschine auf eine Höhe von 5500 m. Dort ergab sich bei einer Höhenleitwerkseinstellung von +2°, also kopflastig eingestellt, eine Eigengeschwindigkeit von 535 km/h. Die Maschine verhielt sich um alle drei Achsen sehr stabil, die Steuerorgane waren ausgesprochen gut aufeinander abgestimmt und für ein Bombenflugzeug nicht übermäßig schwer zu betätigen. Die Strömung riß bei einer Geschwindigkeit von 155 km/h ab, was durch eine leichte Nickbewegung der Flugzeugnase angezeigt wurde. Bei langandauernden Flügen mit Marschgeschwindigkeit und im Sparflug mußte der Zündverteilerhebel von Zeit zu Zeit für fünf Sekunden auf die Position »Kerzenreinigung« gestellt werden.

Das Kraftstoffsystem bestand aus einem Zentraltank, zwei Flächentanks, die in den Flächenwurzeln eingebaut waren, sowie zwei Tanks im mittleren Flächenbereich. Insgesamt konnten 2960 l Treibstoff mitgeführt werden. Sank der Kraftstoffvorrat auf 450 l ab, so wurde das durch eine weiße Warnlampe angezeigt, womit das Signal zum Einschalten der Kraftstoffumfüllpumpe gegeben war. Leuchtete die Kraftstoffwarnlampe zum zweiten Mal auf, wurde der Kraftstoffwahlschalter auf die Stellung 11.00 Uhr gestellt.

Mit diesem Treibstoffvorrat machte ich Flugversuche mit einem abgestellten Motor, und hierbei verhielt sich die Maschine ziemlich mäßig, auch wenn man dabei berücksichtigt, daß sie für ihr Gewicht zu schwache Motoren hatte. In dieser Lage konnte eine Höhe von 1500 m bei 2300 U/min und einem Ladedruck von 1,3 ata nicht gehalten werden. Für mich zählt das Fliegen in einer mit zu schwachen Motoren ausgerüsteten zweimotorigen Maschine zu den unangenehmsten Dingen, wenn man mit dem Ausfall des Triebwerkes fertig zu werden hatte. In kritischen Situationen, wie dem Start oder während Schlechtwetterlandungen, waren Flüge unter solchen Umständen äußerst unangenehm. Das Gefühl, man sitze auf Messers Schneide, mochte zwar den Adrenanlinspiegel in der jeweiligen Situation angeregt haben, auf der anderen Seite sorgte es aber dafür, daß man eine andauernde schlechte Erinnerung an das betreffende Flugzeug behielt.

Meine »Lieblings-Zweimotorigen« waren samt und sonders mit überstarken Motoren ausgerüstet, und diejeni-

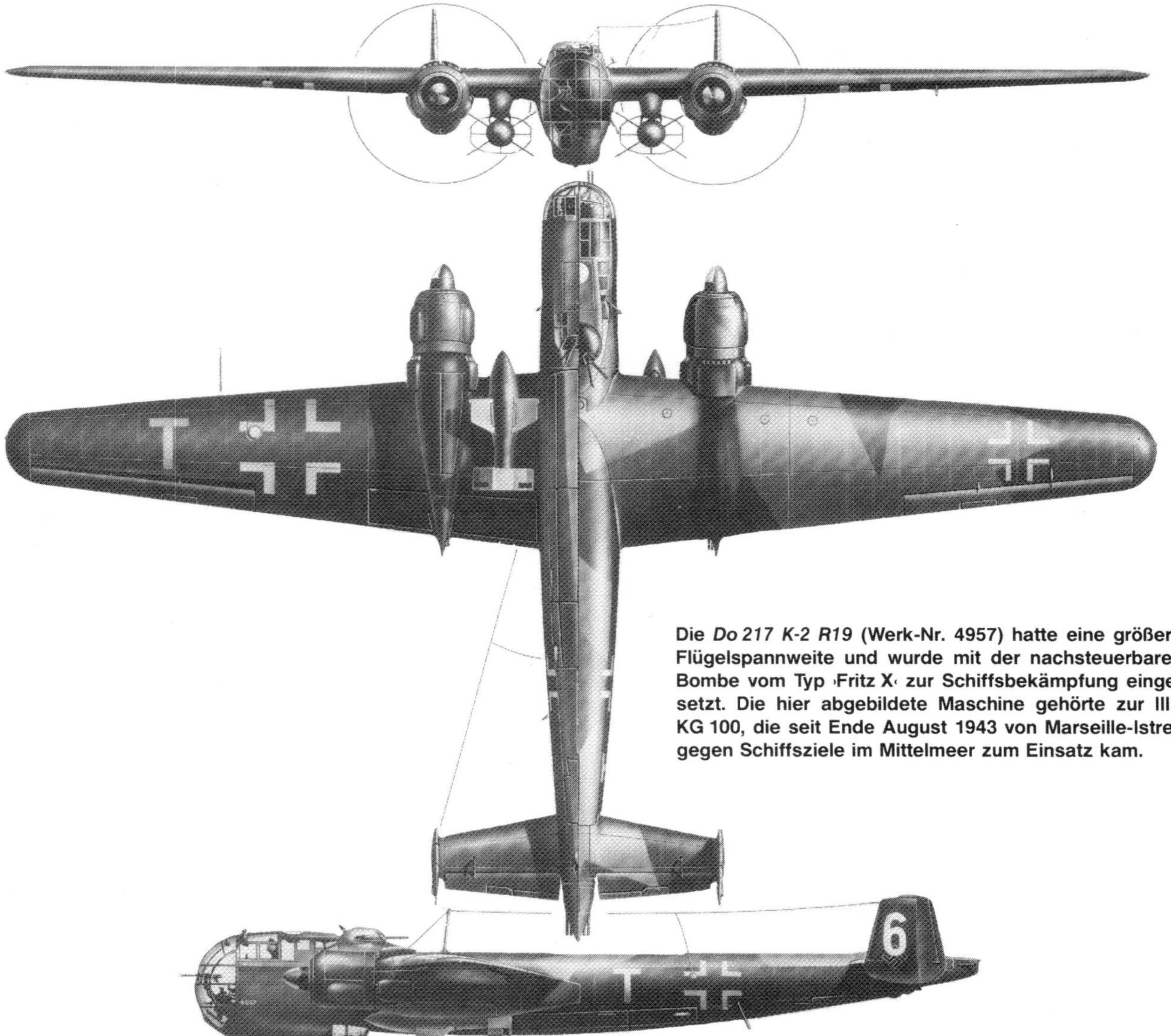

Die *Do 217 K-2 R19* (Werk-Nr. 4957) hatte eine größere Flügelspannweite und wurde mit der nachsteuerbaren Bombe vom Typ ›Fritz X‹ zur Schiffsbekämpfung eingesetzt. Die hier abgebildete Maschine gehörte zur III./KG 100, die seit Ende August 1943 von Marseille-Istres gegen Schiffsziele im Mittelmeer zum Einsatz kam.

Diese *Do 217 M-1* (Werk-Nr. 56158) wurde vom Autor im Royal Aircraft Establishment Ende 1945 geflogen. Nach den Flugversuchen landete sie in Brize Norton.

Die hier abgebildete *Do 217 K-1* trägt das Wappen der Luftflotte 2 am Rumpfbug. Das bedeutete, daß sie zum Luftflottenstab gehörte.

Do 217 K-2 (Werk-Nr. 4572) mit verlängerten Außenflügeln. Sie war besonders als Träger für die Abstandswaffe (nachsteuerbare Bombe) vom Typ FX 1400 ›Fritz X‹ ausgerüstet. Diese Waffen wurden an speziell hierfür zwischen Rumpf und Triebwerksgondeln vorgesehenen Trägern befestigt.

Die *Do 217 M-1* glich im wesentlichen der K-1. Sie hatte jedoch anstatt der Sternmotoren BMW 801D V-Motoren DB 603.

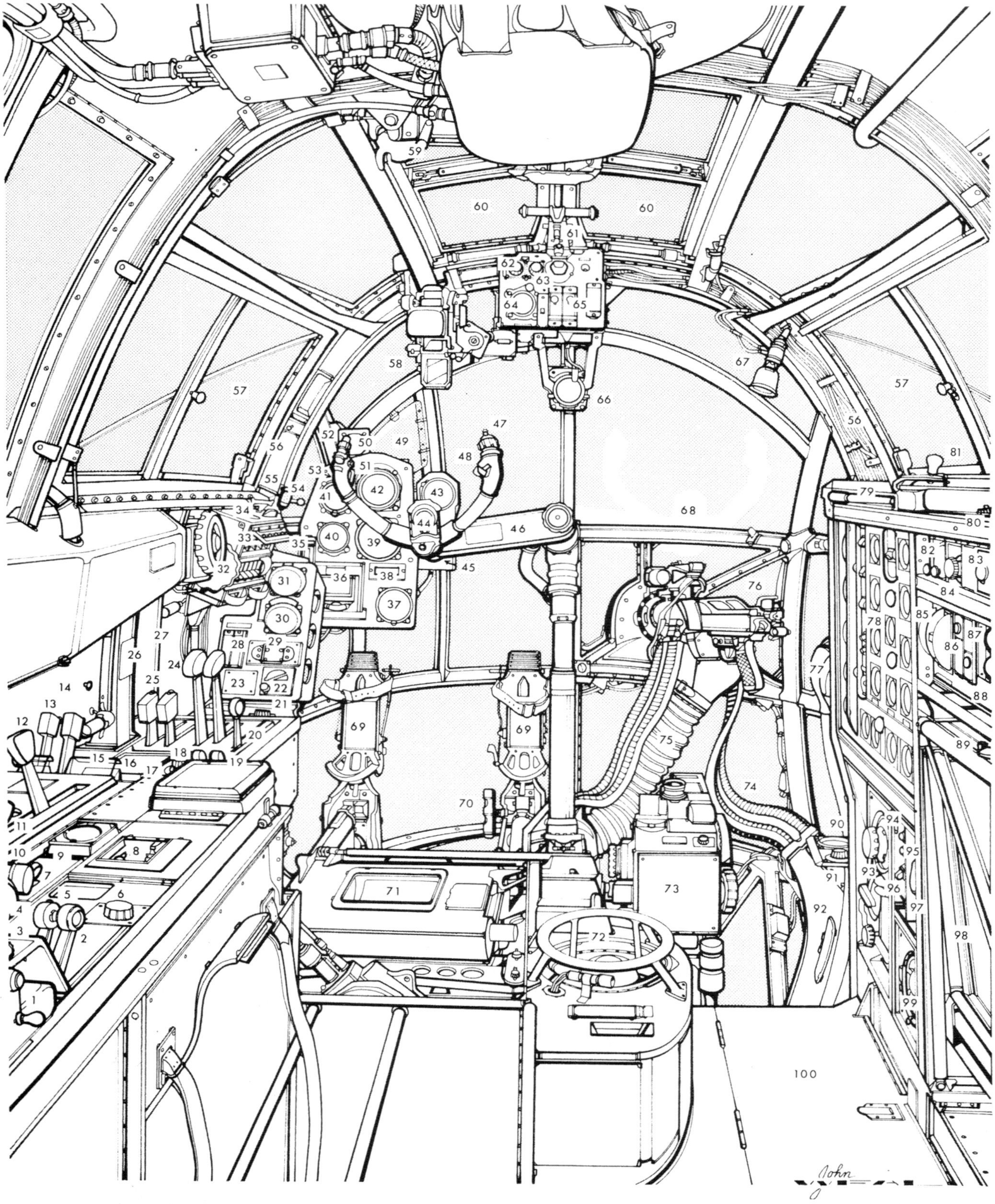
1 2 3 4 5 6 7 8 9 10
11 12 13 14 15 16 17 18 19 20
21 22 23 24 25 26 27 28 29 30
31 32 33 34 35 36 37 38 39 40
41 42 43 44 45 46 47 48 49 50
51 52 53 54 55 56 56 57 57 58 59 60 60
61 62 63 64 65 66 67 68 69 69 70
71 72 73 74 75 76 77 78 79 80
81 82 83 84 85 86 87 88 89 90
91 92 93 94 95 96 97 98 99 100
John

Dornier Do 217 M-1 Kanzelbeschreibung

1 Auslöseknopf zum Abwurf von Außenbordzuladungen (Rüstsatz 16)
2 Hebel für Rumpfbeheizung
3 Hebel für Flügelnasenbeheizung
4 Betätigungshebel für Schmierstoff-Kühlerklappen
5 Schalter für Luftschraubenenteisung
6 Kontaktunterbrecher für Bordeigenverständigung (EiV)
7 Handgriff für Kerzenabbrennung (Zündzeitpunktverstellung)/Schalter für Tropenfilter
8 Schnellstoppvorrichtung
9 FBG 16 (Fernbediengerät)
10 Nothebel für Kühlereinläufe
11 Anlaßschalter
12 Auslöseknopf zum Abwurf von Außenbordzuladungen (Rüstsatz 10)
13 Zündzeitpunktversteller (für Kaltstart)
14 Vorratsbehälter
15 Schutzkappe aus Plexiglas
16 Netzausschalter
17 Zündschalter
18 Auslöseknopf für Kraftstoffschnellablaß
19 Verstellhebel für Luftschraubensteigung
20 Leistungshebelfeststellung
21 Anschlußdose ADb 11
22 Schalter für Kurssteuerung
23 Schußzähler SZKK-1 (Schalt-Zähl-Kontrollkasten)
24 Leistungshebel
25 Brandhähne
26 Bedienungsanweisung
27 Tafel mit Triebwerksdaten
28 Schalter für Luftschraubenblattverstellung
29 Tafel für 12 Anzeigeleuchten
30 Doppeldruckanzeiger
31 Doppeldrehzahlmesser
32 Drehknöpfe für Quer-/Seiten-Höhenrudertrimmung mit Anzeigen
33 Schalter für UV-Beleuchtung/Staurohrheizung/Instrumentenbeleuchtung
34 Schalter für Kurskorrektur/Kurssteuerung (Flugregler)/Kompaß
35 Deviations-(Abweichungs-)tafel
36 Kurskreisel
37 elektrischer Höhenmesser
38 Kurseinstellung
39 Tochterkompaß
40 Fahrtmesser
41 Fein-Grobhöhenmesser
42 Künstlicher Horizont
43 Variometer
44 Borduhr
45 AFN 2-Anzeige für Funknavigation und Ziel-(Peil-)flug
46 umlegbares Steuerhorn
47 LRi2-Schalter für Kurssteuerung (Kurvenflug)
48 Auslöseknopf für starr eingebaute Bordwaffen
49 verzerrungsfreie Kanzelscheibe
50 Notwendezeiger
51 Bombenauslöseknopf BK XI
52 Sendeknopf für FuG 16
53 Anzeige für Staurohrheizung (durch Steuersäule verdeckt)
54 Hebel für den klappbaren Teil des Blindfluggerätebrettes
55 UV-Leuchte
56 Rumpfspant (Nr. 4)
57 Schiebefenster
58 Visier für Sturzangriffe (Stuvi 5 B)
59 Kupplungshebel zum manuellen Ausfahren der Landeklappen
60 abwerkbarer Teil des Kabinendaches (Notausstieg)
61 Abwurfhebel für Notausstieg
62 Beleuchtungsregler
63 Schaltknopf für Beleuchtung
64 Trimmanzeige
65 Trimmschalter
66 Notkompaß
67 Kanzelbeleuchtung
68 Steuerhornstellung, umgelegt für Beobachter
69 Seitenruderpedale
70 Seitenruderverstellung
71 Führersitzbefestigung
72 Peilgerätbedienung
73 Lotfe 7 D-Bombenzielgerät (Lotrechtes Fernrohr)
74 Munitionszuführung
75 Leerhülsen- und Gurtgliederabführung
76 Maschinengewehr MG 81 Z
77 Sauerstoffversorgung
78 Instrumentenbrett für Triebwerksüberwachungs-/Temperatur-/ und Druckanzeigen
79 Bombenauslösehebel
80 Kontaktunterbrecher für Bordeigenverständigung (EiV)
81 Kurbel für Bombenschärfung
82 ZH- und QFF-Geber (für BZA 1-Bomben-Zielanlage)
83 Anschlußdose ADb 11
84 Windgeschwindigkeitsanzeige (für BZA 1)
85 Schalter für Waffenaußenlastträger
86 BG 25
87 Schalt- und Kontrollgerät für Rauchgeräte
88 Beleuchtungsregler
89 Halterung für Beobachtersitz
90 Fahrtmesser (Anzeige wurde um Luftdichtefehler korrigiert)
91 BZA 1-Fahrtmesser (wahre Eigengeschwindigkeit anzeigend)
92 Munitionsbehälter
93 Reihenabwurf -Bediengerät RAB 14d
94 Anzeige für Bombenschacht-Klappenstellung
95 Schalter zum Schließen der Bombenschacht-Klappen
96 Anzeigeleuchten für Bombenschacht-Klappenstellung
97 Zünderschaltkasten ZSK 244 A
98 Klappsitz für Beobachter
99 Abwurfwahlschalter
100 Vertiefung für den Bombenschützen

Diese Abbildung einer *Do 217 K-1* vermittelt recht plastisch den Eindruck einer fortgeschrittenen Trächtigkeit, wenn man die Kiellinie dieses Bombers näher betrachtet.

gen Flugzeuge, vor denen ich den größten Horror hatte, gehörten alle in die Rubrik der mit zu schwachen Triebwerken ausgerüsteten zweimotorigen Maschinen. Die *Do 217 M* gehörte jedoch nicht in die letzte Kategorie, da ihre unzureichenden Motorenleistungen durch sehr viel positive Eigenschaften wieder aufgewogen wurden. Dennoch, für einen guten Platz in meiner »Sammlung« reichte es bei ihr nicht.

EIN MÄSSIGER STURZBOMBER

Mit normaler Leistung versuchte ich mein Glück und testete die Eigenschaften der etwas schwerfälligen *Do 217 M* als Sturzbomber.

Das Reichsluftfahrtministerium war bekanntlich so einseitig auf die Idee der Sturzkampfbomber fixiert, daß man nicht einmal überrascht gewesen wäre, wenn das Technische Amt darauf bestanden hätte, Flugboote als Sturzbomber umzurüsten. Diese deutsche Neigung, jedes Flugzeug in einen Sturzkampfbomber umzuwandeln, war bei der Heinkel *He 177* an eine unüberschreitbare Grenze gestoßen; aber auch bei der *Do 217* war diese schon erreicht.

Die Sturzflugbremsen waren ziemlich neumodisch angeordnet, nämliche am Rumpfende. Sie wirkten nach dem Prinzip eines vierrippigen Regenschirmes. Die ersten Versuche dieser in der *Do 217* eingebauten Sturzflugbremse hatten alles andere als zufriedenstellende Ergebnisse

Rechts und unten: Die *Do 217 K* und *Do 217 M* stellten das Ende einer Entwicklung dar, die in der Mitte der dreißiger Jahre mit der außerordentlich eleganten *Do 17,* dem sogenannten »fliegenden Bleistift« begonnen hatte. Die laufenden Forderungen nach höherer Einsatzwirksamkeit machten den Verzicht auf aerodynamische Eleganz notwendig. Die *Do 217 K-1,* und die *Do 217 M-1* atmeten schließlich matronenhafte Behäbigkeit. Die mädchenhafte Schlankheit ihrer Vorgängerin war im Laufe der Jahre gänzlich verschwunden.

erbracht. Abgesehen von der mangelnden Zuverlässigkeit der Bremse, ergaben sich bei ihrem Einsatz erhebliche Belastungen des hinteren Rumpfteils, die manchmal zu Verformungen der Längstversteifungen und infolgedessen zu Verbeulungen der beanspruchten Beplankung führten. Selbst der Torsionsstab, der vom Cockpit bis zum Rumpfende reichte, und an dem die Spindel zum Öffnen und Schließen der Sturzflugbremse angebracht war, wurde manchmal verdreht, so daß die Bremse im geöffneten Zustand verblieb. Dornier hatte deshalb auch damit begonnen, die *Do 217,* die für die Frontverbände bestimmt waren, mit einem anderen Endkonus anstelle der Sturzflugbremse auszurüsten. Trotz der technischen Schwierigkeiten, die mit dieser Sturzflugbremse der *Do 217* verbunden waren, verschloß sich das Technische Amt notwendigen Änderungsmaßnahmen und beharrte auf der Sturzkampfrolle der *Do 217.* Die Do *217 M,* die wir aus Schleswig abgeholt hatten, war ebenfalls mit einer dieser ominösen Sturzflugbremsen ausgerüstet.

Den ersten Sturz führte ich gleich bei einer Geschwindigkeit von 700 km/h, also mit der höchstzulässigen Geschwindigkeit unterhalb einer Höhe von 3000 m, durch. Ich wollte mir hierdurch das Gefühl für die Steuerorgane bei solchen Geschwindigkeiten erfliegen. Sie waren bemerkenswert schwer zu betätigen. Die Motoren drehten im Sturz mit 2750 U/min, so daß ein ziemlich starker zusätzlicher Lärm entstand. Das Abfangen aus diesem Sturz verlangte die ganze Kraft des Flugzeugführers. Nachdem ich wieder Höhe gewonnen hatte, versuchte ich es mit einem Sturz, bei dem die Sturzflugbremse in Verbindung mit der automatischen Abfangvorrichtung eingesetzt wurde. Diese wurde über einen Dreistellungshebel mit den Stellungen: Horizontalflug – Trimmung – Sturzflugbremse bedient. Brachte man den Hebel in Stellung »Trimmung«, wurde die steuerbordseitige Trimmklappe bewegt, in der Stellung »Sturzflugbremse« fuhren beide Trimmklappen für den Sturz aus, gleichzeitig öffnete sich die regenschirmförmige Sturzflugbremse am Heck. Dabei neigte sich die *Do 217 M* ohne weitere Einwirkung in den gewünschten Sturzflug. Auf diese Weise wurde die für die Automatik kritische Geschwindigkeit von 575 km/h schnell erreicht. Die absolute Stabilität der Maschine im Sturz erzeugte auch ein Gefühl der Manövrierunfähigkeit. Das Abfangen geschah durch das Drücken des Bombenauslöseknopfes am Steuerhorn links. Den Sturz konnte man auch dadurch beenden, daß man den besagten Dreistellungshebel auf die Stellung »Horizontalflug« brachte. Auf diese Weise wurde die Sturzflugbremse auch eingefahren. Während der ganzen Sturzmanöver reagierte das Flugzeug behäbig und war aus diesem Grunde für diese Art von Einsätzen eigentlich ungeeignet. Es nimmt deshalb auch nicht wunder, daß bei den meisten *Do 217,* die während der letzten Phase des Krieges in Frontverbände gelangten, die Sturzflugvorrichtung ausgebaut worden war, und stattdessen mit einen Rüstsatz für den Einbau eines vierläufigen Heck-MG, Kaliber 7,9 m, versehen waren. Dieses Vierlings-MG konnte vom Flugzeugführer mit Hilfe eines Teleskops vom Typ RF 2 C in Verbindung mit einer Visiereinrichtung, Typ PV 1 B, bedient werden.

Die Platzrunde wurde mit einer Geschwindigkeit von 250 km/h angeflogen, wobei der Ladedruck 0,65 ata betragen sollte und die Ölkühlerklappen auf 30° geöffnet werden mußten. Die Propellerverstellung war so einzustellen, daß an der hierfür vorgesehenen Anzeige 11.30 Uhr abzulesen war. Bei 240 km/h wurde das Fahrwerk ausgefahren, was ungefähr 20–30 Sekunden in Anspruch nahm. Die Klappen wurden bei 235 km/h auf »START« und bei 220 km/h voll ausgefahren. Die Höhenleitwerkseinstellung wurde auf minus 4° getrimmt, was eine gewisse Schwanzlastigkeit ergab. Der Endanflug bei 200 km/h erfolgte mit Hilfe von Schleppgas; aufgesetzt wurde dann mit einem Landegewicht von etwa 12700 kg mit 160 »Sachen«, und mit einem solchen von 14500 kg mit 175 km/h. Dabei wurde die Steuersäule über die neutrale Stellung hinaus nach hinten gezogen, um auf diese Weise das Spornrad in seiner Richtung solange zu blokkieren, bis ausgerollt war.

Die *Do 217* war auch bei noch so großer Einbildungskraft kein »Weltschlager«, dennoch war sie zu ihrer Zeit kein schlechtes Flugzeug. Ihr besonderes Leistungsvermögen lag offensichtlich im Nachteinsatz, solange sie nicht durch fähige gegnerische Nachtjäger behindert wurde. Sie war außerdem zur Bekämpfung von Seezielen mit Hilfe ihrer nachsteuerbaren Bomben Hs 293-A oder »Fritz X« gut geeignet. Ihre Erfolge auf dem Gebiet der Seezielbekämpfung waren so groß, daß ihre Beibehaltung in verschiedenen Frontverbänden bis zum Juli 1944 gerechtfertigt erscheint.

Sollte ich einen Nachruf auf diesen letzten Dornier-Bomber, der an der Front Verwendung fand, schreiben müssen, dann würde mein Urteil folgendermaßen lauten: Ein durchschnittliches Flugzeug, welches keine herausragende, jedoch ehrenwerte Leistungen aufweisen konnte.

Heinkel He 177

Denjenigen, die Zeugen bei der Ankunft des schweren Bombers Heinkel *He 177 A-5* ›Greif‹ auf dem Royal Aircraft Establishment in Farnborough am 10. 9. 1944 waren, möge ihr erstauntes Zucken der Augenbrauen nachgesehen werden: Diese Maschine trug scherzhafter Weise die Kokarden der Armée de l'Air, die Streifen der AEAF (Allied Expeditionary Air Force – Alliierte Luftstreitkräfte) sowie die Aufschrift: Kriegsbeute!

Am Himmel über Hampshire wurden während der letzten Kriegstage genug seltsame Flugzeuge, die in der Platzrunde des RAE flogen, gesichtet. Keines dieser Flugzeuge mutete jedoch so mythisch an wie die *He 177*, ähnlich dem Tier, dessen Namen sie trug.

Unsere ersten Informationen, die uns die Existenz dieses großen Heinkel-Bombers anzeigten, stammten von einem gut unterrichteten Kriegsgefangenen der Luftwaffe, welcher schon im Juni 1940 in unsere Hände gefallen war, und der uns die wesentlichsten Eigenschaften dieses Flugzeuges mit – wie sich später herausstellen sollte – ziemlicher Genauigkeit beschrieben hatte. Es liegt nahe, daß die ersten Einsätze dieses neuen Kriegsflugzeuges von uns mit einer nervösen Unruhe und mit Unbehagen erwartet wurden. Nachdem jedoch die Zeit verrann, und kein Flugzeug dieses Typs in nennenswerter Anzahl am Himmel erschienen war, wußten wir, daß dieses potentiell gute Flugzeug in Schwierigkeiten geraten sein mußte. Dennoch war es uns klar, daß die technischen Schwächen, die ihren Einsatz an der Front verzögerten, früher oder später behoben sein würden, und es im Einsatz erscheinen würde.

Die Nachrichten, die wir von denjenigen Kriegsgefangenen erhielten, die mit der *He 177* schon zu tun gehabt hatten, erwiesen sich oft als widersprüchlich. Während der eine die Schwierigkeiten betonte, die ihre Entwicklung begleiteten, schwörte der andere darauf, daß mit ihr der Luftwaffenführung eine Waffe in die Hand gegeben würde, die besser sei als alles, was das RAF Bomber-Command oder die USAAF (United States Army Air Force) besitze. Die meisten Berichte besagten, daß der schwere Heinkel-Bomber schnell und leicht zu fliegen sei. Von Offiziellen des Reichsluftfahrt-Ministeriums wurde per Zufall bekannt, daß sie die *He 177* als ein Flugzeug einschätzten, welches leichter zu manövrieren sei als die wesentlich kleinere *Ju 88*. Ein kriegsgefangener Flugzeugführer mit beträchtlicher Flugerfahrung sagte aus, daß die *He 177* in einem simulierten Luftkampf engere Kurven geflogen war als die Nachtjäger-Version der *Ju 88*, und ein anderer versicherte, daß die Heinkel aus so kleinen Fliegerhorsten wie beispielsweise dem von Graz/ Steiermark mit geringeren Schwierigkeiten eingesetzt werden könne, als der mittlere Bomber *Do 217*.

Alle diese Nachrichten verdichteten sich zu einem eindrucksvollen Gemälde, und ohne zu übertreiben darf ich behaupten, daß wir ziemlich scharf darauf waren, eine intakte *He 177* in unsere Hände zu bekommen, um selbst Traum und Wirklichkeit voneinander unterscheiden zu können.

Am 21.1.1944 wurde dann im Verlaufe der ersten Nachteinsätze im Rahmen der ›Operation Steinbock‹, in welcher die ›Greif‹ ihr Einsatzdebüt über den Britischen Inseln gab, durch einen unserer Nachtjäger ein Exemplar der *He 177 A-5* (Werk-Nr. 15747) in Whitmore Vale, nahe Hindhead, Surrey, zur Landung gezwungen. Von dieser Maschine blieb jedoch nur das Leitwerk, das etwa einen Meter vor dem Seitenruder abgebrochen war, heil. Der Rest wurde bis auf die linken Flächenenden restlos zerstört. Das Wrack wurde zu eingehenden Untersuchungen ins RAE nach Farnborough überführt. Zusammen mit drei weiteren Wracks, welche in der Zeit zwischen dem 23.2. und dem 2.3. bei Angriffen auf London abgeschossen worden waren, ergab sich genug Material für interessante Einzelinformationen über dieses Flugzeug. Wir waren aber weiterhin darauf bedacht, ein Exemplar der ›Greif‹ zu Auswertungszwecken unzerstört in unsere Hand zu bekommen. Nach der Landung der Alliierten in der Normandie im Juni 1944 konzentrierte sich in dieser Angelegenheit unser ganzes Interesse auf den Raum Toulouse, und zwar deswegen, weil sich das Hauptreparatur- und Überholungswerk für die *He 177* auf dem Flugfeld Blagnac in der Nähe von Toulouse befand. Es wurde ein Kommandounternehmen geplant, dem die Aufgabe gestellt wurde, ein Muster der *He 177* sobald wie möglich zu kapern. Hiermit wurde einer der bekanntesten und erfolgreichsten Männer in diesem Metier, SOE (Special Operation Executive) G.R. Starr, DSO, MC[1] beauftragt. Er wurde unter dem Pseudonym Colonel Hilaire geführt. Er war vorher für mehr als ein Jahr lang mit der Führung von französischen Widerstandsgruppen der ›Maquis‹ im Departement Gers beauftragt gewesen.

Der Einsatz sollte von mehreren Jedgburg-Einheiten der ›Maquis‹ im Zusammenwirken mit britischen und amerikanischen Mannschaften unternommen werden, die mit Fallschirmen am 17.8.1944 über ihren Einsatzräumen abgesetzt wurden. Am Morgen des 2.9.1944 erhielt das RAE Nachricht, daß die Operation angelaufen sei und die in Frage kommende *He 177* auf dem Flugfeld von Blagnac gesondert abgestellt worden sei. Hierauf wurde sofort ein »Prisen-Unternehmen« zusammengestellt. Die Flugzeuge, die hierfür benötigt wurden, stellte der Versuchsschwarm für Funk- und elektrische Verfahren. Das RAE-Team wurde an Bord einer ›Hudson‹ (T 9433) verfrachtet und mit zwei ›Beaufighter‹ als Begleitjäger nach Blagnac geschickt. Der Führer des Unternehmens war Group Captain (Oberst in der Royal Air Force) A.F. Hards[2], Platzkommandant von Farnborough. Er hatte die Aufgabe, die ›Hudson‹ von Blagnac zurückzufliegen. Er wurde vom Wing Commander (Oberstleutnant in der Royal Air Force) Roland J. Falk, Chefeinflieger und Einsatzleiter in Farnborough, begleitet. Er sollte die gekaperte *He 177* nach Farnborough fliegen. Ebenfalls mit von der Partie war Squadron Leader (Major in der Royal Air Force) Pears. Er war als Flugingenieur im Heinkel-Bomber vorgesehen. Schon auf dem Hinflug verloren die ›Beaufighter‹ auf Grund rauhen Wetters die Fühlung mit der ›Hudson‹. KW 292 ließ sein Benzin ab, um eine Bauchlandung nach 7stündiger Flugdauer auf einem Acker zu machen, und der Flugzeugführer der R 2241

[1] Britische Auszeichnungen.
DSO: Distinguished Service Order
MC: Military Cross

[2] Grp. Cpt. Hards verlor am 18.1.1946 in einer *Do 335* sein Leben, siehe Kapitel *Do 335*

Eine *He 177 A-3/R1* des Kampfgeschwaders 40, die die ersten Einsätze dieses Verbandes von Châteaudun aus mitflog.

Eine *He 177 A-3/R2* und eine *He 177 A-1* der Flugzeugführerschule (B) 16 in Burg bei Magdeburg zur taktischen Verbandsschulung.

Oben und unten: Diese *He 177 A-5/R6* wurde von Farnbrough aus zu Testzwecken – hier über der Landschaft von Hampshire – während des Herbstes 1944 geflogen, bis sie dann im Februar 1945 nach Boscombe Down überführt wurde.

mußte seine ›Beaufighter‹ mit dem Fallschirm verlassen, nachdem nach siebeneinhalbstündigem Flug der Treibstoff restlos verbraucht war. Auf Grund widriger Sichtverhältnisse konnte die ›Hudson‹ Blagnac nur schwer ausmachen. Nach 5 Stunden und 50 Minuten Flugzeit konnte schließlich gelandet werden, und Falk und Pears stiegen aus. Daraufhin startete die ›Hudson‹ zu ihrem Rückflug nach Thorney Island. ›Roly‹ Falk hatte bis dahin keinerlei Vorstellungen von den Flugeigenschaften der *He 177*. Von den Franzosen wurde ihm gesagt, die Deutschen hätten ziemliche Probleme mit der Steuerung. Er selbst fand heraus, daß sie nicht besonders schwierig zu fliegen sei. Acht Tage nachdem er von Farnborough gestartet war, lieferte er nach einem Flug von 2 Stunden und 45 Minuten seine Prise sicher in Farnborough ab. Endlich hatte das RAE eine *He 177 A-5/R6* (Werk-Nr. 41 2951) in seinem Besitz. Diese Heinkel hatte sich vordem im Bestand des Kampfgeschwaders 40 befunden. Die *He 177* war ein faszinierendes Flugzeug, in das möglicherweise mehr Erfindergeist geströmt war als in irgendein anderes deutsches Kriegsflugzeug. Gleichzeitig war sie das traurigste Produkt der deutschen Luftfahrtindustrie, und man witzelte über sie, daß sie für ihre Besatzung bedrohlicher sei als für ihre Feinde.
Der Greif der griechischen Sagenwelt schien eine glückliche Verbindung zwischen Kopf und Fittichen des Adlers und dem Körper eines Löwen. Ernst Heinkels Konstrukteursteam hatte offensichtlich weniger Erfolg bei dem Versuch, einen konventionellen Zellenbau mit dem fortschrittlichen Konzept der Triebwerksanordnung zu verbinden, um ihren »Greifen« zu erschaffen. Das Ergebnis dieser Schöpfung konnte auf keinen Fall mit seinem Namensvetter aus der Sagenwelt wetteifern, dem es angeblich gelungen war, den skythischen Goldschatz zu behüten. Das Dritte Reich konnte sich durch die Heinkel ›Greif‹ auf keinen Fall behütet wähnen. Es lag weniger an einer verfehlten Entwurfsidee für die *He 177* – man muß sogar sagen, daß sie äußerst fortschrittlich war – und dennoch waren es gerade die technisch fortschrittlichsten Bauteile, welche fortwährend Geburtswehen verursachten. Die hieraus erwachsenen Schwierigkeiten, zusammen mit dem unzureichenden Versuchen, diese auszumerzen, hatten ihre Ursache in ständig sich ändernden Anforderungen, die wiederum wirklichkeitsfremde, taktische Forderungen zur Grundlage hatten. Zu allem Übel kamen widersprüchliche militärische und politische Rücksichtnahmen des Reichsluftfahrtministeriums in bezug auf Prioritätenfestlegungen hinzu.
Die Anforderungen an die ›Greif‹ wurden ursprünglich durch den Führungsstab der Luftwaffe Mitte 1936 festgelegt. Ein Jahr darauf erhielt Heinkel den Auftrag, eine Holzattrappe in natürlicher Größe zu schaffen. Das Ergebnis war ein sehr fortschrittlicher Entwurf, an dessen Entstehung der hochveranlagte Dipl.-Ing. Siegfried Günter maßgeblichen Anteil hatte. Die extremen Neuerungen in Günters Entwurf umfaßten sowohl gekoppelte, auf eine Welle wirkende Triebwerke mit Verdampfungskühlung, als auch ferngesteuerte Abwehrstände, deren Luftwiderstandsbeiwert erheblich unter denen bemannter lag.
Von Anfang an litt die ›Greif‹ unter zu spät angesetzten Fehleranalysen, den ständigen Triebwerksbränden in der Luft, aerodynamischen Problemen sowie ungenügender Belastbarkeit der Zelle. Alle diese Schwächen sind umfassend beschrieben worden. Auf sie kann in dieser Darstellung nicht näher eingegangen werden.
Als ich in Farnborough am 20. 9. 1944 zum ersten Testflug in unserer letzten Neuerwerbung startete, war mir angesichts des Rufs der *He 177* nicht besonders wohl zumute.

DAS FLIEGEN IN EINEM »GOLDFISCH-AQUARIUM«

Ich hatte immer eine Schwäche für unkonventionelle Flugzeugkonstruktionen, insbesondere für Flugzeuge mit Entenflügeln, Nurflügel-Flugzeuge, Flugzeuge mit Kufenfahrwerken und andere ausgefallene Ideen. In meinem Flugbuch befindet sich die *He 177* ebenfalls unter der Rubrik »unkonventionelle Lösungen«, wenn auch nur dank ihrer ungewöhnlichen Triebwerksanordnung. In meiner Zeit als Flugzeugführer mußte ich so manches Flugzeug ohne Einweisung testen, aber bis zu jenem Zeitpunkt, zu dem ich die *He 177* zu fliegen hatte, war das noch nie geschehen. Mit der Zeit habe ich mich allerdings auch an diesen Zustand gewöhnt. Spätestens aber dann, als ich zahlreiche ehemalige deutsche Flugzeuge, welche uns nach dem Kriege anheimgefallen waren, für uns zu erproben hatte, hatte ich mich daran zu gewöhnen. In der Zeit zwischen Ankunft der *He 177* aus Blagnac und dem Beginn der Testflüge in Farnborough wurden der Heinkel neue Hoheitsabzeichen verpaßt. Die Kokarden der Armée de l'Air wurden gegen diejenigen der Royal Air Force

Heinkel He 177 A-5 Schnittzeichnung:

1 rechtes Positionslicht
2 abnehmbarer Randbogen
3 FuG 101 elektrischer Höhenmesser
4 Querrudersteuerkabel
5 rechtes Querruder
6 Querrudertrimmklappe
7 Federklappe
8 Querruderausgleichsgewicht
9 FuG 102 – elektrischer Großhöhenmesser
10 Querruderantrieb
11 Gleitschiene für die »Fowler«-Klappen
12 »Fowler«-Klappen in ausgefahrener Stellung
13 Steuergestänge für Querrudertrimmklappe
14 Arbeitszylinder für Verstellklappenbetätigung
15 Steuerseile
16 Tragflächenhauptholm (äußerer Tragflächenteil)
17 Flächenrippen
18 vorderer Tragflächenhilfsholm
19 beheizbare Flügelnase
20 Lufteinlauf für Schmierstoffkühler
21 funkgesteuerte Gleitbombe Henschel Hs 293 (rechts)
22 rechte äußere Fahrwerksklappe
23 rechter äußerer Fahrwerksschacht
24 Sperrballon-Kabelschneider in der Flügelvorderkante
25 ETC-Bombenschlösser (rechts)
26 Doppelschmierstoffkühler (für die Steuerbordtriebwerke)
27 Kühler-Austrittsklappe
28 Heißluftleitung
29 Arbeitszylinder für Hauptfahrwerksklappe
30 Kraftstoffbehälter, rechte Tragfläche außen, 1120 l (Nr. 8)
31 Kraftstoffüllkopf
32 »Fowler«-Klappen – äußerer Teil
33 hinterer Flächenhilfsholm
34 Beginn des Flächenknicks
35 Gleitschiene für »Fowler«-Klappen
36 rechter Anlasserkraftstoffbehälter, 9 l
37 rechte Schmierstoffbehälter
38 Hydraulik-Hauptbehälter, 32 l
39 Kraftstoffüllkopf
40 Kraftstoffbehälter, rechte Tragfläche innen, 621 l (Nr. 3)
41 »Fowler«-Klappen, innerer Teil
42 Tragflächenhauptholm, innerer Teil
43 rechter innerer Fahrwerksschacht
44 Lader
45 Triebwerksgondelverkleidung
46 Anschluß für Tragflächenhauptholm mit Verkleidung
47 Triebwerks-Anbaugeräte
48 flüssigkeitsgekühlter 24-Zylindermotor Daimler-Benz DB 610 A-1
49 Triebwerksdämpfung
50 Lufteinlauf für Lader und Flächenenteisung
51 Formspant für Triebwerksgondel
52 Kühlerabzüge
53 vordere Motoraufhängung
54 Kühlerklappen
55 Kurbelgehäuse für Doppelgetriebe
56 Luftschraubenwelle
57 Satteltank für Luftschrauben-Enteisungsflüssigkeit
58 Profilverkleidung für den Triebwerkskühler
59 Einstellmechanismus für Luftschraubensteigung
60 Luftschraubennabenhaube
61 Blattwurzelverkleidung
62 VDM-Vierblattluftschraube
63 unterer Lufteinlauf
64 Austritt für Auspuffflammendämpfer
65 rechtes äußeres Fahrwerksfederbein
66 rechtes inneres Fahrwerksfederbein
67 rechtes äußeres Laufrad
68 Zielflugpeilantenne unter Kuppelverkleidung
69 Notbehälter für Hydraulikflüssigkeit, 25 l
70 Rumpfrahmenspant Nr. 7
71 Munitionsbehälter für den C-Stand
72 Fernantrieb für den B 1-Stand (Zwillings MG-Drehringlafette auf dem vorderen Rumpfrücken)
73 Reflexvisier mit 10-mm-Panzerung
74 Visierkuppel mit Fernsteuerung
75 Hebel zur Seitenrichtung des B 1-Standes
76 Höhenrichthebel für den B 1-Stand

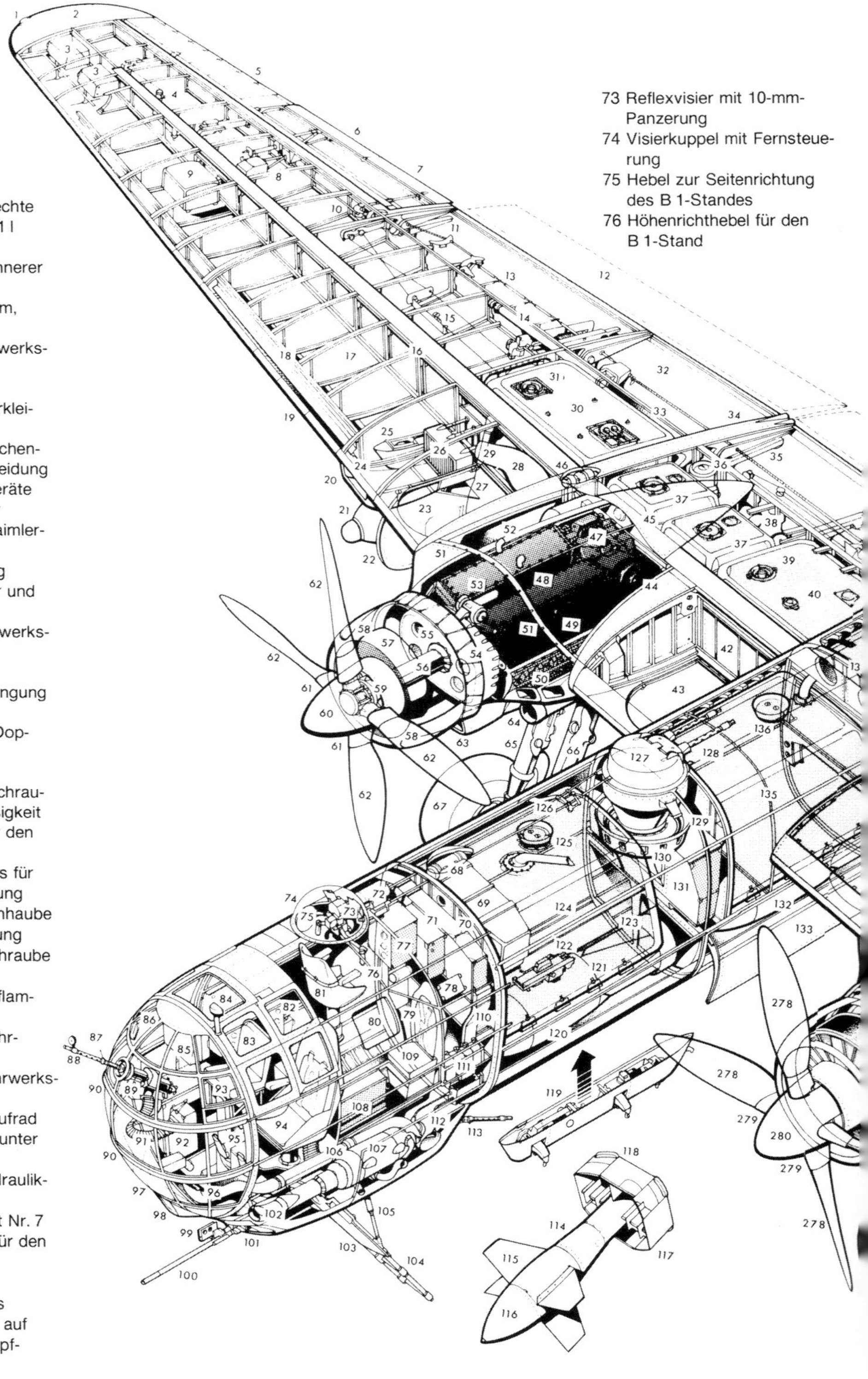

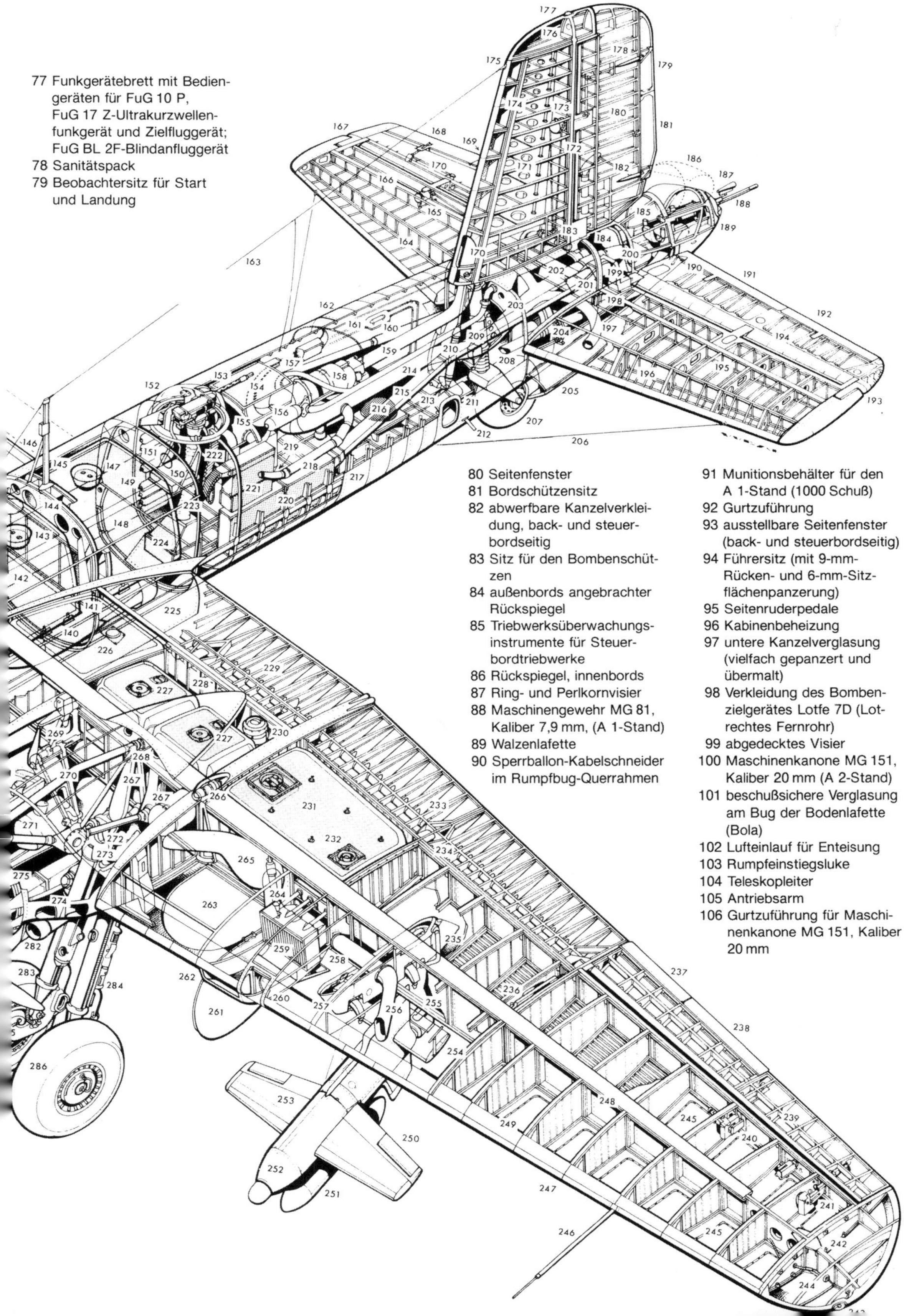

77 Funkgerätebrett mit Bediengeräten für FuG 10 P, FuG 17 Z-Ultrakurzwellenfunkgerät und Zielfluggerät; FuG BL 2F-Blindanfluggerät
78 Sanitätspack
79 Beobachtersitz für Start und Landung
80 Seitenfenster
81 Bordschützensitz
82 abwerfbare Kanzelverkleidung, back- und steuerbordseitig
83 Sitz für den Bombenschützen
84 außenbords angebrachter Rückspiegel
85 Triebwerksüberwachungsinstrumente für Steuerbordtriebwerke
86 Rückspiegel, innenbords
87 Ring- und Perlkornvisier
88 Maschinengewehr MG 81, Kaliber 7,9 mm, (A 1-Stand)
89 Walzenlafette
90 Sperrballon-Kabelschneider im Rumpfbug-Querrahmen
91 Munitionsbehälter für den A 1-Stand (1000 Schuß)
92 Gurtzuführung
93 ausstellbare Seitenfenster (back- und steuerbordseitig)
94 Führersitz (mit 9-mm-Rücken- und 6-mm-Sitzflächenpanzerung)
95 Seitenruderpedale
96 Kabinenbeheizung
97 untere Kanzelverglasung (vielfach gepanzert und übermalt)
98 Verkleidung des Bombenzielgerätes Lotfe 7D (Lotrechtes Fernrohr)
99 abgedecktes Visier
100 Maschinenkanone MG 151, Kaliber 20 mm (A 2-Stand)
101 beschußsichere Verglasung am Bug der Bodenlafette (Bola)
102 Lufteinlauf für Enteisung
103 Rumpfeinstiegsluke
104 Teleskopleiter
105 Antriebsarm
106 Gurtzuführung für Maschinenkanone MG 151, Kaliber 20 mm
107 Enteisungsgebläse
108 Munitionsbehälter für A 2-Stand (300 Schuß)
109 Toilette
110 Gurtzuführung für den C-Stand
111 Thermosflaschen
112 Bullauge
113 Maschinengewehr MG 131, Kaliber 13 mm, für C-Stand im Heck der Bola
114 funkgesteuerte »Fritz X«-(Kramer X-1)-Bombe
115 kreuzförmig angebrachte Leitflächen
116 Panzerdurchschlag-Gefechtskopf
117 Kastenleitwerk der Bombe
118 Befestigung für Luftbremsen
119 Bombenschloß unter dem Rumpf (nur vorhanden, wenn vorderer Bombenschacht verschlossen bleibt)
120 vorderer Bombenschacht (oftmals verschlossen gehalten)
121 Ösen für Kraftstoffbehälterhalterungen
122 innerer Bombenträger
123 Trennwand
124 selbstdichtender Kraftstoffbehälter, 1520 l (Nr. 4), ersetzt durch einen mit 3450 l Inhalt, wenn der Bombenschacht nicht mit Bomben beladen wurde
125 Kraftstoffüllkopf
126 Steuergestänge und Kühlleitung zum ferngesteuerten B 1-Stand
127 ferngesteuerter B 1-Stand
128 Zwillingsmaschinengewehr MG 131, Kaliber 13 mm
129 Rumpfspant Nr. 13
130 Aufbau des MG-Turms
131 Munitionsdoppelbehälter für den B 1-Stand (1000 Schuß/MG)
132 mittlerer Bombenschacht (häufig nicht beladen)
133 Bombenschachtklappe (äußerer Teil)
134 linker innerer Fahrwerkschacht

Heinkel He 177 A-5 Schnittzeichnung Fortsetzung

135 Kraftstoffbehälter Nr. 5, 1520 l, ersetzt durch einen mit 3450 l Inhalt, wenn der Bombenschacht nicht mit Bomben beladen wurde
136 Kraftstoffüllkopf
137 Rumpfspant Nr. 19
138 durchgehender Hauptholm
139 Anschlüsse Hauptholm/Rumpf
140 hinterer Bombenschacht
141 Anschlüsse hinterer Holm/Rumpf
142 Kraftstoffbehälter Nr. 1, 1140 l selbstdichtend/Metall
143 Kraftstoffüllkopf
144 Rumpfspant Nr. 23
145 Antennenmast
146 Antennenstützstrebe
147 Kraftstoffüllkopf
148 Kraftstoffbehälter Nr. 6, 1140 l
149 Rumpfspant Nr. 27 (die an der Rückseite befestigten Feuerlöschbehälter wurden der Übersichtlichkeit wegen weggelassen)
150 Bordschützensitz (B 2-Stand)
151 Sauerstoffbehälter
152 B 2-Stand
153 Maschinengewehr MG 131, Kaliber 13 mm
154 Stauraum für Schlauchboot (durch Panzerplatte gesichert)
155 FuG 203 für Henschel Hs 293-Gleitbombensteuerung
156 Feuerlöscher
157 Abwurfgerät für Schlauchboot
158 Enteisungsgebläse
159 Verbindungsleitung für Enteisungsanlage
160 Kraftstoffschnellablaß
161 Hydraulikleitungen zum Spornrad
162 Rumpfbeplankung
163 Kurzwellenantenne
164 vorderer Höhenflossenhilfsholm
165 Mechanismus für Höhenflossentrimmfläche
166 Höhenflossenhauptholm
167 Höhenruderausgleich
168 Höhenrudertrimmklappe
169 Federklappe
170 Lufteinlauf in der Seitenflossenwurzel für Enteisung
171 Seitenflossenaufbau
172 Seitenflossenhauptholm
173 Seitenruderanschlag
174 vorderer Seitenflossenhilfsholm
175 Antennenbefestigung
176 abnehmbare Seitenflossenrandkappe
177 hinteres Positionslicht
178 Stoßstange für Trimmklappe
179 Seitenrudertrimmkante
180 Seitenruderaufbau
181 Federklappe
182 mechanische Verstellvorrichtung für Federklappe
183 Anschluß Seitenflosse/Rumpf
184 Heckschützensitz
185 Verglasung des Heckstandes (H-Stand)
186 abwerfbare Heckstandhaube
187 stromlinienförmig verkleidetes Visier
188 kardanisch gelagerte Maschinenkanone MG 151, Kaliber 20 mm
189 gepanzerte Lafette (18 mm)
190 Federklappengelenk
191 Federklappe
192 Höhenrudertrimmklappe
193 Höhenruderausgleich
194 Höhenruderaufbau
195 Höhenflossenaufbau
196 beheizbare Höhenflossenvorderkante
197 Heißluftleitung
198 Anschlüsse Höhenflosse/Rumpf
199 Motor für Gurtzuführung in den H-Stand
200 Heißluftzuführung in den Heckstand
201 Sanitätspack
202 durchgehender Höhenflossenhauptholm
203 Rumpfspant Nr. 44
204 Höhenflossenhilfsholm
205 Spornradklappen
206 Antenne für FuG 203 (zur Gleitbombensteuerung)
207 Spornrad
208 Kraftstoffschnellablaß
209 Spornradfederbein
210 Einziehmechanismus
211 Seitenfenster
212 Schleppantenneneinführung und Anpassungsgerät
213 Schleppantennenhaspel
214 Heißlufthauptleitung
215 Gurtzuführung für H-Stand
216 Mutterkompaß
217 Halbschalenbauweise des Rumpfes
218 Heißluftleitung für B 2-Stand
219 abwerfbare Einstieg-Ausstiegsluke
220 Munitionsbehälter für H-Stand (800 Schuß)
221 Munitionsbehälter für B 2-Stand (1000 Schuß)
222 Gurtzuführung
223 Schlauch für Hülsenabführung
224 Sammelbehälter für Leerhülsen und Gurtglieder
225 hintere Bombenschachtklappe
226 Kraftstoffbehälter Nr. 2, 621 l
227 linker Schmierstoffbehälter
228 hinterer Flächenhilfsholm
229 »Fowler«-Klappen-Aufbau (innerer Teil)
230 linker Anlasserkraftstoffbehälter
231 Kraftstoffbehälter, rechte Tragfläche außen, 1120 l (Nr. 7)
232 Kraftstoffüllkopf
233 »Fowler«-Klappen-Aufbau (äußerer Teil)
234 Verkleidung der Klappenscharniere
235 Heißluft für ETC-Bombenträger
236 Anflanschung der »Fowler«-Klappen-Gleitschienen
237 Federklappe
238 Querrudertrimmklappe
239 Querruderaufbau
240 mechanische Verstellvorrichtung für Trimmkante
241 mechanische Verstellvorrichtung für Querruder
242 Bolzen zur Randbogenbefestigung
243 linkes Positionslicht
244 abnehmbarer Randbogen
245 Zugangsklappen zur Tragflächenunterseite zu Wartungs-/Inspektionszwecken
246 Staurohr
247 beheizbare Flügelnase
248 Tragflächenhauptholm
249 vorderer Tragflächenhilfsholm
250 funkgesteuerte Gleitbombe Henschel Hs 293
251 Gehäuse für Raketenmotor (Raketenmotor entwickelte 500 kp Schub)
252 Gleitbombengefechtskopf (500 kg)
253 Tragflächen mit Steuerflächen
254 Empfangsantennen am Leitwerk
255 Leuchtspureinbau
256 Heißluftleitung für äußeren Flügelnasenteil
257 ETC-Bombenträger (links)
258 Schmierstoffkühler-Austrittsklappe
259 Doppelschmierstoffkühler (für die Backbordtriebwerke)
260 Such-/Landescheinwerfer
261 linke äußere Fahrwerksklappe
262 Lufteinlauf für Schmierstoffkühler
263 linker äußerer Fahrwerksschacht
264 Arbeitszylinder für Hauptfahrwerksklappe
265 Heißluftleitung
266 Anschluß für Tragflächenhauptholm mit Verkleidung
267 Anschlüsse für das Doppelfahrwerk am Hauptholm
268 Kugelpfanne für Motorträger
269 Befestigung des Hydraulikeinfahrzylinders
270 oberer Motorträger
271 Kühlmittelbehälter
272 Motorstützstrebe
273 Schwenklager für Fahrwerksfederbeine
274 Lufteinlauf für Lader und Flächenenteisung
275 Kühlerklappen
276 vordere Motoraufhängung
277 Ringgebläse
278 VDM-Vierblattluftschraube
279 Blattwurzelverkleidung
280 Luftschraubennabenhaube
281 unterer Lufteinlauf
282 Austritt für Auspuffflammendämpfer
283 linkes inneres Fahrwerksfederbein
284 linkes äußeres Fahrwerksfederbein (nach außen einziehbar)
285 Fahrwerksachse
286 linkes äußeres Laufrad
287 linkes inneres Laufrad

Oben und Mitte: Die *He 177 A-5/R6* nach ihrer Ankunft aus Blagnac im September 1944. Sie trägt immer noch die französische Kokarde und die Aufschrift »Prise de Guerre«. Das (ehemals deutsche) taktische Kennzeichen F8 kann man an der Rumpfseite vor der Kokarde schwach erkennen.

Unten: *He 177 A-5/R6* der II./KG 40 in Bordeaux-Méricnac, nachdem diese Gruppe wieder Aufklärungsaufgaben über dem Atlantik zugewiesen bekommen hatte.

getauscht und die Zulassungsnummer TS 439 aufgemalt.
Die *He 177* stand »großmächtig« da, wie die Amerikaner sagen würden. Ihre Haltung am Boden erinnerte mich lebhaft an das Aussehen eines ›Stirling‹-Bombers mit X-Beinen. Würde es zwischen der *He 177* und dem ›Stirling‹-Bomber eine Schönheitskonkurrenz gegeben haben – ich glaube die deutsche Maschine hätte um »Brustbreite« gewonnen.
Nachdem ich über die nach unten klappbare Einstiegsluke in die Kanzel gelangt war, ließ ich mich im Sitz des Flugzeugführers nieder. Dieser war ziemlich bequem gepolstert. Ich machte eine Bestandsaufnahme in der Kanzel, welche so groß war und eine so großflächige Verglasung aufwies, daß ich mir wie in einem riesigen Goldfisch-Aquarium vorkam. Die Steuersäule war mittschiffs angeordnet, und das Steuerhorn konnte nach beiden Seiten hin umgelegt werden, so daß dem Kampfbeobachter die Möglichkeit zum Führen des Flugzeuges ebenfalls gegeben war. Dieser saß auf einem Klappstuhl auf der rechten Seite und hatte vor sich Hilfspedale für das Seitenruder. Die wichtigsten Schalter und Bedienungshebel befanden sich auf einer Konsole an der linken Seite der Kanzel. Auf ihr waren angeordnet: Die Brandhähne, die Zündschalter, die Triebwerkskupplungen, die Leistungshebel, die Anlaßhebel, die Schalter für die Einspritzpumpe, die Schalter für Ölfilter sowie die Hebel für die Zündkerzenreinigungsanlage, die Schalter für die Enteisungsanlage und die Feuerlöschgeräte. Direkt hinter den Leistungshebeln befanden sich drei einzeln zu bedienende Trimmräder. Die Motorenüberwachungsinstrumente waren auf einem Instrumentenbrett rechts vom Kampfbeobachter zusammengefaßt. Fahrwerks- und Landeklappenhebel sowie die Vorrichtung zum Schnellablaß das Kraftstoffes befanden sich an einer Deckenkonsole der Kanzel.
Die flüssigkeitsgekühlten Daimler-Benz DB 610-Motoren besaßen je 24 Zylinder. Sie waren zusammengesetzt aus je 2 DB 605-12-Zylinder-Motoren, welche seitlich zueinander angeordnet waren und deren Kurbelwellen über ein gemeinsames Getriebegehäuse und schaltbare Klauenkupplungen auf die Propellerwelle wirkten. Angelassen wurde mittels eines elektrischen Schwungkraftanlassers. Das Rollen ging verhältnismäßig leicht, sobald man dahintergekommen war, daß der Steuereffekt, den man mit so einem gekoppelten Motor erzielen konnte, erheblich geringer war, als der, den man mit einem äußeren Motor einer üblichen viermotorigen Maschine erreichen konnte. Die Sicht nach vorne war gut, allerdings war es mir nur möglich, die linke Flächenspitze zu überblicken, die Sicht auf die rechte Seite war mir hingegen versperrt, so daß man, wenn es eng wurde, beim Rollen vorsichtig sein mußte. Die Bremsen waren vorzüglich, »rupften« jedoch wie in allen deutschen Flugzeugen. Auf Grund des sehr hohen Seitenleitwerks sowie des langgestreckten, massigen Rumpfes war die *He 177* ziemlich seitenwindempfindlich, was mir ein wenig zu schaffen machte.
Zum Start wurden die Landeklappen auf »START« und der Ladedruck auf 1,3 ata eingestellt. Die Ladedruckregelung erfolgte nicht automatisch, deshalb führte ich die Leistungshebel behutsam nach vorne. Bei einem Ladedruck von 1,2 ata überließ ich dann die Bedienung der Leistungshebel dem Bordmechaniker. Beim Gasgeben aus dem Leerlauf heraus kamen die Motoren regelmäßig ins Stottern. Hatte man jedoch den toten Punkt überwunden, dann reagierten die Motoren ganz ausgezeichnet auf die Leistungshebelbewegungen. Auf der Startrollstrecke zeigte die *He 177* keinerlei Tendenz zum Ausbrechen, das Heck konnte recht früh vom Boden abgehoben werden. Das Höhenruder erwies sich schon in dieser Phase als leichtgängig und wirkungsvoll. Hatte man Seitenwind, erwies sich das Seitenruder als unzureichend, wenn es galt, ein Ausbrechen des Flugzeugs zu verhindern. Ich führe das auf das federbetätigte Hilfsruder zurück. Bei 150 km/h mußte man die *He 177* vom Boden wegnehmen, danach wurde so lange nicht gestiegen, bis die kräftigen Fahrwerke eingefahren waren, jedes bestehend aus zwei riesigen, an Hydraulikfederbeinen befestigten Rädern, von denen das eine nach innen, das andere nach außen eingezogen wurde. Danach konnte auf die Sicherheitsgeschwindigkeit beschleunigt werden, die man im Falle eines Triebwerksausfalles benötigte, nämlich 180 km/h. Beim Einfahren des Fahrwerkes war keine Trimmänderung nötig, auch wenn dann bei einer Geschwindigkeit von 250 km/h die Klappen hochgefahren wurden, waren nur wenige Trimmänderungen nötig. Allerdings sackte die Maschine beim Einfahren der Klappen merklich durch.
Im Steigflug war sie schwerfällig. Außerdem gewann ich gleich auf dem ersten Flug einen Eindruck von ihrer Empfindlichkeit in turbulenten Luftmassen. In 3000 Metern Höhe trimmte man auf Reisegeschwindigkeit. Hierzu

Eine *He 177 A-3/R2* der Flugzeugführerschule (B) 16.

Eine *He 177 A-5/R6* der II./KG 40, stationiert in Bordeaux-Mérignac, Juni 1944.

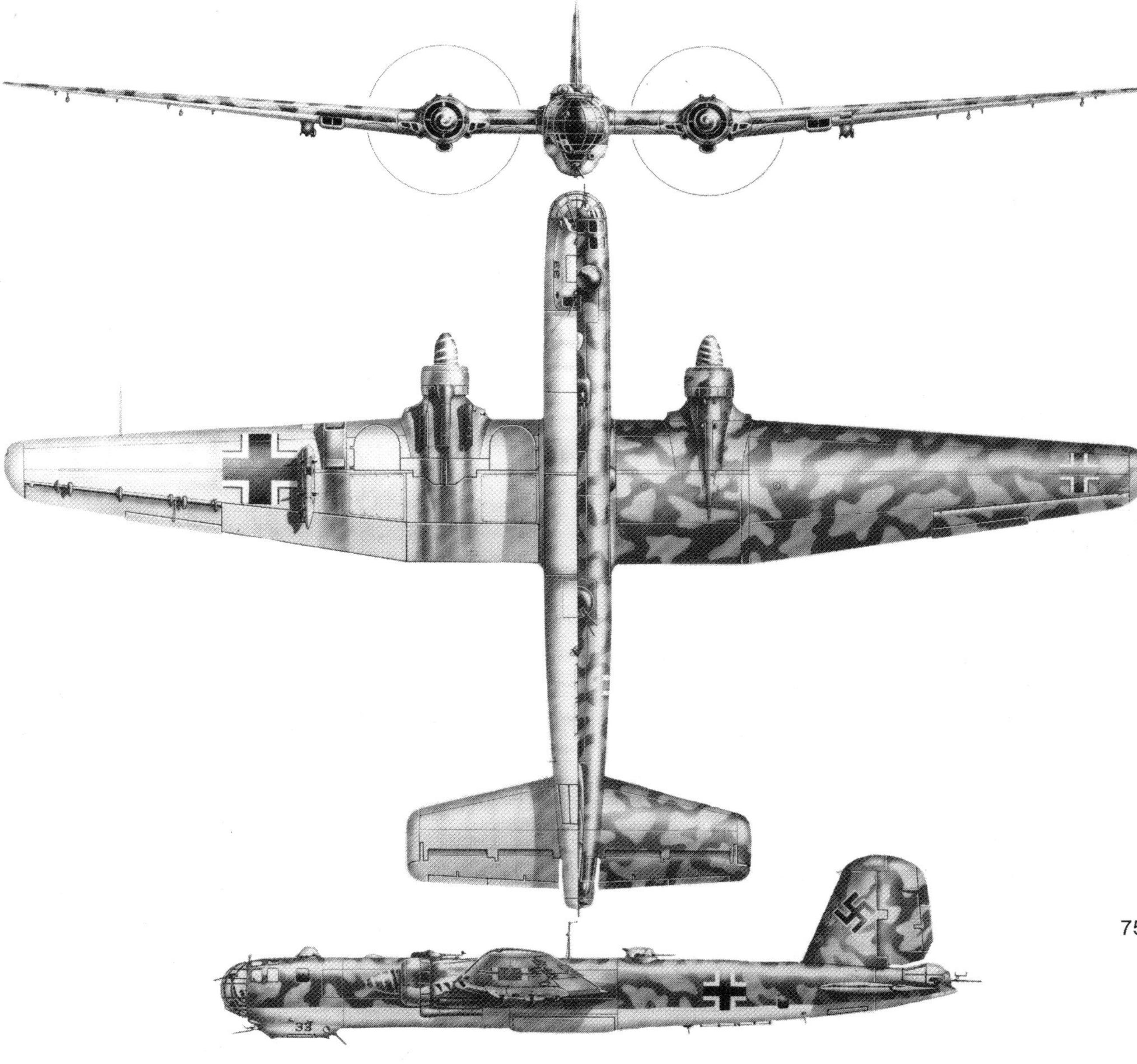

Heinkel He 177 A-5 ›Greif‹ Kanzelübersicht

1 Anlaßschalter linkes äußeres Triebwerk
2 Anlaßschalter linkes inneres Triebwerk
3 Anlaßschalter rechtes inneres Triebwerk
4 Anlaßschalter rechtes äußeres Triebwerk
5 Druckschalter für rechte Anlaßeinspritzpumpe
6 Druckschalter für linke Anlaßeinspritzpumpe
7 Hebel für Tragflächenenteisung
8 Bedienhebel für Ölfilterreinigung
9 Schnellstophebel für linkes äußeres Triebwerk
10 Schnellstophebel für linkes inneres Triebwerk
11 Schnellstophebel für rechtes inneres Triebwerk
12 Schnellstophebel für rechtes äußeres Triebwerk
13 Bedienhebel für Zündkerzenreinigung/-abbrennung
14 Funkpeiltochterkompaß
15 Handpumpe für Anlaßkraftstoff
16 Anlaßkraftstoff-Druckanzeige
17 Ein/Aus-Schalter für Bordeigenverständigungsanlage
18 Trimmschalter für Sturzflugbremsen (fehlte häufig)
19 Querrudertrimmrad
20 Höhenrudertrimmrad
21 Seitenrudertrimmrad
22 Schaltkasten für FuG 25
23 Hebel für Triebwerkskupplungen
24 Gashebel
25 Hebel für linke Triebwerksklauenkupplungen
26 Hebel für rechte Triebwerksklauenkupplungen
27 Feststellbremse für Motorfeinabstimmung
28 Zündschalter
29 Fahrwerksanzeige
30 Sauerstoffdruckanzeige
31 Sauerstoffvorratsanzeige
32 Bedienhebel für Feuerlöscher
33 Kursvisier
34 Fein-/Grobhöhenmesser (teilweise durch linkes Steuerhorn verdeckt)
35 Fahrtmesser (durch linkes Steuerhorn verdeckt)
36 B-Knopf XI/Bombenauslöseknopf am linken Steuerhorn
37 Künstlicher Horizont
38 ›Patin‹-Funkpeilkompaß
39 Schauzeichen für Staurohrbeheizung
40 Merkleuchte für ›Fowler‹-Landeklappen
41 Handknebel zum Lösen des Instrumentenbretts
42 Anzeigegerät für Funknavigation (Blindlandeanzeiger)
43 Höhenmesser (verdeckt vom Steuerhorn)
44 Steuerhornverriegelung
45 Borduhr
46 Variometer (teilweise durch Schwenkarm der Steuersäule verdeckt)
47 Notwendezeiger
48 innere Rückblickspiegel (links und rechts)
49 nach innen klappbare Kanzelscheiben
50 Klappriegel
51 Feuerwarnleuchten für Backbord- und Steuerbord-Triebwerke
52 Blendschutzvorhänge für Seitenscheiben
53 abwerfbare Kanzelscheiben
54 Auslösegriffe
55 beigeklappte Stützstrebe für Sturzvisier
56 Blendschutzvorhänge für obere Kanzelscheiben
57 Schalter für Such-/Landescheinwerfer
58 Schalter für Positionslampen
59 Schalter für Instrumentenbrettbeleuchtung des Flugzeugführers
60 Schalter für Triebwerkgerätebrett-Instrumentenbeleuchtung
61 Schalter für Innenbeleuchtung
62 Schalter für Beleuchtung der Gefechtsposition des Beobachters
63 Schalter und Anzeige für Führerraumheizgebläse
64 Schalter für Kompaßstützung
65 Schalter für Hilfspositionslampen
66 Ausschalter der Heckbeheizung
67 Schalter für Staurohrbeheizung
68 Fahrwerksschalter
69 Kanzelleuchte
70 Landeklappenschalter
71 Kurssteuerung (Hauptschalter)
72 Auslöseknopf für Signalmunition
73 Leuchtstärkeregler für das Instumentenbrett
74 beigeklapptes Sturzvisier Stuvi 5 B
75 Auslösegriff für Stuvi
76 Bombennotwurfgriff
77 Bedienhebel Kraftstoffschnellablaß (linke Hecköffnung)
78 Bedienhebel Kraftstoffschnellablaß (rechte Hecköffnung)
79 Bedienhebel für Nebel-/Rauchgerät
80 Kurssteuerung-Notauslösung
81 Funkpeilkompaß
82 Nahkompaß
83 Hauptschaltkasten
84 Zurrstrebe des MG 81
85 7,9-mm-MG 81 (A-Stand)
86 Kugellafette mit Stoffabdichtung
87 Vorhaltevisier
88 Leerhülsen/Zerfallgurtabführung
89 Gurtzuführung
90 Schlauch für Leergutabführung
91 Steuersäulenschwenkarmlager
92 Richtungsgeber der Kurssteuerung
93 Schwenkarm der Steuersäule (läßt sich um 180° zum Bombenschützen schwenken)
94 Spanndrähte als Abdriftmarken (Kuvi-Spinne)
95 Anzeige für Luftschraubenverstellung (Backbord/Steuerbord, teilweise durch Steuersäule verdeckt)
96 Verstellhebel für Luftschraubensteigung an Steuersäule
97 Fernkurskreisel
98 Führertochterkompaß (teilweise durch Steuersäule verdeckt)
99 Seitenruderpedale
100 Sauerstoffversorgung (Membranlunge Flugzeugführer
101 Verstellsitz des Flugzeugführers (6-mm-Panzerung)
102 Armlehne
103 Rückenlehne des Beobachtersitzes (umgelegt, um Liege zu bilden)
104 Fußhalterung
105 Sitzkissen des Beobachtersitzes
106 Seitenruderpedale des Beobachters
107 Bombenzielgerät Lotfe 7 D und Planglasscheibe
108 Steuerknüppel für FuG 203 (Steuerung der Gleitbombe Hs 293)
109 Blind/Scharf-Hebel (an der Vorderseite des Zünderschaltkastens – ZSK –)
110 Geschwindigkeitsgeber
111 Windgeber
112 Höhenkorrekturgeber
113 Zünderschaltkasten ZSK 244 A
114 Reihenabwurfbediengerät RAB 14 d
115 Triebwerkgerätebrett-Beleuchtung
116 Leuchtstärkeregler, rechte Gerätebank
117 Gashebel für Beobachter
118 Wendeanzeiger
119 Variometer

120 Fahrtmesser (höhenkorrigiert für Bombenwurf)
121 Ladedruckmesser (rechtes und linkes Triebwerk)
122 Preßöldruckanzeige, Luftschraubengetriebe (Backbord und Steuerbord)
123 Drehzahlmesser (linke Triebwerke)
124 Drehzahlmesser (rechte Triebwerke)
125 Wahlschalter für Kraftstoffdurchflußanzeige
126 Kraftstoffverbrauchsanzeige
127 Schmierstoffvorratsanzeige
128 Meßstellenumschalter für Schmierstoffvorratsanzeige
129 Kühlstofftemperaturanzeige (linke Triebwerke)
130 Kühlstofftemperaturanzeige (rechte Triebwerke)
131 Außenlufttemperaturmesser
132 Preßöltemperaturanzeige (linke Triebwerke)
133 Preßöltemperaturanzeige (rechte Triebwerke)
134 Druckanzeige Hydraulikpumpen
135 Doppelmeßgerät für Kraftstoff- und Schmierstoffdruck (linke Triebwerke)
136 Doppelmeßgerät für Kraftstoff- und Schmierstoffdruck (rechte Triebwerke)
137 Meßstellenumschalter für Hydraulikdruckanzeige
138 Druckanzeige für Hydraulikbehälter (sogenannter Druckölbehälter)
139 Ausschalter für Warnhorn
140 Merkleuchte für Kraftstoffvorrat (rot = Reserve)
141 Merkleuchte für Kraftstoffvorrat (grün = Tanks voll)
142 Kraftstoffvorratsanzeige im Entnahme(haupt)behälter
143 Selbstschalter für Kraftstoff-Förderpumpen
144 Kraftstoffvorratsanzeiger (Innenbord-Flächentanks)
145 Kraftstoffvorratsanzeiger (Rumpfbehälter)
146 Kraftstoffvorratsanzeiger (Äußere Flächentanks)
147 Pumpenschwengel für Notbetätigung des Fahrwerks
148 Druckanzeige für Hydrauliknotreserve
149 Selbstschalter für Kraftstoffpumpen (Reservetanks)
150 Bedienschalter (3) für Kraftstoffpumpen der Reservetanks
151 Anzeigeleuchten (3) für Kraftstoffpumpen der Reservetanks
152 Schaltplan und Tabellen
153 Schalter für Preßluftbehälter
154 Bediengerät für Bordeigenverständigungsanlage (EiV)
155 Bediengerät/Schaltkasten für Nebel-/Rauchanlage
156 Warnhorn
157 Sauerstoffvorratsanzeige
158 Sauerstoffdruckanzeige

Technische Daten der Heinkel He 177 A-5

Triebwerke: Backbord- und steuerbordseitig je zwei flüssigkeitsgekühlte 24-Zylinder-Motoren Daimler-Benz DB 610 A-1/B-1 (A-1 backbord-, B-1 steuerbordseitig) mit je 2950 PS Startleistung bei 2800 U/min. Leistung in Seehöhe bei 2600 U/min: 2750 PS und 2750 PS bei 2600 U/min in 2100 m Flughöhe.

Leistungen: Höchstgeschwindigkeit bei größtmöglicher Zuladung: 370 km/h in Seehöhe, in 4000 m Flughöhe: 435 km/h und 440 km/h in 5700 m Flughöhe. Bei einer Zuladung von 80 % der höchstmöglichen Zuladung: 400 km/h in Seehöhe, 487 km/h in 5700 m Flughöhe. Höchste Reisegeschwindigkeit: 415 km/h in 6000 m Flughöhe, wirtschaftlichste Reisegeschwindigkeit: 338 km/h in 6000 m Flughöhe. Größte Einsatzreichweite mit zwei Flugkörpern vom Typ Henschel *Hs 239*: 5500 km, mit zwei Flugbomben vom Typ »Fritz X«: 4990 km. Anfangssteigleistung: 3,14 m/sec; Steigzeit bis 2000 m: 8,8 min; bis 4000 m Höhe: 19,8 min; bis auf 6000 m Höhe: 36,5 min. Dienstgipfelhöhe (mit größtmöglicher Zuladung): 6800 m.

Gewichte: Leergewicht mit Ausrüstung: 16 800 kg; mit normaler Zuladung: 27 200 kg; mit größtmöglicher Zuladung: 31 000 kg.

Abmessungen: Spannweite: 31,44 m; Länge: 20,20 m; Höhe: 5,17 m; Flügelfläche: 102,0 m^2.

Bewaffnung: Ein Maschinengewehr MG 81 J, Kaliber 7,9 mm, befestigt an einer kugelförmigen Aufhängung in der Bugverglasung der Kanzel mit 2000 Schuß Munition; eine Maschinenkanone MG 151, Kaliber 20 mm, mit 300 Schuß Munition im vorderen Teil der Bodenwanne; zwei Maschinengewehre, Kaliber 7,9 mm, mit je 2000 Schuß Munition im hinteren Teil der Bodenwanne; zwei Maschinengewehre MG 131, Kaliber 13 mm, mit je 750 Schuß in einer ferngesteuerten Drehringlafette auf der vorderen Rumpfoberseite; ein MG 131, Kaliber 13 mm, in einer elektrisch betätigten Drehringlafette auf der hinteren Rumpfoberseite mit 750 Schuß Munition und eine Maschinenkanone MG 151, Kaliber 20 mm, mit 300 Schuß Munition im Heck. Bombenbeladung im Rumpf *(He 177 A-5/R2)*: Sechzehn 50-kg-SC 50-, vier 250-kg-SC 250-, oder zwei 500-kg-SC 500-Mehrzweckbomben, oder an Außenlastträgern: zwei Seeminen mit Fallschirmverzögerung vom Typ LMA III; Torpedos LT 50; Flugkörper vom Typ Henschel Hs 293 oder FX 1400 »Fritz X«.

bedurfte es eines Steuerdruckes von etwa 9 kg, bis das Flugzeug ausgetrimmt flog. Die Stabilität war um alle drei Achsen gut. Nur waren die Steuerdrücke für ein derart riesiges Flugzeug zu leicht. Tatsächlich wurde ich das Gefühl nicht los, als sei das Höhenruder geradezu gefährlich leichtgängig. Unwillkürlich dachte ich an Berichte unseres Geheimdienstes, in welchem von *He 177* die Rede war, die in der Luft einfach auseinandergebrochen waren. Ich entschloß mich daher, dieses Steuerorgan ganz besonders vorsichtig zu handhaben.

Ich versuchte mich dann mit einer vorsichtigen Erkundung der Sturzflugeigenschaften der *He 177*. Die aus den Ausschreibungen von 1936 abgeleiteten Anforderungen verlangten ausreichende Festigkeit der Zelle, um Sturzangriffe mit mittleren Bahnneigungswinkeln zu ermöglichen. Die »Stuka-Mentalität« in den Hirnen derer, die im Oberkommando der Luftwaffe zu entscheiden hatten, hatte mittlerweile derart überhandgenommen, daß das Technische Amt im RLM befand, nachdem der Prototyp der ›Greif‹ bereits Gestalt angenommen hatte, die Fähigkeit, mit mittleren Bahnneigungswinkeln zu stürzen, reiche nicht aus; auch dieser schwere Bomber müsse bis zu 60° stürzen können!

Um den hohen Belastungen, wie sie beim Abfangen aus solchen Sturzwinkeln bei derart schweren Flugzeugen auftreten, begegnen zu können, war es zwangsläufig, daß an der vermaledeiten Gewichtsspirale noch ein paar Windungen nach oben gegangen werden mußte. Und das, nachdem auf Grund der nicht realisierten Verdampfungskühlung[1)] das Gewicht schon einmal nach oben korrigiert worden war.

Zunächst brachte ich die *He 177* aus einem ausgetrimmten Horizontalflug und einer Geschwindigkeit von 300 km/h in einen Sturz, in welchem ich 400 km/h erreichte. Zur Einleitung des Sturzes benötigte ich Steuerdrücke von ungefähr 11,3 kg. Während dieses Sturzes reagierten die Steuerorgane immer sofort, insbesondere das Höhenruder. Selbst bei einer Geschwindigkeit von 520 km/h waren nur unwesentlich stärkere Steuerdrücke nötig. Der Abfangvorgang aus diesem Sturz ergab positive Beschleunigungswerte von 2 g (Lastvielfaches), die auf die Zelle einwirkten. Das Ganze war unter Zuhilfenahme von nur einer Hand möglich! Nach dieser Erfahrung war der Beschleunigungsmesser (G-Meter) meiner erhöhten Aufmerksamkeit sicher, sobald ich mich am Steuerhorn einer *He 177* befand.

Da die zulässigen Beschleunigungskräfte bei einem Fluggewicht von 27 Tonnen nur ein Lastvielfaches von 2,3 erlaubten, war es für mich ausgemachte Sache, daß man das jeweilige Fluggewicht dauernd vor Augen haben

[1)] Der ursprüngliche Konstruktionsentwurf sah eine Verdampfungskühlung vor, um die konventionellen Kühler zu ergänzen. Trotz unerhörten Forschungsaufwandes kam man bei der Lösung dieses Problems zu keinem positiven Ergebnis. Man mußte also auf ihren Einbau verzichten und statt ihrer gewaltige Kühler herkömmlicher Art bauen. Diese beanspruchten natürlich erheblich Platz, und das erhöhte den Luftwiderstand, womit sowohl Reichweite als auch Geschwindigkeit gemindert wurden. Um die geforderte Reichweite dennoch zu erzielen, mußten zusätzliche Kraftstoffbehälter in den Flächen untergebracht werden, was wiederum Verstärkungen der Zelle nötig machte, mit der Folge weiterer Gewichtszunahme!

Propellerwechsel am Doppelmotor DB 610 einer *He 177 A-5/R6* der II./KG 40 in Bordeaux-Mérignac, im Frühjahr 1944, als dieser Verband über dem Atlantik Aufklärungseinsätze zu fliegen hatte.

mußte. Die *He 177* hatte eine automatische Abfangvorrichtung und Warneinrichtung für den Fall, daß zu hohe Beschleunigungskräfte zu erwarten waren. Insgesamt wirkte es ernüchternd, wenn man einen derartigen Riesen, wie es dieses Flugzeug nun einmal war, wie ein rohes Ei behandeln mußte.
Die *He 177* wird in ihrer entgültigen Ausprägung immer ein Musterbeispiel für das unglaublich sture Festhalten der Luftwaffenführung an der für sie allein selig machenden Methode des Bombardierens aus dem Sturz bleiben. Und das nur deswegen, weil zu Beginn des Krieges mit der Sturzkampfwaffe so aufsehenerregende Erfolge erzielt werden konnten.
Sturzkampffliegerei mit der *Ju 87* war *eine* Sache, aber die Forderung, mit einem Monstrum wie der *He 177* ins Ziel zu stürzen, war einfach lächerlich.

DER EINDRUCK VON ZERBRECHLICHKEIT

Die Anzeichen vor einem überzogenen Flugzustand ohne Außenlasten waren harmlos. Bei 185 km/h konnte ein deutliches Schütteln wahrgenommen werden, ehe die

Nase geradeaus nach unten wegging. In der Landekonfiguration, also Fahrwerk und Klappen ausgefahren, schüttelte sie sich jedoch heftig, ehe die Nase bei einer Geschwindigkeit von 135 km/h nach unten kippte. Das Schütteln hierbei war so erheblich, daß ich schon Beschädigungen an der Zelle befürchtete.

Trotz ihrer Größe machte die *He 177* immer den Eindruck, als sei sie sehr zerbrechlich.

Im Gleitflug ging es dann hinunter auf Platzrundenhöhe. Währenddessen überprüfte ich bei 220 km/h die Trimmausschläge, die beim Ausfahren des Fahrwerkes und der Klappen nötig waren. In beiden Fällen waren sie nicht der Rede wert. Der Gleitwinkel beim Anflug mit 170 »Sachen« war ausgesprochen flach. Das machte das Landen einfach, da der Anstellwinkel nicht sehr viel geändert werden brauchte. Natürlich hatte der sehr flache Anflugwinkel den Nachteil, daß der Anflug unendlich lang wurde, und bei schlechten Sichtverhältnissen hatte man schlicht Mühe, die Landebahn zu treffen. Der Endanflug konnte mit Schleppgas und einer Geschwindigkeit von 160 km/h ausgeführt werden, über dem Platzrand mußten danach die Leistungshebel nur leicht zurückgenommen werden und die *He 177* saß.

Die *He 177* rollte nach der Landung ohne fühlbare Verlangssamung über den Rasen. Bei dem beträchtlichen Luftwiderstand, den sie bot, hätte man eigentlich etwas anderes erwartet. Ein deftiger Einsatz der Bremsen war also auf jeden Fall geboten.

Ich bin eigentlich nie ein Freund der Bremsen gewesen, welche die Deutschen in die Fahrwerke ihrer Flugzeuge einzubauen pflegten, am wenigsten war ich es von denen, über welche die *He 177* verfügte. Sie waren für ihre Aufgabe, ein so großes Flugzeug zum Stoppen zu bringen, ungeeignet. Setzte man sie hart ein, dann schüttelte sich das Flugzeug und gierte, daß man Angst haben mußte, es läuft einem aus dem Ruder.

Die Schilderungen, die der kriegsgefangene Flugzeugführer ein oder zwei Jahre zuvor in bezug auf die Kurzlandeeigenschaften der *He 177* gemacht hatte, mußten seiner starken Phantasie entsprungen sein.

Es ist eigentlich nicht schwer, die Bedeutung, welche die ›Greif‹ für das Deutsche Reich hatte, zu bewerten. Die ›Greif‹ war Deutschlands einziger viermotoriger Bomber, der in Produktion gegangen war. Mit ihr wurde ein ungeheurer Aufwand in bezug auf die Bereitstellung von Fertigungskapazitäten getrieben. Mehr als 1000 Flugzeuge durchliefen dabei die Taktstraßen, und als es dann soweit war, daß man die *He 177* einsetzen konnte, bestand kein Bedarf mehr an ihr. Natürlich ist man immer gescheiter, wenn man vom Rathaus kommt. Man muß fairerweise deutlich machen, daß dieses Flugzeug den ursprünglichen Ausschreibungskriterien entsprochen hatte, und daß mit der *He 177* der deutschen Luftwaffe ein Flugzeug in die Hand hätte gegeben werden können, mit dem man strategische Bomberoffensiven in großem Umfange tief im feindlichen Hinterland hätte vornehmen können.

Das Oberkommando der Luftwaffe war ein kalkuliertes Risiko eingegangen, als es darauf spekulierte, daß die Produktion von Mittelstreckenbombern in großer Stückzahl die Briten und Franzosen davor abschrecken könnte, den Polen 1939 zu Hilfe zu kommen. Als diese Rechnung nicht aufgegangen war, verrann die Zeit zu schnell, um die nötigen Verbesserungen an einem verfehlten Rüstungskonzept noch vorzunehmen.

Das technische Konzept der *He 177* war schlicht faszinierend; als sie jedoch Gegenstand immer ausgefallenerer und miteinander in Konflikt liegender Anforderungen seitens der Luftwaffenführung wurde, war der Grundstein für immerwährende »Kinderkrankheiten« gelegt. Und das mündete dann folgerichtig in die bekannte Mittelmäßigkeit dieses Flugzeuges. Hätte man frühzeitig der Beseitigung von Unzulänglichkeiten dieses Flugzeuges die notwendige Aufmerksamkeit geschenkt, hätte die Geschichte bestimmt einen anderen Verlauf nehmen können.

Während der Befragungen, die Prof. Dr. Ernst Heinkel nach Kriegsende über sich ergehen lassen mußte, unterstellte ich ihm, daß seine Flugzeugwerke beim Bau kleinerer Flugzeuge offensichtlich mehr Erfolg gehabt hatten als mit dem Bau größerer Einheiten. Er machte ein ärgerliches Gesicht und erwiderte: »Sie beziehen sich wohl auf die verdammte *He 177*?« Er brachte vor allem Ernst Udet, den vormaligen Generalluftzeugmeister, mit dem Ausgang dieser leidigen Angelegenheit in Verbindung. Insbesondere schrieb er die Forderung nach einer Sturzfähigkeit von 60° dem Einfluß Udets zu.

Heinkel selbst war mit der ursprünglichen Entwicklung der *He 177* nicht näher befaßt gewesen. Für sie zeichnete Dipl. Ing. Heinrich Hertel, zu jener Zeit Heinkels Technischer Direktor und Chefkonstrukteur, vor allem verantwortlich. Hertel verließ die Heinkel-Werke im Jahre 1939. Der Weggang Hertels zu diesem Zeitpunkt in der Entwicklungsphase konnte kein gutes Vorzeichen für die

Die *He 177 A-5/R6* während Testversuchen über Farnborough im Jahr 1944.

Die vierte *He 177 A-7*, nach ihrer Erbeutung durch US-Einheiten. Diese Version hatte verlängerte Flächen und war teilweise mit DB 613 ausgerüstet und mit Spezialgeräten ausgestattet, um sie für Höhenangriffe tauglich zu machen.

Zukunft dieses Flugzeuges sein. Tatsächlich kehrte dann Hertel im November 1942 zu Heinkel zurück, und zwar als Vertreter des Reichsluftfahrtministeriums, ausgestattet mit allen Vollmachten, die notwendig waren, um die Entwicklung der *He 177* neu zu organisieren. Dieses Unternehmen glich dem verzweifelten Versuch, die Stalltüre zu schließen, nachdem die Pferde bereits Reißaus genommen hatten.

Ernst Heinkel ließ im Verlauf der Befragung seinen Gefühlen freien Lauf und gab zu verstehen: »Ich schaue auf die

Entwicklung der *He 111 Z*[1] mit freundlicheren Gefühlen zurück, als auf die der *He 177*.«
Für mich war die *He 177* ›Greif‹ ein »Verlierer«, auch nachdem ich sie im August 1945 zum zweiten Male in meinen Händen hatte. Instinktiv fühlte ich, daß sie unzuverlässig sei. Sie gehörte zu den wenigen deutschen Flugzeugen, in welchen ich mich unwohl gefühlt habe.
Die *He 177*, welche in Blagnac in unsere Hände gefallen war, wurde bis zum November 1944 ziemlich häufig in Farnborough geflogen. Danach, bis zum 20. Februar 1945, nur noch gelegentlich. Anschließend wurde sie nach Boscombe Down überführt. Von dort gelangte sie dem Vernehmen nach in die USA. Über ihr weiteres Schicksal vermag ich jedoch keine näheren Angaben zu machen.

[1] Der sogenannte Heinkel-Zwilling, ein Projekt der Phantasie des Generalobersten Udet, war möglicherweise das ungeeignetste Flugzeug, welches während des Zweiten Weltkrieges zum Einsatz gekommen war. Es war ein Schleppflugzeug für Lastensegler. Zusammengesetzt wurde es aus zwei *He 111 H-6*-Zellen. Als Verbindungsstück diente ein Mittelstück mit einem fünften Motor.

***Me 262 A-1a*, Aufnahme vom Mai 1946, nachdem sie in den USA von den Hughes Flugzeugwerken instandgesetzt worden war.**

Die Messerschmitt Me 262

Würde man mich fragen, welches Flugzeug während des Zweiten Weltkrieges das für den Gegner gefährlichste gewesen war, meine Antwort müßte lauten: Messerschmitts *Me 262.* Ich würde das ohne Zögern trotz oder gerade wegen der Tatsache sagen, daß ich alle Varianten der ›Spitfire‹, der ›Mustang‹, die ›Mosquito‹, die ›Lancaster‹ und selbst die Mitsubishi ›Zero-Sen‹ geflogen habe – also alles Flugzeuge, die als Mitbewerber um diese Auszeichnung in Frage kommen könnten. Inoffiziell und meiner Meinung nach nicht ganz angemessen, gab man ihr den Decknamen ›Schwalbe‹. Die Schwalbe ist in unserem Denken doch so etwas wie ein sinnverwandter Gedanke für Sommer, für Sonne! Die *Me 262* wurde aber auch als ›Sturmvogel‹ geführt, eine Bezeichnung, welche mir geeigneter vorkam angesichts der Stürme, welchen sie ausgesetzt war, ehe sie dem Druck der Ereignisse, die auch sie nicht mehr wenden konnte, unterlegen ist. Die *Me 262* war im eigentlichen Sinne des Wortes Vorbote für

die künftige Entwicklung des Jagdflugzeugbaues.
Sie war in mancherlei Hinsicht ein phantastisches Flugzeug, und ihr Erscheinen in der Götterdämmerung des Dritten Reiches war von solch einer Dramatik begleitet, wie sie der große Wagner nicht besser hätte inszenieren können. In diesem Falle hieß der »Komponist« allerdings Professor Willy Messerschmitt, dessen Jäger *Bf 109,* nach seiner Bewährung über Spanien, während des gesamten Krieges das eigentliche Rückgrat der deutschen Jagdwaffe gewesen war. Derselbe gescheite Kopf hatte auch die *Bf 110* sowie die *Me 410* ersonnen, beides brave zweimotorige Einsatzflugzeuge. Sein Prunkstück war aber ohne Frage die *Me 262,* mit Strahlturbinenantrieb und gepfeilten Tragflächen. Eine wahrhaft aufsehenerregende Kombination für ein Flugzeug des Jahres 1944!
Diese außergewöhnliche Konstruktion beruhte auf Versuchsentwürfen, welche Willy Messerschmitt im Herbst 1938 mit dem Ziel begonnen hatte, eine Zelle für die zu jener Zeit Geschichte machenden, wenn auch entwicklungsmäßig noch in den Kinderschuhen steckenden axialverdichteten Turbostrahltriebwerke von BMW zu konstruieren. Sie war dann allerdings dazu bestimmt, ihren Jungfernflug, am 18. April 1941, mit einem Jumo 210G-Kolbenmotor zu machen. Damit war ihr um genau 16 Tage der Ruhm entgangen, das erste zweistrahlige Flugzeug in der Luft zu sein. Den konnte Professor Heinkels *He 280* für sich in Anspruch nehmen, ein Flugzeug, welches aerodynamisch allerdings weniger richtungsweisend war.
Die Entscheidung, mit der *Me 262* Flugerfahrung mit konventionellen Triebwerken zu sammeln, war sozusagen auf »höhere Gewalt« zurückzuführen. Es waren einfach noch kein flugerprobten Turbinentriebwerke für diese Maschine vorhanden! Aber auch ohne diese Triebwerke konnte eine Reihe wichtiger Neuerungen erprobt werden, so diejenige der völlig neuen Konzeption eines nahezu dreiecksförmigen Rumpfquerschnitts, ferner die automatisch ausfahrenden Vorflügel. Es dauerte dann noch volle 15 Monate, ehe die *Me 262* ihren ersten erfolgreichen Start mit Turbinentriebwerken machen konnte. Am 18. Juli 1942, um 8.40 Uhr, war es dann soweit mit Flugkapitän Fritz Wendel am Knüppel.
Die Wechselfälle, welchen die *Me 262* von da an bis zum Untergang des Dritten Reiches ausgesetzt war, sind hinlänglich beschrieben worden, und es genügt an dieser Stelle anzumerken, daß die Einstellung der höchsten Stellen gegenüber diesem epochemachenden Flugzeug ein breites Spektrum von Haltungen umfaßte, die von Unentschiedenheit verbunden mit dem fehlenden Willen, Wohlbekanntes und Vertrautes aufzugeben, bis hin zum Wunsch, radikal alle anderen Flugzeugbauprogramme zugunsten der *Me 262* aufzugeben, reichten.
Die *Me 262* hat sich dann im Verlauf ihrer kurzen Zeit vom Schönwetterjäger, als welche sie anfänglich geplant worden war, zum Jagdbomber, zum Zweisitzer für Schulungszwecke und schließlich zum Nachtjäger gemausert. Und ausgerechnet in Form des relativ seltenen Zweisitzers machte ich meine erste »Bekanntschaft« mit der *Me 262.*

EINE BEDROHLICHE SCHÖNHEIT

Unmittelbar nach der Kapitulation Deutschlands flog ich mit dem RAE-Team nach Schleswig. Während noch im Raume von Flensburg deutsche Widerstandsnester ihren letzten Kampf kämpften, stand ich hier, ganz in der Nähe von Flensburg, zum ersten Male Messerschmitts vieldiskutiertem Turbinenflugzeug, genauer gesagt einer *Me 262 B-1a/U1,* also einer für die Nachtjagdrolle umgebauten zweisitzigen Schulmaschine, gegenüber. Ihre herrlichen und gleichzeitig bedrohlich wirkenden Linien haben mich sofort in Begeisterung versetzt. Sie erinnerten mich lebhaft an die eines Haies.
Am liebsten wäre ich mit diesem Vogel sofort losgeflogen. Die Befragung eines mit diesem Flugzeug vertrauten Flugzeugführers der nun ehemaligen Luftwaffe holte mich jedoch auf den Boden der Tatsachen zurück. Auf der einen Seite waren die deutschen Flugzeugführer mit Recht stolz darauf, die *Me 262* zu besitzen, auf der anderen schienen sie jedoch etwas ängstlich im Umgang mit ihr gewesen zu sein. Insbesondere traf das auf die zweisitzige Nachtjagdversion zu. Ihre Besorgnisse beruhten unseren Erkenntnissen zufolge auf zwei Tatsachen. Zum einen waren ihre Turbinen noch ziemlich unzuverlässig – sie mußten schon nach nur 10 Betriebsstunden in die Überholung, und ihre Gesamtlebensdauer betrug nicht mehr als 25 Betriebsstunden.[1] Das war betrüblich genug.

[1] Das lag daran, daß für die Turbinenschaufeln, die fortwährend hohen Hitzegraden ausgesetzt sind, zur damaligen Zeit nicht mehr das hierfür notwendige Material zur Verfügung gestanden hatte. Ausdruck der allgemeinen Rohstoffverknappung im Deutschen Reich! (d. Ü.)

Eine *Me 262 A-1a* vom »Kommando Nowotny« (Major Nowotny war Träger des Eichenlaubs mit Schwertern und Brillanten zum Ritterkreuz des Eisernen Kreuzes und der erste Jagdflieger der Geschichte, dem 250 Luftsiege zuerkannt wurden; d. Ü.) – des ersten Verbandes der Luftwaffe, der vollständig mit dem Düsenjäger *Me 262* ausgerüstet worden war.

Die *Me 262 C-1a* ›Heimatschützer I‹ während des Starts mit einer Walter RII-211/3-Starthilferakete, die unter dem Rumpfheck sichtbar ist.

Me 262 des »Kommando Nowotny«.

Me 262 A-1a der I./KG(J) 54 in Giebelstadt.

◀ **Abbildung linke Seite: Die Vierseitenansicht zeigt eine *Me 262 A-1b* der 3./JG 7, wie sie im Frühjahr 1945 von München-Riem aus in den Einsatz gelangte.**

Da alle Unterlagen dieser Maschine vor der Kapitulation vernichtet worden waren, ließ sich ihre Betriebsstundenzeit, insbesondere derjenigen der Turbine nicht mehr feststellen.
Zum anderen betrug die Sicherheitsgeschwindigkeit, die nach dem Abheben eingehalten werden mußte, 290 km/h. Ein Triebwerksausfall vor Erreichen dieser Geschwindigkeit hätte grauenhafte Folgen gehabt. Tatsächlich war die Zahl der tödlichen Unfälle auf der *Me 262* erschreckend hoch. Das traf insbesondere für die Nachtjäger zu, die diese schwere Version fliegen mußten; ebenso betroffen waren die Jagdbomber und Jäger, wenn sie mit Bomben oder Raketen beladen zu starten hatten.
Da der Fliegerhorst Schleswig das Sammelbecken für alle deutschen Flugzeuge war, welche für das RAE in Farnborough bestimmt waren, hatten wir recht bald eine gute Auswahl an *Me 262* zusammen, von denen wir diejenigen für unsere Versuchszwecke auswählten, die am wenigsten mitgenommen schienen.
Von dem, was wir an Informationen durch Flugzeugführer der ehemaligen deutschen Luftwaffe in Schleswig sammeln konnten, waren wir alles andere als begeistert. Deshalb beschlossen wir, unseren Informationsstand in bezug auf dieses Flugzeug dadurch zu verbessern, daß wir uns einen von Messerschmitts Einfliegern schnappten.
Dabei hatten wir insofern maßloses Glück, als uns in der Person Gerd Lindners Messerschmitts Chefeinflieger in die Hände gefallen war. Er wurde uns dann auch prompt zu Befragungszwecken zur Verfügung gestellt.
Ende Mai hatte ich bereits Gelegenheit, Lindner selbst zu befragen. Sogleich war ich vom Umfang der Tiefe seiner technischen Kenntnisse beeindruckt. Er war mit dem Entwicklungs- und Flugprogramm der *Me 262* von Anfang an auf das Engste verbunden, da Chefeinflieger Fritz Wendel auf der mit Turbinen ausgerüsteten Version der *Me 262* nur noch wenige Testflüge vor seinem Ausscheiden durchgeführt hatte. Danach war Lindner Chefeinflieger für dieses Projekt geworden. Auf Grund nervöser Erschöpfungszustände mußte Lindner im Mai 1944 für zwei Monate pausieren. Bis zu seiner Rückkehr im August 1944 mußten Karl Bauer und Ludwig Hoffmann, zwei weitere erfahrene Einflieger bei Messerschmitt, das Entwicklungsprogramm fliegerisch betreuen. Kaum aus seinem Zwangsurlaub zurückgekehrt, machte Lindner die ersten Versuche mit einer 1000-kg-Bombe unter dem Rumpf der *Me 262,* und kurz darauf erprobte er zum ersten Mal den »Heimatschützer« – Prototyp der *Me 262.* Diese letztere Version hatte ein Walter-Zweistoff-Raketentriebwerk 509 im Rumpfende. Als Lindner von uns befragt wurde, waren gerade drei Monate seit seinem ersten Flug mit dem »Heimatschützer« vergangen. Mit den Informationen, die wir auf diese Weise von Lindner erhalten konnten, gleichsam aus allererster Hand, erschien uns die Fliegerei mit *Me 262* nicht mehr in ganz so schwarzen Farben.
Bei meinem ersten Blick in die Kanzel der *Me 262* kam mir zwar, gemessen an den technischen Gegebenheiten von 1945, alles sehr komplex vor, aber die Aufteilung war übersichtlich geschickt gemacht. Auf dem Instrumentenbrett waren links die Fluginstrumente angebracht. Auf der linken Konsole befanden sich der Leistungshebel, die Brandhähne, die Trimmanlage sowie zusätzliche Kontrollhebel, während auf der rechten Konsole die elektrischen Bedien- und Kontrollschalter, die Anlasser sowie die Funkausrüstung untergebracht waren. Diese Aufteilung kam britischen Verhältnissen ziemlich nahe.
Die Treibstofftanks faßten im vorderen Haupttank 900 l, der hintere Haupttank hatte etwa das gleiche Fassungsvermögen, während der vordere Hilfstank 170 l und der hintere 600 l aufnehmen konnte. Waren alle Tanks gefüllt, so war der Schwerpunkt bis auf 1 % der zulässigen Grenzwerte nach hinten verlegt. Die Treibstoffqualität entsprach 87 Oktan, mit einer Ölbeimischung von fünf Prozent des Gesamtvolumens zur Schmierung der Lager. Der Riedel-Zweitakter, der zum Anlassen der Turbinen diesen vorgespannt war, lief mit demselben Treibstoff.
Das Anlassen selbst erforderte flinke Hände, wollte man all die Schalter und Hebel in der erforderlichen Geschwindigkeit betätigen. Die Rechte mußte den Anlasserhebel drücken, wobei 3 bis 4 Sekunden lang Kraftstoff in den Riedel-Anlasser eingespritzt wurde. Dann erst konnte der Hebel nach oben gedrückt werden zum Anlassen der Turbine. Erfolgte Zündung, dann wurde der Anlasserhebel so lange in der oberen Position gehalten, bis 2000 U/min erreicht waren.
Dicht neben dem Anlasserhebel befand sich eine Blocktaste. Wurde diese mit dem rechten Daumen gedrückt, schaltete sich ein Drehzahlmesser für den unteren Drehzahlbereich ein. Während die Umdrehungen der Turbine von 800 U/min auf 1000 U/min kletterten, wurde mit der Linken eine andere Blocktaste am Leistungshebel gedrückt, womit Kraftstoff solange in die Brennkammern

Eine *Me 262 A-1a* im Fluge und rechts im Bild ein Blick auf die Kanzel der *Me 262* verdeutlicht die ausgezeichneten Sichtverhältnisse, die der Flugzeugführer aus ihr hatte.

des Haupttriebwerkes eingespritzt wurde, bis die Zündung einsetzte. Bei einer Umdrehungszahl von 2000 U/min ließ man vorsichtig den Leistungshebel nach vorne gleiten, bis die Sperrklinke in die Leerlaufposition einrastete. Und jetzt endlich konnte man den Anlaßhebel für den Startermotor, den bislang die Rechte zu halten gehabt hatte, wieder loslassen. Jetzt erst kam das Spiel der Hände wirklich in Schwung: die Rechte mußte momentan den Knopf für den Drehzahlmesser loslassen und auf der linken Seite den Brandhahn aufmachen, gleichzeitig mußte die Linke den Leistungshebel vorschieben. Nachdem einer der Brandhähne geöffnet worden war, mußte die Rechte wieder auf die linke Seite des Cockpits flitzen, dort war dann wieder der Drehzahlmesser an der Reihe, dessen Blocktaste solange nach unten zu drücken war, bis 3000 »Touren« erreicht waren. In diesem Drehzahlbereich konnte mit ruhigem Gewissen auf Leerlauf geschaltet werden. Dieses unglaublich komplizierte Verfahren mußte beim Anlaßvorgang für das andere Triebwerk selbstredend wiederholt werden. Erschwert wurde der Anlaßvorgang mit all seinen Verrenkungen, die man zu machen hatte, weil die Kanzel sehr eng und die Starthebel und Brandhähne auf der Konsole weit hinten lagen.

ZU GERINGE LEISTUNGSRESERVEN – DENNOCH ÜBERWÄLTIGEND!

Sobald die elend langwierige Anlasserei vorüber war und die Turbinen vorschriftsmäßig liefen, konnte man losrollen. Mit den Leistungshebeln mußte hierbei allerdings behutsam umgegangen werden. Es war peinlichst darauf zu achten, daß die Abgastemperatur 650° Celsius niemals überschritt. Sobald die Drehzahl 600 »Touren« und mehr betrug, schaltete sich der automatische Kraftstoffregler ein, und das Spiel mit den Leistungshebeln konnte etwas sorgloser gestaltet werden.

Die Sicht aus der Kanzel war ausgezeichnet, jeder Winkel oberhalb des Rumpfes konnte von ihr aus überblickt werden.

Die Bremsen des Hauptfahrwerkes wurden wie bei allen deutschen Flugzeugen mittels der Seitenruderpedale betätigt. Daneben hatte die *Me 262* die etwas ausgefallene Einrichtung einer handbetätigten Bugradbremse, die vermutlich dann gebraucht wurde, wenn das Flugzeug voll beladen war, da den Bremsen deutscher Flugzeuge im allgemeinen nicht viel zugemutet werden konnte.

Die Startvorbereitungen waren dafür denkbar einfach: das Höhenruder wurde kopflastig getrimmt, die Klappen auf 20° ausgefahren – diese 20° wurden übrigens auf der Flächenoberseite angezeigt. Für die Höhenrudertrimmung war am Steuerknüppel ein Zahnkranz vorgesehen.

Diese *Me 262 A-1a* (Werk-Nr. 110 025) gehörte zum »Kommando Nowotny«, des ersten »flügge« gewordenen Turbinenjäger-Verbandes der Luftwaffe. Diese Ansicht verdeutlicht die außerordentlich klare Linienführung des bei weitem besten Flugzeuges, welches während des Zweiten Weltkrieges zum Einsatz gelangte.

Für Start und Landung konnte eine Grobeinstellung, für hohe Fluggeschwindigkeiten eine Feineinstellung gewählt werden. Nach dem Ausrichten auf der Startbahn wurden die Turbinen auf 8500 »Touren« beschleunigt. Ehe man die Bremsen freigab, wurde die sogenannte »Zwiebel«, wie man den Austrittskonus scherzhalber nannte, dahingehend überprüft, daß er über die jeweilige Austrittsöffnung hinausragte.[1]

Dann wurde Vollgas gegeben und noch ein schneller Blick auf Brennkammerdruck, Abgastemperatur und Kraftstoffdruck geworfen. Auch der letztere war wichtig, denn schon ein Abfall um 5 % mußte zum Startabbruch führen. Bei voll hochgefahrenem Triebwerk drangen Dämpfe und Rauch in die Kabine ein, und das war, gelinde gesagt, lästig. Bei einer Geschwindigkeit von 160 km/h wurde das Bugrad entlastet. Bei 200 km/h hob man die Kiste sanft von der Startbahn ab. Kaum in der Luft, mußte das Fahrwerk eingefahren und die Klappen auf 10° hochgenommen werden, immer den Knüppel leicht nach vorn drückend, um so schnell wie möglich die lebenswichtigen 290 km/h zu erreichen, die man zum Überleben bei Ausfall eines Triebwerkes wenigstens brauchte. Nach Überschreiten dieser Marke wurden die Klappen ganz eingefahren. Ich bin sicher, daß sich diese magischen 290 km/h in das Gedächtnis eines jeden Me 262-Flugzeugführers eingegraben haben.

[1] Der Austrittskonus löste sich hin und wieder aus seiner Halterung und riß dabei die ganze Austrittsöffnung mit sich, dadurch riß die Flamme im Triebwerk ab. Der totale Schubverlust des einen Triebwerkes verursachte eine starke Schiebetendenz des Flugzeuges, in dessen Gefolge Höhen- und Seitenruder in den Windschatten des Rumpfes gerieten. Den dadurch verursachten steuerlosen Zustand hatten nur ganz wenige Flugzeugführer wieder beheben können.

Messerschmitt Me 262 Führerraum

1 Handrad für Seitenrudertrimmung
2 Anschluß für Heizhandschuhe
3 Leistungshebel
4 Druckknöpfe für Anlaßvorrichtung
5 Schalthebel für Brandhähne
6 Hebel zur Höhenflosseneinstellung
7 Anzeige für Höhenflossenstellung
8 Abschaltung für Hauptbatterie (Bordnetzausschalter)
9 Druckschalter für Landeklappen
10 Druckschalter für Fahrwerk
11 Druckanzeige für Preßluft
12 Fahrwerksanzeige für linkes Hauptfahrwerk
13 Fahrwerksanzeige für Bugfahrwerk
14 Fahrwerksanzeige für rechtes Hauptfahrwerk
15 Sauerstoffventil
16 Atemschlauch
17 Notzughebel für Landeklappen
18 Schaltkasten und Schalter für R-Geräte (Starthilfsraketen)
19 Notzughebel für Fahrwerk
20 Hebelschalter für Schubdüsenverstellung

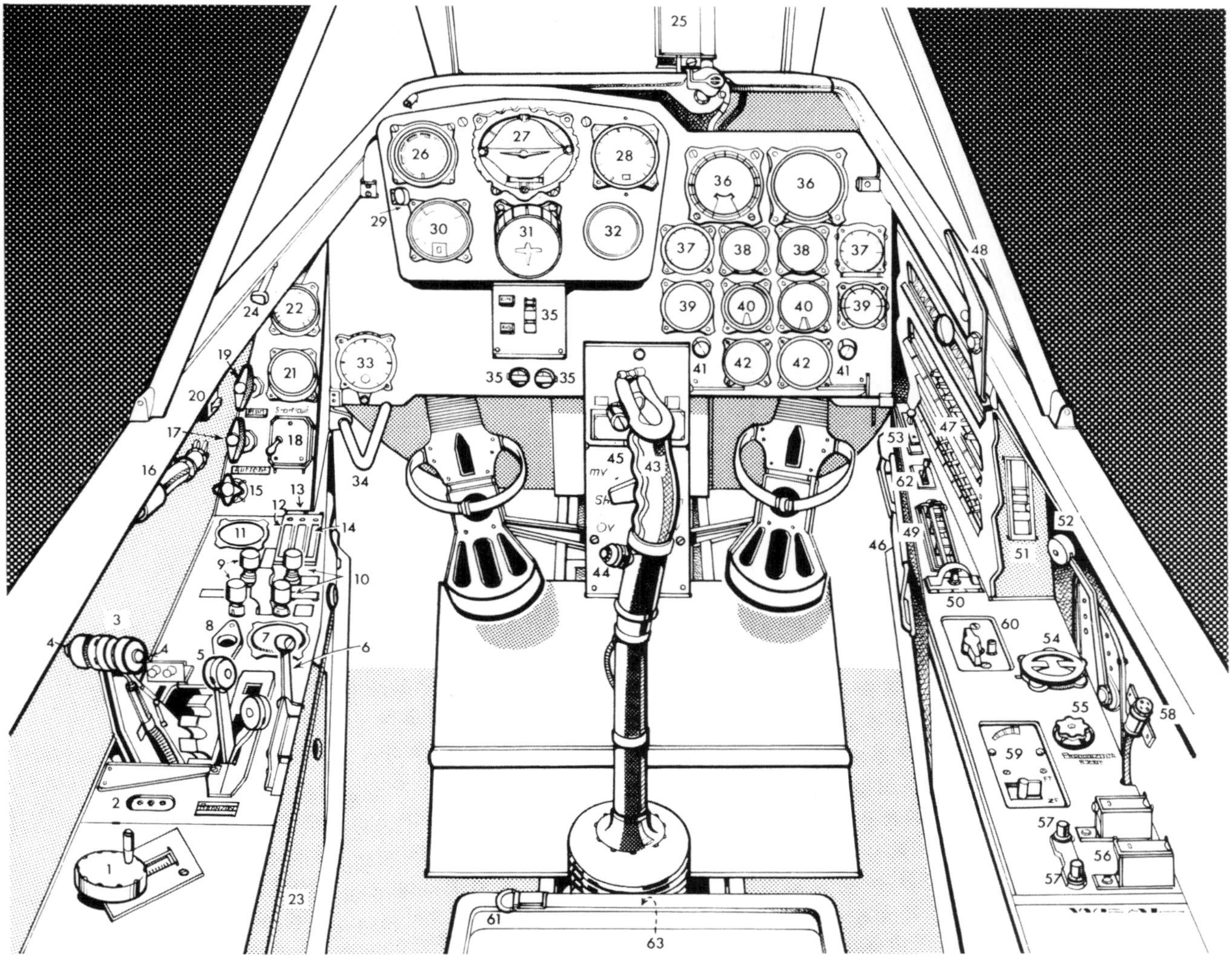

21 0_2-Wächter
22 Sauerstoffdruckanzeige
23 Abwurfzug für R-Geräte
24 Handgriff für Führerraumbelüftung
25 Reflexvisier mit Halterung
26 Fahrtmesser
27 Wendehorizont
28 Variometer
29 Anzeigeleuchte für Staurohrheizung
30 Fein-/Grobhöhenmesser
31 Tochterkompaß
32 AFN-Anzeige (Blindlandegerät)
33 Borduhr
34 Bremshebel für Bugfahrwerk
35 Feuersicherschalter
36 Drehzahlanzeiger
37 Gasdruckanzeiger
38 Einspritzdruckanzeiger
39 Abgastemperaturanzeiger
40 Schmierstoffdruckanzeiger
41 Restmengenanzeiger
42 Kraftstoffvorratsanzeiger
43 Steuerknüppel
44 Durchladeknopf
45 Selbstschalterträger/Sicherungskasten
46 Halterung für Kartentasche
47 Hauptschalterbrett/Elt-Schalttafel
48 Notwurfhebel für Kabinendach
49 Abschußgerät für Signalmunition
50 Druckschalter zur Selbstzerstörung des FuG 25a
51 Deviations-(Ablenkungs-)tabelle
52 Bombennotwurfhebel
53 Schalter für Frontscheibenheizung
54 Frequenzschalter
55 Frequenzschalter für Bord-Bordverständigung
56 Anlaßschalter
57 Umschaltknopf für Drehzahlmesser
58 Anschlußsteckdose für Fliegerkopfhaube
59 Bediengerät für Bordfunkanlage
60 Bediengerät für Funkgerät
61 Reißleinenöse für Sitzfallschirm
62 Wahlschalter für Signalmunition
63 Führersitzverstellung

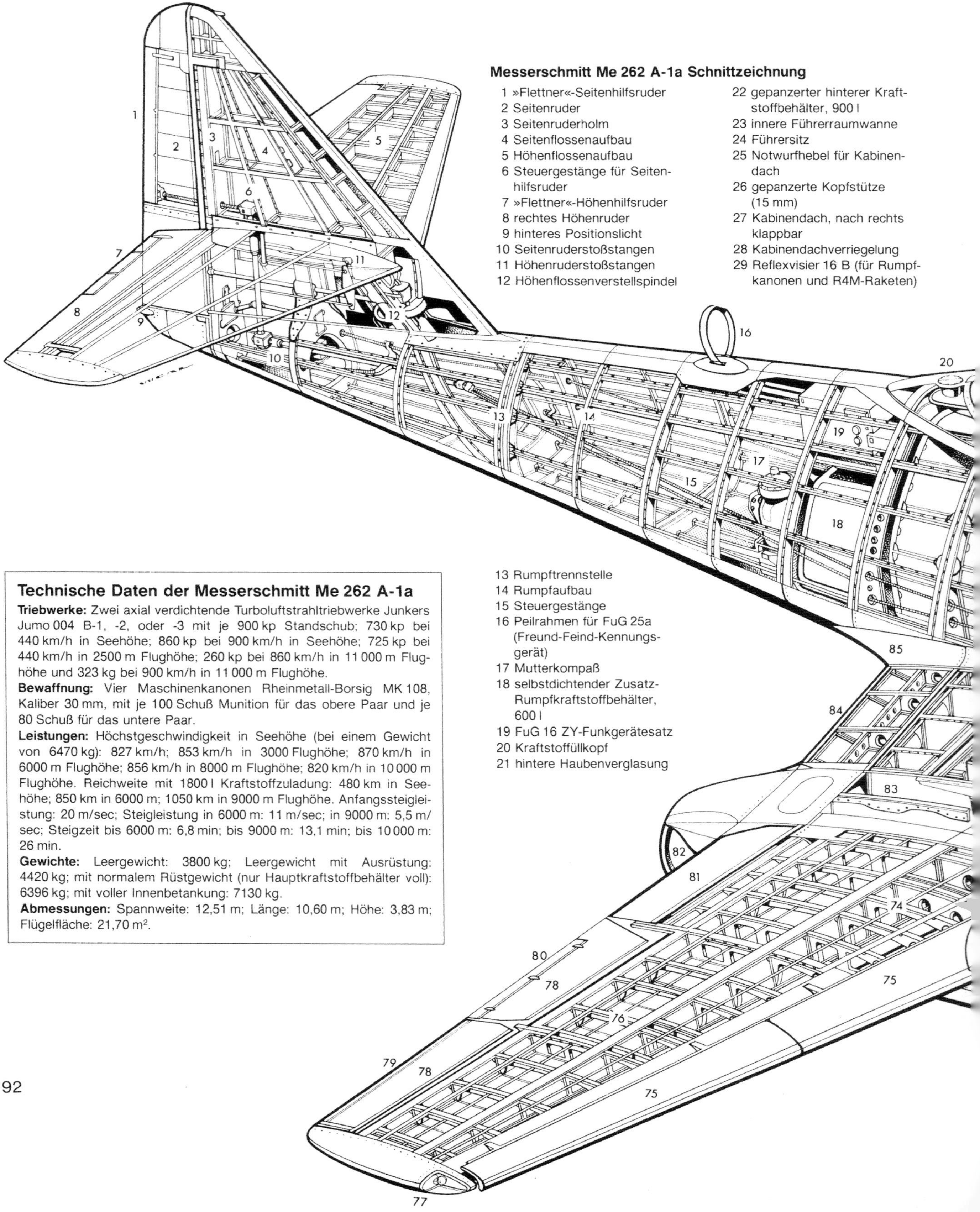

Messerschmitt Me 262 A-1a Schnittzeichnung

1 »Flettner«-Seitenhilfsruder
2 Seitenruder
3 Seitenruderholm
4 Seitenflossenaufbau
5 Höhenflossenaufbau
6 Steuergestänge für Seitenhilfsruder
7 »Flettner«-Höhenhilfsruder
8 rechtes Höhenruder
9 hinteres Positionslicht
10 Seitenruderstoßstangen
11 Höhenruderstoßstangen
12 Höhenflossenverstellspindel
13 Rumpftrennstelle
14 Rumpfaufbau
15 Steuergestänge
16 Peilrahmen für FuG 25a (Freund-Feind-Kennungsgerät)
17 Mutterkompaß
18 selbstdichtender Zusatz-Rumpfkraftstoffbehälter, 600 l
19 FuG 16 ZY-Funkgerätesatz
20 Kraftstoffüllkopf
21 hintere Haubenverglasung
22 gepanzerter hinterer Kraftstoffbehälter, 900 l
23 innere Führerraumwanne
24 Führersitz
25 Notwurfhebel für Kabinendach
26 gepanzerte Kopfstütze (15 mm)
27 Kabinendach, nach rechts klappbar
28 Kabinendachverriegelung
29 Reflexvisier 16 B (für Rumpfkanonen und R4M-Raketen)

Technische Daten der Messerschmitt Me 262 A-1a

Triebwerke: Zwei axial verdichtende Turboluftstrahltriebwerke Junkers Jumo 004 B-1, -2, oder -3 mit je 900 kp Standschub; 730 kp bei 440 km/h in Seehöhe; 860 kp bei 900 km/h in Seehöhe; 725 kp bei 440 km/h in 2500 m Flughöhe; 260 kp bei 860 km/h in 11 000 m Flughöhe und 323 kg bei 900 km/h in 11 000 m Flughöhe.

Bewaffnung: Vier Maschinenkanonen Rheinmetall-Borsig MK 108, Kaliber 30 mm, mit je 100 Schuß Munition für das obere Paar und je 80 Schuß für das untere Paar.

Leistungen: Höchstgeschwindigkeit in Seehöhe (bei einem Gewicht von 6470 kg): 827 km/h; 853 km/h in 3000 Flughöhe; 870 km/h in 6000 m Flughöhe; 856 km/h in 8000 m Flughöhe; 820 km/h in 10 000 m Flughöhe. Reichweite mit 1800 l Kraftstoffzuladung: 480 km in Seehöhe; 850 km in 6000 m; 1050 km in 9000 m Flughöhe. Anfangssteigleistung: 20 m/sec; Steigleistung in 6000 m: 11 m/sec; in 9000 m: 5,5 m/sec; Steigzeit bis 6000 m: 6,8 min; bis 9000 m: 13,1 min; bis 10 000 m: 26 min.

Gewichte: Leergewicht: 3800 kg; Leergewicht mit Ausrüstung: 4420 kg; mit normalem Rüstgewicht (nur Hauptkraftstoffbehälter voll): 6396 kg; mit voller Innenbetankung: 7130 kg.

Abmessungen: Spannweite: 12,51 m; Länge: 10,60 m; Höhe: 3,83 m; Flügelfläche: 21,70 m².

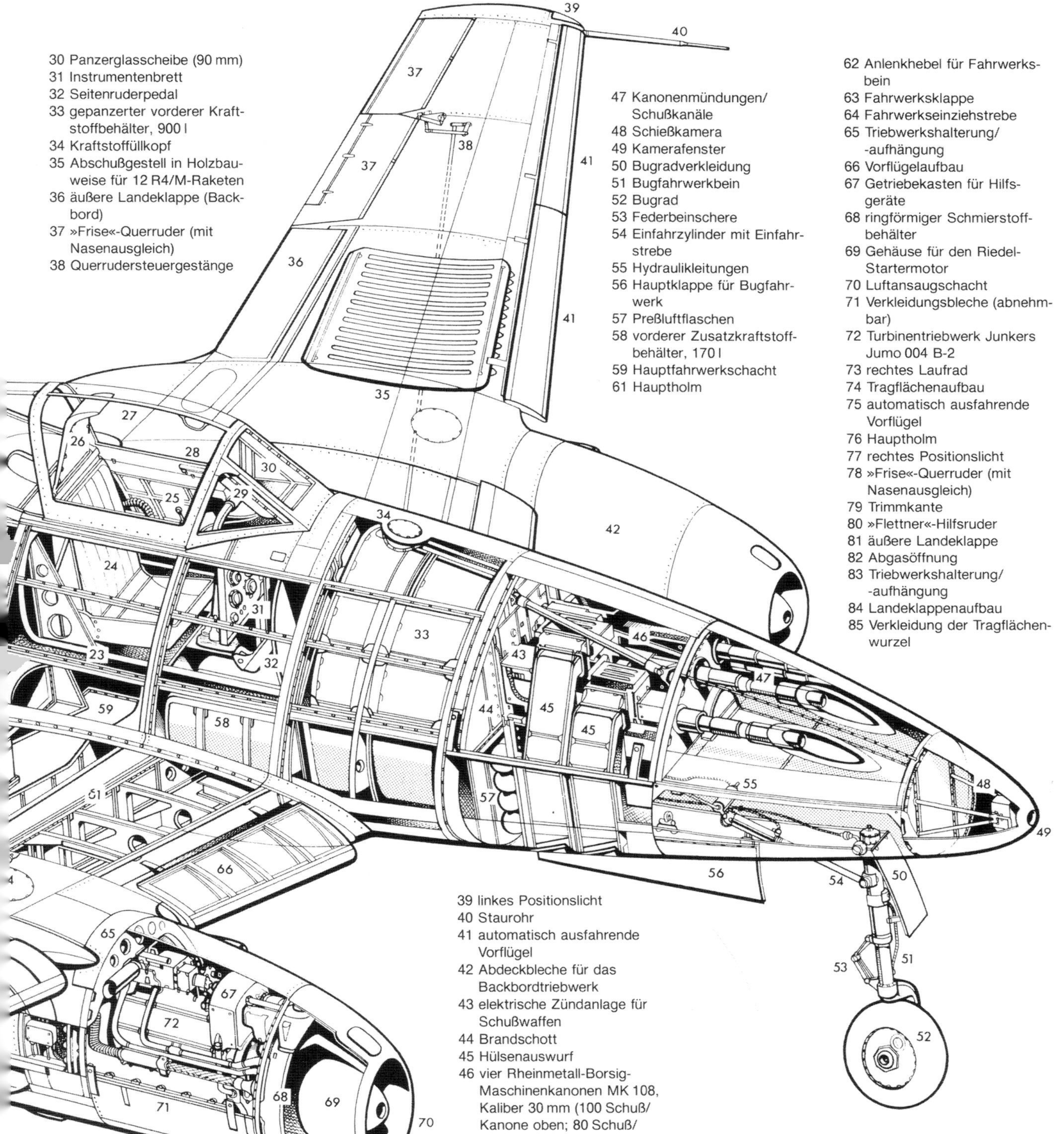

30 Panzerglasscheibe (90 mm)
31 Instrumentenbrett
32 Seitenruderpedal
33 gepanzerter vorderer Kraftstoffbehälter, 900 l
34 Kraftstoffüllkopf
35 Abschußgestell in Holzbauweise für 12 R4/M-Raketen
36 äußere Landeklappe (Backbord)
37 »Frise«-Querruder (mit Nasenausgleich)
38 Querrudersteuergestänge
39 linkes Positionslicht
40 Staurohr
41 automatisch ausfahrende Vorflügel
42 Abdeckbleche für das Backbordtriebwerk
43 elektrische Zündanlage für Schußwaffen
44 Brandschott
45 Hülsenauswurf
46 vier Rheinmetall-Borsig-Maschinenkanonen MK 108, Kaliber 30 mm (100 Schuß/Kanone oben; 80 Schuß/Kanone unten)
47 Kanonenmündungen/Schußkanäle
48 Schießkamera
49 Kamerafenster
50 Bugradverkleidung
51 Bugfahrwerkbein
52 Bugrad
53 Federbeinschere
54 Einfahrzylinder mit Einfahrstrebe
55 Hydraulikleitungen
56 Hauptklappe für Bugfahrwerk
57 Preßluftflaschen
58 vorderer Zusatzkraftstoffbehälter, 170 l
59 Hauptfahrwerkschacht
61 Hauptholm
62 Anlenkhebel für Fahrwerksbein
63 Fahrwerksklappe
64 Fahrwerkseinziehstrebe
65 Triebwerkshalterung/-aufhängung
66 Vorflügelaufbau
67 Getriebekasten für Hilfsgeräte
68 ringförmiger Schmierstoffbehälter
69 Gehäuse für den Riedel-Startermotor
70 Luftansaugschacht
71 Verkleidungsbleche (abnehmbar)
72 Turbinentriebwerk Junkers Jumo 004 B-2
73 rechtes Laufrad
74 Tragflächenaufbau
75 automatisch ausfahrende Vorflügel
76 Hauptholm
77 rechtes Positionslicht
78 »Frise«-Querruder (mit Nasenausgleich)
79 Trimmkante
80 »Flettner«-Hilfsruder
81 äußere Landeklappe
82 Abgasöffnung
83 Triebwerkshalterung/-aufhängung
84 Landeklappenaufbau
85 Verkleidung der Tragflächenwurzel

Die Startrollstrecke war beträchtlich, und man hatte das Gefühl, als fehle es dem Flugzeug an Leistungsüberschuß. Ein Gefühl, welches man auch in der zeitgenössischen ›Meteor I‹ nicht los wurde. Nahm man einen Leistungshebel auf Leerlauf zurück, ging die Maschine ziemlich heftig in einen Drehsturz über, aus dem man nur durch vollen Einsatz des der Drehrichtung entgegengesetzten Seitenruders herauskam. Gleichzeitig mußte am Knüppel gezogen werden, um die Schnauze oben zu halten. Das alles mußte innerhalb von zwei Sekunden geschehen, andernfalls gab es keine Rettung mehr. Die Betätigung der Seitenruder verlangte hierbei ganze Kräfte.

Die anfängliche Geschwindigkeit im Steigflug betrug 460 km/h. Man merkte der Maschine an, daß sie erst oberhalb einer Geschwindigkeit von 300 km/h in ihrem Element war und zu einem durch und durch begeisternden Flugzeug in der Hand ihres Piloten wurde. Die Strahltriebwerke Jumo 004 B wurden oberhalb einer Höhe von 4000 Metern launenhaft. In dieser Höhe schaltete man dann die Kraftstoffpumpen ein, um die Verbrennung aufrechtzuerhalten. Oberhalb 9000 Metern Höhe war es nicht ratsam, die Umdrehungszahl der Turbinen unter die Marke von 6000 »Touren« sinken zu lassen, wollte man einen Flammabriß vermeiden. Außerdem konnten die Triebwerke über 4000 Meter Höhe nicht wieder gezündet werden. Unser Interesse im RAE war auf die Beantwortung dreier Fragen gerichtet: Erstens wollten wir unbedingt herausfinden, ob die Leistungen der *Me 262* wirklich dem entsprachen, was die Deutschen hierüber zu berichten wußten. Zweitens wollten wir die Wirkung der Pfeilflügel bei hohen Geschwindigkeiten kennenlernen. Drittens wollten wir etwas über die *Me 262* als Waffenplattform in Erfahrung bringen. Recht bald stellte sich heraus, daß die deutschen Leistungsangaben in gar keiner Weise übertrieben waren. Die hohen Geschwindigkeiten müssen im Verhältnis zu anderen zeitgenössischen Leistungen gesehen werden. Man muß sich vor Augen halten, daß es zur selben Zeit nur zwei Turbinenflugzeuge in Großbritannien gab: die ›Meteor I‹ sowie ein Prototyp der ›Vampire‹. Jene hatte eine höchstzulässige Geschwindigkeit von etwa Mach 0,8 (ungefähr 960 km/h). Bei dieser Geschwindigkeit bäumte sich die ›Meteor I‹ auf, worauf die Geschwindigkeit schlagartig absank; bei der ›Vampire‹ traten schon bei Mach 0,74 (etwa 880 km/h) Trimmänderungseffekte auf und in deren Folge wildes Stampfen des Flugzeuges um die Querachse.[1] Die ›Spitfire‹ erreichte bemerkenswerter Weise eine Höchstgeschwindigkeit von Mach 0,83 (etwa 996 km/h). Ich selbst erreichte im Sturz mit ihr sage und schreibe Mach 0,86. In diesem fast senkrechten Sturz konnte diese Maschine allerdings nicht mehr unter Kontrolle gehalten werden. Natürlich stimmte die höchstzulässige Geschwindigkeit einer Jagdmaschine nicht mit derjenigen überein, bei welcher sie noch taktisch eingesetzt werden kann; mit anderen Worten, bei der noch irgendwelche Angriffs- oder Abwehrmanöver geflogen werden können. Gerd Lindner sagte mir gegenüber aus, daß er die *Me 262* im Sturz bis auf Mach 0,86 (etwa 1030 km/h) gebracht habe. Ergänzend hierzu sei erwähnt, daß Flüge über Mach 0,83 unter strenger wissenschaftlicher Überwachung erfolgten. Vor solchen Versuchsflügen wurde die Höhenrudertrimmung am Boden eingestellt, sie durfte während des Fluges nur in Notlagen noch verändert werden.

Das Flugzeug wurde aus einer Höhe von 8000 Metern mit einem Winkel von 20 bis 25° so lange gestürzt, bis eine Eigengeschwindigkeit von 1000 km/h in 6000 Metern Höhe erreicht wurde. Waren Mach 0,83 erreicht, dann fiel die Flugnase durch. Um ein weiteres Wegtauchen der Nase zu verhindern, mußte mit beiden Händen kräftig am Knüppel gezogen werden. Mit steigender Mach-Zahl schüttelte sich das Flugzeug immer mehr. Diese Störungen hatten ihre Ursache vermutlich in Verwirbelungen im hinteren Bereich der Kanzelhaube. Behielt man den Sturz bei, ging die Nase, trotz Einwirkung auf das Höhenruder, weiter nach vorne unten weg. Beendet wurde diese rasende Fahrt einfach dadurch, daß man den Sturz solange beibehielt, bis man tiefere Luftschichten erreichte, in welchen die Geschwindigkeit bedingt durch den zunehmend stärker werdenden Luftwiderstand zurückging. Auf Grund der Ergebnisse dieser Versuchsflüge wurde den Luftwaffenflugzeugführern empfohlen, unterhalb einer Höhe von 8000 Metern eine Geschwindigkeit von 960 km/h und oberhalb dieser eine solche von 900 km/h nicht zu überschreiten. Außerdem war die Höhenrudertrimmung so einzustellen, daß nur mit einem

[1] Damit waren beide Flugzeuge in diesen Geschwindigkeitsbereichen als Waffenplattform untauglich.

Eine der sechs *Me 262 A*, die nach dem Kriege dem Naval Air Test Center in Patuxent River (USA) zugeteilt wurden.

Eine *Me 262 A-1*, die im Rahmen einer Ausstellung deutscher Beuteflugzeuge in Farnborough, Herbst 1945, gezeigt wurde.

leichten Drücken des Knüppels nach vorne in den Sturz übergegangen werden konnte. Auf keinen Fall durfte die Trimmung als Abfanghilfe benutzt werden. In der Hitze des Gefechtes gerieten solche Anweisungen immer wieder in Vergessenheit, was zu Unfällen führte.

NEIGUNGEN ZU »KRUMMEN TOUREN«

Ich habe in der *Me 262* Sturzflüge bis zu einer maximalen Geschwindigkeit von Mach 0,84 ausgeführt. Meine Beobachtungen während dieser Flüge bestätigten allesamt Lindners Erfahrungen. Als das herausragendste Ergebnis meiner Versuche betrachte ich die Tatsache, daß mit der *Me 262* taktische Einsätze bis zu einer Geschwindigkeit von Mach 0,82 geflogen werden konnten, und dieses Geschwindigkeits-/Einsatzspektrum machte den Messerschmitt-Jäger zum besten Jagdflugzeug während des Zweiten Weltkrieges.

Eine der großen Schwierigkeiten, die am Anfang des Zeitalters des Strahlflugzeuges zu überwinden waren, waren schlängelnde Gierbewegungen. Die mögliche Ursache für ihr Auftreten lag wohl darin, daß sich der Luftstrom (bei hohen Geschwindigkeiten) kurz vor dem Leitwerk teilte, und das führte zu seitlichen Ausschlägen der Maschine. Dieser sogenannte Kompressibilitätseffekt hatte natürlich einen ganz erheblichen Einfluß auf die Tauglichkeit eines Flugzeuges als stabile Waffenplattform. In Farnborough hatten wir mit der ›Meteor I‹ schon bei Geschwindigkeiten um Mach 0,7 (etwa 840 km/h) erhebliche Probleme mit diesen Gierbewegungen. Die Anstrengungen, die zur Behebung dieser Schwierigkeiten unternommen wurden, führten letztlich zu einer anderen bedrohlichen Form von Schlängelbewegungen. Diese Phänomene haben den Wert der ›Meteor I‹ als Einsatzflugzeug erheblich eingeschränkt. Die Befragungen Lindners ergaben, daß die Deutschen einen fast ähnlichen Weg der Versuche und Irrtümer zur Ausmerzung der Giermomente bei der *Me 262* gegangen waren. Die Deutschen hatten schließlich herausgefunden, daß die starken Giermomente bei hohen Geschwindigkeiten ihre Ursache in einer zu gering ausgelegten Seitenleitwerksfläche hatten. Man war davon ausgegangen, daß wegen fehlender destabilisierender Momente, wie sie bei Propellermotoren auftraten, die Leitwerke eher verkleinert werden könnten. Mit der Verkleinerung der Seitenleitwerksfläche hatte man sich eine Verringerung der Dämpfung von Giermomenten eingehandelt. Bei der *Me 262* konnten zunächst die Giermomente dadurch nahezu ausgeschaltet werden, daß man das obere Drittel des Leitwerks einfach kappte. Die Folge hiervon war, wie hätte es auch anders sein können, daß ihre Steuerbarkeit erheblich verschlechtert wurde. Nach dieser Änderung betrug beispielsweise die sichere Geschwindigkeit bei Ausfall eines Triebwerkes 320 km/h, und das war unangenehm hoch.

Wir hatten mit einer gleichgearteten Änderung an der ›Meteor I‹ ähnliche Erfahrungen gemacht. Insgesamt betrachtet waren unsere Ergebnisse nicht so gut wie die mit der Messerschmitt *Me 262* erzielten. Das ist darauf

Waffen an Außenlastträgern störten die aerodynamische Vollkommenheit der *Me 262.* Oben sieht man eine Bombe vom Typ SC 500 sowie Starthilferaketen von Borsig an einer *Me 262 V10* und die Abb. unten zeigt 12 Raketen R4M an einem hölzernen Rost unter der Fläche der *Me 262 A-1b.*

zurückzuführen, daß die Flugzeugnase der Gloster ›Meteor I‹ beträchtlich kürzer war als diejenige der *Me 262,* deren Nase den Gierbewegungen fast wie ein »Gegenruder« entgegenwirkte.

Die in hohen Geschwindigkeitsbereichen auftretenden Giermomente entstanden durch induzierte Seitenruderschwingungen, die durch Änderungen an den Aufhängungen für die Seitenruderscharniere hervorgerufen wurden. Im Endeffekt führte das bei dem Bestreben, das Flugzeug um die Hochachse stabil zu halten, zu übermäßigen Ruderausschlägen. Die beste Lösung dieses Problems bestand im Einbau von selbststeuernden Dämpfern; das war auf jeden Fall der Weg, den wir nach dem Kriege bei der Weiterentwicklung der ›Meteor I‹ beschritten haben. (Das ist die konstruktive Lösung, die heute weltweit beim Bau von Hochgeschwindigkeitsflugzeugen angewandt wird; d. Ü.)

Die Deutschen waren jedoch während des Zweiten Weltkrieges auf diesem Gebiet noch nicht so weit. Das Entwicklungsprogramm der Deutschen endete damit, daß die Seitenleitwerks- und -ruderteile verdickt wurden.

Eine *Me 262 A-1* (Werk-Nr. 111711), die von ihrem Piloten den US-Streitkräften in Rhein/Main am 30. März 1945 »übergeben« wurde. Anschließend wurde sie von Piloten der USAAF zwecks Verfassung eines Flughandbuches für diesen Typ nachgeflogen.

Zusätzlich wurden am Seitenleitwerk nach außen gebogene Metallstreifen angebracht. Die Wirkung, welche man mit diesen Maßnahmen erzielte, waren insgesamt gesehen besser als diejenigen, die man englischerseits an der ›Meteor I‹ erreichte. Die Lösung, welche man bei Heinkel an der *He 162* gefunden hatte, war allerding derjenigen an der *Me 262* und der ›Meteor I‹ überlegen. Die Flugeigenschaften der *Me 262* waren sowohl im Kunst-

Aus der Sicht der deutschen Luftwaffe war es eine der größten Tragödien während des Zweiten Weltkrieges, als entschieden wurde, die *Me 262* für Bombereinsätze zu verwenden. Die Abbildung zeigt eine *Me 262 A-2a* mit zwei 250-kg-Bomben SC 250, die unter dem Rumpf eingehängt sind.

flug als auch bei Geschwindigkeiten und Anstellwinkeln, bei denen die Strömung abriß, als sehr gut zu bezeichnen. Man hatte in ihr sofort das Gefühl, ein erstklassiges Flugzeug zu steuern, gleichermaßen geeignet für die Jagd- als auch für die Jagdbomberrolle. Die Abstimmung der Steuerorgane aufeinander war angenehm. Die auf den Knüppel auszuübenden Kräfte betrugen 2,75 kg pro Beschleunigungseinheit *g* bei in der Mitte liegendem Schwerpunkt. Die Rollrate um die Längsachse betrug 360° in 3,8 Sekunden bei einer Geschwindigkeit von 625 km/h und einer Höhe von 1525 Metern. Die Höchstgeschwindigkeit, die man im Horizontalflug mit nur einem Triebwerk erzielen konnte, betrug ungefähr 500 km/h. Hierbei mußte das Seitenruder etwa ein Drittel ausgeschlagen werden, um die gewünschte Richtung zu halten.

Das Fahrwerk konnte schon bei einer Geschwindigkeit von 500 km/h ausgefahren werden. Es war jedoch ratsam, hierfür die Geschwindigkeit auf 400 km/h zu verrin-

Eine der vielen *Me 262 A-1,* welche von der tschechoslowakischen Flugzeugindustrie unmittelbar nach dem Krieg zusammengebaut worden waren. Das hier abgebildete Flugzeug wurde 1957 in Olmütz, Nordmähren, fotografiert.

gern und die Triebwerksleistung auf 5000 U/min zurückzunehmen, denn nur so konnte man einer Kopflastigkeit des Flugzeuges entgehen, die bei zu hoher Fahrt während des Ausfahrens des Fahrwerkes einsetzte.
Nach meinen Erfahrungen war es das beste, die Triebwerke wieder auf 6000 bis 7000 »Touren« zu bringen, nachdem das Fahrwerk unten war, und die Klappen bei 350 km/h auf 20° auszufahren. Die Kurve zum Endanflug sollte mit 300 km/h geflogen werden.
Im Endanflug waren die Klappen bei 250 km/h voll auszufahren und anschließend die Fahrt auf 200 km/h zu halten.
Die Ausrollstrecke mit der *Me 262* war beträchtlich, und unwillkürlich waren dabei die Gedanken immer auf die schlechten Bremsen gelenkt, die möglicherweise, wie bei vielen Flugzeugen jener Zeit, versagen konnten.
Lindners Mißtrauen den Jumo-Triebwerken gegenüber führte meiner Ansicht nach dazu, daß er empfahl, den Endanflug hoch und steil auszuführen, um an dessen Ende die Sliptechnik anzuwenden. Diese Anflugtechnik führte aber regelmäßig zu heftigem Schütteln des Flugzeuges.
Das war also die *Me 262* gewesen, einmal ›Schwalbe‹, ein anderes Mal ›Sturmvogel‹ getauft. Wie auch immer ihre Bezeichnung heißen mochte – in meinen Augen war sie das bei weitem fortschrittlichste Militärflugzeug ihrer Zeit. Ein großer Wurf, der alles in den Schatten stellte, was wir damals auf alliierter Seite zur Verfügung hatten. Zum Glück für die Gegner Deutschlands stand sie nicht in ausreichender Stückzahl zur Verfügung, um noch auf entscheidende Weise in den Gang der Dinge eingreifen zu können.
Es war ein Flugzeug wie geschaffen nach den Herzen richtiger Flieger. Ein Flugzeug, welches geflogen werden wollte, eines, das man nicht einfach irgendwie in die Luft hieven durfte. Grundsätzlich war sie mit zu wenig Triebwerksleistung versehen, und die Triebwerke waren obendrein noch ziemlich unzuverlässig, so daß der Adrenalinfluß dauernd auf Hochtouren gehalten wurde. Trotzdem war sie wunderbar zu fliegen! Ich hatte etwa 20 Jahre später Gelegenheit, mit der *F-4* ›Phantom II‹ zu fliegen, die mich lebhaft an die *Me 262* erinnerte. Dieses einer späteren Generation angehörende US-Flugzeug vermittelte seinem Flugzeugführer dieselbe reine Freude an der Fliegerei – nur war die ›Phantom‹ um einiges sicherer und zuverlässiger. Das hatte zur Folge, daß mein Puls etwas weniger angeregt wurde als in jenen längst vergangenen Tagen von 1945, als ich die *Me 262* flog.

Die *Do 335 V1* (CP+UA) während ihrer ersten Flugversuche über Oberpfaffenhofen/Obb.

Die Dornier Do 335

Mit welchen Gütern auch immer die deutsche Luftfahrtindustrie während der kurzen, dafür um so dramatischeren Zeit des Dritten Reiches nur mangelhaft ausgestattet gewesen sein mag, an Erfindergeist fehlte es jedenfalls nicht.
Für den Laien hat es in der Rückschau den Anschein, als hätten die deutschen Konstrukteure sich bei der Erfindung immer neuer und manchmal phantastischer Flugzeuge gegenseitig überflügelt. Die Entwicklung neuartiger Apparate schien dabei mehr auf das Konto von Phantasie und Laune zu gehen, als auf das stetigen Planens. In der Tat waren die deutschen Konstrukteure gegenüber radikalen neuen Lösungen beim Bau von Einsatzflugzeugen viel weniger zimperlich, als das im Ausland der Fall gewesen war. Die Kühnheit vieler deutscher Entwürfe, die später auch in die Wirklichkeit umgesetzt wurden, spricht ja auch für sich.

Etwa 30 Jahre nach dem Ende des Dritten Reiches kann man mit Fug und Recht sagen, daß eine größere Bereitschaft, Neues aufzunehmen und in die Tat umzusetzen, damals in Deutschland vorhanden war, als irgendwo sonst auf der Welt. Das hat in einigen Fällen die ungewöhnlichsten Flugzeugkonstruktionen des Zweiten Weltkrieges hervorgebracht, und sehr zum Erstaunen der Traditionalisten hat die Mehrzahl dieser launenhaften Einfälle zu vielbewunderten Ergebnissen geführt. Unter den außergewöhnlichsten Abschweifungen von dem, was wir als anerkannt üblich in jenen Tagen ansahen, war die bemerkenswerte und außerordenlich bizarre Schöpfung der Dornier-Werke, welche in der kurzen Zeit ihres Daseins die völlig unpassende Bezeichnung ›Pfeil‹ trug. Es gab kaum ein Flugzeug, das weniger mit dem schlanken Wurfgeschoß gemein hatte, als die Dornier *Do 335.* Obwohl also kaum dem Pfeil ähnlich und vom äußeren

Die *Do 335 V3* (T9+ZH), der erste Prototyp, welcher mit Ölkühler und dem Ringkühler ausgestattet war. Sie wurde nach Beendigung des Testprogrammes in Oberpfaffenhofen der 1. Staffel des Versuchsverbands des Oberbefehlshabers der Luftwaffe ausgeliefert.

Schein eines der am wenigsten gelungenen Jagdflugzeuge seiner Generation, war die *Do 335* doch mit Bestimmtheit eines der schnellsten mit Kolbenmotoren angetriebenen Flugzeuge, das die Welt je in Serienreife gesehen hat. Die Deutschen gaben für die einsitzige Version der ›Pfeil‹ eine Spitzengeschwindigkeit von 756 km/h an. Und meine Erfahrungen, die ich in diesem einzigartigen Kampfflugzeug sammeln konnte, gaben mir wenig Veranlassung, diese Angaben anzuzweifeln. Die *Do 335* war eigentlich nicht so epochemachend, da die Tandem-Anordnung der Triebwerke schon in die Tage des Ersten Weltkrieges zurückreicht. Von den verschiedenen zweimotorigen Jagdflugzeugen, die vor und hinter dem Flugzeugführer ihre Motoren angeordnet hatten, hatte aber das Dornier-Flugzeug als erstes eine normale Zugschraube, die für den vorderen Motor da war, und eine Druckschraube für den hinteren Motor.

Professor Dr. Claudius Dornier ließ diese Anordnung bereits 1937 patentieren. Es dauerte jedoch bis in das Spätjahr 1942, ehe die ersten Bleche in Oberpfaffenhofen für den Prototypen dieses Kriegsflugzeuges mit der außergewöhnlichen Triebwerksanordnung geschnitten wurden. Die erste *Do 335 V1* machte ihren Jungfernflug dann am 26. Oktober 1943. Die Produktion kam jedoch erst zu spät richtig in Schwung, so daß die *Do 335* oder der »Ameisenbär«, wie sie von einigen Flugzeugführern scherzhafterweise genannt worden war, in der deutschen Luftwaffe keine eigentliche Frontverwendung mehr gefunden hat. Man kann also lediglich Vermutungen darüber anstellen, wie es diesem Flugzeug im Einsatz ergangen wäre. Obwohl die Auswertung der fliegerischen Eigenschaften nun, nachdem die Feindseligkeiten geendet hatten, von rein akademischem Interesse schienen, so waren wir im RAE in Farnborough doch an den fliegerischen Eigenschaften sowie den Leistungen interessiert, welche diese Kombination neuartiger Konstruktionsmerkmale aus Dorniers Flugzeugwerken entwickeln würde.

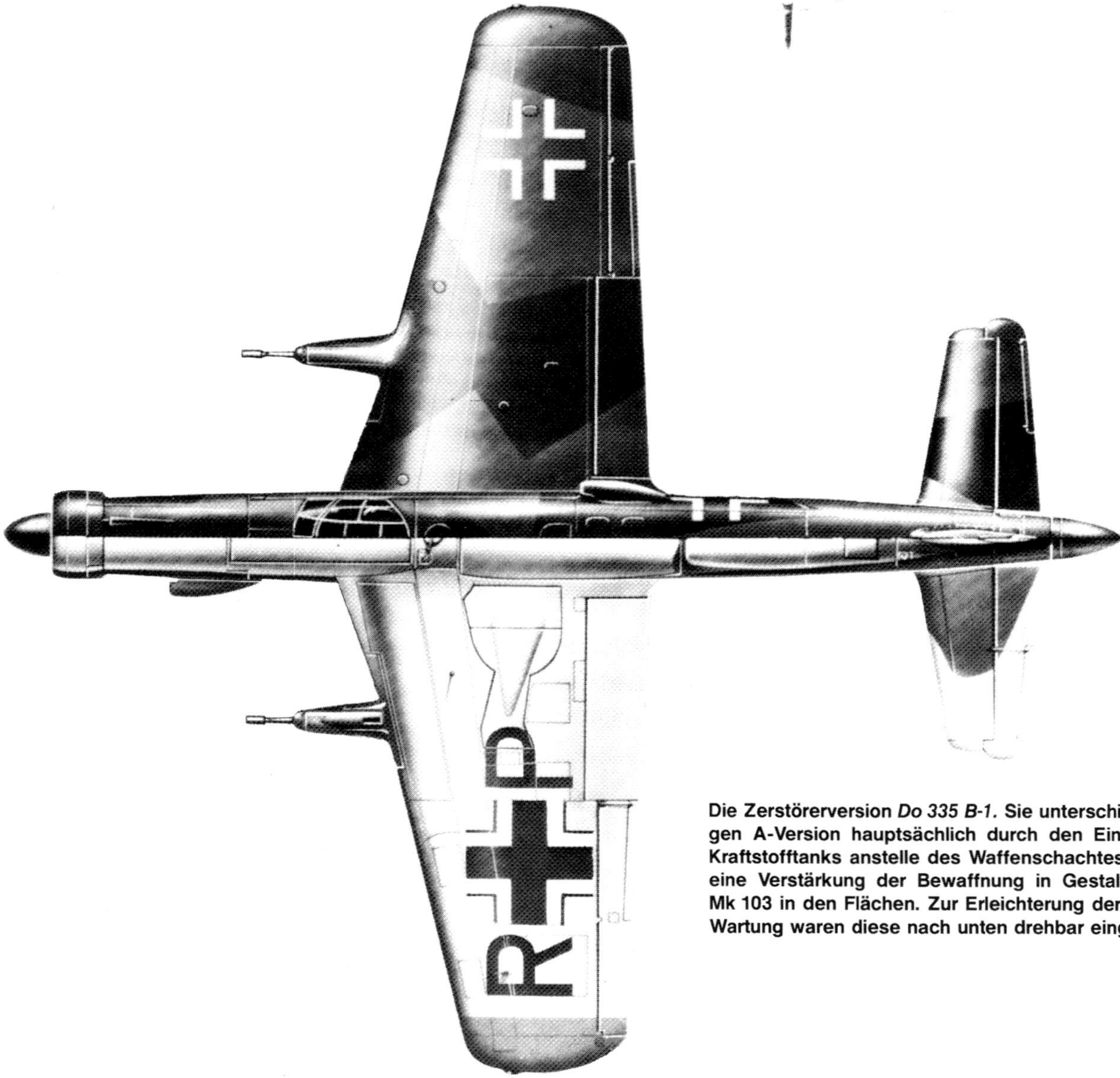

Die Zerstörerversion *Do 335 B-1.* Sie unterschied sich von der einsitzigen A-Version hauptsächlich durch den Einbau eines zusätzlichen Kraftstofftanks anstelle des Waffenschachtes im Rumpf sowie durch eine Verstärkung der Bewaffnung in Gestalt zweier 3-cm-Kanonen Mk 103 in den Flächen. Zur Erleichterung der Munitionierung und der Wartung waren diese nach unten drehbar eingebaut.

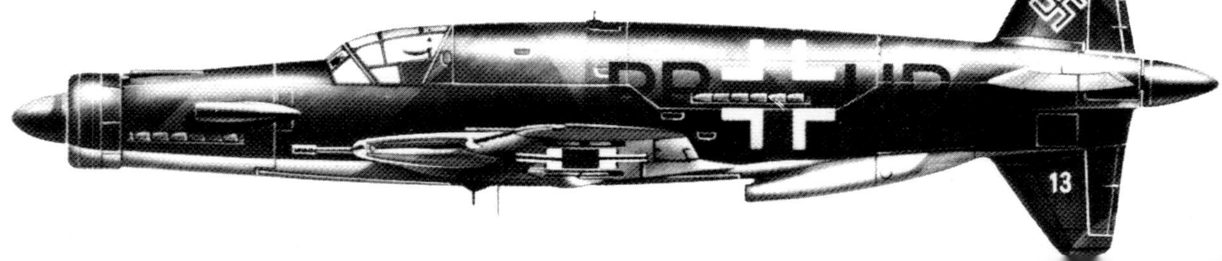

Oben und links: Das siebte Vorserienflugzeug, die *Do 335 A-0*, eine Jagdbomberversion.

EIN MÄCHTIGER KRIEGER

Ich sah den Dornier-Jäger zum ersten Mal in Farnborough gelegentlich eines Überführungsfluges, den einer unserer Testpiloten im Sommer 1945 mit der zweisitzigen Version *Do 335 A-12* machte. Die Leute waren eigens dafür ausgesucht, interessantes Flugzeugmaterial aus den erbeuteten deutschen Flugbeständen auszulesen und nach England zu überführen. Nach dem ersten Eindruck, den ich von dem mächtigen Flugzeug hatte, kam es mir so vor, als müßte es all seine Kraft der zwei Motoren zusammenraffen, um seine Masse überhaupt in die Luft zu bringen. Als ich mir jedoch das Flugzeug von vorne genauer ansah, änderte sich meine Meinung völlig. Aus dieser Perspektive hatte man den Eindruck von einer glatten, stromlinienförmigen Zigarre, sorgfältig eingebettet zwischen zwei schön verkleidete, hochgezüchtete Triebwerke; das Ganze von einem etwas staksig wirkenden Fahrwerk getragen. Ich hatte viele Geschichten über die ganz erstaunliche Leistungsfähigkeit der *Do 335* gehört, aber auch über ihre Kinderkrankheiten; alles aus zweiter Hand, oder gar aus dritter. Besonders erregend war die Geschichte zweier Einflieger, deren Leichen, nachdem sie aus den in Schwierigkeiten geratenen Prototypen aussteigen mußten, ohne Arme aufgefunden worden waren. Die Geschichte wurde mir von einem deutschen Flugzeugführer wiedererzählt. Aus der Schilderung ergab sich, daß der Verlust der oberen Gliedmaßen daher rührte, daß die unglücklichen Opfer zwei Hebel, die auf der Höhe des Kabinendachrahmens angebracht waren,

Dornier Do 335 B-2 Schnittzeichnung:

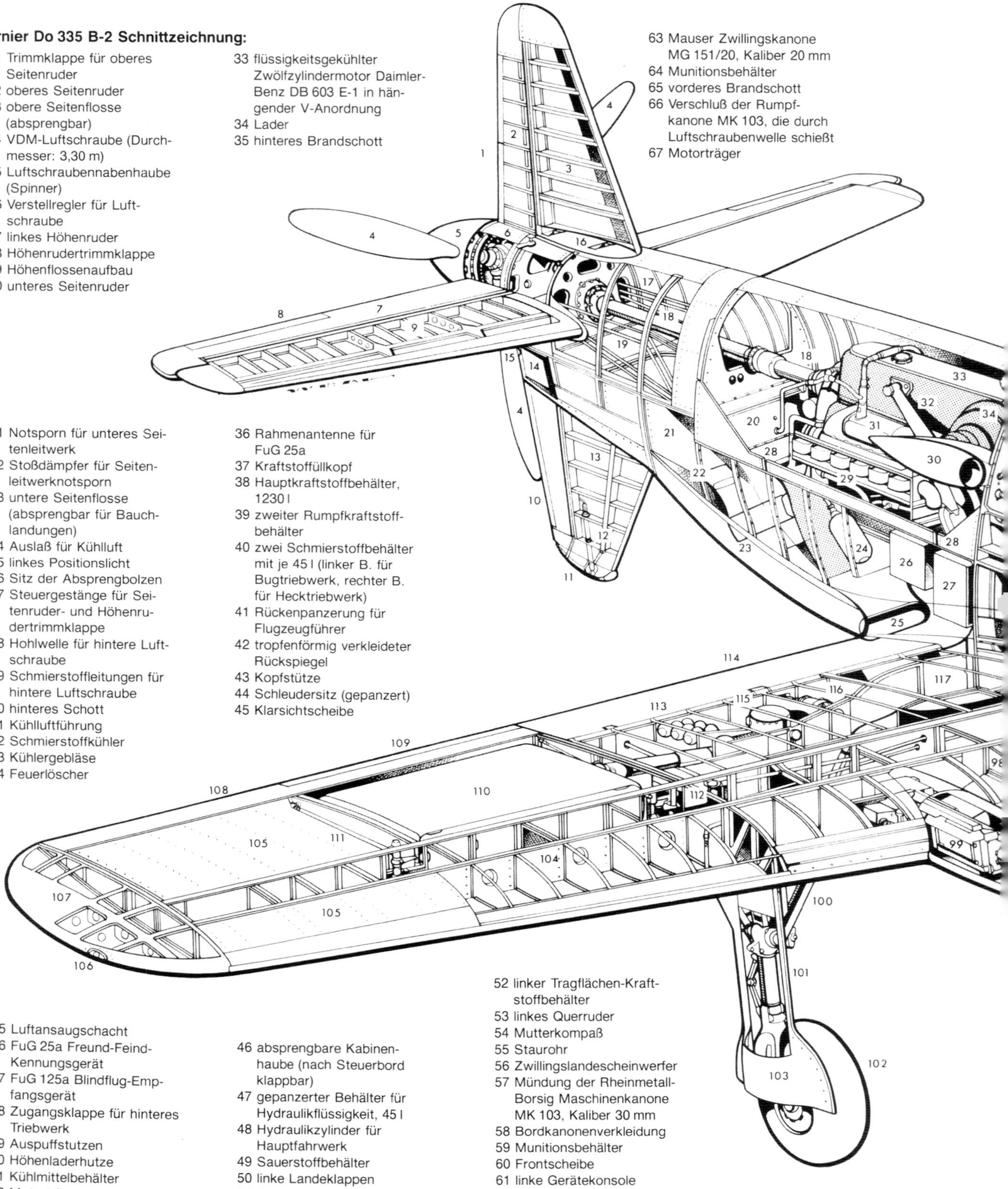

1 Trimmklappe für oberes Seitenruder
2 oberes Seitenruder
3 obere Seitenflosse (absprengbar)
4 VDM-Luftschraube (Durchmesser: 3,30 m)
5 Luftschraubennabenhaube (Spinner)
6 Verstellregler für Luftschraube
7 linkes Höhenruder
8 Höhenrudertrimmklappe
9 Höhenflossenaufbau
10 unteres Seitenruder
11 Notsporn für unteres Seitenleitwerk
12 Stoßdämpfer für Seitenleitwerknotsporn
13 untere Seitenflosse (absprengbar für Bauchlandungen)
14 Auslaß für Kühlluft
15 linkes Positionslicht
16 Sitz der Absprengbolzen
17 Steuergestänge für Seitenruder- und Höhenrudertrimmklappe
18 Hohlwelle für hintere Luftschraube
19 Schmierstoffleitungen für hintere Luftschraube
20 hinteres Schott
21 Kühlluftführung
22 Schmierstoffkühler
23 Kühlergebläse
24 Feuerlöscher
25 Luftansaugschacht
26 FuG 25a Freund-Feind-Kennungsgerät
27 FuG 125a Blindflug-Empfangsgerät
28 Zugangsklappe für hinteres Triebwerk
29 Auspuffstutzen
30 Höhenladerhutze
31 Kühlmittelbehälter
32 Motorträger
33 flüssigkeitsgekühlter Zwölfzylindermotor Daimler-Benz DB 603 E-1 in hängender V-Anordnung
34 Lader
35 hinteres Brandschott
36 Rahmenantenne für FuG 25a
37 Kraftstoffüllkopf
38 Hauptkraftstoffbehälter, 1230 l
39 zweiter Rumpfkraftstoffbehälter
40 zwei Schmierstoffbehälter mit je 45 l (linker B. für Bugtriebwerk, rechter B. für Hecktriebwerk)
41 Rückenpanzerung für Flugzeugführer
42 tropfenförmig verkleideter Rückspiegel
43 Kopfstütze
44 Schleudersitz (gepanzert)
45 Klarsichtscheibe
46 absprengbare Kabinenhaube (nach Steuerbord klappbar)
47 gepanzerter Behälter für Hydraulikflüssigkeit, 45 l
48 Hydraulikzylinder für Hauptfahrwerk
49 Sauerstoffbehälter
50 linke Landeklappen
51 Querrudertrimmklappe
52 linker Tragflächen-Kraftstoffbehälter
53 linkes Querruder
54 Mutterkompaß
55 Staurohr
56 Zwillingslandescheinwerfer
57 Mündung der Rheinmetall-Borsig Maschinenkanone MK 103, Kaliber 30 mm
58 Bordkanonenverkleidung
59 Munitionsbehälter
60 Frontscheibe
61 linke Gerätekonsole
62 Steuersäule
63 Mauser Zwillingskanone MG 151/20, Kaliber 20 mm
64 Munitionsbehälter
65 vorderes Brandschott
66 Verschluß der Rumpfkanone MK 103, die durch Luftschraubenwelle schießt
67 Motorträger

Auf diesem Bild ist das kräftige und breitspurige Fahrwerk des Dornier-Jägers mit Zug- und Druckschraube gut zu erkennen. Es zeigt die siebte Vorserien-*Do 335 A-O*.

88 Sammelbehälter für Hülsen/Gurtglieder
89 Akkumulator/Sammler
90 Bedienkonsole für elektrische Geräte
91 Preßluftflaschen für Schleudersitz
92 Seitenruderpedale
93 Munitionsbehälter
94 Panzerung
95 Verkleidung der Tragflächenkanone
96 Kanonenlauf für Maschinenkanone MK 103
97 Mündungsbremse
98 Munitionszuführung
99 rechte Tragflächenkanone MK 103
100 Einziehstrebe für Hauptfahrwerk
101 Ölfederbein
102 rechtes Laufrad
103 Fahrwerksklappe
104 Kastenholm
105 Tragflächenbeplankung
106 rechtes Positionslicht
107 Aufbau des Flügelrandbogens
108 rechtes Querruder
109 Querrudertrimmklappe
110 rechter Tragflächen-Kraftstoffbehälter
111 Querrudersteuergestänge
112 Stoßstange zur Querrudertrimmklappe
113 Sauerstoffbehälter
114 rechte Landeklappe
115 Kraftstoffbehälter für Anlasser
116 Hydraulikmotor für Landeklappen
117 rechter Fahrwerkschacht
118 Kastenholm
119 Preßluftflaschen (für Notausfahren des Fahrwerkes)
120 Verbindung Hautholm/Rumpf

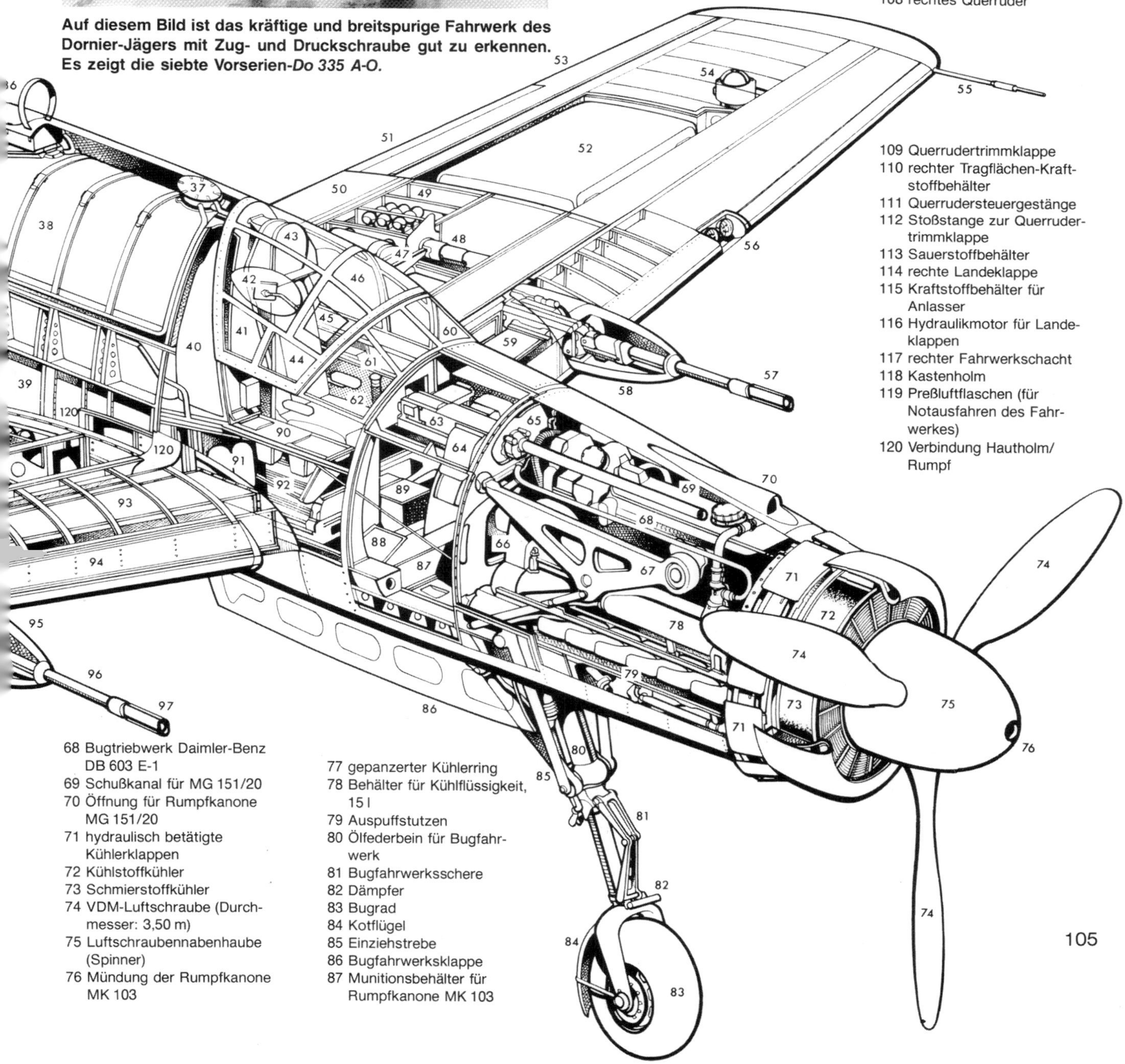

68 Bugtriebwerk Daimler-Benz DB 603 E-1
69 Schußkanal für MG 151/20
70 Öffnung für Rumpfkanone MG 151/20
71 hydraulisch betätigte Kühlerklappen
72 Kühlstoffkühler
73 Schmierstoffkühler
74 VDM-Luftschraube (Durchmesser: 3,50 m)
75 Luftschraubennabenhaube (Spinner)
76 Mündung der Rumpfkanone MK 103
77 gepanzerter Kühlerring
78 Behälter für Kühlflüssigkeit, 15 l
79 Auspuffstutzen
80 Ölfederbein für Bugfahrwerk
81 Bugfahrwerksschere
82 Dämpfer
83 Bugrad
84 Kotflügel
85 Einziehstrebe
86 Bugfahrwerksklappe
87 Munitionsbehälter für Rumpfkanone MK 103

ergriffen und nach hinten gezogen hatten, um auf diese Weise das Kabinendach abzuwerfen. Das führte zu einer schnell wirksamen Absprengung des Kabinendachs. Da jedoch diese Hebel fest mit dem Kabinendach verbunden waren, konnte ein fester Zugriff auf die Hebel, so die Fama, bewirken, daß Hände und Arme mit dem schnell sich ablösenden Kabinendach mitgerissen wurden. Diese Geschichte machte irgendwie Eindruck auf mich, und ich kletterte mit einiger Neugierde in die Kabine des Flugzeuges. Die berüchtigten Hebel waren tatsächlich vorhanden. Neben der einmaligen Anordnung der Triebwerke besaß die *Do 335* noch einen Gutteil anderer, ungewöhnlicher Merkmale, unter anderem eine Luftschraube mit umkehrbarer Steigung, also einen Bremspropeller am vorderen Motor, sowie einen Schleudersitz. Die Maschine war in Ganzmetall ausgeführt, und die mittragende Beplankung der trapezförmigen Fläche verjüngte sich nach außen mit einem Winkel von 13°. Die Fläche war um einen Kastenholm herumgebaut und hatte verstellbare Wölbungsklappen zwischen Rumpf und den hydraulisch betätigten Querrudern. Das Leitwerk war in Kreuzform angeordnet. Dieses Leitwerk wäre zusammen mit der Luftschraube des hinteren Motors für einen abspringenden Flugzeugführer auf jeden Fall tödlich gewesen. Man bannte diese lauernde tödliche Gefahr durch den Einbau eines Schleudersitzes. Zusätzlich wurde für das sichere Aussteigen aus einer defekten Maschine dadurch Vorsorge getragen, daß man mittels Sprengbolzen den oberen Teil des Seitenleitwerkes sowie die hintere Luftschraube absprengbar machte. Der Bugmotor war mit einem kleinen ringförmigen Kühler versehen, der Heckmotor wurde über einen an der Unterseite des Rumpfes angebrachten hutzenförmigen Einlauf mit Kühlluft versorgt. Der hintere Propeller wurde durch eine verlängerte Hohlwelle, die auf drei Drucklagern lief, angetrieben. Der Hauptkraftstofftank faßte 1230 l und war unmittelbar hinter der Kabine eingebaut, hinzu kam in jeder Tragfläche ein beschußsicherer, sich selbst verschließender Tank mit je 310 l Inhalt. Diese waren in der Mitte der Flächen vor dem Holm angeordnet. Meines Wissens war die *Do 335* das zweite mit einem Schleudersitz ausgestattete Propellerflugzeug der Welt*. Auf diesen Sitz war deshalb vor

* Das erste mit einem Schleudersitz ausgerüstete Flugzeug der Welt war die Heinkel *He 219 A*.

Dornier Do 335 A Führerraum:

1 Deviationstabelle (Hauptkompaß)
2 Deviationstabelle (Notkompaß)
3 Auslöseknopf für Feuerlöscher, Hecktriebwerk
4 Auslöseknopf für Feuerlöscher, Bugtriebwerk
5 Kraftstoff-Absperrhähne
6 Leistungshebel
7 Handrad für Seitenrudertrimmung
8 Trimmanzeige
9 Handrad für Höhenrudertrimmung
10 Handrad für Querrudertrimmung
11 Sauerstoffdurchflußventil
12 Notschalter für Hauptelektrik
13 Leistungshebelsperre
14 Kompaßbeleuchtung
15 Notkompaß
16 Schalter für Bugradsteuerung
17 Luftschraubenwahlschalter (2)
18 Luftschraubenverstellschalter (2)
19 Schalter für Landeklappen
20 Fahrwerksschalter
21 Zündschalter für Absprengsätze (für Bauchlandungen untere Seitenflosse)
22 UV-Leuchte
23 Haubenverriegelung
24 Fahrwerksstellungsanzeige
25 Regler für Kompaßbeleuchtung
26 Schalter für Handlampe
27 Schalter für Erkennungs-/ Positionslichter
28 Schalter für Instrumentenbrettbeleuchtung
29 Schalter für Staurohrheizung
30 Waffenwahlschalter (SZKK 3)
31 Schalter für Kreisel
32 Notschalter für Erkennungslichter
33 Regler für UV-Beleuchtung
34 Anzeige für Außentemperatur
35 elektrischer Höhenmesser
36 Borduhr
37 Sauerstoffdruckanzeige
38 Sauerstoffregler
39 Reflexvisier 16 B (Revi)
40 Frontscheibe
41 Frontscheibenrahmen
42 Reflexvisierverstrebung
43 Halteschrauben für Instrumentenbretter
44 Fahrtmesser
45 künstlicher Horizont
46 Variometer
47 Anzeige für Staurohrheizung
48 Höhenmesser
49 Kompaßanzeige (Tochterkompaß)
50 Peilgerätanzeige AFN 2
51 Bombenauslöseknopf
52 Auslöseknopf für Rumpfbewaffnung
53 Kursgeber (für Kurssteuerung)
54 Schalter für Kurssteuerung
55 Sendeknopf für Funkgerät
56 Steuersäule
57 Anzeige für Luftschraubensteigung
58 Doppelanzeiger für Hydraulikdruck und Drehzahl
59 Schalter für Kraftstoffumfüllpumpe
60 Warnleuchte Kraftstoffverbrauch
61 Kraftstoffreststandwarnlampe
62 Kühlmittel-Temperaturanzeige
63 Schmierstoff-Temperaturanzeige
64 Kraftstoff-Druckanzeige
65 Schmierstoff-Druckanzeige
66 Anzeige für Kraftstoffstand
67 Feuerwarnleuchten
68 Notabwurfhebel für Kabinenhaube
69 UV-Leuchte
70 Schaltbrett für elektr. Geräte
71 Zündschalter zur Absprengung der oberen Seitenflosse
72 BG 25a (Schalter für FuG 25-Freund-Feind-Kennungsgerät)
73 Kurs-Schalter
74 Auslösegriff für Schleudersitz
75 Zünderschaltkasten ZSK 246
76 Bombenauslöseschalter ASK 335
77 Schaltbrett für FuG 16 ZY
78 Wahlschalter für Funkgerät
79 Platz und Anschlüsse für den Einbau des FBG 2 (Fernbediengerät für FuG 10 P)
80 Anzeige für Schleudersitzpreßluft
81 Anzeige für Notpreßluft
82 Schmierstoff-Druckanzeige
83 Batteriegehäuse
84 Handräder zur Verstellung der Seitenruderpedale
85 Seitenruderpedale
86 Atemschlauch
87 Verbindungsstück Atemschlauch zu Atemmaske
88 Abdeckung für die Kanonenverschlüsse
89 Handleuchte
90 Notzug für Fahrwerk
91 Notzug für Landeklappen
92 Notschalter für Bugradsteuerung
93 Notzug für Bombenschachtklappen
94 Nothebel für Bombenschachtklappen
95 Auflage für Schleudersitz

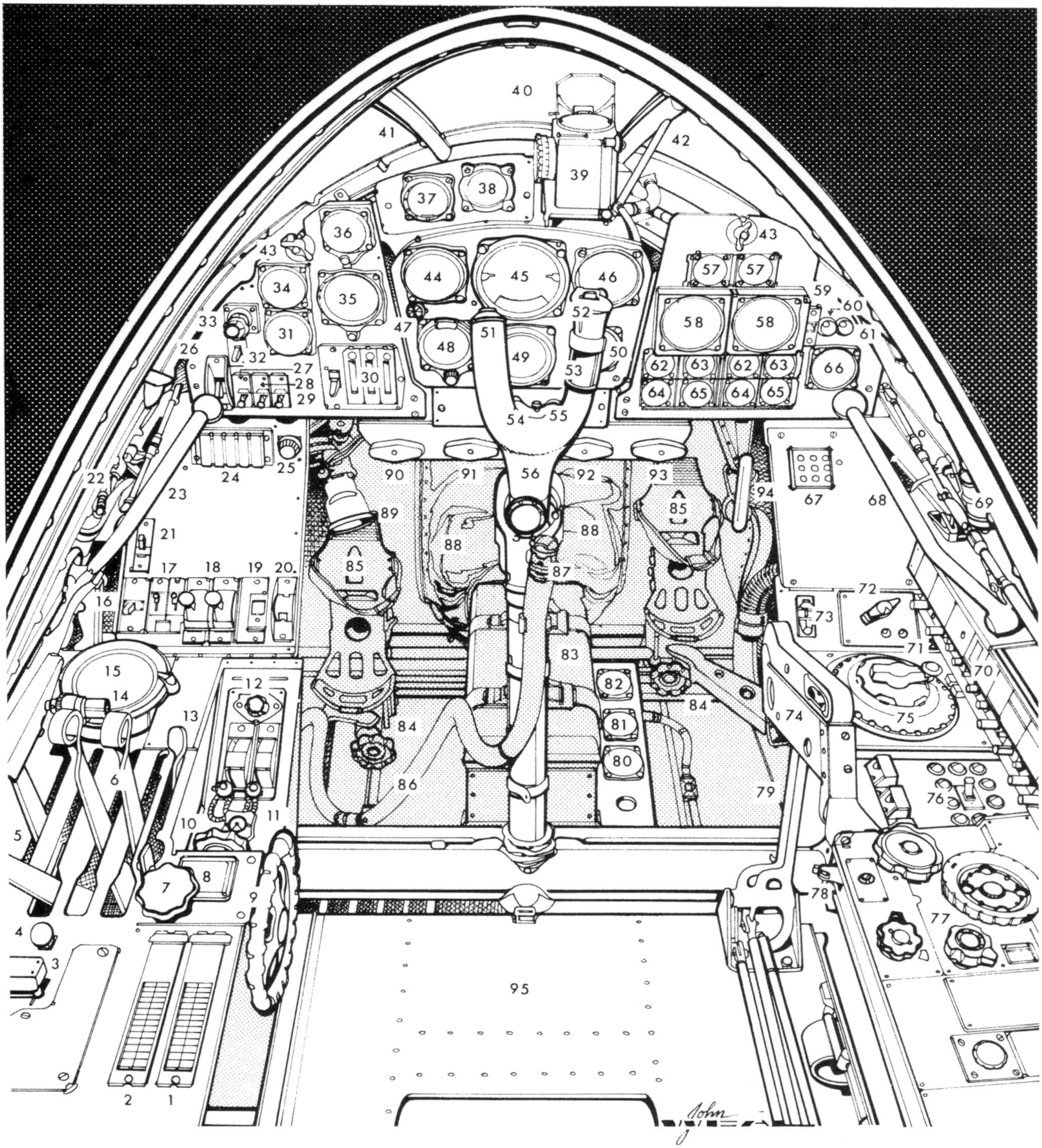

1
2
3
4
5
6
7
8
9
10
11
12
13
14
15
16
17
18
19
20
21
22
23
24
25
26
27
28
29
30
31
32
33
34
35
36
37
38
39
40
41
42
43
43
44
45
46
47
48
49
50
51
52
53
54
55
56
57
57
58
58
59
60
61
62
62
63
63
64
64
65
65
66
67
68
69
70
71
72
73
74
75
76
77
78
79
80
81
82
83
84
84
85
85
86
87
88
88
89
90
91
92
93
94
95
John

meinem ersten Flug mein ganzes Interesse gerichtet. Seine Bedienungsanleitung war kaum eine Garantie für einen schnellen Ausschuß im Notfall: Auf der rechten Seite der Kabine war eine Reihe von drei Bedienungsknöpfen angeordnet. Beim Drücken des ersten zündete eine Sprengladung, mit der theoretisch die Luftschraube des hinteren Motors abgesprengt werden sollte, der zweite zündete eine Ladung zum Wegsprengen des oberen Teils des Seitenleitwerkes, und mit dem dritten wurde dann die Ladung für den Schleudersitz scharf gemacht, dann wurde das Kabinendach manuell abgeworfen, und schließlich und endlich wurde der Sitz dadurch gefeuert, indem man einen Auslösehebel an der rechten Armlehne drückte. Ich kann nicht sagen, ob je ein Notausstieg aus

Oben und unten: Die zweite Vorserienmaschine, die *Do 335 A-O,* wurde völlig intakt nach dem Zusammenbruch in Oberpfaffenhofen vorgefunden und in die USA zur Erprobung ins US Naval Air Test Center, Patuxent River, überführt. 1947 wurde diese Maschine dann dem Smithsonian Institute vermacht. Von dort kehrte sie in den siebziger Jahren (leihweise, d. Ü.) nach Deutschland zurück und wurde von Dornier zu Ausstellungszwecken wieder hergerichtet. Sie steht heute im Deutschen Museum in München.

der *Do 335* mit einem Schleudersitz vorgenommen worden ist. Ich nehme jedoch an, daß man in einer Notlage, in welcher Bruchteile von Sekunden über Sein oder Nichtsein entscheiden, die Vorbereitungen mit den ganzen Knöpfen sein läßt und einfach auf gut Glück über die hintere Luftschraube hinweg aussteigt, wenn es auch ein bißchen Russisch-Roulette bedeuten würde. Obwohl ich also die Zweifel am Wert des Schleudersitzes nicht verdrängen konnte, war ich schließlich von dieser Maschine beeindruckt. Schon nach der kurzen Startstrecke hatte ich beim gleichmäßigen Dröhnen der zwei Daimler-Benz DB 603-Motoren das angenehme Gefühl, ein Flugzeug unter mir zu haben, welches mit einem gesunden Leistungsüberschuß ausgestattet war. Eine erfreuliche Erfahrung, die man selten genug machte. Man mußte allerdings Vorsicht beim Anheben der Nase walten lassen, denn die Bodenfreiheit des nach unten reichenden Seitenleitwerkteils war ziemlich gering. Hatte man dann abgehoben und legte den Fahrwerkshebel auf »Einfahren«, erhielt man einen ziemlichen Schlag, ausgelöst durch das unter dem Schleudersitz in einen Schacht einrastende Bugfahrwerk. Die Steiggeschwindigkeit war für so ein großes Flugzeug erstaunlich hoch. Für mich war es klar, daß man mit dieser Maschine gut über die Höhe von 10 000 m hinaus steigen konnte. Die Stabilität war um alle drei Achsen gut. Jedoch waren die Steuerorgane nicht harmonisch aufeinander abgestimmt. Die mit Kraftverstärkern ausgerüsteten Querruder gaben eine für die Spannweite von 13,7 m erstaunlich hohe Rollrate, dabei standen die Kräfte, die man hierfür brauchte, in bedeutendem Gegensatz zu denen, die man zur Betätigung von Seiten- und Höhenruder aufzuwenden hatte. Die Versuchung, einen Hochgeschwindigkeitsflug in der Horizontalen zu machen, war zu groß, um ihr widerstehen zu können, nachdem die Deutschen behaupteten, daß dies die schnellste Maschine sei, die je von Kolbenmotoren angetrieben worden war. Meine Daten, erflogen mit der zweisitzigen Version *Do 335 A,* zeigten eine Eigengeschwindigkeit von 692 km/h in 5500 m Höhe an, das war in jedem Fall eine eindrucksvolle Geschwindigkeit. Die Ergebnisse meiner Tests waren natürlich nicht so beeindruckend; sie haben jedoch gezeigt, daß die *Do 335* mit der Druckschraube meßbar bessere Leistungen erzielte, als das für die Zugschraube der Fall war. Dabei war mir klar, daß unter allen denkbaren Flugbedingungen der hintere Motor erheblich höheren Temperaturen ausgesetzt war als der vordere.

Die Sicht aus der Kanzel war ganz hervorragend. Ich hatte den Eindruck, als sei die *Do 335* besser für die Nachtjagdrolle geeignet als für die der Tagjagd, obwohl ich bis jetzt nur die Zweisitzer-Version aus eigener Erfahrung kannte.

Die Landung war eine ziemlich einfache Sache. Man schwebte mit 185 km/h mit leicht positivem Anstellwinkel an. Die Flächenanstellung war offenbar so gewählt worden, daß die Gefahr eines Anschwebens mit zu hohem Anstellwinkel von vornherein nur gering war, um eine Bodenberührung des kielartig nach unten ragenden Seitenleitwerkes zu verhindern. Der Knüppel konnte, sobald man am Boden war, nicht in der hinteren Stellung gehalten werden, auch hiermit sollte das Seitenleitwerk vor unbeabsichtigter Bodenberührung geschützt werden. Aus all dem geht hervor, warum man eine Luftschraube mit umkehrbarer Steigung gewählt hatte. Dennoch wurden die Flugzeugführer angewiesen, eine Dreipunkt-Landung auf Hauptfahrwerk und Leitwerk-Stoßdämpfer zu machen, ehe man das Bugfahrwerk benutzte. Sollte eine Bauchlandung notwendig werden, konnte man den unteren Teil des Seitenleitwerks absprengen.

Während der ersten zwei Landungen benutzte ich die umkehrbare Steigung (Bremswirkung des Propellers) der Luftschraube nicht. Zu Vergleichszwecken probierte ich sie jedoch während der darauffolgenden Zeit aus. Mit ihrer Hilfe verringerte sich die Landerollstrecke meiner Schätzung nach um etwa 185 m, das entsprach ungefähr 25% der Rollstrecke ohne Benutzung dieser Bremshilfe.

FLUG MIT DEM EINSITZER

Nach den ersten Flügen mit der *Do 335 A-12* hatte ich noch drei große Wünsche:

1. Wollte ich einmal den Einsitzer fliegen,
2. den Doppelsitzer vom hinteren Sitz aus,
3. wollte ich den Schleudersitz einmal ausprobieren.

Die ersten beiden meiner Wünsche wurden erfüllt, den letzten hatte ich ohnehin nicht vor, mir selbst zu erfüllen. Man konnte ja schließlich auch am Boden den Schleudersitz testen, nachdem das Flugprogramm mit der *Do 335* beendet sein würde, um auf diese Weise festzustellen, ob die obere Seitenleitwerkshälfte mit der Druckschraube tatsächlich wegflöge.

Hier die *Do 335 A,* mit der in Merville, Nordfrankreich, ein deutscher Flugzeugführer auf einem Überführungsflug von Reims nach Farnborough, wie vom Autor berichtet, Bruch machte.

Unglücklicherweise stürzten die beiden von uns erbeuteten einsitzigen *Do 335* ab, ohne daß dabei der Schleudersitz zum Tragen gekommen wäre. Im Dezember 1945 drangen Gerüchte zu uns durch – wie meistens im RAE auf geheimnisvolle Weise –, daß eine einsitzige *Do 335* achtlos in einem alten Hangar bei Reims herumstünde. Natürlich waren wir in Farnborough sofort an der Maschine interessiert. Es dauerte nicht lange, und ich war unterwegs nach Reims. Mit mir hatte ich eine kleine Mannschaft ehemaliger Luftwaffenangehöriger, die wir uns in Farnborough als »Halbkriegsgefangene« hielten, um die deutschen Turbinenflugzeuge, die wir dort hatten, zu warten und instandzuhalten. Der Flugplatz in Reims war unbelegt, aber es gab dort noch eine gemischte Nachschubeinheit bestehend aus US-Soldaten und Franzosen am Platz. Ich war über ihr vollkommenes Desinteresse an der Maschine nicht wenig erstaunt. Lag es vielleicht daran, daß sie von dem Flugzeug gar nichts wußten? Was hatte auch eine *Do 335* in Reims zu suchen?

Vielleicht hatte ein Deutscher versucht, mit ihr die Flucht nach Spanien zu unternehmen und hatte sie dann wegen technischer Schwierigkeiten stehenlassen müssen, die Kraftstoffbehälter waren nämlich noch ziemlich voll. Mein deutsches Team benötigte eine volle Woche, um das gesamte Flugzeug durchzuprüfen, und das unter den primitivsten Verhältnissen und bei naßkaltem Wetter mit

Diese *Do 335 A-12* wurde vom Autor in Farnborough nachgeflogen. In ihr verlor Grp. Capt. Hards sein Leben am 15. Januar 1946, nachdem infolge eines Motorbrandes im Heckmotor die Steuerseile für das Höhenruder durchgeschmolzen waren.

Die *Do 335 V11*, Prototyp der Serie *Do 335 A-10*, mit Tandemsitz und Doppelsteuer zu Umschulungszwecken auf den ›Pfeil‹.

Temperaturen um den Gefrierpunkt. Aber dann wurde sie doch für einen »Werkstattflug« fertiggemacht. Dabei erwies sich das Haupthydrauliksystem beim Ein- und Ausfahren des Fahrwerkes als etwas widerspenstig. Wir hatten eigentlich keine andere Wahl, als das Flugzeug in dem Zustand, in dem es sich befand, zu fliegen. Nach zwei kurzen Prüfflügen hatten wir gerade noch soviel Kraftstoff in den Tanks wie nötig war, damit nach Marville zu fliegen, wo wir uns neuen Kraftstoff besorgen wollten. Ich übergab unsere Prise einem deutschen Flugzeugführer, da er mehr Erfahrung mit deutschen Hydrauliksystemen als wir hatte sammeln können. Als er jedoch an seinem Bestimmungsort angekommen war, stellte sich heraus, daß das Bugfahrwerk nicht auszufahren war. Es blieb ihm also nichts anderes übrig, als die vordere Verstelluftschraube auf Segelstellung zu bringen, um so eine Graslandung ohne Bugfahrwerk zu machen; dabei erlitt die Maschine relativ wenig Schaden. Dennoch bedeutete dieser Unfall das Ende unserer Unternehmung, die darauf abgestellt war, eine einsitzige Ausgabe der *Do 335* nach Farnborough zu Testzwecken zu überführen. Deshalb beschränkt sich meine Bekanntschaft mit der einsitzigen Version der *Do 335* auf den eben geschilderten kurzen Prüfflug über Reims. Bei meiner Rückkehr nach Farnbo-

Der Schleudersitz der *Do 335 V3*. Der Sitz feuerte, nachdem mittels Sprengbolzen das obere Seitenleitwerk sowie der Propeller des Heckmotors abgesprengt worden waren.

Technische Daten der Dornier Do 335 A-0.

Triebwerke: Zwei flüssigkeitsgekühlte Zwölfzylindermotoren Daimler-Benz DB 603 A-2 mit einer Startleistung von je 1750 PS bei 2700 U/min. Höchste Dauerleistung: 1375 PS bei 2300 U/min in Seehöhe und 1390 PS bei 2300 U/min in 6600 m Flughöhe. Tankinhalt: 1850 l.

Bewaffnung: Zwei Maschinenkanonen Mauser MG 151/15, Kaliber 15 mm, mit je 200 Schuß Munition und eine Maschinenkanone Rheinmetall-Borsig MK 103, Kaliber 30 mm, mit 70 Schuß Munition. Vorrichtung für eine 500-kg-Bombe SC 500 im Waffenschacht des Rumpfes.

Leistungen: Höchstgeschwindigkeit: 580 km/h in Seehöhe; 703 km/h in 6000 m; 732 km/h in 7100 m Flughöhe. Reichweite mit einer 500-kg-Bombe: 1230 km bei einer Geschwindigkeit von 550 km/h in Seehöhe; 1600 km bei einer Geschwindigkeit von 633 km/h in 6000 m; 1380 km mit 703 km/h in 6600 m; 2150 km mit 460 km/h in 6000 m Flughöhe. Steigzeit auf 1000 m Höhe bei einem Gesamtgewicht von 9500 kg: 1,3 min; auf 2000 m: 3,0 min; auf 4000 m: 6,0 min; bis auf 6000 m: 10,0 min; auf 8000 m: 14,5 min. Dienstgipfelhöhe mit einem Gesamtgewicht von 9500 kg: 9500 m; mit einem Triebwerk: 6800 m. Startrollstrecke zur Überquerung eines 20 m hohen Hindernisses: 960 m. Aufsetzgeschwindigkeit mit einem Gesamtgewicht von 9000 kg: 190 km/h.

Gewichte: Leergewicht mit Ausrüstung: 6530 kg; höchstzulässiges Abfluggewicht: 9510 kg

Abmessungen: Spannweite: 13,80 m; Länge: 13,85 m; Höhe: 5,00 m; Flügelfläche: 38,50 m^2.

rough bat mich CO (Fliegerhorstkommandant) Group Captain (Oberst) A. F. Hard um eine Flugeinweisung auf unsere zweisitzige *Do 335*. Am 18. Januar 1946 flog er dann alleine los. Als er sich der Platzrunde näherte, stellten wir fest, daß der hintere Motor Feuer gefangen hatte. Wir alle glaubten, er würde die nächste Landebahn benutzen, um so schnell wie möglich aus diesem brennenden Flugzeug herauszukommen. Entweder wußte er nichts von diesem Brand, oder glaubte besser damit zu fahren, wenn er die erste Landung mit dem ihm fremden deutschen Vogel gegen den Wind machte. Wie dem auch gewesen sein mag, wir werden es nie erfahren. Er setzte vielmehr den ganz normalen Anflug in der vorgeschriebenen Platzrunde fort, als ob kein Luftnotfall, der ihn betraf, vorlag. Er hatte ungefähr zwei Drittel der Platzrunde hinter sich, als die Dornier plötzlich senkrecht auf ein Schulgebäude abstürzte. Offensichtlich waren durch den Brand die Seilzüge für das Höhenruder durchgeschmort. Group Captain Hard hatte keinerlei Chance auszusteigen. Technisch gesehen hatten wir mit der *Do 335* in Farnborough die meisten Schwierigkeiten von allen erbeuteten deutschen Flugzeugen. Wahrscheinlich ist es darauf zurückzuführen, daß dieses Flugzeug in Serie gehen mußte, ehe alle Schwächen, die sie zweifellos am Anfang hatte, behoben werden konnten. Trotz der Schwierigkeiten, die wir mit ihr hatten, bin ich der Meinung, daß sie ein erfolgreiches Nachtjagdflugzeug gewesen wäre, und zwar auf Grund ihrer ausgesprochen guten stabilen Fluglage, ihrer langen Einsatzdauer und der hohen Grundgeschwindigkeit. Als Tagjäger hätte sie, trotz ihrer eindrucksvollen Leistungen – trotz der für Flugzeuge mit Kolbenmotoren hohen Geschwindigkeiten und trotz ihrer erheblichen Feuerkraft – kaum Furore machen können, da sie für den harten Kurvenkampf zu wenig geeignet war. Um fair zu bleiben, muß jedoch erwähnt werden, daß niemals auf deutscher Seite die Absicht bestanden hatte, sie im Kampf Jäger-gegen-Jäger einzusetzen. Auf jeden Fall hätte sie den alliierten Bombern tüchtig einheizen können; einmal ihres hohen Fahrtüberschusses wegen, dann auf Grund ihrer hohen Feuerkraft und nicht zuletzt ihrer bemerkenswerten Flugdauer wegen, die sie für Überwachungsflüge wie geschaffen machte, um möglichst früh eindringende Bomberverbände zu bekämpfen. Diese Kombination von Eigenschaften machte die *Do 335* schon bei ihrer Entstehung zu einem einmaligen Flugzeug, und es war ihr bestimmt, einzig in ihrer Art zu bleiben. Ich bin ganz sicher, daß dieses Kriegsflugzeug von Dornier Nachahmung gefunden hätte, wäre es nicht erst am Ende des Zeitalters der mit Kolbenmotoren angetriebenen Flugzeuge auf dem Plan erschienen.

Die Focke-Wulf Fw 190 und Ta 152

Ein zweites Eisen im Feuer zu haben – das war der eigentliche Grund für die Entstehung des kompakten, wohlproportionierten und ästhetisch gut aussehenden Jagdeinsitzers von Dipl.-Ing. Kurt Tank, der zum ersten Mal in der II. Gruppe des Jagdgeschwaders 26 ›Schlageter‹ im Juli 1941 über dem Kanal seine Waffen auf den Gegner richtete.

Einige Jagdflugzeuge des Zweiten Weltkrieges wiesen die unverkennbaren Zeichen von Vollblütern auf. Flugzeuge, die ihre Klasse in ganz unterschiedlichen Ausprägungen bewiesen haben, ob als gute Kurvenjäger, als brauchbare Einsatzflugzeuge für die verschiedensten Einsatzrollen auch unter extremsten Bedingungen, als ausgezeichnet zu fliegende Konstruktionen, oder auch als auf Feldflugplätzen unter jeglichen Bedingungen leicht zu wartende und instandzuhaltende und somit immer für den Einsatz verfügbare Maschinen. Aber keines kam der bemerkenswerten Schöpfung von Kurt Tank gleich, die die nüchterne Bezeichnung Focke-Wulf *Fw 190* führte und von ihrem Konstrukteur mehr gefühlsbetont, jedoch nur inoffiziell, als »Würger« bezeichnet wurde. Innerhalb von sechs oder sieben Monaten nach seinem Erscheinen über der Küste Südenglands erzeugte der Focke-Wulf-Jäger bei den RAF-Piloten allgemeine Verwirrung. Das von Tank konstruierte Jagdflugzeug zählte die damals gängigen ›Spitfire‹ in jeder Flugweise aus, nur im geschlossenen Abwehrkreis nicht.

Einer der damals führenden RAF-Piloten meinte sarkastisch, als dieser Vorteil seiner Maschine während einer Einsatzbesprechung zu sehr betont wurde: »Mit Kurven allein gewinnt man keine Luftschlacht.« (»Turning doesn't win battles.«)

Im April 1942 waren inzwischen die Verluste der RAF an der Kanalfront beängstigend hoch gestiegen; das ging hauptsächlich auf das Konto des gefürchteten Gegners in Gestalt der *Fw 190.* Mehr als 100 ›Spitfire‹ gingen im Verlauf von Angriffsoperationen über dem besetzten Europa während eines einzigen Monats verloren. Und auf die ›Spitfire‹ Mk IX mit dem Motor ›Merlin 61‹ mußte man immer noch etwa drei Monate bis zur Einführung in die Verbände warten.

Es dauerte lange, bis das Gleichgewicht wiederhergestellt war, ja, sich eine leichte Überlegenheit im Steigflugvermögen und in der Leistung in Höhen über 8000 m abzeichnete, solange flog die ›Spitfire‹ Mark IX der Focke-Wulf nur hinterher, wenn diese einen Abschwung machte. Natürlich hatte die Focke-Wulf Schwächen. Aber welches Jagdflugzeug, das sich denken läßt, war perfekt? Jedoch kam die *Fw 190* gemäß damals gültiger Vergleichswerte von allen zeitgenössischen Flugzeugen der Vollkommenheit am nächsten. Und doch war ihre Entstehung und ihre erste Zeit nicht gerade mit Begeisterung seitens des Luftwaffenführungsstabes beobachtet worden. Dieser hegte die etwas selbstgefällige Meinung, daß eine Ergänzung der Messerschmitt *Bf 109* unnötig sei und ernstliche Überlegungen bezüglich eines Nachfolgemusters verfrüht seien. Zum Glück für die Jagdflieger besaß das Reichsluftfahrtministerium in dieser Angelegenheit etwas mehr Weitblick. Während jedoch das Technische Amt dem luftgekühlten Motor für Jagdflugzeuge nicht sehr aufgeschlossen gegenüberstand, war es die mangelnde Liefermöglichkeit flüssigkeitsgekühlter Daimler-Benz-Motoren im vorangegangenen Jahr, die zur Annahme der Vorschläge von Kurt Tank führten, den von den Bayerischen Motorenwerken konstruierten luftgekühlten Doppelsternmotor als Triebwerk für Jagdflugzeuge ernsthaft in Betracht zu ziehen. Die Verbindung des massigen Sternmotors mit den Linien eines modernen Jagdflugzeuges war meisterlich gelungen. Die Art und Weise, wie im Entwurf der Focke-Wulf Kompaktheit und zweckmäßige Eleganz eine Verbindung eingegangen waren, kann man nur mit dem Prädikat »hervorragend gelungen« belegen.

Während der Entwicklungsphase litt sie dennoch ihren Teil an den Wechselfällen des Lebens. So brachte die Entscheidung, die Entwicklung des BMW-Motors 139 aufzugeben, um den herum sie konstruiert war, fast ihr vorzeitiges Ende; doch wurde sie in der deutschen Luftwaffe, lange ehe sie das Stadium der Reife erreicht hatte, als ein potentiell ausgezeichnetes Jagdflugzeug eingeschätzt. Eine Einschätzung, der die Flugzeugführer der RAF kaum widersprechen konnten, nachdem die Rasse dieses Neulings sich am französischen Himmel eindeutig gezeigt hatte. In der Tat wurde die Moral der Flugzeugführer der ›Spitfire‹ Mark V ziemlich angegriffen, nachdem die Focke-Wulf ihre Überlegenheit in den Monaten nach ihrem Debüt über der Westfront immer mehr ausspielen konnte. Die Beurteilung der Lage durch das Air Ministry verriet langsam Verzweiflung, und die Folge war ein ganzer Sack voll irrer Pläne, die alle darauf gerichtet waren, ein Exemplar dieses »Unglücksvogels« in die Hand zu bekommen, um ihn auf Herz und Nieren zu prüfen, damit seine Achillesferse – sie mußte es einfach geben – zur Beruhigung des RAF Fighter Command entdeckt werden könne. Es waren tatsächlich Einsatzpläne für ein Kommandounternehmen auf einen der Jagdfliegerplätze der deutschen Luftwaffe ausgeheckt worden, mit dem Ziel, eine Focke-Wulf zu entführen. Und dann landete am 23. Juni 1942 Oberleutnant Armin Faber auf einem Platz von uns, den er irrtümlich für einen Luftwaffenplatz in der Normandie gehalten hatte. Er rollte sogar langsam der Startbahn unter der Führung eines Einweisers entlang und war mächtig erstaunt, als sich jemand auf seine Fläche schwang und ihm eine Leuchtpistole an die Schläfe hielt! Die RAF hatte endlich ihre *Fw 190*! Die ›Spitfire‹-Jagdgruppen aus Portreath und Exeter, die zu einem Luftunterstützungseinsatz über der Bretagne aufgestiegen waren, wurden auf ihrem Rückweg unbemerkt über dem Kanal von *Fw 190* des Stabes der III./JG 2 sowie der 7./JG 2 aus Maupertus und Morlaix verfolgt. Die ›Spitfire‹ flogen im Tiefflug zu ihrem Abflugpunkt an der Küste von Devon zurück, als die Focke-Wulf aus der tiefstehenden Sonne auf sie einkurvten. Hierbei stieß der Unteroffizier Willi Reuschling mit der ›Spitfire‹ von Wing Commander (Oberstleutnant) Alois Vasatko zusammen. Der darauffolgende Luftkampf der übrigen Flugzeuge war dann kurz, da beide Parteien nur noch über äußerst wenig Treibstoffvorräte verfügten, jedoch flog eine der Focke-Wulf, deren Flugzeugführer offensichtlich die Orientierung verloren hatte, in einer nordöstlichen Richtung nach Exeter weiter. Daraufhin wurden vier ›Spitfire‹ von der Exeter-Gruppe im Alarmstart losgeschickt – zwei davon verunglückten beim Start, die dritte kam wegen gestörtem Bordfunkgerät zurück, die vierte wurde ziemlich kurz von der alleine fliegenden *Fw 190* abgefertigt, mit welcher damit jede Verbindung verlorenging, bis sie dann plötzlich rollendrehend über dem RAF-Stützpunkt Pembrey in der

Nähe von Swansea erschien. Sie fuhr noch in Rückenlage das Fahrwerk aus und landete danach aus einer Steilkurve. Der Flugzeugführer vom Dienst, ein Sergeant Jeffreys, der die Possen der Focke-Wulf mit einem Feldstecher verfolgt hatte, griff sich die nächste Leuchtpistole, rannte den Kontrollturm hinunter und sprang auf die Fläche des heranrollenden Jägers. Armin Faber war irrtümlich einem falschen Kurs gefolgt, weil er die nördliche Küstenlinie des Bristol-Kanals für die Normandie hielt und bei den schlechten Lichtverhältnissen nicht bemerkte, daß er auf einem Flugplatz der RAF zu landen im Begriff war. So kam die RAF zu »ihrer« Focke-Wulf *Fw 190 A-3,* Werk-Nr. 5313. Das ganze Ausmaß der Verzweiflung von Oberleutnant Faber, der unfreiwillig seinen Feinden eine solche Beute übergeben hatte, mag die Tatsache beleuchten, daß er bald darauf einen Selbstmordversuch unternahm. Mein Mitleid mit ihm wurde einige Zeit später noch größer, nämlich im Februar 1944, als mich beinahe dasselbe Schicksal ereilte. Ich machte damals Versuchsflüge mit der neuen ›Typhoon‹ von Farnborough aus und flog über den Wolken. Während dieses Einsatzes machte ich beinahe die Bekanntschaft mit

Abb. unten und Abb. bei Kapitelanfang S. 113: Jagdeinsitzer *Fw 190 A-3* aus der ersten Fertigung, hier zu Propagandazwecken von Werkpiloten kurz vor Auslieferung an die Luftwaffe im Frühjahr 1942 vorgeflogen.

einem deutschen Feldflugplatz – allerdings ohne daß ich falsch navigiert hatte. Deutsche Dienststellen hatten mich mit falschen Funksignalen zu täuschen versucht, die ich als solche nicht erkannt hatte.

TÖDLICHE ELEGANZ

Die RAF zog offensichtlich schnell Nutzen aus ihrem unverhofften Glückstreffer vom 23.6.1942. Die Focke-Wulf wurde sofort auf dem Landwege von Pembrey zum Royal Aircraft Establishment nach Farnborough überführt, wo sowohl die Zelle als auch der Motor auseinandergenommen und vor dem Wiederzusammenbau einer eingehenden Untersuchung unterzogen worden sind. Am 3.7.1942, also nur zehn Tage nach der Landung in Pembrey, flog Wing Commander (später Group Captain) Hugh

Erste Exemplare der *Fw 190 A-3* werden vor ihrer Auslieferung an die Verbände der Luftwaffe auf einem Versuchsplatz des Werkes überprüft.

J. Wilson diese Maschine mit der neuen Nummer MP 499.
Weitere zehn Tage später wurde dieser unbezahlbare Schatz nach Duxford zur *A*ir *F*ighting *D*evelopment *U*nit – AFDU – (entspricht einer deutschen Waffenschule; d. Ü.) überführt. Dort wurde ihr Leistungsvermögen genauestens untersucht und in Vergleichsflügen mit mehreren alliierten Jagdflugzeugen geprüft. Die Versuche in der AFDU bestätigten lediglich das, was die RAF schon längst wußte – daß die Focke-Wulf *Fw 190* ein wirklich hervorragendes Jagdflugzeug war. Diese Versuche ergaben aber auch insofern wichtige Informationen, die zur Wiederherstellung der Lage beitrugen, als die RAF den alliierten Piloten einiges an Furcht, in die die Focke-Wulf sie versetzt hatte, nehmen konnte. Man hatte nämlich herausgefunden, daß der Focke-Wulf-Flugzeugführer, der sich mit einer ›Spitfire‹ in einen klassischen Kurvenkampf einließ, verloren war, da sie bei jeder Geschwindigkeit, selbst unterhalb der Geschwindigkeit, bei der bei der Focke-Wulf die Strömung abriß, die ›Spitfire‹ sie immer noch auskurven konnte. Natürlich wußte auch die deutsche Luftwaffe über diese Schwäche Bescheid. Aus diesem Wissen über die Schwäche des anderen entwikkelte sich dann immer ein etwas komischer Luftkampf, in dem die Flugzeugführer der Focke-Wulf bestrebt waren, in der vertikalen Ebene mittels Steil- und anschließendem Sturzflug zu bleiben, während ihre mit der ›Spitfire‹ bewaffneten Gegner alle Tricks versuchten, den Luftkampf in die Horizontale zu zwingen. Verlor ein deutscher Jagdflieger dabei den Kopf und gab der Versuchung nach, der ›Spitfire‹ einen horizontalen Kurvenkampf anzubieten, war es so sicher wie das Amen in der Kirche, daß er eine ›Spitfire‹ an seiner Innenseite fand, ehe er wieder so viel an Geschwindigkeit aufholen konnte, um die Fahrt aufzuholen, die er in der Steilkurve verloren hatte. Blieb der deutsche Flugzeugführer dagegen in der Vertikalen, dann war er kaum mehr als das Ziel von schlecht sitzenden, aus einem Vorhaltewinkel von mehr als 30° abgegebenen Feuerstößen der ›Spitfire‹. Die *Fw 190* entwickelte eine ungeheure Anfangsbeschleunigung im Sturz, war jedoch äußerst verwundbar während des Abfangens. Dabei mußte der Sturz langsam abgefangen werden, um ein Durchsacken und damit noch größere Geschwindigkeitsverluste zu vermeiden. Armin Fabers *Fw 190 A-3* wurde durch die Mangel gezogen. In der Folge wurde sie des Mythos, mit der sie während der ersten Jahre ihrer Einsatzzeit umgeben worden war, allmählich entkleidet. Die zufällige Erbeutung dieses einen Flugzeuges hat bestimmt zahllosen RAF-Piloten das Leben gerettet. Die nähere Bekanntschaft mit ihr erzeugte aber keineswegs Geringschätzung. Obwohl wir nun mit den Stärken als auch mit den Schwächen dieses Jagdflugzeuges vertraut waren, waren wir doch auch der Tatsache eingedenk, daß sie als Gegner mit dem allergrößten Respekt zu behandeln sei. Als ich in Farnborough angekommen war, hatte die *Fw 190 A-3,* die uns damals in Pembrey zugeflogen war, ihren Zweck erfüllt und war schon aus dem Verkehr gezogen worden – der letzte eingetragene Flug hatte am 29. 1. 1943 stattgefunden. Und acht Monate später wurde die Zelle für Beschußversuche ausgemustert. Ihren Platz im RAE-Bestand hatte mittlerweile eine *Fw 190 A-4* eingenommen, die irrtümlich auf dem RAF-Flugplatz West Malling in den Morgenstunden des 17. 4. 1943 gelandet war. Zwei weitere Ausführungen der A-4-Serie fielen während dieser Zeit zufällig ebenfalls in unsere Hände. Beide sind sie nach Nachteinsätzen auf dem RAF-Flugplatz Manston gelandet, die eine am 20. 5. und die andere am 20. 6. 1943. Ich kann mich noch genau der Erregung entsinnen, die über mich kam, als ich zum ersten Mal den Focke-Wulf-Jäger in Augenschein nahm. Der Eindruck tödlicher Eleganz, die seine zweckmäßige und doch schönen Linienführungen aufwiesen, sprangen in die Augen. Für mich war das in jeder Beziehung der Inbegriff aerodynamischer Vollkommenheit. Die *Fw 190* war in meinen Augen nicht schöner als die ›Spitfire‹, ihre Schönheit war jedoch von anderer Art; der Unterschied war wie der zwischen einer Blondine und einer Brünetten. Sie sah am Boden hochbeinig aus. Die Hydraulikfederbeine des Hauptfahrwerkes erschienen ziemlich lang. Trotz der hervorragenden Arbeit, die die Konstrukteure der Focke-Wulf an der Verkleidung des riesigen BMW 801 D-Motors geleistet haben, sah für mich dieser luftgekühlte Sternmotor irgendwie bullig aus. Nichtsdestoweniger war ich angenehm davon überrascht, als ich in die etwas enge Kanzel geklettert war und eine Aussicht hatte, die bedeutend besser als die aus der *Bf 109,* der ›Spitfire‹ oder der ›Mustang‹ war. Der halb zurückgelehnte Sitz – ideal in Flugmanövern mit hohen Fliehkräften – war recht bequem, und der Steuerknüppel lag leicht in der Hand. Die Fluginstrumente waren hingegen, meiner Meinung nach, nicht so gut aufgeteilt, wie das bei zur selben Zeit gebauten *Bf 109 G* der Fall war. Im allgemeinen war die

Focke-Wulf Fw 190 A-8 Schnittzeichnung:

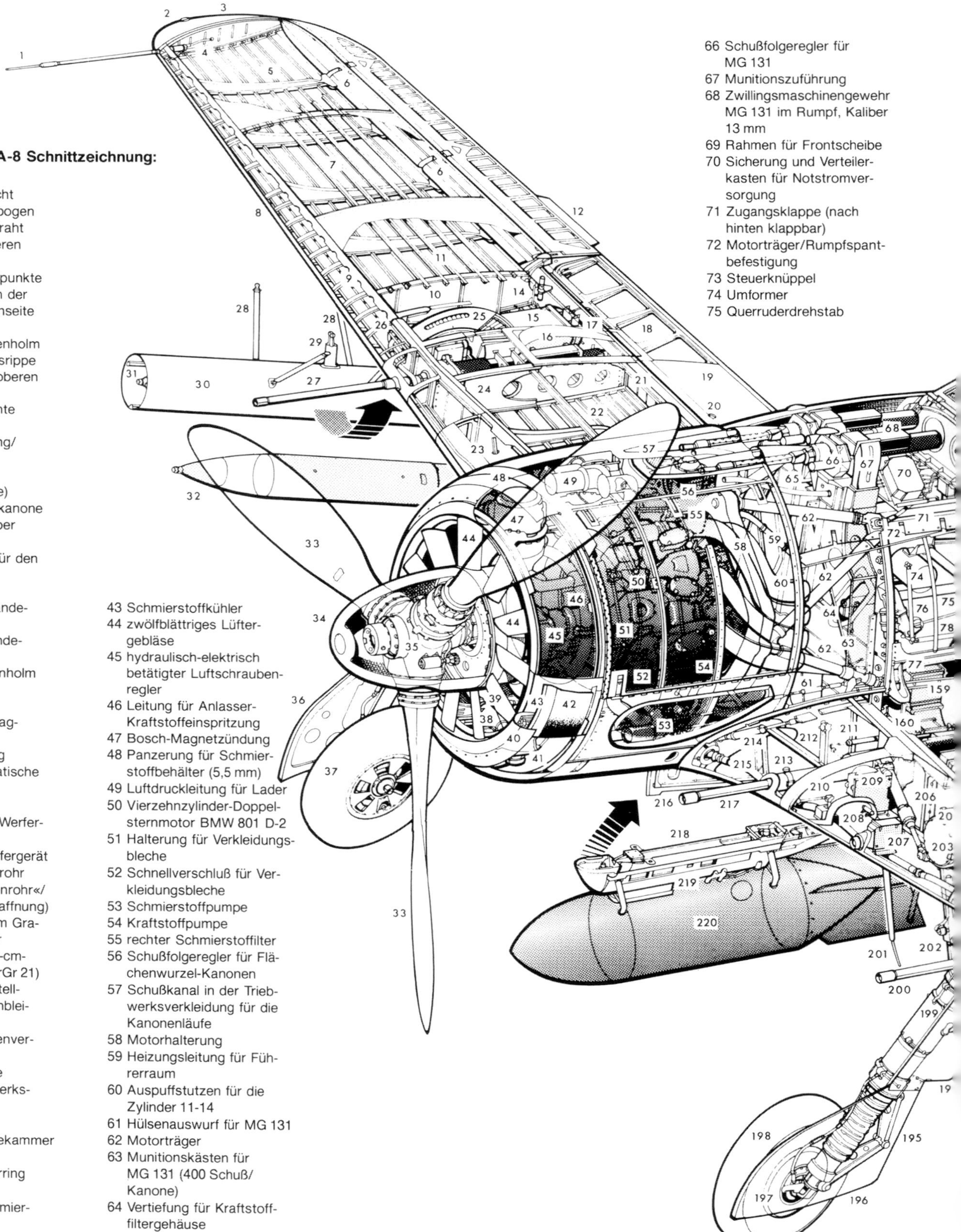

1 Staurohr
2 rechtes Positionslicht
3 abnehmbare Randbogen
4 Staurohrheizungsdraht
5 Formrippe der unteren Tragflächenseite
6 Querruderanschlußpunkte
7 Längsversteifungen der unteren Tragflächenseite
8 Nasenrippen
9 vorderer Tragflächenholm
10 äußere Versteifungsrippe
11 Versteifungen der oberen Tragflächenseite
12 Querrudertrimmkante
13 Querruderaufbau
14 Querruderbetätigung/ Steuergestänge
15 Munitionsbehälter (125 Schuß/Kanone)
16 rechte Tragflächenkanone MG 151/20 E, Kaliber 20 mm
17 hintere Halterung für den Munitionsbehälter
18 Querruderaufbau
19 Beplankung der Landeklappe
20 Sehöffnung für Landeklappenanzeige
21 hinterer Tragflächenholm
22 Tragflächenaufbau
23 Fahrwerksanzeige
24 Verstärkung der Tragflächenrippe
25 Munitionszuführung
26 Staudruck- und statische Leitungen
27 Kanonenlauf
28 Verstrebungen für Werfergerät
29 Tragstrebe für Werfergerät
30 Granaten-Abschußrohr (sogenanntes »Ofenrohr«/ Flächenzusatzbewaffnung)
31 Führungsschiene im Granaten-Abschußrohr
32 drallstabilisierte 21-cm-Werfergranate (WfrGr 21)
33 VDM-Dreiblattverstellschraube mit gleichbleibender Drehzahl
34 Luftschraubennabenverkleidung
35 Luftschraubennabe
36 rechte Hauptfahrwerksverkleidung
37 rechtes Laufrad
38 Schmierstoffwärmekammer
39 Thermostat
40 gepanzerter Kühlerring (6,5 mm)
41 Ablaßhahn für Schmierstoffbehälter
42 ringförmiger Schmierstoffbehälter, 55 l
43 Schmierstoffkühler
44 zwölfblättriges Lüftergebläse
45 hydraulisch-elektrisch betätigter Luftschraubenregler
46 Leitung für Anlasser-Kraftstoffeinspritzung
47 Bosch-Magnetzündung
48 Panzerung für Schmierstoffbehälter (5,5 mm)
49 Luftdruckleitung für Lader
50 Vierzehnzylinder-Doppelsternmotor BMW 801 D-2
51 Halterung für Verkleidungsbleche
52 Schnellverschluß für Verkleidungsbleche
53 Schmierstoffpumpe
54 Kraftstoffpumpe
55 rechter Schmierstofffilter
56 Schußfolgeregler für Flächenwurzel-Kanonen
57 Schußkanal in der Triebwerksverkleidung für die Kanonenläufe
58 Motorhalterung
59 Heizungsleitung für Führerraum
60 Auspuffstutzen für die Zylinder 11-14
61 Hülsenauswurf für MG 131
62 Motorträger
63 Munitionskästen für MG 131 (400 Schuß/ Kanone)
64 Vertiefung für Kraftstofffiltergehäuse
65 Kühlleitung für MG 131-Munition
66 Schußfolgeregler für MG 131
67 Munitionszuführung
68 Zwillingsmaschinengewehr MG 131 im Rumpf, Kaliber 13 mm
69 Rahmen für Frontscheibe
70 Sicherung und Verteilerkasten für Notstromversorgung
71 Zugangsklappe (nach hinten klappbar)
72 Motorträger/Rumpfspantbefestigung
73 Steuerknüppel
74 Umformer
75 Querruderdrehstab

76 Seitenruderpedale (mit hydraulischer Radbremsenbetätigung)
77 Verbindung Flächenholm/Rumpf
78 einstellbares Seitenruderschubgestänge
79 Kraftstoffüllkopf
80 Halterung für Kanzelboden
81 Leistungshebel
82 gepanzerte Rückenplatte am Flugzeugführersitz (8 mm)
83 Führungsschienen für Führersitz
84 Rückenpanzerung (5 mm)

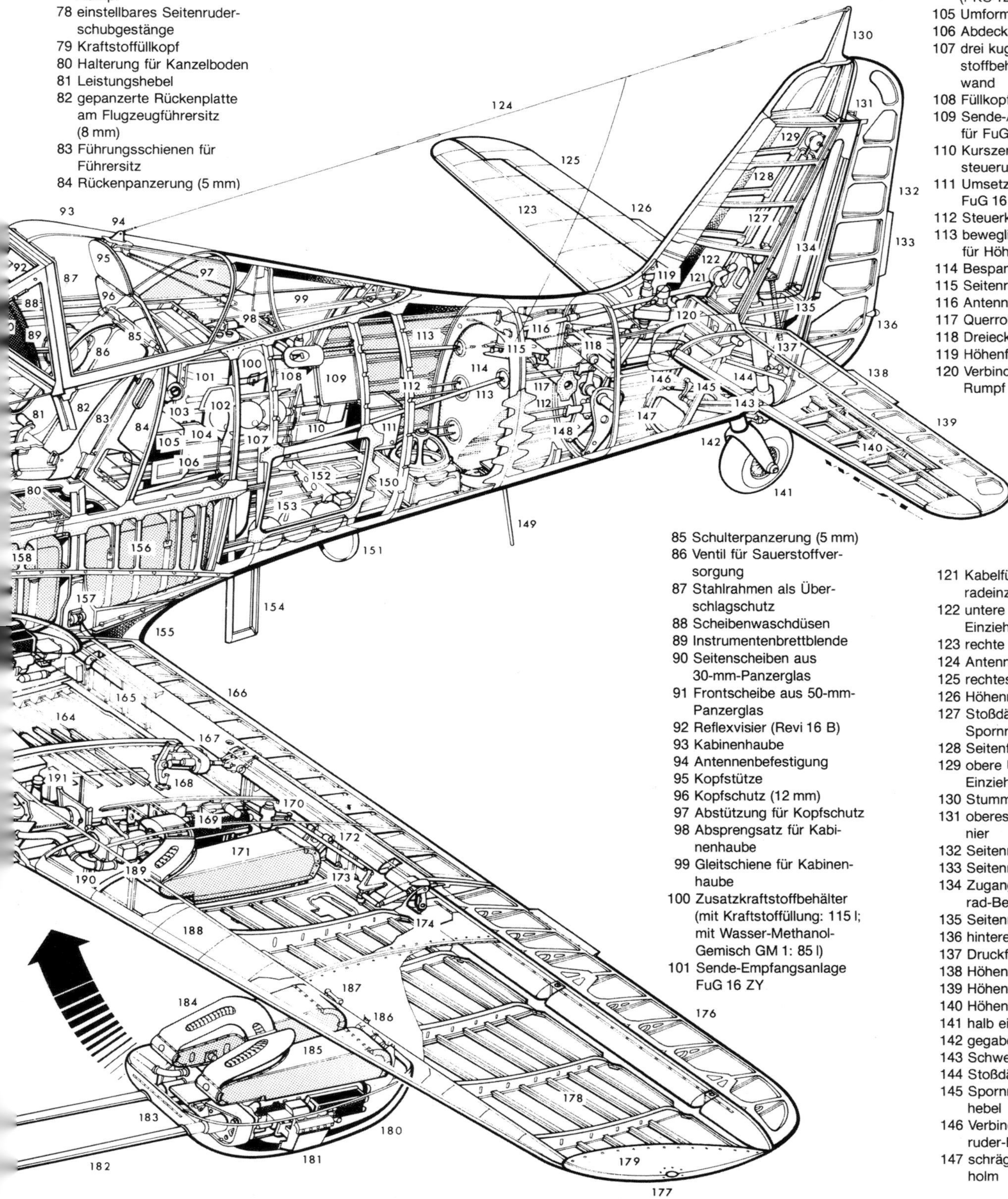

85 Schulterpanzerung (5 mm)
86 Ventil für Sauerstoffversorgung
87 Stahlrahmen als Überschlagschutz
88 Scheibenwaschdüsen
89 Instrumentenbrettblende
90 Seitenscheiben aus 30-mm-Panzerglas
91 Frontscheibe aus 50-mm-Panzerglas
92 Reflexvisier (Revi 16 B)
93 Kabinenhaube
94 Antennenbefestigung
95 Kopfstütze
96 Kopfschutz (12 mm)
97 Abstützung für Kopfschutz
98 Absprengsatz für Kabinenhaube
99 Gleitschiene für Kabinenhaube
100 Zusatzkraftstoffbehälter (mit Kraftstoffüllung: 115 l; mit Wasser-Methanol-Gemisch GM 1: 85 l)
101 Sende-Empfangsanlage FuG 16 ZY
102 Haltegriffabdeckung
103 Füllkopf für Anlasserkraftstoff
104 »Patin«-Kurssteuerung (PKS 12)
105 Umformer für FuG 16 ZY
106 Abdeckung für Einstieg
107 drei kugelförmige Sauerstoffbehälter, linke Rumpfwand
108 Füllkopf für Zusatzbehälter
109 Sende-/Empfangsanlage für FuG 25a
110 Kurszentrale der Kurssteuerung
111 Umsetzer für Zielflugpeiler FuG 16 ZY
112 Steuerkabel für Höhenruder
113 beweglicher Duz-Steuerzug für Höhenruder
114 Bespannstoff (Spant 12)
115 Seitenruderhebel
116 Antenneneinführung
117 Querrohr für Anhebestange
118 Dreiecksbock
119 Höhenflossentrimmanlage
120 Verbindung Höhenflosse/Rumpf
121 Kabelführung für Spornradeinziehung
122 untere Umlenkrolle für Einziehkabel des Spornrads
123 rechte Höhenflosse
124 Antenne
125 rechtes Höhenruder
126 Höhenrudertrimmkante
127 Stoßdämpferführung für Spornrad
128 Seitenflossenaufbau
129 obere Umlenkrolle für Einziehkabel des Spornrads
130 Stummelmast für Antenne
131 oberes Seitenruderscharnier
132 Seitenruderaufbau
133 Seitenrudertrimmkante
134 Zugangsklappe zur Spornrad-Betätigung
135 Seitenruderbefestigung
136 hinteres Positionslicht
137 Druckfeder
138 Höhenrudertrimmkante
139 Höhenruderaufbau (links)
140 Höhenflossenaufbau
141 halb einziehbares Spornrad
142 gegabelte Radhalterung
143 Schwenkgabel
144 Stoßdämpfer für Spornrad
145 Spornrad-Verriegelungshebel
146 Verbindung zum Höhenruder-Betätigungshebel
147 schräg eingebauter Rumpfholm

Focke-Wulf Fw 190 A-8 Schnittzeichnung: Fortsetzung

148 Umlenkhebel für Höhenruderhebel
149 Stabantenne für FuG 25a (Rumpfunterseite)
150 Mutterkompaß
151 Peilrahmen für FuG 16 ZY
152 Zugangsluke zum Funkgeräteraum
153 Kugelförmige Sauerstoffbehälter (linke Rumpfwand)
154 einziehbarer Auftritt
155 Verkleidung der Tragflächenwurzel
156 hinterer Rumpftank, 293 l
157 Rumpfanschluß für den hinteren Tragflächenholm
158 Tragflächen-Kraftstoffbehälter, vorn 232 l
159 Munitionsbehälter für die Tragflächenwurzel-Kanone (250 Schuß)
160 Munitionszuführung
161 Maschinenkanone MG 151/20 in der Tragflächenwurzel
162 Hülsenauswurf
163 hintere Kanonenhalterung
164 obere und untere Längsversteifungen für die Fläche
165 hinterer Flächenholm
166 Holmaufbau
167 Landeklappenanzeige mit Sehöffnung
168 Elektromotor für Landeklappe
169 Flächenmaschinenkanone MG 151/20 E
170 Querruderscharnier
171 Munitionsbehälter (125 Schuß/Kanone)
172 hintere Aufhängung für Munitionsbehälter
173 Querrudergestänge
174 Querruderstoßstange
175 Querrudertrimmkante
176 linker Querruderaufbau
177 linkes Positionslicht
178 Tragflächenversteifungen
179 abnehmbarer Randbogen
180 Kanonenrüstsatz A-8/R 1 anstelle der Tragflächenkanone
181 Hülsenauswurf
182 unsynchronisierte Zwillingskanone MG 151/20 E, Kaliber 20 mm
183 Kanonenverkleidung aus Leichtmetall, sogenannter Wannenbehälter WB 151/20
184 Munitionszuführung
185 Munitionsbehälter (125 Schuß/Kanone)
186 Halterungskabel für Wannenbehälter WB 151/20
187 hintere Aufhängevorrichtung für den Munitionsbehälter
188 Beplankung der Flügelnase
189 Munitionszuführung
190 Warmluftdüse für die Munition
191 Querruderwinkelhebel
192 Lager für das Fahrwerksfederbein
193 Ölstoßdämpfer
194 Fahrwerksverkleidung
195 Schere
196 Laufradverkleidung
197 Achslager
198 Laufradschacht, links
199 Bremsleitungen
200 Kanonenlauf
201 Morane-Antenne für FuG 16 ZY
202 Knickstrebe
203 mitschwenkender Fahrwerksmotor
204 Gehäuse für elektrischen Fahrwerksmotor
205 Fahrwerksanzeige
206 Arbeitszylinder
207 Bordschießkamera BSK 16
208 Fahrwerksverriegelungsklauen
209 Fahrwerksverriegelungsblock
210 Waffenjustiereinrichtung
211 elektrische Zuleitungen zur Schießkamera
212 Laufradschacht
213 Laufmantel der Kanone
214 Druckstab zur Betätigung der Fahrwerksverkleidung
215 Heißluftabführung aus Magazinkästen
216 linke Fahrwerksklappe
217 Lauf der Flächenwurzel-Kanone
218 Außenlastträger ETC 501
219 Bombenschloß EC 501
220 Bombe SC 500 (kg)

Anordnung in der Kabine jedoch zweckmäßig. Begeistert war ich von dem genialen »Kommandogerät«, einer Art »Hirnkasten«, welches dem Flugzeugführer die Arbeit des Regelns der Luftschraubenblattverstellung, des Gemischs, des Ladedrucks und der Drehzahl abnahm. Der Steuerknüppel KG 13A war übliches Luftwaffengerät. Er enthielt Sende-/Empfangsknopf für das FuG 16 Z, einen Waffenwahlschalter und einen Waffenauslöseknopf. Diese *Fw 190 A-4/U8* war ein Jagdbomber mit einer Bombenträgervorrichtung unter den Flächen, von denen jede eine 250-kg-Bombe SC 250 aufnehmen konnte oder wahlweise einen Zusatztank mit 300 l Fassungsvermögen. Ein dritter Träger war unterhalb des Rumpfes angebracht. Die starren Waffen bestanden aus zwei 2-cm-Kanonen MG 151, die in den Flächenwurzeln eingebaut waren. Sie waren auf 200 m punktjustiert, im Gegensatz zu den sonst üblichen 450 m. Auf Grund der leicht nach vorne unten geneigten Fluglage der *Fw 190* war die Flugsicht, wenn man normal und bequem in ihr saß, besser als aus der ›Spitfire‹. Der Flugzeugführer war gegen Beschuß von vorne durch den Motor und die flachgeneigte, aus 50 mm dickem Panzerglas gefertigte Frontscheibe gut geschützt, Ebenso von hinten durch die 8 mm starke gepanzerte Rückenlehne und durch die 13 mm starke Kopf- und Schulterpanzerung. Hinzu kamen noch 8-mm-Platten, die über und unter der Rückenlehne und seitlich angebracht waren. Alle Hilfsgeräte wurden elektrisch betätigt, und zwar über eine Reihe von Druckknöpfen, deren Schöpfer offenbar nicht an die unförmigen Stülphandschuhe denken mußte, wie sie gewöhnlich an die britischen Flugzeugführer ausgehändigt wurden, und die die Hände in ein Bündel Bananen verwandelten. Eine

Jagdeinsitzer *Fw 190 A-5* werden zwischen den Einsätzen an der Ostfront im Winter 1942/43 gewartet. Es handelt sich hierbei wahrscheinlich um Flugzeuge der II. Gruppe des Jagdgeschwaders 54, genannt: »Grünherz-Geschwader«.

besonders gute Einrichtung war das Kabinendach, welches einen ausgezeichneten Rundblick gewährte, so daß sich ein Rückspiegel erübrigte.

GROSSARTIG ABGESTIMMTE STEUERORGANE

Vor dem 3.2.1944 fand ich keine Gelegenheit, die Focke-Wulf zu fliegen, aber dann ergab es sich mit der vorher erwähnten *Fw 190 A-4/U8*. Dieser Jagdbomber wurde im RAE gründlich geflogen, ehe er zehn Monate später dem Schwarm Nr. 1426 in Collyweston zugeteilt wurde. Dort wurde er bis zum 13.10.1944 geflogen. An diesem Tag fing er in der Luft Feuer und stürzte zwischen Kettering und Stamford ab, durchbrach dabei noch drei Steinwälle, ehe er in einem Garten zum Stillstand kam. An jenem kalten Februarmorgen lag jedoch das böse Ende dieser Focke-Wulf noch in ferner Zukunft. Trotz der vielen Flugstunden, die sie, seitdem sie in britische Hände gefallen war, zu fliegen gehabt hatte, machte mir das Flugzeug einen absolut frischen Eindruck. Der Motor BMW 801 D wurde durch einen Schwungkraftanlasser gestartet, der entweder an ein 24-V-Anlaßgerät angeschlossen oder mit der bordseitigen Batterie betätigt werden konnte. Der große Doppel-Sternmotor wurde eingespritzt, beide Kraftstofftanks und Kraftstoffpumpen eingeschaltet, die Kühlerspreizklappen ⅓ geöffnet. Wir hatten herausgefunden, daß der BMW-Motor fast ausnahmslos beim ersten Anlaßversuch ansprang und beim Warmlaufen gleichmäßig drehte. Das war auch an jenem Morgen der Fall, und sobald ich mich mit dem sich selbst ausrichtenden Spornrad vertraut gemacht hatte – eine Einrichtung, die von einigen AFDU-Piloten bemängelt worden ist – fand ich das Rollen kinderleicht, denn der Jagdbomber konnte leicht von der einen auf die andere Seite auf seinem breitspurigen Fahrwerk herumgerollt werden. Auch die Bremsen waren gut. Nur die Sicht ließ, solange das Rumpfheck noch am Boden war, sehr zu wünschen übrig. Ich fühlte mich sofort wohl in der Kanzel. Nachdem ich mich zum Start aufgestellt hatte, nahm ich den Knüppel nach hinten, um das Spornrad zu verriegeln, fuhr die Klappen

Führerraum der Focke-Wulf 190 A-8:

1 Anschlußschnur für Fliegerkopfhaube
2 Handgriff für Anlaßeinspritzpumpe
3 Lautstärkeregler für FuG 16 ZY zur Bord-Bodenverständigung und für Peilung
4 Feinabstimmung für FuG 16 ZY-Empfänger
5 FuG 16 ZY Zielflug-Fern-Nah-Schalter
6 FuG 16 ZY-Frequenzschalter
7 Schalter für Höhenflossentrimmung
8 Schalter für Fahrwerk- und Landeklappenbetätigung
9 Stellungsanzeiger für Fahrwerk und Landeklappen
10 Leistungshebel
11 Daumenschalter für Luftschraubenverstellung
12 Stellungsanzeige für Höhenflossentrimmung
13 Regulierung für Instrumentenbrettbeleuchtung
14 Führersitz
15 Reibungssperre für Leistungshebel
16 Steuerknüppel
17 Bombenauslöseknopf
18 Seitenruderpedale
19 Auslöseknopf für Tragflächenwaffen
20 Wahlschalter für Kraftstoffbehälter
21 Betätigungsknopf für Bürstenabhebung
22 Schalter für Absperrventil
23 Schalter für FuG 25a-Freund-Feind-Kennungsgerät
24 Fahrwerknotzug
25 Drehknopf für Führerraumbelüftung
26 Höhenmesser
27 Anzeigeleuchte für Staurohrheizung
28 Anzeigeleuchte für durchgeladene MG 131
29 Schußzähler
30 Waffenwahlschalter SZKK 4
31 gepanzerte Seitenscheiben, 30 mm
32 Düsen für die Scheibenwaschanlage
33 gepanzerte Frontscheibe, 50 mm
34 Reflexvisier 16 B
35 gepolsterte Instrumentenbrettblende
36 gepolsterte Halterung für das Reflexvisier
37 FuG 16 ZY-Zielfluganzeige
38 Ultraviolettbeleuchtung
39 Fahrtmesser
40 Wendehorizont
41 Variometer
42 Tochterkompaß
43 Ladedruckmesser
44 Drehzahlmesser
45 Abwurfhebel für Zuladungen unter dem Rumpf
46 Doppeldruckmesser (Kraft- und Schmierstoff)
47 Schmierstofftemperaturmesser
48 Hahn für Scheibenspülung
49 Handkurbel zur Betätigung der Lüfterklappen (zur Regulierung der Motorkühlluft)
50 Kraftstoffvorratsmesser
51 Luftschraubenstellungsanzeige
52 Warnleuchten für Kraftstoffbehälter-Umschaltung (weiß)
53 Warnleuchten für Kraftstoffrestbestand (rot)
54 Meßstellenumschalter für Kraftstoffvorratsmessung
55 Schaltgerät für 21-cm-Werfer
56 Zünderschaltkasten
57 O_2-Wächter
58 Halterung für Leuchtpistole
59 Sauerstoffdruckanzeige
60 Durchgangsventil für Sauerstoff
61 Antriebskurbel für Kabinenhaube
62 Absprenghebel für Kabinenhaube
63 Klappe über dem Sicherungskasten
64 Borduhr
65 Kartenhalter
66 Betriebsdatentafel
67 Abdeckung des Behälters für Signalmunition
68 Anlaßschalter
69 Öffner für Signalmunitionbehälter
70 Sicherungen für Kraftstoffpumpen
71 Deviationstabelle
72 Klappe über dem Sicherungskasten
73 Sicherungen für die Bewaffnung
74 Sauerstoffversorgung

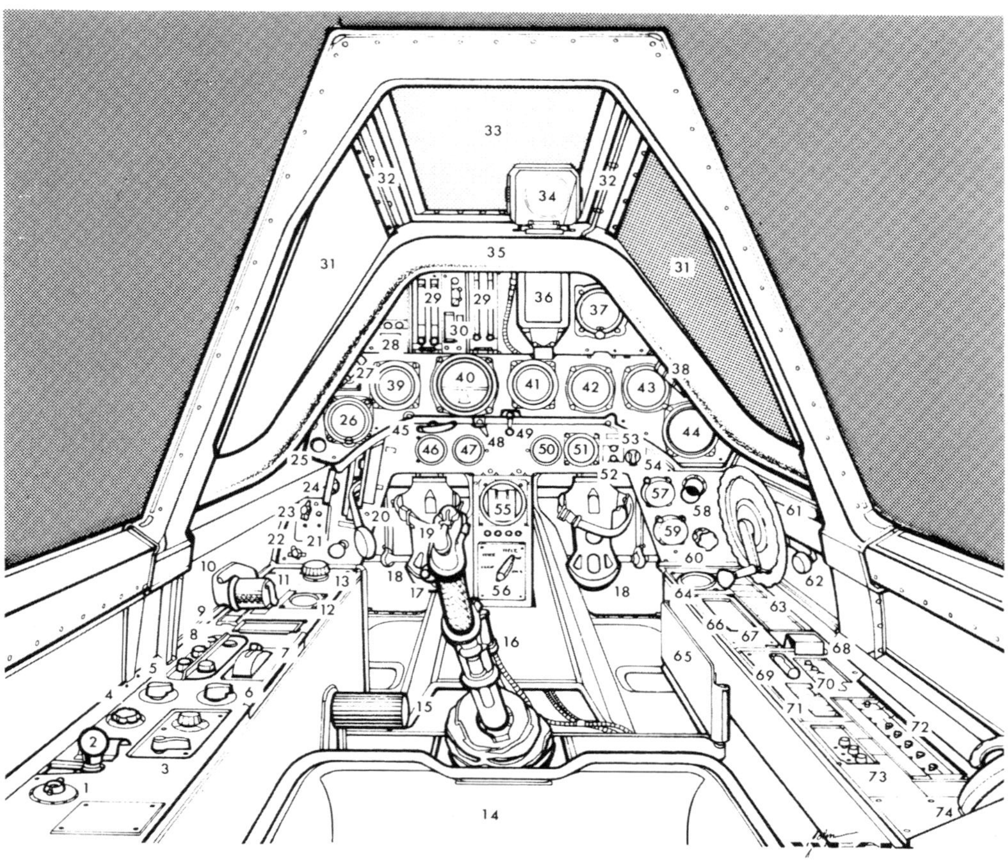

auf 10° aus, trimmte das Höhenruder auf »neutral«, stellte die Luftschraubenverstellung auf »Auto« und gab langsam Gas. Ich konnte eine leichte Neigung zum Ausbrechen nach links feststellen, was jedoch mit Hilfe des Seitenruders leicht ausgeglichen werden konnte. Mit 2700 U/min und einem Ladedruck von 1,6 ata war der Startvorgang dem der ›Spitfire‹ Mark IX ziemlich ähnlich. Die Abhebegeschwindigkeit betrug 180 km/h. Nachdem das Fahrwerk durch Knopfdruck eingefahren worden war, wurde der Ladedruck auf 1,45 ata zurückgenommen, und bei 230 km/h wurden die Klappen eingefahren. Danach ließ ich die Maschine auf die günstigste Steiggeschwindigkeit von 260 km/h beschleunigen und stieg mit 16 m/sek bei 2500 U/min. Erwähnenswert ist, daß dieses Flugzeug für die verschiedensten Flugbereiche nicht nachgetrimmt zu werden brauchte. In der Kanzel gab es keine Möglichkeit, das Querruder zu trimmen. Und wenn die von außen zu verstellende Trimmkante durch irgend jemanden unabsichtlich verändert worden war, dann konnten gehörige Steuerdrücke bei hoher Geschwindigkeit auftreten. Die am meisten beeindruckende Eigenschaft dieses deutschen Jagdbombers war das wunderbar leichtgängige Querruder und damit verbunden die außerordentlich hohe Rollgeschwindigkeit. Man konnte unglaubliche Rollmanöver ausführen, die die Flächen jeder *Bf 109* zum Abmontieren gebracht hätten, und die die ganze Armmuskulatur eines ›Spitfire‹-Piloten erfordert hätten, um ihnen zu folgen. Die Querruder behielten ihre Leichtgängigkeit innerhalb eines Geschwindigkeitsbereiches vom Strömungsabriß bis zu einer Geschwindigkeit von 645 km/h bei, darüber hinaus waren sie dann auch schwerer zu betätigen. Das Höhenruder war hingegen schwergängiger, insbesondere jenseits einer Marke von 565 km/h. In diesem Bereich war es so schwer zu bedienen, daß das Flugzeug in seiner Eigenschaft als Jagdflugzeug beim Abfangen aus dem Sturz in niedrigen Höhen Einschränkungen unterlag. Diese Kopflastigkeit bei hohen Geschwindigkeiten wurde noch verstärkt, wenn man vorher bei hoher Fahrt kopflastig getrimmt hatte. In den unteren Geschwindigkeiten hatte dieses deutsche Jagdflugzeug die Neigung, in immer engerwerdende Spiralen überzugehen. Ich sah mich aus diesem Grunde gezwungen, in enggeflogenen Steilkurven den Steuerdruck auf das Höhenruder leicht nachzulassen. Flog man hingegen in höheren Geschwindigkeitsbereichen, dann mußte die Focke-Wulf ganz normal mit zunehmendem Steuerdruck in Steilkurven geflogen werden. Bei geringerer Geschwindigkeit sprach das Seitenruder schnell und wirksam an, bei hohen Geschwindigkeiten war es in seiner Wirkung befriedigend. Für normale Flugmanöver wurde es selten gebraucht. Wenn man alle Steuerorgane gleichzeitig benutzte, wurde man eigentlich erst gewahr, worin das Wunder bei diesem deutschen Jagdflugzeug bestand: In seiner einmaligen Harmonie und Abstimmung der Steuerorgane. Ein guter Kurvenjäger und eine gute Waffenplattform zu sein, verlangten von einem Jagdflugzeug diejenigen Eigenschaften, die dieses deutsche Jagdflugzeug in bezug auf Stabilität und Harmonie der Steuerorgane in sich vereinigte. Natürlich sind solche Stärken in bezug auf die Handhabung, wie sie die *Fw 190* besaß, immer auch mit Schwächen verbunden. In diesem Fall bestanden sie darin, daß die *Fw 190* schwer nach Instrumenten, also blind, zu fliegen war. Natürlich muß man hervorheben, daß dieses Flugzeug ursprünglich als reiner Schönwetterjäger ausgelegt worden war. Es muß erwähnt werden, daß alle Schlechtwetter-Versionen der *Fw 190* mit der Kurssteuerung Patin PKS 12 ausgerüstet waren. Ich prüfte die höchstmögliche Horizontalgeschwindigkeit meiner *Fw 190 A-4/U8,* an welcher selbstverständlich vorher die Außenlastträger abgebaut worden waren, und stoppte 634 km/h in einer Höhe von 5640 m. Außerdem stellte ich ihre Dienstgipfelhöhe bei 10670 m fest. Das waren beides Werte, die mit denen der ›Spitfire‹ Mark IX nahezu identisch waren. Hier wurden also zwei Flugzeuge auf jeder Seite zum Einsatz gebracht, die so gleichwertig waren, daß letztlich die Geschicklichkeit und das fliegerische Können des Flugzeugführers den Ausschlag über die Überlegenheit des einen über den anderen gab. Geschicklichkeit im Luftkampf bedeutet letztlich, daß das Flugzeug bis an seine Grenzen ausgeflogen wird; wenn die Leistungen des gegnerischen Jagdflugzeuges denen des eigenen entsprechen, dann wird die Leichtigkeit der Handhabung des Flugzeuges zum ausschlaggebenden Faktor, um Vorteile über den Gegner erringen zu können. Die Focke-Wulf besaß gegenüber der ›Spitfire‹ Mk IX einen großen Vorteil: Den der hohen Rollgeschwindigkeit. Ihre Achillesferse war ihr rauhes Verhalten beim Überziehen, die ihren Spielraum im Kurvenkampf ziemlich einengte. Die Vergleichsflüge, welche im AFDU zwischen der Focke-Wulf und der ›Spitfire‹ Mk IX (in der ersteren mit dem Triebwerk BMW 801 bei 2700 U/min und einem Ladedruck von

Abb. rechts: Die *Fw 190 A-4/U8,* hier vom Autor am 20. April 1943, drei Tage nach ihrer Ankunft in England, geflogen. Sie hat noch alle Aufhängevorrichtungen unter den Flächen und unter dem Rumpf zur Aufnahme von Bomben. Die Abb. oben zeigt dieselbe Maschine später, während des RAF-Testprogramms, ohne die Aufhängevorrichtungen.

1,42 ata, in der letzteren mit dem Rolls Royce Motor Merlin 61 bei 3000 U/min und einem Ladedruck von 1,00 ata) gemacht worden waren, zeigten, daß das deutsche Jagdflugzeug in 6000 m Höhe etwa 11–13 km/h schneller war als sein britisches Gegenstück. In einer Höhe von 1525 m waren die erreichbaren Geschwindigkeiten nahezu gleich. Oberhalb dieser Höhe war die ›Spitfire‹ leicht überlegen. In 2450 m Höhe war sie dann um etwa 13 km/h und in 4570 m um 8 km/h schneller als die Focke-Wulf. Danach neigte sich die Waage wieder auf die Seite der *Fw 190,* welche in 5900 m Höhe 5 km/h schneller war, und in 6400 m hatte dann die ›Spitfire‹ wieder Geschwindigkeitsvorteile, die in einer Höhe von 7620 m etwa 8–11 km/h betrugen. Im Steigflug gaben sich die beiden Flugzeuge bis zu einer Höhe von 7000 m wenig, darüber hinaus fiel aber das deutsche Jagdflugzeug mehr und mehr zurück. Zog man das Flugzeug senkrecht aus einem schnellen Horizontalflug hoch, dann hatte die Focke-Wulf, dank ihres besseren Beschleunigungsvermögens, Vorteile. Die Überlegenheit des deutschen Jagdflugzeuges war bei senkrechtem Hochziehen aus einem Sturz im Vergleich zur ›Spitfire‹ noch deutlicher. In dem Sturz konnte die *Fw 190* die ›Spitfire‹ Mk IX mühelos hinter sich lassen, und es ist nicht zu bestreiten, daß das deutsche Jagdflugzeug mit Ausnahme der eng geflogenen Horizontalkurve im Vergleich zur ›Spitfire‹ Mk IX besser zu manövrieren war. Einem Abschwung der *Fw 190* konnte die ›Spitfire‹

Fw 190 A-4/U8 **(PE 882 – die RAF-Kennzeichen –) während Testversuchen in Farnborough, nach Entfernung der Bombenschlösser unter den Flächen sowie des Schlosses für den Abwurftank unter dem Rumpf. Diese Maschine mußte schließlich nach ihrer Überstellung zur No. 1426 Flight in Collyweston abgeschrieben werden.**

Technische Daten der Focke-Wulf 190 A-8

Triebwerk: Ein luftgekühlter Vierzehnzylinder-Sternmotor BMW 801 D mit einer Startleistung von 1700 PS und 1440 PS in einer Höhe von 5700 m. Mitgeführter Kraftstoff: 524 l in zwei Rumpftanks, zusätzlich 115 l in einem hinteren Rumpftank, falls erforderlich, sowie 300 l in abwerfbaren Außentanks.

Leistungen (ohne Außenzuladungen): Höchstgeschwindigkeit: 571 km/h in Seehöhe, 647 km/h in 5500 m. Höchstgeschwindigkeit mit GM 1 Stickoxydul-Einspritzung: 656 km/h in 6300 m Flughöhe. Normale Marschgeschwindigkeit in 2000 m Flughöhe: 480 km/h. Anfangssteiggeschwindigkeit: 17,5 m/sec; Steigzeit bis auf 8000 m: 14,4 min und auf 10 000 m: 19,3 min; Dienstgipfelhöhe: 10 300 m. Mit Hilfe von GM 1-Einspritzung: 11 400 m. Größte Reichweite in 7000 m Flughöhe: 1035 km; mit einem abwerfbaren Kraftstofftank, einer durchschnittlichen Geschwindigkeit von 485 km/h und in einer Flughöhe von 5000 m: 1470 km.

Gewichte: Leergewicht mit Ausrüstung und ohne Außenlastträger: 3470 kg; als Jagdbomber: 3510 kg; mit Standardbeladung: 4380 kg; höchstzulässiges Startgewicht als Jagdbomber: 4865 kg.

Abmessungen: Spannweite: 10,506 m; Länge: 8,95 m; Höhe (über die Luftschraube gemessen): 3,95 m; Flügelfläche: 18,3 m²; Spurbreite des Fahrwerkes: 3,50 m.

Bewaffnung: Zwei Maschinengewehre MG 131, Kaliber 13 mm, im Rumpf eingebaut, mit je 475 Schuß Munition; zwei Maschinenkanonen MG 151/20E, Kaliber 20 mm, in den äußeren Teilen der Flächen, mit je 140 Schuß Munition.

niemals folgen. Die Höhenbereiche, in welchen sich ›Spitfire‹-Piloten besser nicht in Händel mit der *Fw 190* einlassen sollten, lagen zwischen 5900 und 6700 Metern sowie unterhalb von 915 Metern.

Die Überziehgeschwindigkeit der *Fw 190 A-4* betrug ohne Außenlasten und ohne Außenlastträger 204 km/h. Der überzogene Flugzustand trat ohne Warnung ein. Die linke Fläche kippte hierbei so plötzlich nach unten weg, daß sich das Flugzeug dabei nahezu auf den Rücken legte. Wurde die Focke-Wulf bei hoher Geschwindigkeit in einer enggeflogenen Kurve überzogen, schnellte sie auf die entgegengesetzte Seite und ging, falls der Flugzeugführer nicht höllisch aufpaßte, unweigerlich ins Trudeln über. Überziehen in der Landekonfiguration unterschied sich völlig von dem im Hochgeschwindigkeitsbereich. In dieser Lage schüttelte sich das Flugzeug erst einmal heftig, ehe sich die rechte Fläche bei ungefähr 164 km/h langsam nach unten neigte.

Vor der Landung fuhr ich das Fahrwerk gewöhnlich bei 300 km/h aus und die Landeklappen auf 10° bei einer Geschwindigkeit von 270 km/h, obwohl das Flughandbuch vorschrieb, die Geschwindigkeit auf 250 km/h zu mindern, um erst die Landeklappen und danach das Fahrwerk auszufahren. Vom vorgeschriebenen Verfahren wich ich deshalb ab, weil die Belastung des elektrischen Bordnetzes zum Ausfahren des Fahrwerkes höher war als diejenige für die Klappen. Und da die deutschen Batterien ein ziemlich rarer Artikel in Farnborough waren – und die in meiner *Fw 190 A-4/U8* war schon ziemlich schwach – sah ich es als vernünftiger an, das Fahrwerk zuerst aus den Schächten zu bringen, ehe die Batterie noch weiter zur Ader gelassen wurde. Auf den Endanflug wurde mit 250 km/h eingekurvt, die Landeklappen bei 240 km/h voll ausgefahren, die Geschwindigkeit leicht zurückgenommen, um die Flugplatzbegrenzung mit 200 km/h zu überfliegen. Die Sichtverhältnisse waren während des Endanfluges ausgesprochen schlecht, da der Anstellwinkel bei Anwendung der sogenannten Schleppgastechnik ziemlich flach war, und im Gegensatz zu den meisten Jagdflugzeugen jener Tage war es verboten, die Kabinenhaube der *Fw 190* während des Endanfluges zu öffnen, vermutlich, um das Eindringen von Abgasen in den Kabinenraum zu verhindern. Das Aufsetzen war schwieriger als gewohnt, da eine perfekte Dreipunktlandung kaum je gelang, und alles was nicht ganz perfekt in dieser Hinsicht war, führte bei diesem steifen Fahrwerk zu einer

Wie hervorragend der Zugang zum Motor der *Fw 190* war, wird anhand dieser Abb. einer *Fw 190 A-5* (Werk-Nr. 150 051) deutlich.

Diese *Fw 190 G-8* (Werk-Nr. 181 550) wurde von US-Einheiten 1944 auf Sizilien erbeutet.

harten Landung. Konnte eine saubere Dreipunktlandung hingelegt werden, war die Ausrollstrecke überraschend kurz. Man konnte dann hart auf die Bremsen steigen, ohne daß man Gefahr lief, einen Kopfstand zu machen. Ich hatte häufig Gelegenheit die *Fw 190* zu fliegen, in all ihren verschiedensten Abwandlungen. Unter den Typen der Kurt Tankschen Jagdflugzeugfamilie, die ich fliegen konnte, flog ich zuletzt, am 28. Juli 1945, die *Fw 190 F-8* (AM 111). Jedesmal, wenn ich die ›Focke-Wulf‹ fliegen konnte, war das für mich ein Hochgenuß. Das rührte daher, daß man in einem Flugzeug saß, von dem man wußte, daß es zur Spitzenklasse gehörte, und daß große fliegerische Fähigkeiten verlangt wurden, wollte man alles, was in diesem Flugzeug steckte, herausholen. Die ›Spitfire‹ Mk IX war vermutlich das herausragendste Jagdflugzeug auf britischer Seite. Auf deutscher Seite war das zweifellos die *Fw 190.* Beide waren sie in ihrer Zeit und in ihrer Klasse allen anderen überlegen. Beide waren sie stabil und haltbar gebaut und auf dem höchsten technischen Stand, und wenn nicht jedes dieser Flugzeuge gleichzeitig auf der gegnerischen Seite zum Einsatz gelangt wäre, so hätte sich das Gleichgewicht im Luftkrieg in einer kritischen Phase dramatisch zugunsten desjenigen verändert, der ausschließlich im Besitze einer solchen Waffe gewesen wäre.

Eine *Fw 190 A-5* (Werk-Nr. 150051) im März 1944 während der Erprobungsflüge fotografiert, die von der US Naval Air Station in Patuxent River aus unternommen wurden. Die serienmäßigen Bordkanonen waren entfernt und eine amerikanische Funkantenne eingebaut worden.

Nochmals die *Fw 190 A-5* (Werk-Nr. 150051) während der Erprobung durch die US-Navy. Diese Serie wurde 1943 aufgelegt und unterschied sich von der *Fw 190 A-4* durch einen längeren Motorträger. Diese Serie sollte eine größere Vielfalt an Umrüst-Bausätzen aufnehmen können als frühere Serien.

Die Ta 152

Nachdem sich mir häufig die Gelegenheit geboten hatte, die mit dem Doppelsternmotor BMW 801 ausgerüstete *FW 190* in den unterschiedlichsten Ausführungen zu fliegen und zu erproben, war ich verständlicherweise überglücklich, als ich Gelegenheit erhielt, die *Ta 125 H-1* zu fliegen, Prof. Kurt Tanks letzte Schöpfung (... während des Krieges. Nach dem Kriege spielte Kurt Tank sowohl in Argentinien als auch in Indien bei der Entwicklung moderner Hochleistungsflugzeuge eine entscheidende Rolle. d. Ü.) Ich kann mich noch sehr gut daran erinnern, daß das einzige Exemplar dieses faszinierenden und erklärtermaßen überzeugenden Jagdflugzeuges, aus wel-

Die hier abgebildete *Ta 152 H-1* wurde zusammen mit mehreren anderen Beuteflugzeugen von alliierten Piloten Ende des Krieges getestet. Sie befindet sich auf dem Bild vor den vertrauten Hangars des RAE in Farnborough während einer Ausstellung von Beutegerät im Jahr 1945.

Die hier abgebildete *Ta 152 H-1* trägt die US-Foreign-Evaluation-(FE)-Nr. 112 und war für Erprobungen in den USA ausgewählt. Die Luftwaffenhoheitsabzeichen wurden in der hier gezeigten falschen Form dümmlicherweise über die Kokarden der RAF und die britischen Hoheitsabzeichen am Seitenleitwerk gemalt.

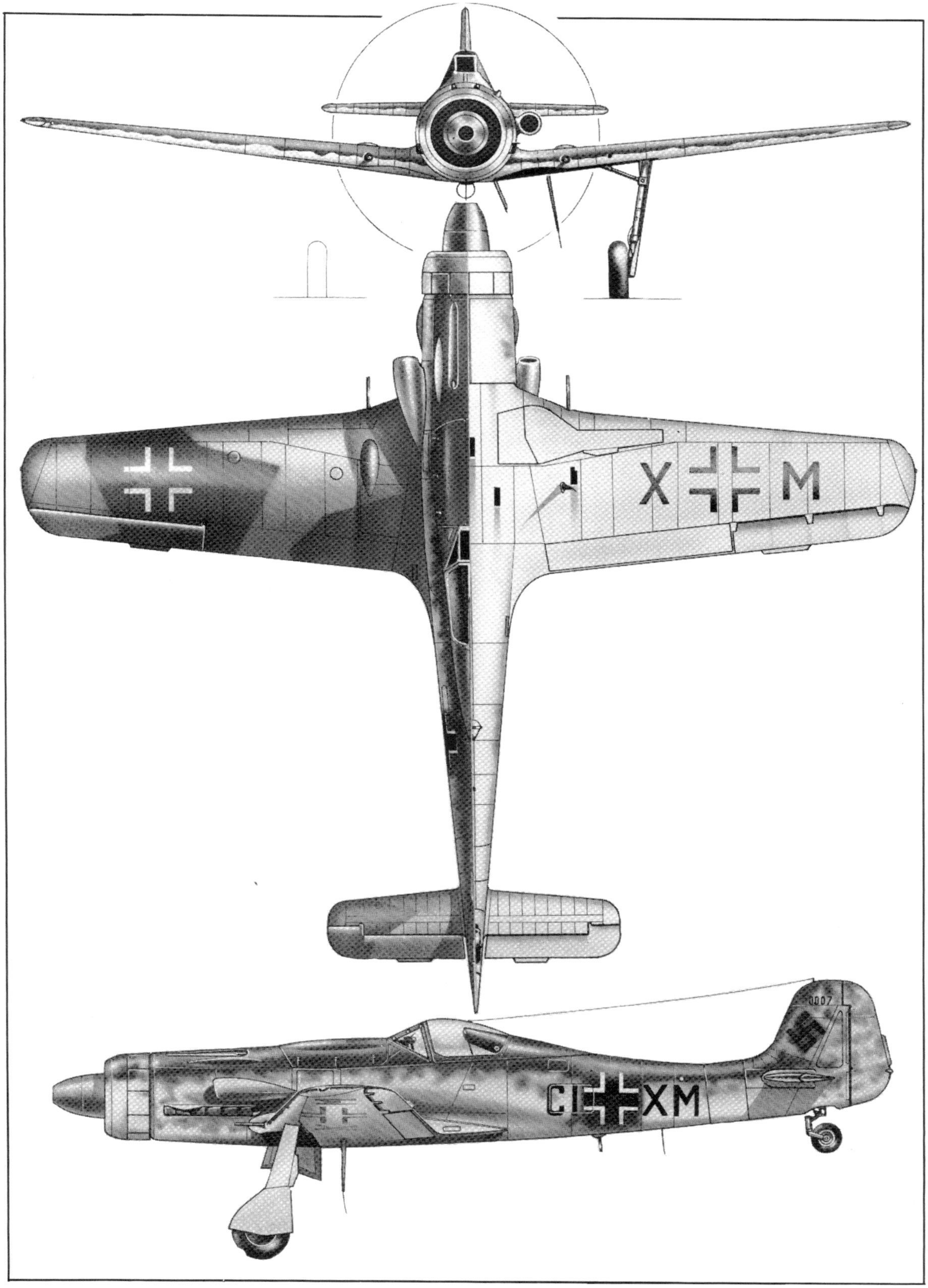

Die Vierseitenansicht zeigt die *Ta 152 C V7* (Werk-Nr. 1100007), den Prototyp der *Ta 152 C-0/R11*.

Focke-Wulf Ta 152 H-1 Schnittzeichnung:

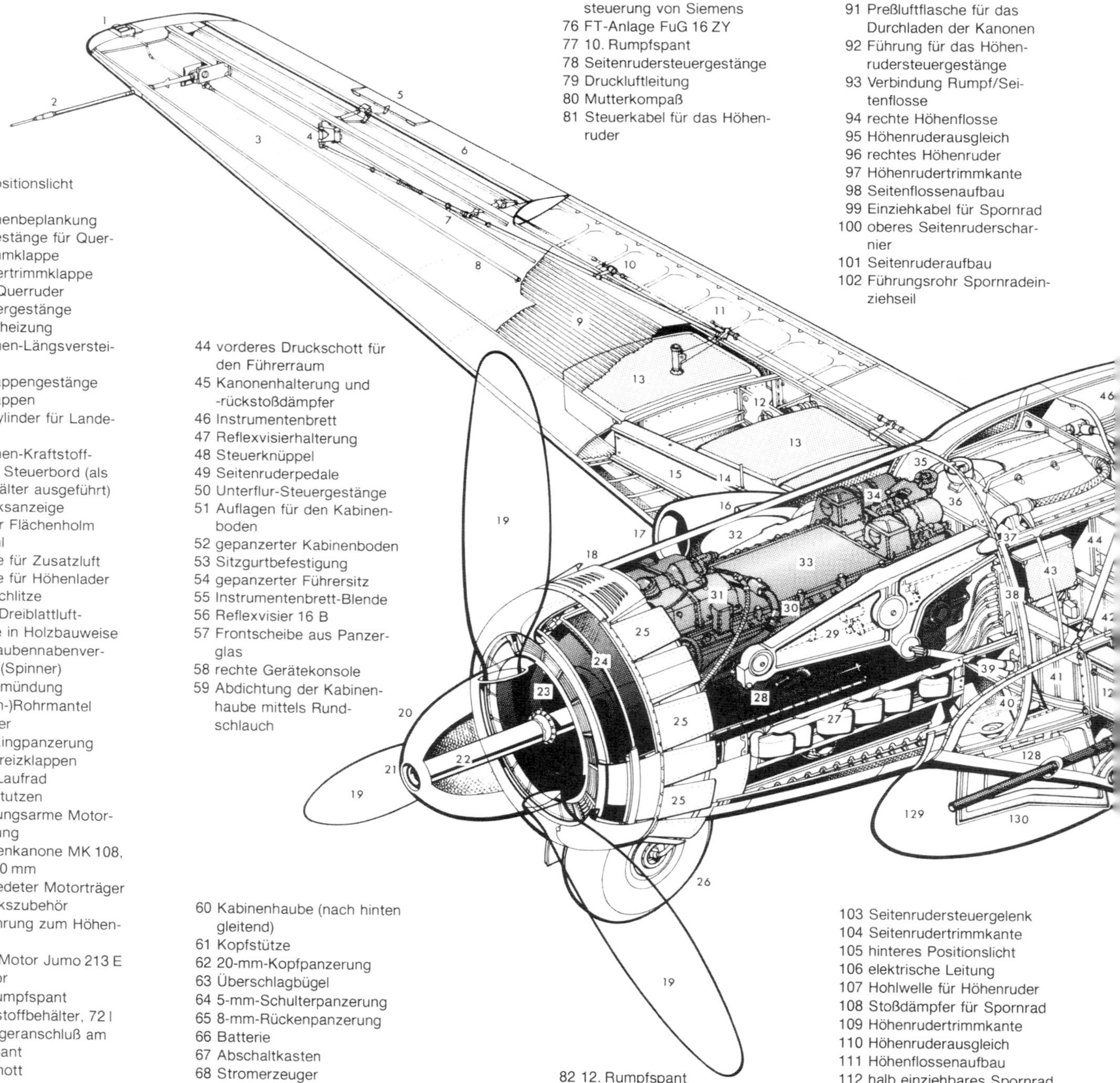

1 linkes Positionslicht
2 Staurohr
3 Tragflächenbeplankung
4 Steuergestänge für Querrudertrimmklappe
5 Querrudertrimmklappe
6 rechtes Querruder
7 Querrudergestänge
8 Staurohrheizung
9 Tragflächen-Längsversteifungen
10 Landeklappengestänge
11 Landeklappen
12 Arbeitszylinder für Landeklappen
13 Tragflächen-Kraftstoffbehälter, Steuerbord (als Sackbehälter ausgeführt)
14 Fahrwerksanzeige
15 gekürzter Flächenholm aus Stahl
16 Lufthutze für Zusatzluft
17 Lufthutze für Höhenlader
18 Kühlluftschlitze
19 Junkers Dreiblattluftschraube in Holzbauweise
20 Luftschraubennabenverkleidung (Spinner)
21 Kanonenmündung
22 (Kanonen-)Rohrmantel
23 Ringkühler
24 15-mm-Ringpanzerung
25 Kühlerspreizklappen
26 rechtes Laufrad
27 Auspuffstutzen
28 schwingungsarme Motoraufhängung
29 Maschinenkanone MK 108, Kaliber 30 mm
30 geschmiedeter Motorträger
31 Triebwerkszubehör
32 Luftzuführung zum Höhenlader
33 Junkers Motor Jumo 213 E
34 Generator
35 erster Rumpfspant
36 Schmierstoffbehälter, 72 l
37 Motorträgeranschluß am Rumpfspant
38 Brandschott
39 Motorträgerstütze
40 Hülsenauswurf
41 Durchgang des vorderen Flächenholmes
42 Verbindung von vorderem Flächenholm mit Rumpf
43 Munitionsbehälter (90 Schuß)
44 vorderes Druckschott für den Führerraum
45 Kanonenhalterung und -rückstoßdämpfer
46 Instrumentenbrett
47 Reflexvisierhalterung
48 Steuerknüppel
49 Seitenruderpedale
50 Unterflur-Steuergestänge
51 Auflagen für den Kabinenboden
52 gepanzerter Kabinenboden
53 Sitzgurtbefestigung
54 gepanzerter Führersitz
55 Instrumentenbrett-Blende
56 Reflexvisier 16 B
57 Frontscheibe aus Panzerglas
58 rechte Gerätekonsole
59 Abdichtung der Kabinenhaube mittels Rundschlauch
60 Kabinenhaube (nach hinten gleitend)
61 Kopfstütze
62 20-mm-Kopfpanzerung
63 Überschlagbügel
64 5-mm-Schulterpanzerung
65 8-mm-Rückenpanzerung
66 Batterie
67 Abschaltkasten
68 Stromerzeuger
69 hinteres Druckschott für den Führerraum
70 Navigationsgerät FuG 125 (nur in der Schlechtwetterjagd- und Höhenversion H-1/R11)
71 Verteiler
72 GM 1-Tank, 85 l
73 Panzerung für den GM 1-Tank (am 9. Rumpfspant befestigt)
74 Zugangsklappe zum Funk-, Radioraum
75 LGW K 23 Jäger-Kurssteuerung von Siemens
76 FT-Anlage FuG 16 ZY
77 10. Rumpfspant
78 Seitenrudersteuergestänge
79 Druckluftleitung
80 Mutterkompaß
81 Steuerkabel für das Höhenruder
82 12. Rumpfspant
83 Rumpfaufbau
84 Signalpatronen AZA 10 (Steuerbord und Backbord)
85 Querrohr für Anhebestange
86 Übergang von Steuergestänge zu Steuerkabel
87 Antennenzuführung und -anpassungsgerät
88 Antenne
89 zylindrische Rumpfverlängerung zwischen Rumpfspant 14 und 16
90 Stauraum für Sauerstoffbehälter
91 Preßluftflasche für das Durchladen der Kanonen
92 Führung für das Höhenrudersteuergestänge
93 Verbindung Rumpf/Seitenflosse
94 rechte Höhenflosse
95 Höhenruderausgleich
96 rechtes Höhenruder
97 Höhenrudertrimmkante
98 Seitenflossenaufbau
99 Einziehkabel für Spornrad
100 oberes Seitenruderscharnier
101 Seitenruderaufbau
102 Führungsrohr Spornradeinziehseil
103 Seitenrudersteuergelenk
104 Seitenrudertrimmkante
105 hinteres Positionslicht
106 elektrische Leitung
107 Hohlwelle für Höhenruder
108 Stoßdämpfer für Spornrad
109 Höhenrudertrimmkante
110 Höhenruderausgleich
111 Höhenflossenaufbau
112 halb einziehbares Spornrad (380 x 150)
113 Holmanschluß für Seitenflosse
114 Antenne
115 Peilrahmen für Zielfluggerät
116 einziehbarer Auftritt
117 federnd gelagerte Klappe für Auftritt

118 hinterer Rumpfkraftstoffbehälter, 362 l
119 vorderer Rumpfkraftstoffbehälter, 233 l
120 Anschluß hinterer Flächenholm/Rumpf
121 Verkleidung für Verschlußstück der Tragflächenkanone
121 Verkleidung für Verschlußstück der Tragflächenkanone
122 Tragflächenkanonen MG 151/20
123 Hülsenauswurf
124 linker Munitionsbehälter (175 Schuß)
136 Bremskabel
137 Radachse
138 linke äußere Fahrwerksklappe
139 Stoßdämpfer
140 Federbeinverkleidung
141 Anlenkhebel für Fahrwerkbein
142 Fahrwerksanzeige
143 vorderer Hauptholm (kurz)
144 Kraftstoffpumpe
145 Störsperre für UKW-Funkgerät
146 innerer Tragflächenbehälter für MW 50, 70 l
147 elektrische Leitung für linkes Positionslicht

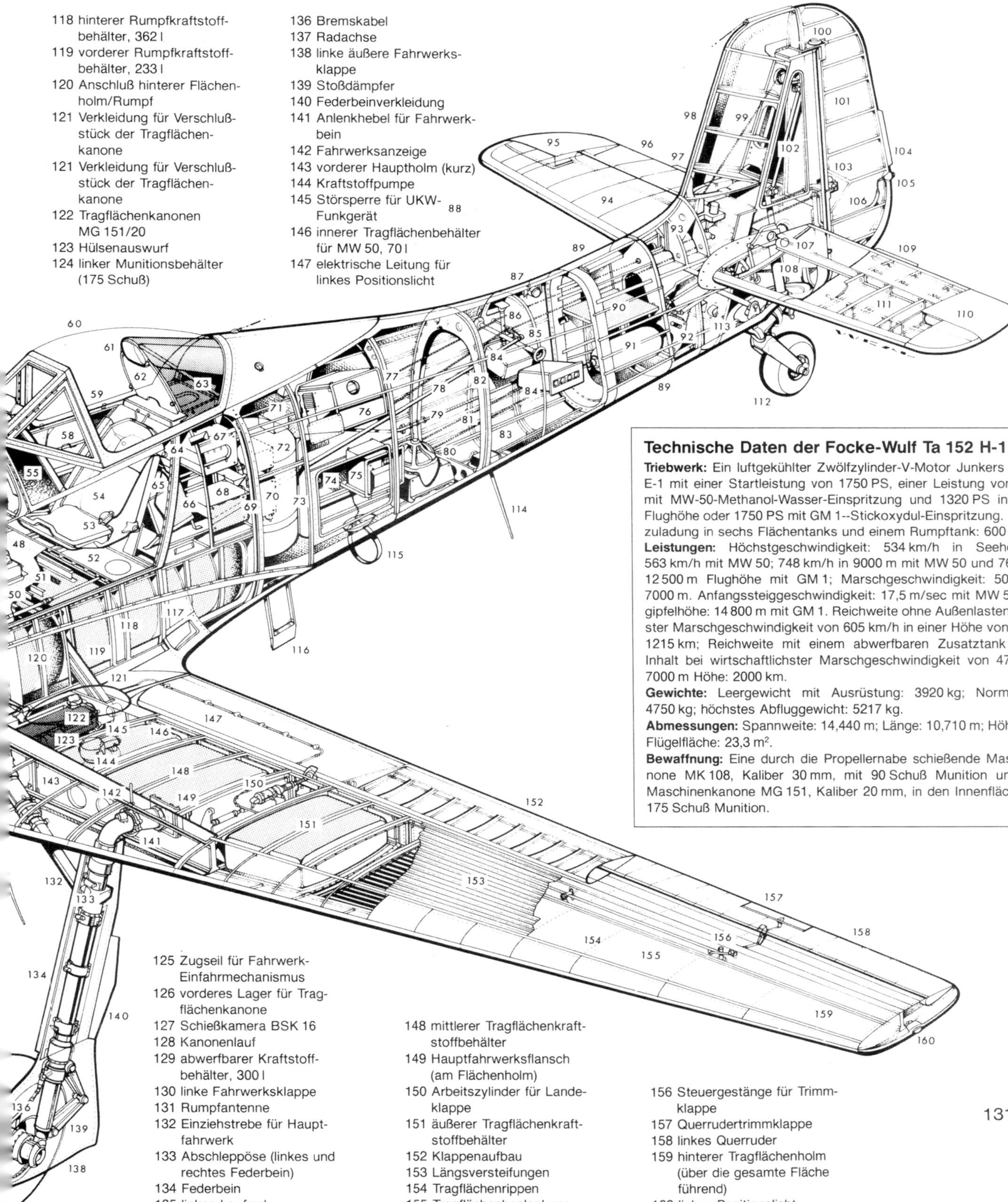

Technische Daten der Focke-Wulf Ta 152 H-1

Triebwerk: Ein luftgekühlter Zwölfzylinder-V-Motor Junkers Jumo 213 E-1 mit einer Startleistung von 1750 PS, einer Leistung von 2050 PS mit MW-50-Methanol-Wasser-Einspritzung und 1320 PS in 10 000 m Flughöhe oder 1750 PS mit GM 1--Stickoxydul-Einspritzung. Kraftstoffzuladung in sechs Flächentanks und einem Rumpftank: 600 l.
Leistungen: Höchstgeschwindigkeit: 534 km/h in Seehöhe oder 563 km/h mit MW 50; 748 km/h in 9000 m mit MW 50 und 760 km/h in 12 500 m Flughöhe mit GM 1; Marschgeschwindigkeit: 500 km/h in 7000 m. Anfangssteiggeschwindigkeit: 17,5 m/sec mit MW 50. Dienstgipfelhöhe: 14 800 m mit GM 1. Reichweite ohne Außenlasten mit höchster Marschgeschwindigkeit von 605 km/h in einer Höhe von 10 000 m: 1215 km; Reichweite mit einem abwerfbaren Zusatztank mit 215 l Inhalt bei wirtschaftlichster Marschgeschwindigkeit von 472 km/h in 7000 m Höhe: 2000 km.
Gewichte: Leergewicht mit Ausrüstung: 3920 kg; Normalgewicht: 4750 kg; höchstes Abfluggewicht: 5217 kg.
Abmessungen: Spannweite: 14,440 m; Länge: 10,710 m; Höhe: 3,36 m; Flügelfläche: 23,3 m^2.
Bewaffnung: Eine durch die Propellernabe schießende Maschinenkanone MK 108, Kaliber 30 mm, mit 90 Schuß Munition und je eine Maschinenkanone MG 151, Kaliber 20 mm, in den Innenflächen mit je 175 Schuß Munition.

125 Zugseil für Fahrwerk-Einfahrmechanismus
126 vorderes Lager für Tragflächenkanone
127 Schießkamera BSK 16
128 Kanonenlauf
129 abwerfbarer Kraftstoffbehälter, 300 l
130 linke Fahrwerksklappe
131 Rumpfantenne
132 Einziehstrebe für Hauptfahrwerk
133 Abschleppöse (linkes und rechtes Federbein)
134 Federbein
135 linkes Laufrad
148 mittlerer Tragflächenkraftstoffbehälter
149 Hauptfahrwerksflansch (am Flächenholm)
150 Arbeitszylinder für Landeklappe
151 äußerer Tragflächenkraftstoffbehälter
152 Klappenaufbau
153 Längsversteifungen
154 Tragflächenrippen
155 Tragflächenbeplankung
156 Steuergestänge für Trimmklappe
157 Querrudertrimmklappe
158 linkes Querruder
159 hinterer Tragflächenholm (über die gesamte Fläche führend)
160 linkes Positionslicht

chen Gründen auch immer, im großen Bauch einer Arado *Ar 232 B* nach Farnborouth zum Royal Aircraft Establishment transportiert wurde. Andere Beuteflugzeuge wurden hingegen fabrikneu, ohne jegliche Änderungen, im Fluge nach England überführt.
Mir ist nicht erinnerlich, ob die *Ta 152* einem besonderen Testprogramm unterzogen worden war, nachdem sie von uns wieder zusammengebaut worden war. Sicher ist auf jeden Fall, daß ich damit beauftragt worden war, Tests mit ihr auf dem Weg von Farnborough nach Brize Norton, so gleichsam nebenbei, durchzuführen.
Die ursprüngliche *Fw 190* war vom aerodynamischen Standpunkt aus betrachtet eine Schönheit gewesen, von der eine tödliche Bedrohung ausging.
Als ich das erste Mal der *Ta 152 H-1* vor der berühmten Halle A in Farnborough inmitten der neuesten alliierten Jagdmaschinen ansichtig geworden war (dort standen unter anderem die ›Tempest‹ V, die ›Mustang‹ III, die ›Spitfire‹ 21 sowie die Martin-Baker *M.B.5*), war ich darüber erstaunt, wieviel Tanks Konstruktion von ihrer ursprünglichen Eleganz inzwischen eingebüßt hatte.
Auch wenn sie in ihrem jetzigen Zustand niemandem mehr etwas anhaben konnte, so ging von ihr immer noch etwas Raubtierhaftes aus. Betrachtete man sie in ihrem damaligen Zustande, so konnte man keinerlei Zweifel an den Aussagen der Deutschen bezüglich ihrer Leistungsfähigkeit hegen. Ihre in allen Höhenbereichen erzielbaren Leistungen wurden vor allen Dingen dadurch ermöglicht, daß dem Junkers-Motor Jumo 213E wahlweise Stickstoffoxydul (GM 1-Anlage) oder ein Wasser-Methanol-Gemisch (MW 50-Anlage) eingespritzt wurde. Das Fehlen dieser Gemische war der Grund dafür, daß die *Ta 152 H-1* in Großbritannien niemals bis an ihre Leistungsgrenze geflogen werden konnte. Wir verfügten nach dem Kriege in Farnborough weder über Stickstoffoxydul noch über das Wasser-Methanol-Gemisch. Ob mit oder ohne Stickstoffoxydul und Wasser-Methanol-Gemisch, dieses Ding mußte ich fliegen! Als ich es mir dann eines Sommermorgens in der Kanzel der *Ta 152 H-1*, Werk-Nr. 150 168, bequem machte, waren meine Nerven ziemlich angespannt. Ich ließ meinen Blick über die nicht enden wollende Flugzeugnase gleiten – nur einmal war mir ein ähnliches Monstrum in Gestalt der Blackburn ›Firebrand‹ begegnet.
Es ist eigentlich unnötig, darauf hinzuweisen, daß dieser deutsche Höhenjäger über eine Druckkabine verfügte. Während eines Forschungsprogrammes, bei dem es um die Ergründung des Phänomens von Turbulenzen in wolkenfreien Luftmassen ging, hatte ich viel Gelegenheit gehabt, mit der ebenfalls mit Druckkabine ausgestatteten ›Spitfire‹ XIX in großen Höhen zu fliegen. Ein Vergleich zwischen diesen beiden Maschinen drängte sich förmlich auf, und so habe ich auf meinem Flug nach Brize Norton sofort damit begonnen, zwischen dem deutschen und dem britischen Höhenjäger Vergleiche anzustellen.
Die Startrollstrecke mit der *Ta 152 H-1* war etwas kürzer als die mit der ›Spitfire‹ XIX, der Steigwinkel etwas steiler und die Geschwindigkeit etwas geringer. Über einer Höhe von 9145 Metern behielt der Tank-Jäger seine Steigrate besser bei als sein britisches Gegenstück. In bezug auf Wendigkeit gaben sich die beiden Maschinen wenig; die ›Spitfire‹ war sicherlich unterhalb einer Höhe von 9150 m besser, zwischen 9150 m und 10700 m waren die beiden Maschinen ebenbürtig, oberhalb der letztgenannten Höhe hatte man jedoch mit der *Ta 152 H-1* deutliche Vorteile.
Auf dem Weg nach Brize Norton ließ ich das Flugzeug schießen und erzielte dabei mit Vollgas, jedoch ohne GM1-Einspritzung in 10700 m Höhe eine Geschwindigkeit von 684 km/h. Diese Marke lag ungefähr um 56 km/h niedriger als die in dieser Höhe erreichbare Höchstgeschwindigkeit der ›Spitfire‹ XIX. Es ist müßig darauf hinzuweisen, daß die *Ta 152 H-1* mit Stickstoffoxydul-Einspritzung ganz sicherlich bessere Werte erzielt haben würde. Und genau so sicher ist, daß die *Ta 152 H-1* in bezug auf Einsatzreichweite das bessere Flugzeug war. Zusammenfassend läßt sich feststellen, daß diese beiden leistungsfähigen Widersacher sich in vielerlei Hinsicht ziemlich ähnlich waren, und das kann für mich nur bedeuten, daß sich der Entwicklungsstand für kolbenmotorengetriebene Jagdflugzeuge zu jener Zeit in Großbritannien und Deutschland auf gleicher Höhe befunden hatte. Auf dem Sinkflug in Richtung Fliegerhorst Brize Norton nahm ich die Gelegenheit wahr, die Stabilität und die Steuerbarkeit des Flugzeuges zu testen. Hierbei fiel mir auf, daß die Rollrate gegenüber ihrer Vorgängerin, der *FW 190*, weit geringer und die Steuerdrücke bedeutend höher waren. Aus diesem Verhalten leitete ich ab, daß ihre Stabilität in sehr großen Höhen umso besser sein müsse, was auch zutraf. Ihre Stabilität in Höhen um 14000 Metern war jedoch nicht so gut, als daß ein längerer Aufenthalt dort oben nicht zu einer ermüdenden Angelegenheit geworden wäre. Diesem Umstand war durch Einbau einer Kurs-

steuerung Rechnung getragen worden.
Die Landung in Brize Norton war aus einer Anfluggeschwindigkeit von 190 km/h eine vergleichsweise einfache Sache. Sicherheitshalber flog ich aus einer Kurve an, um längere Zeit einigermaßen Sicht an der äußerst langen Nase vorbei auf den Aufsetzpunkt haben zu können.
Dank ihres breiten Fahrwerkes war die *Ta 152* während des Ausrollens ziemlich richtungsstabil, eine Eigenschaft, für die ich ihr einige Wochen später dankbar sein sollte, als ich sie zurück nach Farnborough überführen mußte. Dort war nämlich inzwischen eine Ausstellung aller erbeuteten deutschen Flugzeuge nebst Ausrüstungsgegenständen geplant. Am 22. Oktober 1945 begab ich mich also wieder auf die Reise nach Brize Norton, um die *Ta 152 H-1* zurück nach Farnborough zur Ausstellung zu bringen. Seit ihrer Überführung durch mich am 18. August 1945 hatte sie nur herumgestanden. Entsprechend sorgfältig machte ich dann auch meine Vorfluginspektion, und den Standlauf des Motors vor dem Start dehnte ich länger als üblich aus. Der Flug selbst verlief ohne Zwischenfälle. Als ich jedoch nach der Landung auf der Betonpiste in Farnborough bremsen wollte, stellte ich sofort fest, daß die Bremsen zu schwach waren. Nach den ersten paar Bremsungen gaben sie dann den Geist ganz auf. Daraufhin brach die Maschine im leichten Bogen aus. Ich ließ sie so lange rollen, bis Gras unter den Rädern war, um die Bremswirkung des Grases zu nutzen. Mit Hilfe des Gegenruders brach ich dann die Kurve ab, um einen »Ringelpiez« zu verhindern. Nach einigen Sekunden, während derer meine Pulsfrequenz etwas höher als üblich war, kam die *Ta 152* zum Stehen.
Auf Grund meiner Erfahrung kann ich sagen, daß die *Ta 152 H-1* ihren »Kontrahenten« auf alliierter Seite ebenbürtig war. In manchen Belangen war sie sogar besser als die meisten von ihnen. Für die deutschen Jagdflieger kam sie leider zu spät an die Front. Den Alliierten gereichte das allerdings, wie so oft, zum Vorteil.

Die Arado Ar 234 B

Mit »Blitz« wurden in einer ganzen Reihe von Sprachen einzelne Kampfflugzeugtypen bezeichnet. Für die Alliierten war es während der letzten Monate des Jahres 1944 ausgemacht, daß kein Kriegsflugzeug diese Bezeichnung mehr verdiente als die Arado *Ar 234,* die durch den Himmel über der Normandie und der britischen Ostküste wie ein ›geölter‹ Blitz zuckte und dabei ihre Aufklärungseinsätze ohne irgendwelche Behinderungen von seiten der Alliierten erfüllen konnte. Die *Ar 234* tauchte wirklich blitzschnell am Himmel auf, so daß sich die alliierten Jagdflieger einer schier unlösbaren Aufgabe gegenübersahen, wenn sie diesen turbinengetriebenen Eindringling abfangen sollten. Sie hatten ungefähr die gleichen Chancen, ihre Waffen auf diesen schwer zu fassenden deutschen Neuling zu richten, wie wenn sie versuchten, ihn mit einem Schwall grober Flüche vom Himmel zu fegen. Bei den Geschwindigkeiten und den Höhen, in denen sie flog, konnten ihre Aufklärungseinsätze nur durch technische Fehler ein vorzeitiges Ende finden.

Welche Vorteile und technischen Neuerungen auch immer in den damaligen deutschen Turbostrahlflugzeugen vereint gewesen sein mögen, auch wenn sie aerodynamisch ausgezeichnet durchkonstruiert waren, so sind sie sicherlich nur in den Augen Weniger ästhetisch schöne Entwürfe gewesen. Eine Ausnahme machte die *Ar 234 B* »Blitz«. Als ich sie das erste Mal auf dem dänischen Platz in Grove, zwischen Herning und Viborg auf Jütland, sah, war ich sofort von ihren klaren, schönen Linien gefangen, die ganz offensichtlich neue aerodynamische Maßstäbe setzten. Das Flugzeug sah irgendwie fertig aus, und nach all meiner Erfahrung war das ein gutes Omen im Hinblick auf ihre fliegerischen Qualitäten. Ihre schlanken Flächen, als Schulterdecker ausgeführt, ihre wohlgeformten Triebwerksgondeln und die glatten Rumpfkonturen machten sie insgesamt zu einer sorgfältig gestalteten Konstruktion.

Die *Ar 234 B* wurde durch zwei Triebwerke angetrieben, die denen der *Me 262* ziemlich ähnlich waren, sie hatten jedoch ein viel größeres Flugzeug mit mehr als doppelt soviel Kraftstoff fortzubewegen. Der Arado Aufklärer/Bomber hatte neben der Tatsache, daß die Entwicklung des Flugzeuges der der Triebwerke weit voraus war, noch etwas mit der *Me 262* gemeinsam: Beide Flugzeuge begannen ihr Prototypdasein mit Fahrwerksanordnungen, die sich völlig von denen, die dann in Serie gegangen sind, unterschieden. Von vornherein stellte die Bereitstellung eines hinreichenden Fahrwerkes für die Konstrukteure der Arado ein Problem dar, denn die als Schulterdecker ausgelegten dünnen Flächen boten zu wenig Raum für das Hauptfahrwerk und dessen Einziehmechanismus. In jedem Falle wären außerordentlich lange Federbeine nötig gewesen, die dann während des Einfahrens noch irgendwie hätten zusammengedrückt werden müssen. Der Rumpf war dagegen so schmal, daß dort wenig Raum für ein übliches Fahrwerk vorhanden war. So gehorchte man der Not und baute zunächst einen abwerfbaren Startwagen anstelle des Fahrwerkes. Dieser Wagen hatte drei Räder, von denen das vordere steuerbar war, während die beiden hinteren mit Hydraulikbremsen versehen waren, die vom Flugzeugführer mit Hilfe der Ruderpedale betätigt werden konnten. Die Absprengung erfolgte mittels eines Hebels, den der Flugzeugführer in dem Moment, in dem die Abhebegeschwindigkeit erreicht war, betätigen mußte. Nach der Trennung zwischen Flugzeug und Startwagen entfaltete sich am letzteren automatisch ein Bremsschirm und brachte ihn zum Stehen. Zur Landung benutzte man eine Kufe unterhalb des Rumpfes sowie zwei Stützkufen, die aus den Triebwerksgondeln ausgefahren wurden. Die letzteren wurden beim Start schon ausgefahren, denn sie gaben die Stützen ab, auf denen das Flugzeug auf dem Startwagen ruhte. Der Startwagen wog ganze 600 kg. In der Landekonfiguration machten jedoch die Kufen nur 3 % des Gesamtgewichtes aus, gegenüber den sonst 5 % bei konventionellen Fahrwerken. Niemand war mit dieser Fahrwerkslösung zufrieden, auch wenn man davon ausgehen konnte, daß diese Lösung – einmal technisch ausgereift – ein wirksamer Ersatz für die konventionelle Lösung sein könnte. Es blieb jedoch der Nachteil, daß das Flugzeug auf einem Kufenfahrwerk nach der Landung zunächst unbeweglich liegenblieb und zum Abtransport erst auf den Startwagen gehievt werden mußte, um auf diese Weise in die Auflockerungsräume oder in die Splitterboxen weggeschleppt zu werden.

Von oben nach unten: Ehe die *Ar 234* mit einem üblichen Fahrwerk ausgestattet wurde, hatte man sie mit einer sperrigen Kombination aus Startwagen und Landekufe versehen, wie auf der mittleren und unteren Abb. am Beispiel der *Ar 234 V1* und auf der oberen Abb. anhand der *Ar 234 V2* abgebildet.

Es konnte also im schlimmsten Fall dazu kommen, daß die Landebahn mit unbeweglichen *Ar 234* voll war, was für jeden alliierten Jäger ein gefundenes Fressen hätte werden können.

Deshalb wurde früh damit begonnen, nach einer Lösung mit einem Fahrwerk üblicher Bauweise zu suchen, welches im Rumpf unterzubringen war. Dazu wurde der Rumpfquerschnitt geringfügig vergrößert und der Schacht, der vom Rumpfmittelkasten gebildet wurde, für die Hauptfahrwerksschächte vorgesehen. Um den

Eine der *Ar 234 B-2,* die zu Erprobungszwecken nach dem Zweiten Weltkrieg in die USA überführt wurde. Die hier abgebildete Maschine wurde von der US-Navy getestet.

dadurch aufgegebenen Treibstoffraum wiederzugewinnen, vergrößerte man die beiden Rumpftanks. Die Hauptfahrwerksräder bestanden aus je einer Einheit, die von einer technisch anspruchsvollen Hydraulikanlage betätigt wurden. Die Hauptfahrwerksräder wurden durch diesen Mechanismus nach innen geschwenkt und die Federbeine nach vorne eingefahren. Für das Bugfahrwerk war eine Aufhängung vorgesehen, die unterhalb des Flugzeugführersitzes angebracht war; das Bugfahrwerk wurde nach hinten eingefahren.

Ich kam Anfang Mai 1945 auf dem Flugplatz in Grove an und hatte den besonderen Auftrag festzustellen, welche »Geschenke« uns wohl hier nach der Kapitulation Deutschlands in den Schoß gefallen waren. In der Tat fiel mir eine fette Beute auf diesem ehemaligen Flugplatz der deutschen Luftwaffe in die Hände. Die Deutschen hatten während des Krieges Grove – später in der NATO als Karup bekannter geworden – zu einem riesigen Fliegerhorst ausgebaut. Einige Flugzeuge der Luftwaffe, die wir hier vorfanden, wurden von ihren Piloten in den letzten Tagen des Krieges hier eingeflogen, um auf diesem Wege ihrem zusammenbrechenden Vaterland zu entfliehen. Ich hatte damals wenig Gelegenheit, die *Ar 234 B* näher unter die Lupe zu nehmen, da die Zeit, die mir in Grove zur Verfügung stand, fast völlig mit der Aufstellung einer Bestandsliste der dort abgestellten deutschen Maschinen angefüllt war – es war übrigens eine sehr ansprechende Liste, die ich dort zusammenstellen konnte. Bei meiner Rückkehr zum RAE in Farnborough erfuhr ich, daß ein Arado-Versuchsflieger, namens Flugkapitän Joachim Carl, in unsere Hände gefallen war. Carl war damals der wahrscheinlich erfahrenste Flugzeugführer auf der *Ar 234.* Ende des Monats hatte ich dann Gelegenheit zu einer Befragung Carls. Nach einer Fluglehrertätigkeit hatte Joachim Carl 1936 mit der Versuchs- und Einfliegerei für das Reichsluftfahrtministerium begonnen. Dann hatte er mehrere Jahre an der Luftwaffenerprobungsstelle in Rechlin/Mecklenburg als Versuchs- und Einflieger

zugebracht und dabei etwa sechzig verschiedene Flugzeugtypen getestet, ehe er 1941 zu den Arado-Flugzeugwerken als Werkspilot stieß. Dort hatte er die Junkers *Ju 88 A-4* und *Ju 88 A-6* und auch die Heinkel *He 177 H*, die bei Arado in Brandenburg/Neuendorf in Lizenz gebaut wurde, eingeflogen, bis er dann im Mai 1944 als Cheftestpilot der Arado-Flugzeugwerke nach Alt-Lönnewitz, dem Erprobungsflugplatz von Arado, als Nachfolger von Flugkapitän Selle eingesetzt wurde. Selle war beim Einfliegen der Arado *Ar 234 V7* tödlich abgestürzt, nachdem ein plötzlich ausbrechendes Feuer am linken Triebwerk die Steuergestänge durchgeschmolzen hatte, gerade als Selle in der Platzrunde war. Zur Produktion der *Ar 234* wurde in Alt-Lönnewitz eine Fertigungsstraße aufgebaut. Am 8. Juni 1944, zwei Tage nach Beginn der Invasion in der Normandie, konnte Joachim Carl die ersten Flugzeuge aus der Vorserie einfliegen. Demzufolge hatte Carl eine beträchtliche Erfahrung im Umgang mit der *Ar 234 B*. Ich holte ihn mir also und zeichnete mit ihm einen vollständigen Satz an Flugeinweisungen auf, die so lange genügen mußten, bis wir in den Besitz eines offiziellen Flughandbuches von Arado gelangen konnten.
Carl war schon ein mit viel Kenntnissen ausgestatteter und durch und durch befähigter Flieger, der über ein ausgeprägtes technisches Wissen verfügte. Ich war deswegen von der Gültigkeit der von ihm an mich weitergegebenen Informationen über dieses Flugzeug voll überzeugt.

Eine *Ar 234 B-2* ›Blitz‹ wird von deutschen Kriegsgefangenen auf dem dänischen Fliegerhorst Grove, Jütland, zur Überführung zum RAE nach Farnborough über Schleswig-Jagel startklar gemacht.

DER ERSTE EINDRUCK TRÜGT

»Unsere« erste *Ar 234 B* kam am 6. Juni 1945 nach Farnborough. Da Squadron Leader (Major) Tony Martindale und ich die Aufgabe hatten, zwei dieser Maschinen von Grove in Dänemark sobald wie möglich nach Farnborough zu überführen, habe ich mir diese erste in Farnborough eingetroffene ›Blitz‹ sehr genau angesehen. Meinen ersten Eindruck, den ich von dieser Maschine gewann, kann ich als ausgesprochen günstig bezeichnen, wenn mir auch der Sitz für den Flugzeugführer in der fast gänzlich aus Glas bestehenden Kanzel zu weit nach vorne gelegt schien, weil er ziemlich nahe an der bei jedem Unfall gefährdeten Stelle saß. Das schmale Hauptfahrwerk in Verbindung mit dem hohen Seitenleitwerk störte mich dagegen kaum, obwohl diese Kombination für Seitenwind anfällig war. Mit diesen Überlegungen ging ich am 23. Juni an Bord einer ›Wellington‹ (britisches zweimotoriges Bomberflugzeug, während des Zweiten Weltkrieges eingesetzt, d. Ü.), um über Kopenhagen am nächsten Tag Grove zu erreichen. »Unsere« beiden Arado-Flugzeuge waren von einem aus deutschem Luftwaffenbodenpersonal bestehenden Team für den Flug vorbereitet worden, und man merkte einigen Kriegsgefangenen an, daß sie diese Arbeit nicht gerne verrichteten. Den Nachmittag des 24. Juni brachte ich in der Kanzel einer dritten Arado ›Blitz‹ zu, da beabsichtigt war, daß ich später wiederkommen sollte, um auch diese Arado zu überführen. Ich plauderte auch mit einigen Luftwaffenangehörigen. Sie waren jedoch niedergeschlagen auf Grund der Situation, und deshalb waren die Gespräche mit ihnen nicht sehr ergiebig. Ihr Kriegsgefangenendasein war für sie noch ein frischer Eindruck und deshalb fand ich ihre Haltung nur allzu verständlich. Der Abend war so schön, daß sich Tony Martindale und ich schnell noch zu ein paar Platzrunden entschlossen. Wir hatten dann immer noch genug Treibstoffreserven in den Tanks, um sicher in das nahegelegene Schleswig zu gelangen, wo das RAE seinen Sammelpunkt für alle erbeuteten Flugzeuge einge-

Insgesamt wurden neun *Ar 234 B* zu Erprobungszwecken nach England überführt. Die hier abgebildete Maschine wurde kurz nach ihrer Ankunft in Farnborough aufgenommen.

richtet hatte. Meine *Ar 234 B* wurde als erste fertig zum Rollen. So ging es langsam zum Startpunkt, um die Triebwerke noch einmal bei voller Drehzahl zu überprüfen. Alles schien in bester Ordnung zu sein, und ich war schon im Begriffe, die Bremsen freizugeben, als das rechte Triebwerk sich beinahe aus der Verankerung riß und dabei Kompressorschaufeln aus dem Heckteil des Triebwerks spuckte. Ich schaltete das linke intakte Triebwerk sofort ab und verließ die Kabine fluchtartig. Triebwerksversager oder Sabotage, das war hier die Frage. Was eine langwierige und ergebnislose technische Untersuchung hätte werden können, wurde durch die unorthodoxe, jedoch wirksame psychologische Behandlung der Angelegenheit seitens eines RAF-Offiziers gelöst, der mit der Befragung des Bodenpersonals, welches mein Flugzeug gewartet hatte, beauftragt war. Innerhalb kürzester Zeit hatte er den Saboteur herausgefunden, der dann auch schnell in einem Gefängnis für Kriegsgefangene verschwand. Die übrigen Gefangenen nahmen ihre Arbeit unter scharfer Bewachung wieder auf. Am nächsten morgen kletterte ich in das Cockpit der *Ar 234 B,* Werk-Nr. 140008, welche historisch interessant war. Sie hatte bereits an der Ardennenoffensive teilgenommen. Ich startete zu einem Flug nach Schleswig ohne weitere Störung und lernte dabei die Maschine als ein wunderbar zu fliegendes Flugzeug kennen. Die Überführung von Schleswig nach Farnborough erfolgte am Nachmittag desselben Tages in einer Höhe von 7600 Metern. Der Flug war in Form einer »Hundekurve« über Gilze-Rijen in Holland und von da nach Farnborough geplant. Ich flog zusammen mit Tony Martindale, der über der Nordsee Schwierigkeiten mit der Sauerstoffversorgung bekommen hatte, so daß wir gezwungen waren, auf eine Höhe um die 3000 Meter herunterzugehen und zwar für den Rest von etwa

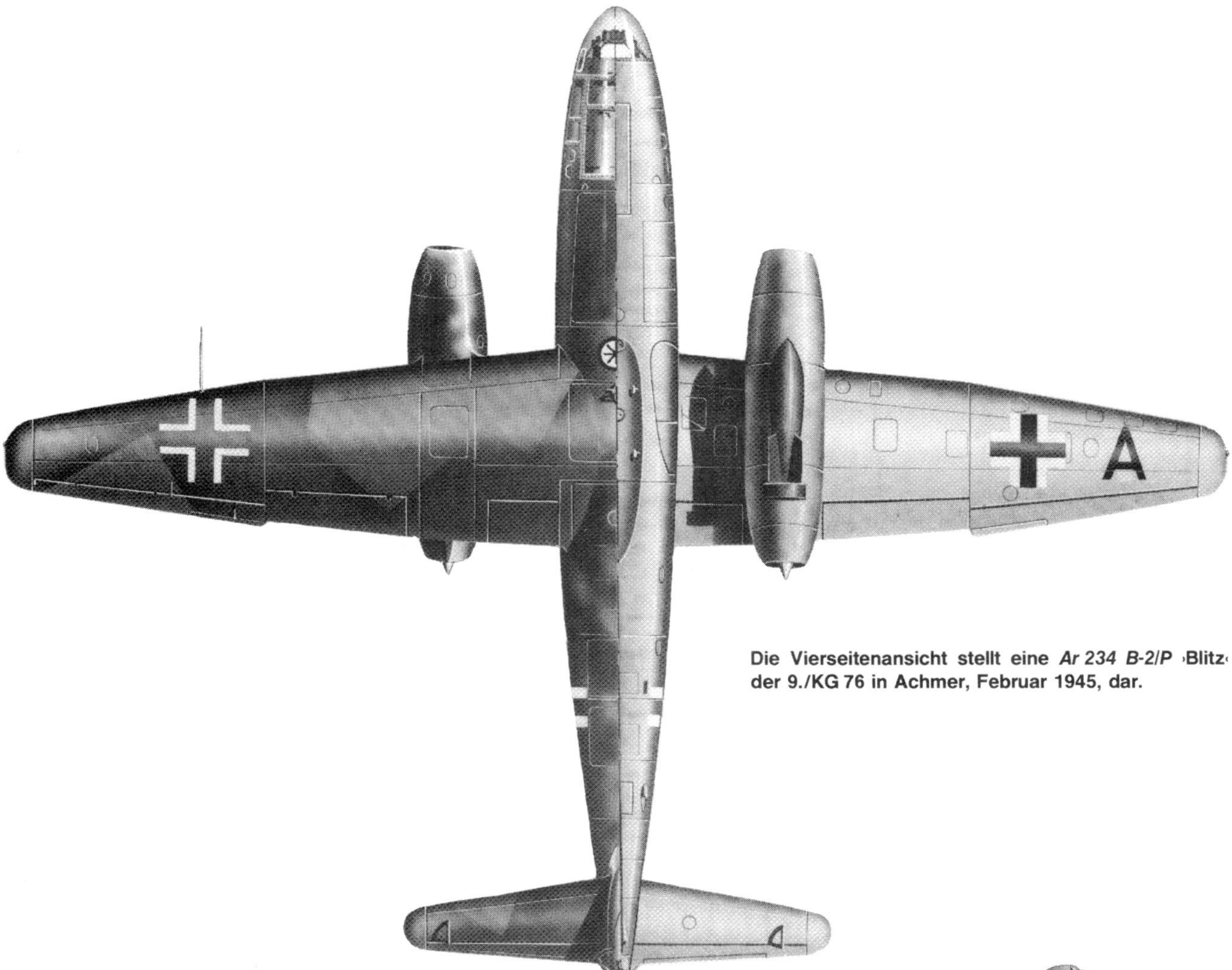

Die Vierseitenansicht stellt eine *Ar 234 B-2/P* ›Blitz‹ der 9./KG 76 in Achmer, Februar 1945, dar.

Arado Ar 234 B-2/Ir »Blitz« Schnittzeichnung:

1 Höhenruderscharnier (links)
2 Höhenflossenbeplankung
3 linkes Höhenruder
4 Antriebsstange für Höhenrudertrimmfläche
5 Höhenrudertrimmfläche
6 Seitenrudertrimmfläche (oben)
7 Seitenrudergelenke
8 Positionslicht
9 Seitenflossenvorderkante (aus Sperrholz)
10 T-Antenne
11 Sendeantenne
12 Antennenanpassungsgerät
13 Seitenflossenaufbau
14 Seitenruderaufbau
15 Seitenruderholm
16 Seitenrudertrimmfläche (unten)
17 unteres Seitenruderscharnier
18 Antriebsstange für Seitenruder
19 Bremsschirmkabel
20 Kabelankerpunkt/Hecksporn
21 Höhenrudertrimmfläche (rechts)
22 Höhenruderaufbau
23 Höhenflossenaufbau
24 Höhenrudersteuergestänge
25 Höhenflossenanschlüsse
26 Höhenruderstange
27 Steuerkabelleitung (links)
28 Gewichtsausgleich (Höhenflosse)
29 Bremsschirmauslösemechanismus
30 FuG 16 ZY (Hauptgerät)/BZA-Rechner
31 Bremsschirmbehälter
32 Mündung der Maschinenkanone MG 151 (steuerbord)
33 Bremsschirmklappe (geöffnet)
34 Mauser-Maschinenkanone MG 151/20 (nach hinten feuernd)
35 Kanonenhalterung
36 Hülsenabschleusung
37 Zugangsdeckel
38 Munitionszuführung
39 Höhenflossensteuerstangen
40 Munitionsbehälter
41 Brandschott
42 Entlüftungsrohr für Kraftstoffbehälter
43 Kraftstoffpumpen
44 Kraftstoffvorratsmesser
45 hinterer Kraftstoffbehälter (Inhalt: 2000 l)
46 Rumpfspanten
47 Betankungsöffnung (Füllkopf)
48 Kraftstoffleitungen
49 Aufbau der inneren Klappe
50 Austrittskegel
51 Verkleidung der Triebwerksaufhängung
52 Starthilferakete (Austrittsöffnung)
53 Landeklappen (äußerer Teil)
54 Querrudertrimmklappe
55 Antriebsstange für Querrudertrimmklappe
56 linkes Querruder
57 linkes Positionslicht
58 Querrudersteuergestänge
59 Staurohr
60 vorderer Flächenholm
61 Steuergestänge für äußere Landeklappen
62 Flächenaufbau

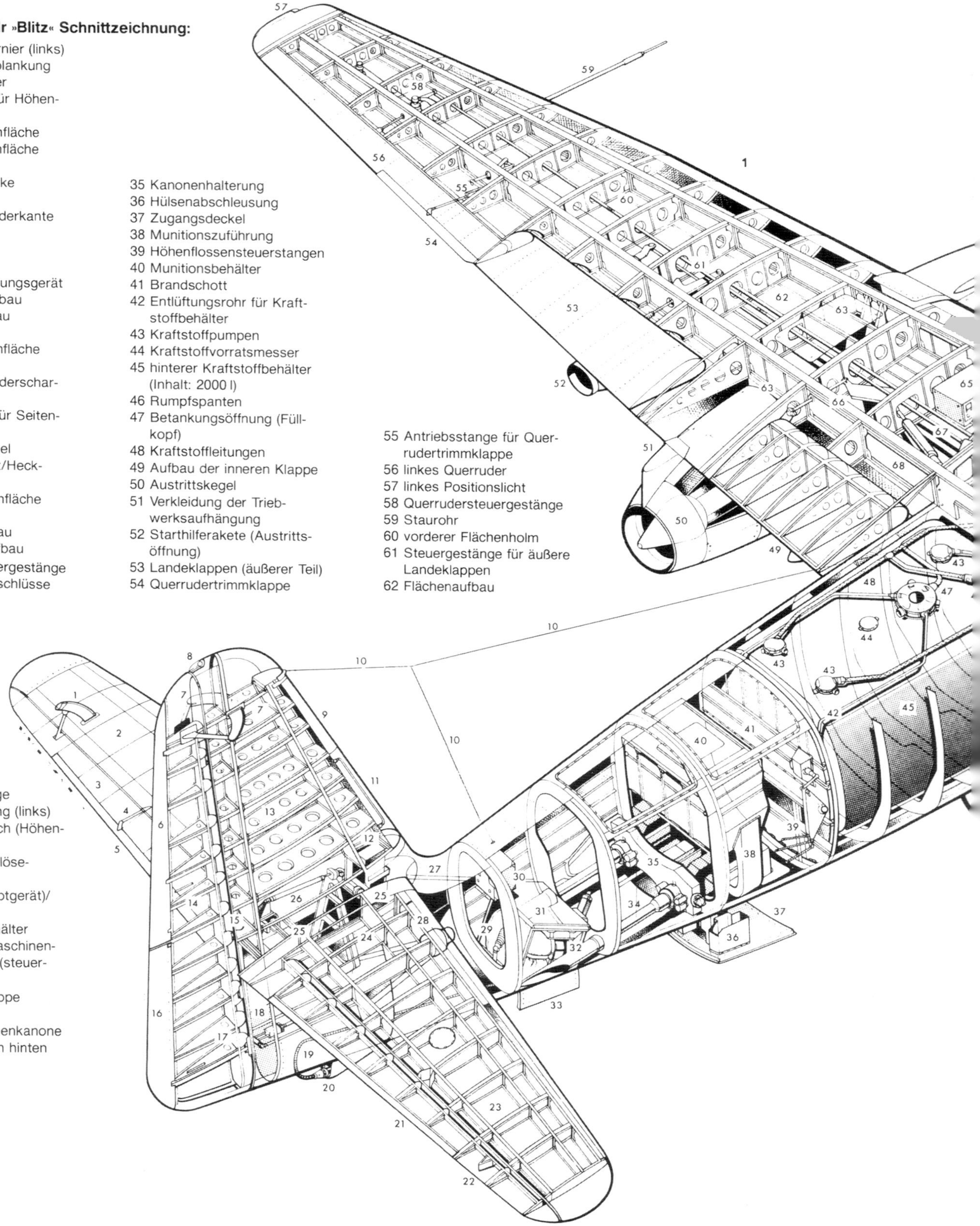

63 Anschlüsse für Triebwerksgondeln
64 abnehmbare Triebwerksgondelverkleidung
65 FuG 22a Freund-Feind-Kennungsgerät
66 Steuergestänge für innere Landeklappen
67 Steuergestänge
68 hinterer Flächenholm

69 Hydraulikflüssigkeitsbehälter, 18 l
70 Rumpfmittelkasten
71 FuG 25a-Ringantenne
72 Peilantenne (im Rumpf)
73 Kraftstoffpumpen
74 Kraftstoffvorratsmesser

75 Füllkopf
76 Kraftstoffleitungen
77 Brandschott
78 linke Konsole (Leistungshebelführung)
79 Einstiegluke für den Flugzeugführer (links)
80 Periskopvisier
81 Periskop (mit Rückspiegel und Visier)
82 Kanzelbugverglasung
83 Instrumentenbrett
84 Ruderpedale
85 drehbar aufgehängtes Steuerhorn
86 Lotfe 7 K (Lotrechtes Fernrohr) Bombenzielgerät (tachometrische Anzeige)
87 Führersitz
88 rechte Konsole (Schmierstofftemperaturanzeige)
89 Gerätekasten (FuG 16 ZY hinter dem Führersitz)
90 Sauerstoffflaschen
91 Bugfahrwerksklappe
92 Bugfahrwerksgabel
93 Bugfahrwerk (nach hinten einziehbar)
94 Mittelteil des Bugfahrwerkschachtes
95 Rumpfspanten
96 vorderer Kraftstoffbehälter (Inhalt: 1800 l)

97 Brandschott
98 Hauptfahrwerksklappe
99 rechter Hauptfahrwerksschacht
100 Klappe für Federbein Hauptfahrwerk
101 rechtes Federbein des Hauptfahrwerks
102 Hauptfahrwerk (nach vorne einziehbar)
103 Bombe SC 1000 »Hermann« (unter dem Rumpf aufgehängt)
104 Abgasöffnung
105 Kühlschlitze
106 rechtes Turbinentriebwerk Jumo 004 B
107 ringförmiger Schmierstoffbehälter
108 Riedel-Startermotor im Einlaufkonus
109 Zusatztank (300 l), nicht mitgeführt bei Beladung mit Bombe SC 1000
110 Aufbau der äußeren Landeklappen
111 Starthilferakete Walter HWK 500 A-1
112 Bergungsschirm für Starthilferakete
113 Querrudertrimmklappe
114 Querruderaufbau
115 Flächenversteifungen
116 rechtes Positionslicht

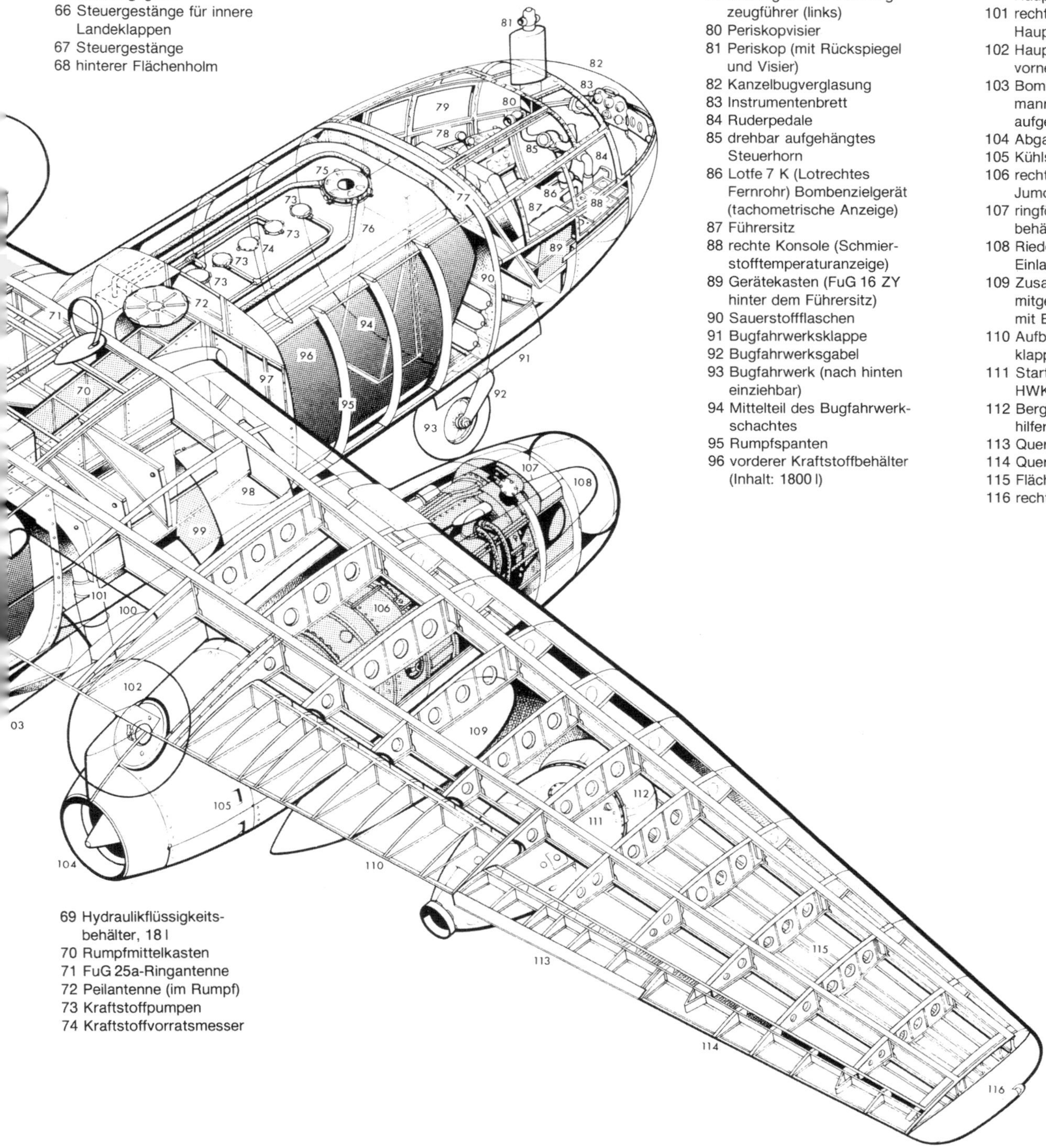

Technische Daten der Arado Ar 234 B-2 »Blitz«

Triebwerke: Zwei axial verdichtende Turboluftstrahltriebwerke Junkers Jumo 004 B-1, -2 oder -3, mit je 900 kp Standschub; 730 kp Schub in Seehöhe bei 440 km/h; 590 kp Schub in 2500 m Flughöhe bei 440 km/h.

Bewaffnung: 1. Abwehrbewaffnung: Zwei starre Maschinenkanonen Mauser-MG 151/20, Kaliber 20 mm, mit je 200 Schuß Munition, nach hinten schießend.

2. Angriffsbewaffnung: Drei 500-kg-Bomben SC 500 oder SD 500 oder eine 1000-kg-Bombe SC 1000 oder SD 1000 und zwei 250-kg-Bomben SC 250 oder SD 250 oder eine 1400-kg-Bombe oder drei AB 250- oder AB 500-Streubombenbehälter.

Leistungen: Höchstgeschwindigkeit mit einem Gesamtgewicht von 8140 kg in 6000 m: 742 km/h, in 8000 m: 739 km/h, in 10 000 m: 700 km/h und in 7000 m Flughöhe mit einer Bombenzuladung von 1500 kg: 600 km/h; größtmögliche Reichweite mit einem Gewicht von 8410 kg: 1630 km; mit einer Bombenzuladung von 500 kg: 1556 km, mit einer Bombenzuladung von 1500 kg: 1100 km; Steigleistung mit einer Zuladung von 500 kg: 6000 m in 12,8 min; auf 8000 m in 21,6 min; mit einer Zuladung von 1500 kg: 17,5 min auf 6000 m und 34,1 min auf 8000 m. Dienstgipfelhöhe: 10 000 m. Startrollstrecke mit einem Gewicht von 6000 kg, ohne Bombenzuladung und mit halber Betankung: 1830 m; Landerollstrecke mit einem Gewicht von 6000 kg, ohne Bremsschirm: 920 m, mit Bremsschirm: 460 m.

Gewichte: Leergewicht mit Ausrüstung: 5200 kg; voll betankt, ohne Bombenzuladung: 8410 kg; höchstzulässiges Abfluggewicht: 9800 kg.

Abmessungen: Spannweite: 14,41 m; Länge: 12,64 m; Höhe: 4,29 m; Flügelfläche: 26,4 m^2.

160 km. Nach der Landung war ich über den noch vorhandenen Treibstoffvorrat ziemlich erstaunt. In der Folgezeit hatte ich dann Gelegenheit, mich näher mit der *Ar 234 B* zu beschäftigen, als mit jedem anderen Einsatzmuster der deutschen Hochleistungsflugzeuge, und von Anfang an vermittelte mir dieses Flugzeug Befriedigung und viel Freude. Es war ein größeres Flugzeug als beispielsweise die *Me 262* und damit geräumiger, was wohl die Ursache dafür war, daß die Steuerorgane sinnvoller angebracht werden konnten als bei anderen Hochleistungsflugzeugen jener Tage. Das Anlassen war auf jeden Fall einfacher dadurch, daß die nötigen Schalter und Hebel handlicher angeordnet waren als etwa in der *Me 262,* so daß weniger Handfertigkeit vonnöten war, um die Maschine zu starten. Die größte Neuerung, welche mit diesem Flugzeug vermutlich eingeführt worden war, war die Möglichkeit, zwischen den eigenen Füßen hindurch auf die Erde sehen zu können, was ich bislang nur in Hubschraubern gesehen hatte. Die *Ar 234 B* war nicht mit einem Schleudersitz ausgestattet, so daß das Verlassen des Flugzeuges in Notfällen eine ziemlich haarige Angelegenheit gewesen sein muß. Das geht auch aus den Bedienungsanweisungen hervor, die dieser Sache nur ganze 25 Worte widmeten und folgenden Rat gaben:

1. Verringere der Geschwindigkeit auf 225 km/h.
2. Löse die Steuersäule und werfe sie nach vorne.
3. Sprenge die Kabinenhaube ab.
4. Wenn möglich, tauche seitwärts unterhalb der Flügelvorderkante weg.

Der Anlaßvorgang des Triebwerkes Jumo 004 war dem der Triebwerke in der *Me 262* ähnlich. Auch bei diesen Triebwerken war man gehalten, die Leistungshebel sorgsam zu bewegen, um einen Flammabriß zu vermeiden. Für den Start wurden die Klappen auf 25° ausgefahren; das Bugrad konnte bei 180° km/h von der Piste abgehoben werden, und das Flugzeug selbst hatte bei 200 km/h genügend Strömung anliegen. Bei zunehmender Geschwindigkeit mußte die Höhenrudertrimmung betätigt

Die *Ar 234 B-1/b* (Werk-Nr. 140312) wurde 1945 zu Erprobungszwecken nach Wright Field, USA, überführt. Diese Maschine wurde dem Vernehmen nach in Saalbach erbeutet und gehörte wahrscheinlich zum Bestand der 1. Staffel der Fernaufklärungsgruppe 110, die während der letzten Kriegstage Aufklärungseinsätze für die Luftflotte geflogen hat.

werden, um die Geschwindigkeit vor dem Einfahren des Fahrwerkes und der Klappen nicht zu schnell werden zu lassen. Das Trimmsystem war insofern neuartig, als einmal eine Trimmanzeige im Cockpit eingebaut war, und zum anderen der Bedienungshebel am oberen Ende einen Drehgriff aufwies. Die Trimmung wurde für den Start auf »Neutral« gestellt, die Anzeige zeigte dabei nach vorne, also auf kopflastig; sobald die Geschwindigkeit zunahm, wurde weiter nach vorne getrimmt.

Die Startstrecke war lang. Die Sicherheitsgeschwindigkeit bei Ausfall eines Triebwerkes betrug 225 km/h. Bei dieser Geschwindigkeit würde zwar das Flugzeug kurvend ausbrechen, jedoch nicht heftig. Und wenn man innerhalb von zwei Sekunden gegensteuerte, konnte das Flugzeug ohne Höhenverlust geradegehalten werden. Diese Problemlosigkeit im Verhalten der Maschine bei Ausfall eines Triebwerkes stand im Gegensatz zu demjenigen der *Me 262.* Die Klappen wurden bei 250 km/h eingefahren. Die anfängliche Geschwindigkeit für das Steigen betrug 400 km/h. In einer Höhe von 8000 Metern wurde diese Geschwindigkeit auf 380 km/h zurückgenommen, um die günstigste Steiggeschwindigkeit zu erreichen. Die anfängliche Steiggeschwindigkeit betrug 12,7 m pro Sekunde, in 3000 Metern 9,14 m pro Sekunde und 5,08 Meter pro Sekunde in 6000 Metern Höhe. Diese Werte waren für einen Aufklärer/Bomber des Herstellungsjahres 1945 sicherlich ausgezeichnet, jedoch war es mehr die Spitzengeschwindigkeit von 765 km/h, die ihm den treffenden Beinamen ›Blitz‹ eingebracht hatte. Wenn man sich die relative Sicherheit unseres Schnellbombers ›Mosquito‹ über Deutschland vor Augen hält, dann wird einem die ganze Bedeutung dieser weit höher liegenden Werte des deutschen Bombers erst richtig bewußt. Die *Ar 234 B* ließ sich in großen Höhen wundervoll steuern, die Stabilität um alle drei Achsen war gut und die Abstimmung der Ruder aufeinander ausgezeichnet. Diese Eigenschaften, gepaart mit den ungewöhnlich guten Sichtverhältnissen aus der Kanzel, machten die *Ar 234 B* zu einer erstklassigen Plattform sowohl in der Aufklärer- als auch in der Bomberrolle. Nicht jede *Ar 234 B,* die aus der Fertigung kam, hatte jedoch so ausgezeichnete Flugeigenschaften, denn die Qualitätskontrolle litt unter den ständigen Bombenangriffen der Alliierten ganz erheblich. So waren zum Beispiel die extrem spitz zulaufenden »Frise-Ruder« sehr anfällig für Montagefehler und konnten zu erheblichen Störungen in Form von heftigen Querruderschwingungen, begleitet von heftigen seitlichen Ausschlägen des Knüppel, führen. Joachim Carl berichtete mir, daß es ihm unmöglich gewesen sei, die verantwortlichen Männer in der Produktion dahin zu bringen, mit höherer Genauigkeit und geringeren Toleranzen fertigen zu lassen. So waren bis zu 10 Nachflüge nötig gewesen, um die Querruder nachträglich zu justieren. Wie alle damaligen Turbinenflugzeuge litt die *Ar 234 B* unter unkontrollierbaren Giererscheinungen, und häufig wurde dieses Phänomen durch schlecht ausgeführte Arbeit im Seitenruderbereich verstärkt, da die Seitenruder je nachdem dicker oder dünner als das Seitenflossenprofil ausfielen. Arado nahm diese Sache nicht so ernst wie Messerschmitt, der damals dasselbe Problem bei der *Me 262* aus der Welt zu schaffen hatte. Messerschmitt löste das Problem einfach dadurch, daß die Seitenruderscharniere auf der einen

Diese Aufnahme der auf der linken Seite bereits vorgestellten *Ar 234 B-1/b* unterstreicht die aerodynamisch vollkommene Linienführung, die den Arado-Konstrukteuren mit dieser Maschine gelungen ist. Sie ist der erste reine Turbinenbomber der Luftfahrtgeschichte.

oder anderen Seite etwas außerhalb von ihrer ursprünglichen Position angebracht wurden, oder dadurch, daß Ausgleichsgewichte oder Trimmkanten in der entgegengesetzten Richtung verändert wurden. Deutsche Versuchsflieger haben die Flugeigenschaften der *Ar 234 B* in hohen Unterschallbereichen nicht ausreichend genug erflogen. Obwohl die normale Einfliegerei bei einem Sturzflug aus 3000 Metern Geschwindigkeiten bis zu 850 km/h ergeben hatte, wurde weiterhin nur in geringen Höhen experimentiert. Dabei konnte man nicht in diese Geschwindigkeitsbereiche eindringen, bei denen die sogenannten Kompressibilitätseffekte aufgetreten wären. Der schallnahe (transsonische) Bereich war daher von uns im RAE in der *Ar 234 B* erstmalig zu erfliegen. So war mir das Glück zuteil, eine Serie von Sturzflügen aus einer Höhe von mehr als 9000 Metern zu diesem Zwecke vorzunehmen. Die *Ar 234 B* beschleunigte entgegen unseren Erwartungen ziemlich langsam aus der höchst möglichen Marschgeschwindigkeit, so daß ein Sturz mit 30° Bahneignungswinkel nötig war, um die Zone der Kompressibilitätseffekte zu erreichen, ehe man in zu tiefe Regionen herabgestürzt war, wo man sie auf Grund der hohen Luftdichte nicht mehr erreichen konnte. Bei Mach 0,7 wurde das Flugzeug kopflastig, und eine gewisse Weichheit des Höhenruders setzte ein. Diese Effekte verstärkten sich bis zu einer Geschwindigkeit von Mach 0,82.[1)] Bei dieser Geschwindigkeit mußte man den Knüppel voll nach hinten ziehen, um den eingenommenen Sturzwinkel überhaupt zu halten. Mit sinkender Höhe und damit sinkender Eigengeschwindigkeit auf Grund des Luftdichteeffektes war es dann möglich, den Sturz abzufangen. Als Aufklärungs- und Bombenflugzeug konnte deshalb die *Ar 234 B* eine Einsatzgeschwindigkeit von Mach 0,75 in geringen Höhen fliegen, in 9150 Metern waren es dann Mach 0,72. Das waren Geschwindigkeiten, die über denen der alliierten Jagdflugzeuge von 1944 bis 1945 lagen, und somit die *Ar 234 B* also praktisch im Einsatz unverwundbar machten. Am unteren Ende ihres Geschwindigkeitsspektrums zeigte sie äußerst angenehme Eigenschaften. Beim Strömungsabriß fiel die Nase träge und weich nach vorne durch. Die Strömung riß in der Landekonfiguration bei einer Geschwindigkeit von 180 km/h ab. Das Landen selbst war sehr einfach, konnte man doch durch die Kabinenverglasung auch nach vorne unten sehen. Allerdings bildeten sich manchmal Kondensationströpfchen an der Verglasung, und dabei kam ich mir ein- bis zweimal vor, als säße ich in einem undurchsichtigen Goldfischaquarium. In dieser Situation half nur eins: Sofort auf Instrumentenflug umzuschalten, ›Gase rein‹, um im Tiefflug den Feuchtigkeitsfilm von der Cockpitverglasung abzutrocknen. So etwas durfte einem nicht in schlechtem Wetter oder bei niedrigem Treibstoffpegel passieren. Jedoch hatten alle deutschen Turbinenflugzeuge ein wirksames und starkes Heizungssystem. Nachdem ich herausgefunden hatte, daß man damit eine ziemlich stickige Luft in die Kabine bekam, habe ich sie nie ganz aufgedreht. Dies mag dazu beigetragen haben, daß ich in derartige Schwierigkeiten überhaupt erst geraten war. Das Fahrwerk wurde bei höchstens 400 km/h und die Landeklappen bei 320 km/h auf 25° ausgefahren. Am besten war es, die Klappen auf 45° auszufahren und mit 280 km/h am Stau auf den Endanflug einzukurven. Der Endanflug selbst wurde mit 210 km/h geflogen. Vor dem Aufsetzpunkt nahm man das Gas langsam auf Leerlauf (4000 U/min) zurück, um die Flugplatzbegrenzung mit ungefähr 200 km/h zu überfliegen. Die Ausrollstrecke war ziemlich lang, da die sehr schlechten Bremsen mit zunehmendem Gebrauch immer mehr nachließen. Deshalb mußten sie praktisch während der gesamten Ausrollstrecke gedrückt werden. Alle Versionen der *Ar 234* verfügten über einen Bremsschirm, mit dessen Hilfe die Ausrollstrecke halbiert werden konnte. Obwohl ich meine Hand beinahe bei jeder Landung am Auslösehebel hatte, benutzte ich diese Einrichtung nur ein einziges Mal.

VON SOLA NACH FARNBOROUGH

Ich gewann ungleich mehr Erfahrung mit der *Ar 234 B* auf den Überführungsflügen als während richtiger Versuchsfliegerei. Unsere Truppen hatten in Sola bei Stavanger (Norwegen) eine ganze Staffel, die nur mit *Ar 234 B* ausgerüstet war, erbeutet, und mir war der Auftrag erteilt worden, diese Maschinen von Norwegen nach Großbritannien zu überfliegen. Zu diesem Zwecke benutzte ich eine Siebel *Si 204 D* als Verbindungsflugzeug und mobile Werkstatt zugleich, in der sich alle metrischen Werkzeuge, Öle und Fette, Ersatzteile und dergleichen befan-

[1)] Mach 1 bei 15° C = 333 m/sec = 1198 km/h; Mach 0,82 = 982 km/h

den, die ich vermutlich für meine Überführungsflüge brauchen würde. Mit einem zweiten Flugzeugführer, der die *Si 204* zwischen Sola und Schleswig hin und her fliegen mußte, während ich die Arados von dem einen zu dem anderen Stützpunkt überführte, machte ich mich auf den Weg. In Sola angekommen, wurde mir klar, daß meine Arbeit die Unterstützung von Fachleuten verlangte. Deshalb suchte ich zwei deutsche Feldwebeldienstgrade von der Flugzeuginstandsetzung aus und belegte einen Hauptmann der Luftwaffe, der in Sola die gesamten Werkstattflüge zu Zeiten, als die Luftwaffe hier noch Herrin im Hause gewesen war, durchzuführen hatte, mit Beschlag. Sie nahmen ihre neue Rolle als etwas Unausweichliches auf, waren jedoch deshalb willig, weil ihr Schicksal als meine Gehilfen bei weitem angenehmer war als das ihrer Kameraden in den Kriegsgefangenenlagern. Ursprünglich wollte ich den Hauptmann nur in beratender Funktion mitwirken lassen, dann kam jedoch bald der verführerische Gedanke, ihn auf der Überprüfungsroute selbst fliegen zu lassen. Das barg insofern Risiken in sich, als das neutrale Schweden nicht weit weg war und zu einem kurzen Flug in die Freiheit förmlich einlud. Nach Abwägen aller Vor- und Nachteile entschied ich mich dafür, das Risiko dadurch klein zu halten, daß ich immer genau hinter ihm herflog. Dabei gab ich ihm laufend mittels Sprechfunk die Kurse und Höhen durch, welche gerade zu fliegen waren und versicherte mich stets genau, daß er kein Kartenmaterial mit an Bord hatte. Außerdem machte ich ihm klar, daß ich ihn von hinten rammen würde, falls er vom vorgeschriebenen Kurs abwiche. Da er die *Ar 234 B* genau kannte, mußte ihm meine Drohung, ihn zu rammen, ziemlich albern erschienen sein, da ich bei einem Rammversuch in der fast gänzlich verglasten Kabine selbst am meisten gefährdet sein würde. Vielleicht dachte er aber auch, daß ich wirklich eine Neigung zum ›Kamikaze‹ in mir trug. In Wirklichkeit lief alles wie am Schnürchen, und der Auftrag war bald ausgeführt. Nur das Wetter zwang uns zu Zwischenlandungen in Grove. Nachdem alle Arados in Schleswig eingeflogen worden waren, waren sie als nächstes nach Farnborough zu überführen über Melsbroek/Brüssel. Falls das Wetter es erforderte, war eine Zwischenlandung in Melsbroek und Brüssel vorgesehen. Auf dieser Strecke ließ ich meinen »Luftwaffenhelfer« an meiner Fläche im Verband fliegen, hatte jedoch noch immer keine Neigung, ihn mit Kartenmaterial zu versorgen. Am 3. Oktober 1945 sind wir

Von oben nach unten: Der zweite Prototyp der B-Serie, die *Ar 234 V10*, wurde vermutlich zur Erprobung sowohl der Bombenzielanlage *BZA 1* als auch der Visiereinrichtung *PV 1B* eingesetzt.

wieder einmal von Schleswig um 17.15 Uhr losgeflogen; die Wettervorhersage war für die Strecke gut. Da es spät am Nachmittag war, beschlossen wir, die Strecke nach Brüssel im Tiefflug zurückzulegen, was ungefähr eine Stunde in Anspruch nehmen würde. Unsere Flugdauer betrug in dieser Höhe bei hoher Geschwindigkeit eine Stunde und zwanzig Minuten, und Dämmerungszeit war in Brüssel um 18.45 Uhr. Unsere Flugroute führte uns nach Süden, entlang der Ostküste der Zuider-See; und als wir deren Südküste erreichten, gerieten wir in Seenebel. Ich schaltete sofort meine Positionslichter an den Flächenenden ein und konnte feststellen, daß mein Hauptmann noch an meiner Fläche hing. Deshalb leitete ich

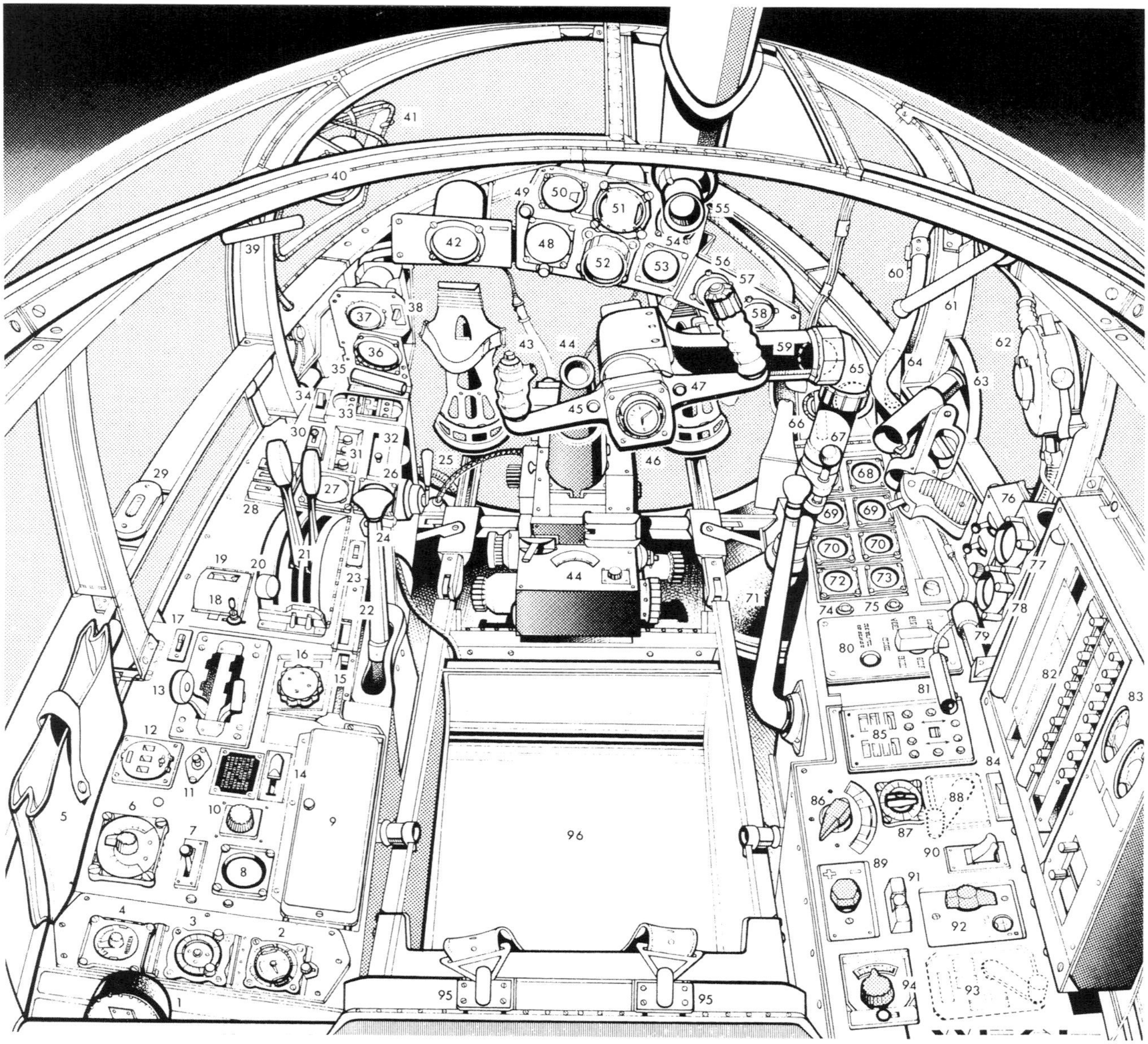

Arado Ar 234 »Blitz« Führerraum:

1 Fahrwerkswarnhorn
2 Kontakthöhenmesser
3 Höhenkorrekturgeber
4 Windkorrekturgeber
5 Kartentasche
6 Fahrtkorrekturgeber
7 Schubdüsenverstellung
8 Außentemperaturanzeige
9 Behälter für Navigationsunterlagen
10 Regler für Kanzelbeleuchtung
11 Schalter zur Absprengung der Starthilferaketen
12 Wahlschalter für Starthilferaketen
13 Brandhähne
14 Übersteuerung für Schubdüsenverstellung
15 Anzeige für Höhenflosseneinstellung
16 Seitenrudertrimmrad und -anzeige
17 Wahlschalter für Kraftstoffzusatztank
18 Zündschalter
19 Zündungswarnanzeige
20 Reibungssperre für Leistungshebel
21 Leistungshebelführung
22 Höhenflossentrimmhebel
23 Schalter für einziehbare Landescheinwerfer
24 Nothauptsicherung (durch 22 teilweise verdeckt)

25 Regler für Heizungsanlage
26 Hydraulikdruckanzeige (durch 22 teilweise verdeckt)
27 Kreiselüberwachungsanzeige
28 Wahlschalter für Kurssteuerung (Höhen-, Seiten-, Querruder)
29 Dosenlibelle
30 Zielflugschalter
31 Landeklappenverstellung (drei Rasten)
32 Fahrwerkshebel
33 Fahrwerks- und Landeklappenanzeigegerät
34 Kreiselaufrichtung
35 Hebel zur Bremsschirmauslösung
36 künstlicher Horizont
37 Tochterhorizont (mit Anzeige für Steiggeschwindigkeit)
38 Hauptschalter für Dreiachsen-Kurssteuerung
39 Bremsschirmabwurfhebel
40 Notmagnetkompaß (durch Kanzelrahmen teilweise verdeckt)
41 Seitenfenster (Schlechtwetterfenster)
42 Anzeige für Abgasdruck
43 Bombenauslöseknopf am linken Steuerhorn
44 Lotfe 7 K-Bombenzielgerät
45 Knopf für Borduhrbeleuchtung
46 Borduhr
47 FuG 16 ZY (Sende-/Empfangsgerät)-Sendeknopf
48 Fein-/Grobhöhenmesser
49 Anzeige für Staurohrheizung
50 Fahrtmesser
51 Wendehorizont
52 Führertochterkompaß
53 FuG 16 ZY (AFN 2) Zielfluganzeiger
54 Variometer (teilweise durch Periskop verdeckt)
55 Periskop RF 2 C, als Visier und Rückspiegel ausgelegt
56 Drehzahlmesser, linkes Triebwerk
57 Kurswähler für Kurssteuerung (am rechten Teil des Steuerhorns)
58 Drehzahlmesser, rechtes Triebwerk
59 Einspritzdruckanzeige, linkes Triebwerk
60 Sauerstoffschlauch
61 Hebel für Kanzeldachabsprengung
62 Sauerstoffregler (Membranlunge)
63 Halterung für Signalpistole
64 UV-Kanzelbeleuchtung
65 Einspritzdruckanzeige, rechtes Triebwerk
66 Bombenabwurfhebel (teilweise von der Steuersäule verdeckt)
67 Freigabehebel für Steuersäule
68 Schmierstoffdruckanzeige (rechtes Triebwerk)
69 Triebwerkstemperatur- und Feuerwarnanzeige für linkes und rechtes Triebwerk
70 Abgastemperaturanzeige (linkes und rechtes Triebwerk)
71 Hydrauliknotpumpe (handbetrieben)
72 Vorratsmesser für vorderen Rumpfkraftstofftank
73 Vorratsmesser für hinteren Rumpfkraftstofftank
74 Reststands-Warnleuchte für vorderen Rumpfkraftstoffbehälter
75 Reststands-Warnleuchte für hinteren Rumpfkraftstoffbehälter
76 Schaltbrett für Riedel-Startermotor
77 Sauerstoffdruckanzeiger
78 0_2-Wächter
79 Schalter für Sauerstoffsystem
80 Bombenzünderschaltkasten (ZSK 245)
81 UV-Kanzelbeleuchtung
82 Hauptschaltkasten für die Flugzeugelektrik
83 Voltmeter
84 Schalter für die Positionslichter (teilweise verdeckt)
85 Bombenabwurfwahlschaltkasten (ASK 234)
86 Notausfahrschalter für Landeklappen und Fahrwerk (hydraulisch)
87 Frequenzschalter für FuG 16 ZY
88 Bedienhebel für die Rumpfkameraabdeckung (in der Bomberversion nicht eingebaut)
89 Fern-/Nah-Relais-Bedienung für FuG 16 ZY
90 FuG 16 ZY Feinabstimmung
91 FuG 25 A-Sprengschalter (zur Zerstörung des Geräts)
92 Bedienschalter für FuG 25 A
93 Kamerabedienpult (für die Bombervariante nicht vorgesehen)
94 Lautstärkenregler und Zielflugschalter für FuG 16 ZY
95 Schultergurtverankerung
96 Führersitz

---

eine leichte Kurve ein, um auf Gegenkurs zu kommen, da nichts dafür sprach, daß das Nebelgebiet vor uns sich wieder auflösen würde. Außerdem war ich nicht sicher, daß mein germanischer Gefährte Nachtverbandsflugspraxis besaß. Diese Ungewißheit war mehr als berechtigt, denn als ich aus der Nebeldecke nach oben durchgestoßen war, war die andere Arado nicht mehr bei mir. Ich kreiste ein paar Male und suchte vergeblich den Himmel nach meinem Rottenflieger ab, als mir plötzlich dämmerte, daß ich gar nicht mehr genug Treibstoff bei mir hatte, um zurück nach Schleswig zu kommen. Das einzige, was mir überigblieb, war zu versuchen, auf den Fliegerhorst Nordholz in der Nähe Cuxhavens zu gelangen. Die Piste dort war lang genug für die Arado, aber die Strecke dorthin war doch noch ziemlich weit. Da half nur ein Mittel: Eines der Triebwerke abstellen und darauf hoffen, daß Nordholz noch klares Wetter hat. Sollte ich Nordholz verfehlen oder nicht anfliegen können, dann konnte ich vielleicht noch mit Hängen und Würgen Schleswig erreichen. Diese Entscheidung brachte jedoch neue Probleme mit sich, und zwar insofern, als ich mit nur einem laufenden Triebwerk auch nur mit relativ geringer Geschwindigkeit vorwärtskam, und damit war es unwahrscheinlich, daß ich vor Anbruch der Nacht, also vor 18.30 Uhr nach Nordholz kommen würde. Zum anderen war das zerschossene und zerbombte Nordholz weder von einem Verband belegt noch für den Nachtflug ausgerüstet. Es war eine Angelegenheit auf Biegen und Brechen geworden. Auf jeden Fall schaltete ich zunächst einmal das eine Triebwerk ab und konzentrierte mich darauf, Cuxhaven an der Küste der Helgoländer Bucht so genau wie möglich anzufliegen. Endlich erreichte ich die Küste, das Wetter war klar, die Nacht war jedoch, da es schon 18.30 Uhr geworden war, bereits hereingebrochen, und demzufolge konnte ich den Flugplatz nicht ausfindig machen. In diesem kritischen Augenblick bekam ich Hilfe von unerwarteter Seite – zwei Suchscheinwerfer zerschnitten den Himmel, trafen sich ganz in der Nähe meines Flugzeuges, neigten sich dann in einer Serie von Kreisbögen, die immer in dieselbe Richtung ausliefen. Es war ganz offensichtlich, daß diese Lichter mir den Weg nach Nordholz wiesen, dessen Landebahn ich dann auch im Scheinwerferlicht gewahr wurde. Ein kurzer Blick auf meine Treibstoffanzeige machte mir klar, daß der Weg nach Schleswig abgeschnitten war. Es gab also nur Nordholz oder gar nichts. Nach Abwägen aller Für und Wider kam ich zu dem Entschluß, eine Landung mit nur einem laufenden Triebwerk nicht zu versuchen, denn die Piste war nicht beleuchtet. Außerdem konnte der Fall eintreten, daß ich zwei, drei Anflüge brauchte, bis ich mein Flugzeug in Landebahnverlängerung zum Endanflug würde absetzen können – wenn ich überhaupt soweit kommen würde. Glücklicherweise war das Anlaßverfahren der Triebwerke in der Luft verblüffend einfach – im Gegensatz zum Verfahren am Boden. Bei etwa 350 km/h stabilisierte sich die Umdrehungszahl der Turbine bei ungefähr 1200 Umdrehungen pro Minute. – Ich schaltete die Zündung ein, dabei blieb der Leistungshebel noch auf »Aus«, der Brandhahn war geschlossen. Sobald die Umdrehungszahl der Turbine um 2200 Umdrehungen pro Minute lag, öffnete ich den Brandhahn und schob den Leistungshebel behutsam nach vorne in die Leerlaufstellung. Drehte das Triebwerk nun um die 4000 Umdrehungen pro Minute, schaltete man die Zündung aus. Soweit so gut. Weitere Bewegungen des Leistungshebels nach vorne ergaben jedoch nicht mehr Umdrehungen. Bis dahin hatte mich das Ganze einigen Schweiß gekostet, und nun war ich dabei, mich auf das Ende des Dramas vorzubereiten, als ganz plötzlich zwei Scheinwerferpaare auf jeder Seite der Piste aufleuchteten und so etwas wie eine Beleuchtung des Aufsetzpunktes zustande brachten. Mit einem Stoßgebet auf den Lippen flog ich in die Platzrunde, kurvte auf den Endanflug ein und war entschlossen, aus dem ersten Anflug zu landen. Alles ging glatt, ich setzte genau in dem beleuchteten Abschnitt auf. Als ich jedoch über die beleuchtete Fläche hinaus war und in die Dunkelheit schoß, konzentrierte ich mich ganz darauf, während des Bremsens meine Ruderpedale peinlich genau auf »NEUTRAL« zu halten, gleichzeitig zog ich den Bremsschirmhebel. Ich atmete auf, als das Flugzeug langsam zum Stehen kam. Die Jeeps, die mir »heimgeleuchtet« hatten, überholten mich jetzt, und ihre Fahrer forderten mich auf, ihnen zu folgen. Die Treibstoffvorräte zeigten noch 120 Liter an, so daß es selbst kaum mehr zu ausgedehnten Rollmanövern gereicht haben würde.

Im warmen gemütlichen Offizierskasino stellte sich dann heraus, daß eine Einheit der United States Army Air Force (USAAF) mich mit der »Landebahn-Notbeleuchtung« versorgt hatte, nachdem eine britische Marineeinheit aus Cuxhaven angerufen hatte. Diese Marine-Einheit hatte meine Abgasflammen entdeckt und von sich aus darauf geschlossen, daß ich in Not sei. Mit bewundernswerter Initiative haben sie mir durch ihre Suchscheinwerfer den Weg nach Nordholz gewiesen. Gleich am darauffolgenden Tage bedankte ich mich bei meinen Rettern in Cuxhaven. Daraufhin wurde ich von der USAAF nach Schleswig geflogen.

In Schleswig unternahm ich gleich Nachforschungen über das Schicksal der anderen Arado. Ich konnte jedoch zunächst nichts erfahren, bis ich dann spätnachmittags von einer britischen Heereseinheit in Holland angerufen wurde und von dieser erfuhr, daß das Flugzeug auf einem kleinen Flugplatz namens Eelde gelandet war, der Flugzeugführer von den Holländern gefangengenommen worden war und die Holländer ihn nicht wieder hergeben wollten. Am nächsten Morgen setzte ich mich in einer ›Oxford‹ nach Eelde in Marsch. Als ich die Arado sah, traute ich meinen Augen nicht. Die *Ar 234 B* war auf einem Grasflugplatz gelandet, der über und über mit Bombentrichtern übersät war. Es war klar, daß sie aus diesem Platz nicht mehr herausgeflogen werden konnte. Der Hauptmann erzählte mir, daß er, nachdem er mit mir die Verbindung verloren hatte, über die Zuider-See nach Norden abgedreht war, in der Hoffnung, auf diese Weise wieder Bodensicht und damit Orientierung zu erlangen. Dabei wurde ihm klar, nicht anders als mir übrigens, daß ihn die Dunkelheit schnell einholen würde. Nachdem er dann das pockennarbige Grasfeld von Eelde unter sich entdeckt hatte, entschied er sich kurz entschlossen zur Landung bei Tageslicht. Dabei steuerte er sein Flugzeug auf einer geraden Linie, die er als unversehrt ausgemacht hatte, zwischen den ganzen Bombentrichtern hindurch. Auf dem kurzen Rollfeld kam ihm der Bremsschirm dabei sehr zustatten. Er war mir sehr viel mehr dankbar dafür, daß ich ihn aus dem holländischen Gewahrsam befreit hatte, als über meine Glückwünsche zu der bemerkenswerten Landung.

Es bestand keinerlei Hoffnung, die *Ar 234 B* aus Eelde herauszubekommen. Die prächtigen Holländer waren entzückt, ein intaktes Flugzeug auf ihrem Boden zu haben.

Links und unten: Die *Ar 234 B-1* ›Blitz‹ (Werk-Nr. 121443), aufgenommen während der Flugerprobung durch die US-Navy auf dem Testgelände von Patuxent River.

Ich entschloß mich dazu, die Arado, die ich in Nordholz zurückgelassen hatte, dort herauszufliegen. Ich kam also am 25. Oktober mit meinem deutschen Wartungsteam nach Nordholz zurück und war am nächsten Nachmittag bereit, die Maschine aus dem relativ kurzen Flugplatz herauszufliegen. Natürlich kam ein Start mit vollen Treibstofftanks nicht in Frage. Wind- und Temperaturwerte mußten günstig sein, um gar einen Start mit halbvollen Tanks zu gestatten. Die Jahreszeit und Windverhältnisse waren glücklicherweise so, daß ein solcher Versuch erlaubt schien; aber lange zögern durfte ich damit nicht. Am 27. Oktober ergaben dann alle Berechnungen Werte, die einen Start als möglich erscheinen ließen. Aber auch mit halber Treibstoffzuladung war das immer noch eine kitzlige Angelegenheit. Ich berechnete die Startrollstrecke, bis zu welcher mein Bugfahrwerk vom Boden abgehoben haben mußte, wenn ich den Flugplatzbegrenzungszaun überfliegen wollte. Daraufhin postierte ich einen deutschen Feldwebeldienstgrad an dem vorausberechneten Punkt und einen anderen etwa 45 Meter weiter. Dem ersten trug ich auf, sich sofort platt auf den Boden zu legen und den Arm zu heben, wenn das Bugfahrwerk vom Boden frei war. Der zweite sollte nur das Signal beobachten und wiederholen. Sollte mein Bugfahrwerk nicht abgehoben haben, so sollte sich der zweite Feldwebel flach auf die Erde werfen. Ein deutliches Zeichen für das Gelingen oder Nichtgelingen war bei diesem Vorhaben auf jeden Fall nötig. Stand der zweite Feldwebel lediglich still, sollte das bedeuten, daß er das Zeichen des anderen nicht beobachten konnte. Sowohl im letzteren Fall als auch bei Durchgabe eines negativen Zeichens vom ersten wollte ich den Start mit Hilfe der Bremsen, des Bremsschirms und der Kraft eines Stoßgebetes abbrechen. Als ich dann am genau vorausberechneten Punkte mein Bugfahrwerk vom Boden freibekam und die Arme des Deutschen in die Höhe flogen, bemächtigte sich meiner ein Gefühl der Erleichterung.

Die *Ar 234 B* wuchs damit weiter in meiner Hochachtung. Wie sollte nach all meiner positiven Einstellung für diese Schöpfung von Arado eine ganz nüchterne Bewertung des Flugzeuges herauskommen? Ich möchte sagen, daß die Deutschen auch mit diesem Flugzeug eine ausgesprochene überlegene Maschine zu spät und in zu geringer Stückzahl gebaut haben, um mit ihm noch wirksam in den Gang der Dinge eingreifen zu können. Es war ein herrliches und, wie gesagt, überlegenes Flugzeug seiner Zeit, dem überhaupt kein gleichwertiges Gegenstück auf Seiten der Alliierten weit und breit gegenüberzustellen gewesen wäre. So kann ich, ohne Widerspruch fürchten zu müssen, sagen, daß die *Ar 234 B* eine Klasse für sich darstellte.

Die Junkers Ju 88

Es gibt im Englischen eine Redensart, die mir ganz besonders passend für bestimmte Kampfflugzeuge zu sein schien: »Jack of all trades... master of none!« (Frei übersetzt könnte man sagen: »Hans-Dampf-in-allen-Gassen – aber nirgendwo Spitze«). Aber selbst die ältesten derartigen Regeln haben ihre Ausnahme. Und soweit man den Zweiten Weltkrieg in Betracht zieht, so gab es in ihm gleich zwei Ausnahmen von dieser Regel: von de Havilland die überragende ›Mosquito‹ und die genauso herausragende *Ju 88* von Junkers. Das waren zwei Flugzeuge, welche die vielfältigsten Einsatzrollen zu übernehmen hatten, und das auch in allen Bereichen ausgezeichnet taten. Beide Flugzeuge vereinigten in sich ästhetische Schönheit auf der einen und die Aura der todbringenden Waffe auf der anderen Seite. Wenn das in Dessau gebaute Muster auch etwas von der ballerinahaften Eleganz des von Hatfield konstruierten Flugzeuges vermissen ließ, so konnte es das durch seine zweckmäßige Schönheit bei weitem wettmachen.

Beide Flugzeugmuster waren auf eine besondere Art und Weise für alle möglichen Modifikationen, Umänderungen und Anpassungen an besondere Anforderungen geeignet, und das führte zu ihrer »Allgegenwart« auf den verschiedensten Kriegsschauplätzen. Von der Junkers *Ju 88* wurde behauptet, daß sie für lange Zeit das eigentliche Rückgrat der deutschen Luftwaffe während des Zweiten Weltkrieges gewesen sei.

Die Junkers *Ju 88* war ursprünglich nicht als Vielzweckflugzeug entworfen worden – sie wurde 1936 geschaffen, um der Forderung nach einem Schnellbomber gerecht zu werden. Der Entwurf verlangte also keinen Kompromiß zwischen Schnelligkeit und anderen möglichen Einsatzarten, und deshalb läßt sich sagen, daß ihre erhebliche Vielseitigkeit eher Zufälligkeiten als genauester Planung zu danken war. Bei Junkers wollte man unbedingt in diesem Flugzeug die neuesten Erkenntnisse im Zellenbau, insbesondere die neuesten Erkenntnisse der Oberflächenverarbeitung, verwerten, und da die Mitarbeiter in Dessau hiermit noch nicht voll vertraut waren, zog Junkers Ingenieure heran, die in den USA mit der Konstruktion selbsttragender Zellen Erfahrungen gewonnen hatten. Deshalb kann man sagen, daß die Junkers *Ju 88* all ihren Vorgängerinnen, die in den Konstruktionsbüros in Dessau entstanden sind, eigentlich nichts verdankt. Etwas von den ausgezeichneten Möglichkeiten, die in dem neuen Schnellbomber von Junkers schlummerten, wurde im März 1939 offenkundig, als der 5. Prototyp, die *Ju 88 V5*, einen neuen Geschwindigkeitsweltrekord über die geschlossene 1000-km-Distanz bei einer Zuladung von 2000 kg mit durchschnittlich 517 km/h aufstellte. Das war fast genau die Höchstgeschwindigkeit, die der damalige Standardjäger der RAF, die ›Hurricane‹, die damals eben an die Verbände der RAF ausgeliefert worden war, erreichte. Vier Monate darauf schleppte die *Ju 88 V5* dieselbe Ladung über eine Distanz von 2000 Kilometern bei einer durchschnittlichen Geschwindigkeit von 500 km/h. Das waren Werte, die eine Leistung anzeigten, die eigentlich in den Luftfahrtministerien von Paris und London zu nachdenklichen Mienen hätten führen müssen.

Es waren gerade knapp drei Wochen seit Kriegsbeginn vergangen, als dieses Flugzeug seinen ersten Einsatz flog, wenn er auch etwas unglücklich ausfiel – anders als die folgenden.

Am 26. September 1939 startete ein Schwarm von vier *Ju 88 A-1* aus Westerland/Sylt, der zur I./KG 30, der Gruppe des Hauptmanns Helmut Pohle in Jever, gehörte, um eine britische Flottille, bestehend aus den Schlachtschiffen ›Nelson‹ und ›Rodney‹, den Schlachtkreuzern ›Hood‹ und ›Renown‹ sowie dem Flugzeugträger ›Ark Royal‹, zu bekämpfen. Abgesehen von einer Bombe, die die ›Hood‹ streifte, ohne jedoch zu explodieren, blieben alle britischen Schiffe ohne Treffer. Einer der *Ju 88*-Flugzeugführer, der Gefreite Carl Francke, der zufällig Einflieger der *Ju 88* bei der Luftwaffenerprobungsstelle Rechlin/Mecklenburg gewesen war, glaubte gesehen zu haben, daß eine seiner 500-kg-Bomben SC 500 die ›Ark Royal‹ getroffen hatte. Diese Aussage genügte der deutschen Propaganda, die Wunschdenken mit einer übermäßigen Einbildungskraft verband, um daraufhin die Versenkung der ›Ark Royal‹ zu verkünden. Diese Propagandaerfingung brachte Francke sehr in Verlegenheit, der bald darauf wieder seinen Dienst bei der Erprobungsstelle in Rechlin versah.

Nachdem ihr Debüt nicht gerade standesgemäß verlaufen war, zeigte die *Ju 88* doch recht bald, was in ihr steckte, nachdem die Kinderkrankheiten, die ja die Einführungsphase eines neuen Kampfflugzeuges immer begleiten, überwunden waren. Bei dem Junkers-Schnellbomber gab es anfänglich hauptsächlich Schwierigkeiten mit den Sturzflugbremsen, die unterhalb des vorderen Flächenholms angebracht waren. Die Zelle war ohnehin schon stark beansprucht, und durch die Betätigung der Sturzflugbremsen verschlimmerte sich die ganze Situation, so daß in bezug auf Hochgeschwindigkeitsmanöver Geschwindigkeitsbeschränkungen auferlegt werden mußten. So wurden zeitweise alle Kunstflugfiguren mit der *Ju 88* untersagt. Zu jener Zeit waren jedoch Kunstflugmanöver mit einem Flugzeug von der Größe der *Ju 88* ohnehin eine Sensation. Als die *Ju 88* an der Luftschlacht um England teilnahm, waren ihre bedeutenderen Unzulänglichkeiten bereits behoben, und wenn sie auch am Anfang ihrer Einsatzzeit eine etwas unzureichende Abwehrbewaffnung gegen Jäger besaß, so wurde sie von der RAF als das bei weitem gefährlichste Flugzeug ihrer Klasse angesehen.

Ihre Fähigkeiten und Eignungen zum schweren Jäger, auch Zerstörer, wie man damals sagte, wurden schon, ehe sie überhaupt den Bomberverbänden zugewiesen worden waren, als hoch eingeschätzt. Ihre Eignung als kommender Nachtjäger wurde ebenfalls früh erkannt. Das waren zunächst jedoch nichts weiter als akademische Gedankenspiele, da die Verfolgung dieser Ideen nur auf Kosten der dringend benötigten Bomberausführung gegangen wäre.

Tatsächlich haben alle Bomberversionen der *Ju 88* so etwas wie ein Prioritäten-Monopol auf den Fertigungstaktstraßen in Dessau bis zum Jahre 1943 besessen. Erst dann haben operative Erfordernisse die Verlagerung der Produktion auf Flugzeugtypen für die Luftverteidigung dringend erforderlich gemacht.

Glücklicherweise fielen uns zufällig während des Zweiten Weltkrieges mehrere aufeinanderfolgende Serienmodelle der *Ju 88* in die Hände, so daß wir über die Weiterentwicklung dieses Kriegsflugzeuges laufend aus eigener Anschauung unterrichtet waren. Eine *Ju 88 A-1* geriet in mehr oder minder reparaturbedürftigem Zustand während des Sommers 1940 in unsere Hände. Dieses Flugzeug wurde in beschränktem Maße in Farnborough während des nächsten Frühjahres von uns nachgeflogen.

Am 24. Juli 1941 wurde aus Versehen eine *Ju 88 A-6* auf

dem halbfertigen Flugfeld von Lulsgate Bottom in der Nähe von Bristol gelandet, und weniger als vier Monate später landete eine weitere *Ju 88* in Chivenor. Die Flugzeugführer schienen sich mit ihren Navigationsfehlern gegenseitig übertreffen zu wollen. Am 22. Juli 1943 desertierte ein rumänischer Flugzeugführer mit einer neu gelieferten *Ju 88 D-1/Trop* (Tropenausführung) nach Limasol auf Zypern. Ein noch größerer Fang wurde aber zehn Wochen zuvor in Dyce, Aberdeen, gemacht, als am 9. Mai 1943 ein Nachtjäger von der 10./NJG 3 mit einer *Ju 88 R-1* dort landete und eine Maschine mitbrachte, die voll mit dem Radargerät ›Lichtenstein B/C‹ ausgerüstet war.

Aber selbst dieser Fang war noch nicht so wertvoll wie die *Ju 88 G-1* von der 7./NJG 2, die mit einem Radar ›Lichtenstein SN-2‹ sowie einem Radar ›Flensburg‹ ausgestattet und unbeabsichtigt in Woodbridge, Essex, am 13. Juli 1944 gelandet war, nachdem der Flugzeugführer auf dem Weg von einem Nachteinsatz über der Nordsee zum Heimatplatz einem um 180° verkehrten Kompaßkurs gefolgt war.

EINE EINFÜHRUNG MIT PFIFF

Meine erste Begegnung als Flugzeugführer mit der zweimotorigen Junkers, diesmal nicht – wie so oft – ihren Waffen ausgesetzt, sondern in ihrer Kanzel sitzend, hatte ich im Herbst 1943. Ich hatte damals die Gelegenheit, die *Ju 88 A-5* zu fliegen, die inzwischen die britische Kennzeichnung HM 509 trug. Es war ein durch und durch bemerkenswerter Flug.

Dieses Flugzeug war im November 1941 in Chivenor gelandet und war, ehe ich es fliegen konnte, schon durch viele britische Hände gegangen. Es war sogar zu Filmarbeiten in Fowlmere herangezogen worden und zu diesem Zweck wieder mit Luftwaffenemblemen ausgestattet. Als ich in das Cockpit kletterte, war der erste Eindruck der, daß es für vier Besatzungsmitglieder doch ziemlich eng sei, wenn ich auch der Überzeugung war, daß die räumliche Nähe, in der alle vier gemeinsam zu kämpfen hatten, für die Moral in der Kanzel nicht schlecht war. Der Flugzeugführer saß links, der Beobachter und der Bombenschütze etwas rechts unterhalb von diesem, der Bordmechaniker saß Rücken an Rücken mit dem Flugzeugführer, so daß er hinten oben beobachten und schießen konnte, und neben ihm war der Platz des Bordfunkers, der etwas tiefer saß, so daß er bei Bedarf schnell an das Maschinengewehr (MG) in der Bodenlafette gelangen und nach hinten unten sichern konnte. Jedes Besatzungsmitglied hatte also wenigstens ein Maschinengewehr zu bedienen. Ein MG 81, 7,9 mm, war in der rechten Windschutzscheibe eingebaut, mit ihm schoß der Flugzeugführer. Es konnte als starres oder freibewegliches MG benutzt werden. Der Beobachter bediente ein freibewegliches Zwillings-MG 81, der Bordmechaniker feuerte mit einem MG 131, Kaliber 13 mm, nach hinten oben, und der Bordfunker schließlich hatte entweder ein MG 131 oder ein Zwillings-MG 81 zur Verfügung, mit welchem er aus der Bodenlafette nach hinten unten schießen konnte. Da diese Bordwaffen alle einzeln und zudem in verschiedene Richtungen feuerten, konnte eine für den Gegner gefährliche Feuerzusammenfassung nicht zustande kommen.

Meiner kleiner Statur wegen mußte ich den Flugzeugführersitz voll nach oben verstellen und hatte dann immer noch relativ wenig Sicht, vor allem wegen der vielen Metallrahmen, von welchen die Planglasteile der *Ju 88*-Kanzel eingerahmt waren, und die ihr das Aussehen

Die *Ju 88 R-1* (Werk-Nr. 360043), deren Erbeutung im Kasten auf Seite 159 beschrieben ist, nach Entfernung der Radarantennen für das Bordradar ›Lichtenstein‹ BC.

eines Gewächshauses verliehen. Der Sitz ließ sich ebenfalls beträchtlich nach hinten oder nach vorne verstellen, was gegenüber den britischen und amerikanischen Flugzeugen ein beträchtlicher Vorteil war. Diese waren in der Horizontalen starr und hatten gegenüber den Seitenruderpedalen einen Abstand, welcher offenbar nur für Piloten mit Gardemaß berechnet war. Die Anordnung der Instrumente und Bedienungshebel war, verglichen mit denen in der *He 111*, wesentlich übersichtlicher, nur der Leistungshebel war zu weit nach hinten und zu tief angeordnet.

Die Junkers-Motoren Jumo 211 G-1 konnten entweder mittels Kurbel oder aber durch elektrisch betätigte Schwungkraftanlasser gestartet werden. Diese Triebwerke sprangen bemerkenswert leicht an. Ihre Startleistung betrug 1200 PS und 1210 PS in 250 m Höhe bei 2400 U/min. So wie die etwas älteren Triebwerke Jumo 221 B-1 waren auch die Jumo 211 G-1 nur Zwischenlösungen, welche von den stärkeren Jumo 211 J ersetzt werden sollten, die sich tatsächlich durch eine verstärkte Kurbelwelle, ein geschlossenes Laderlaufrad, verbesserte Druck- und Einspritzpumpenregeler, eine Preßwasserkühlung sowie einem Luftansaugstutzen am hinteren Teil auszeichnete. Dieses weiterentwickelte Triebwerk war für die *Ju 88 A-4* vorgesehen. Verzögerungen in der Produktion des Jumo 211 G führten zur Interimslösung der *Ju 88 A-5*, die eine der *Ju 88 A-4* ähnliche Zelle hatte, jedoch mit dem Motor geringerer Leistung versehen war.

Das Rollen ging dank der hervorragenden Bremse sehr gut vonstatten. Man hatte lediglich darauf zu achten, daß die Spornradverriegelung frei war und die Ölkühler voll geöffnet waren. Nachdem man sich zum Start aufgestellt hatte, rollte man ein paar Meter weiter, um das Spornrad in Richtung Flugzeugachse zu bringen, danach wurde es verriegelt. Eine Sperrvorrichtung sorgte dafür, daß das Hydrauliksystem erst zur Verfügung stand, wenn das Spornrad ordnungsgemäß verriegelt war. – Dann wurden die Klappen auf ein Drittel ausgefahren und die Kühlerklappen bis auf ein Drittel ihrer Öffnung zugefahren. Seitenruder- und Querrudertrimmung wurden auf neutral gestellt und das Höhenruder ein wenig kopflastig getrimmt. Wenn beim Start Giermomente auftraten, waren diese durch ausgleichenden Einsatz der Leistungshebel kaum auszumerzen, da die Leistungshebel hierfür einfach an zu ungünstiger Stelle angebracht waren.

Eine *Ju 88 A-6/U* mit FuG 200 ›Hohentwiel‹ (Radar) und Abwurftanks anstelle der Bodenwanne. Diese Version fand vor allem im Seeluftkrieg Verwendung. Die Aufnahme stammt vom August 1945.

Diese *Ju 88 A-6* landete irrtümlicherweise in Lulsgate Bottom. Sie wurde mit der Kennung EE 205 im RAE geflogen. Die Aufnahme aus dem Jahre 1942.

***Ju 88 A-5*, die irrtümlicherweise in Chivenor landete. Die Aufnahme stammt vom August 1942, als die Maschine unter der Kennung HM 509 vom Aircraft and Armament Experimental Establishment (Flugzeugwaffen-Erprobungsstelle) erprobt wurde.**

Wollte man das Seitenruder möglichst schnell betätigen können, mußte man den Knüppel weit nach vorne stoßen, damit das Heck vom Boden freikam. Das Ergebnis dieser Starttechnik war, besonders bei schwerer Beladung, eine ziemlich lange Startstrecke. Die Abhebegeschwindigkeit lag um 130 km/h, und die Sicherheitsgeschwindigkeit für

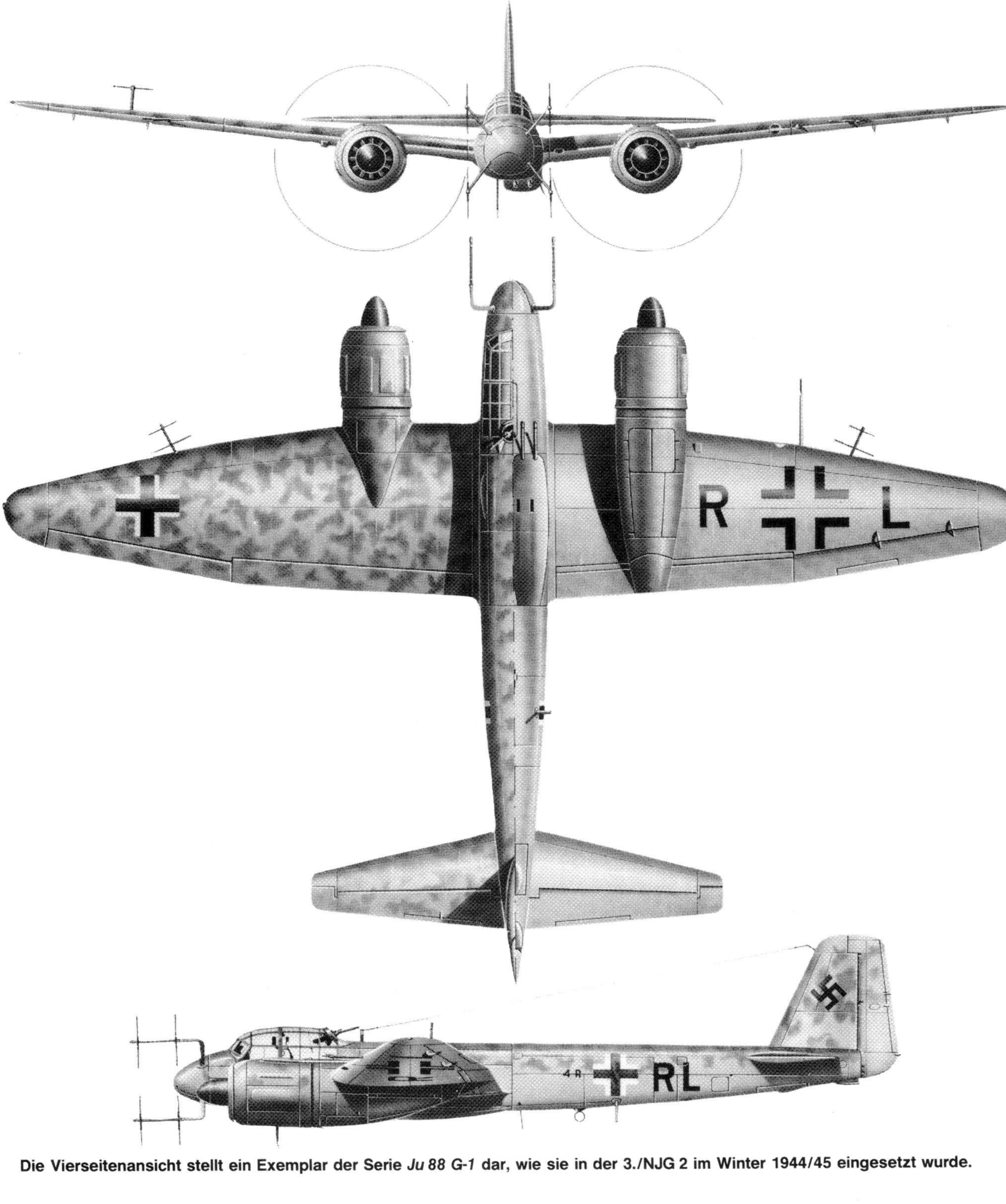

Die Vierseitenansicht stellt ein Exemplar der Serie *Ju 88 G-1* dar, wie sie in der 3./NJG 2 im Winter 1944/45 eingesetzt wurde.

Junkers Ju 88 G-1 Schnittzeichnung:

1 rechtes Positionslicht
2 Profil der Tragflächenspitze
3 Empfangsantenne für Funkmeß-(Radar-)gerät FuG 227 »Flensburg«
4 rechtes Querruder
5 Querrudersteuerkabel
6 Landeklappen Steuerbord
7 Verstrebungen der Klappenverkleidung
8 Flügelrippen
10 Füllkopf
11 Aufbau der Flügelnase
12 Auspuffring
13 Zylinderkopf-Abdeckung
14 verstellbarer Triebwerkshaubennasenring
15 zwölfblättriges Lüfterrad
16 Luftschraubennabenhaube
19 Antenne für Funkmeß-(Radar-)-gerät FuG 220 »Lichtenstein« SN-2
20 Rumpfbug
21 vorderes gepanzertes Schott
22 Kreiselkompaß
23 Instrumentenbrett
24 gepanzerte Windschutzscheibe
25 Klappsitz
26 Steuersäule
27 Seitenruderpedal/Bremszylinder
28 Steuerungskabel
29 gepanzerter Führersitz
30 Schiebefenster
31 Kopfstütze
32 abwerfbarer Teil des Kanzeldaches
33 Feststellhalterung (Zurrung) für das Bordmaschinengewehr
36 Bordfunkausrüstung (FuG 10 P-Kurzwelle; FuG 16 ZY-Ultrakurzwelle; FuG 25-Freund-Feind-Kennungsgerät)
37 Munitionsbehälter für 500 Schuß, Kaliber 13 mm
38 Anzeigegerät für Funkmeß-(Radar-)gerät FuG 220 »Lichtenstein«
39 Anzeigegerät für Funkmeß-(Radar-)gerät FuG 227 »Flensburg«
40 Steuergestängeumlenkung
41 Rumpfspant
42 Kanonenlafette (gepanzert)
43 Antennenmast
44 Füllkopf
45 Peitschenantenne
46 vorderer Kraftstoffbehälter im Rumpf, 480 l
47 Mittelholm und Trennfuge
48 Rumpfspant
49 Füllkopf
50 hinterer Kraftstoffbehälter im Rumpf, 1045 l
51 Zugangsluke
52 Rumpfspant
53 Handdeckel zum Steuergestänge
54 Rumpfversteifungen
55 oberer Längsträger (Oberholm)
56 Wartungssteg
57 Steuergestängeumlenkhebel
58 Längsversteifungen
59 Rumpfspanten
60 Stauraum für Schlauchboot
61 Kraftstoffentlüftungsrohr
62 Mutterkompaß
63 kugelförmige Sauerstoffbehälter
64 Batterie
65 Lagerplatten für Höhenflossenlagerung
66 rechte Höhenflosse
67 Höhenflossenausgleich
68 Antenne
69 rechtes Höhenruder
70 Höhenrudertrimmklappe
71 vorderer Seitenflossenholm/Anschlußpunkt zum Rumpf
72 Seitenflossenaufbau

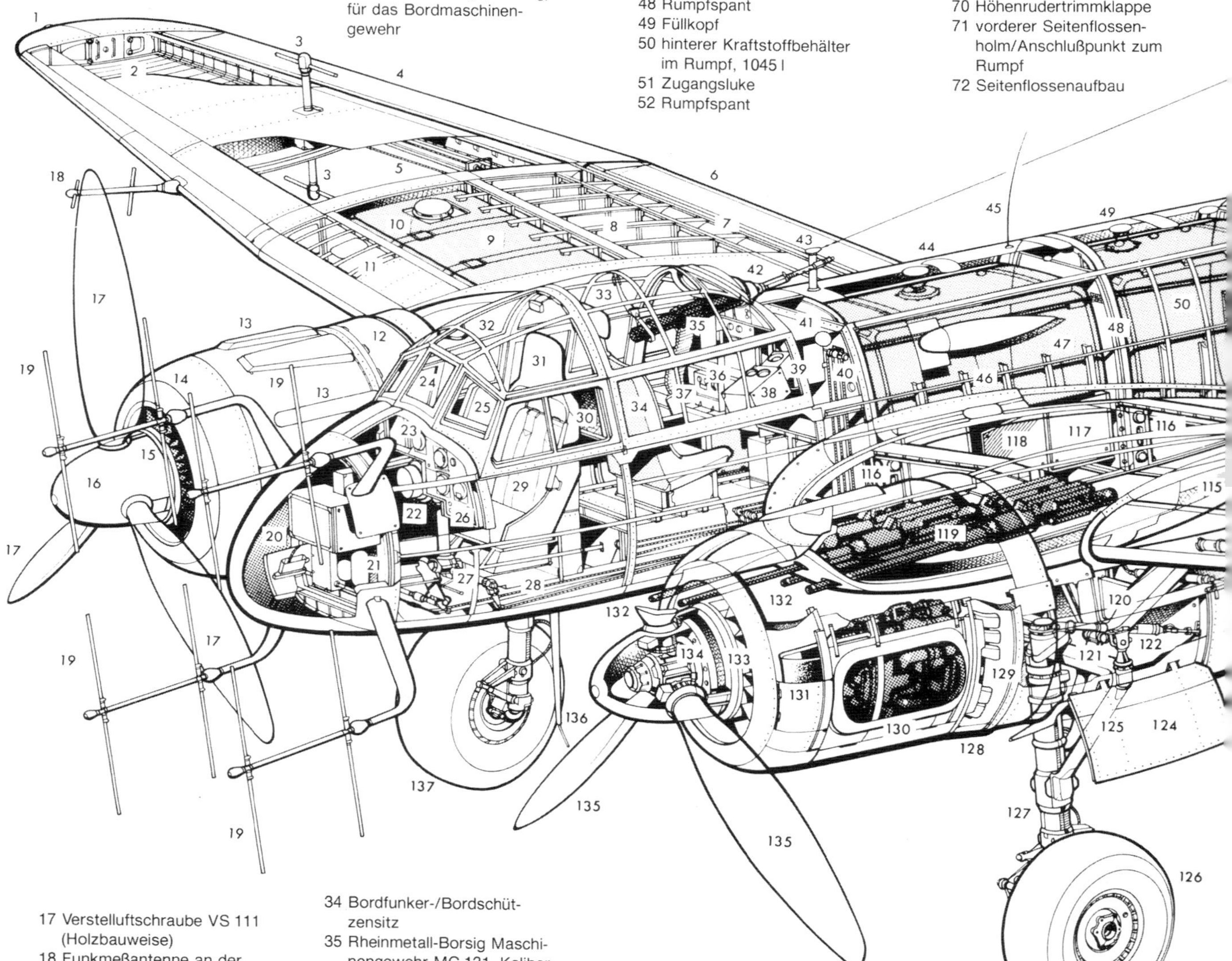

17 Verstelluftschraube VS 111 (Holzbauweise)
18 Funkmeßantenne an der Flügelnase
34 Bordfunker-/Bordschützensitz
35 Rheinmetall-Borsig Maschinengewehr MG 131, Kaliber 13 mm

73 Seitenruderfedersteuerung
74 hinterer Seitenruderholm
75 Seitenruderausgleichsgewichte
76 oberes Seitenruderscharnier
77 Seitenruder/oberer Teil
78 Handgriff zu Inspektions-/Wartungszwecken
79 Seitenruderaufbau
80 hinterer Seitenflossenholm/Rumpfanschluß
81 Seitenruder/unterer Teil
82 hinteres Positionslicht
83 Höhenrudertrimmklappe
84 Höhenruder
85 Höhenruderausgleich
86 Antrieb für Höhenrudertrimmklappe (zugleich Abfangautomatik)
87 heizbare Höhenflossenvorderkante
88 Notsporn/Kraftstoffschnellablaß-Austrittsöffnung
89 Spornradklappe
90 Spornrad-Einziehstrebe
91 Stoßdämpfer/Federbein
92 Kotflügel
93 Spornrad
94 Zugangsklappe
95 Stabantenne
96 Peilrahmen
97 unterer Längsträger/Unterholm
98 Triebwerksverkleidung
99 linke Landeklappe
100 Anschluß für äußeren Tragflächenteil
101 Querrudersteuerung
102 Querrudertrimmklappe (nur links)
103 Querruderscharniere
104 hinterer Flächenholm
105 linkes Querruder
106 linkes Positionslicht
107 FuG 101a-Höhenmesserantenne
108 Tragflächenaufbau
109 Funkmeß-(Radar-)antenne
110 Staurohr
112 Landescheinwerfer
113 hinterer Brandspant im Hauptfahrwerkschacht
114 linker äußerer Kraftstoffhauptbehälter, 415 l
115 Rumpfkanonenbehälter (nach links versetzt)
116 Kugelgelenk-Anschluß Fläche/Rumpf
117 linker innerer Kraftstoffbehälter, 425 l
118 Vollgurtkasten für Maschinenkanone MG 151 (200 Schuß/Kanone)
119 Mauser Maschinenkanone MG 151/20 (4 Stück)
120 Einziehknickstrebe für Hauptfahrwerk
121 Fahrwerksschwenkstoßstange
122 Stoßstange für Fahrwerksklappe
123 Hauptfahrwerksklappe (hinterer Teil)
124 Hauptfahrwerksklappe (vorderer Teil)
125 Fahrgestellfederbeinrahmen
126 linkes Laufrad
127 Federbein
128 Auspuffring
129 Auspuffstutzen
130 luftgekühlter Doppelsternmotor BMW 801 D (aus Gründen der Übersichtlichkeit teilweise verdeckt)
131 ringförmiger Schmierstofftank
132 Kanonenmündungen (um 5° geneigt)
133 zwölfblättriges Lüfterrad
134 Luftschraubenverstellung
135 aus Holz gefertigte Verstelluftschraube VS 111
136 Antenne für FuG 16 ZY
137 rechtes Hauptrad

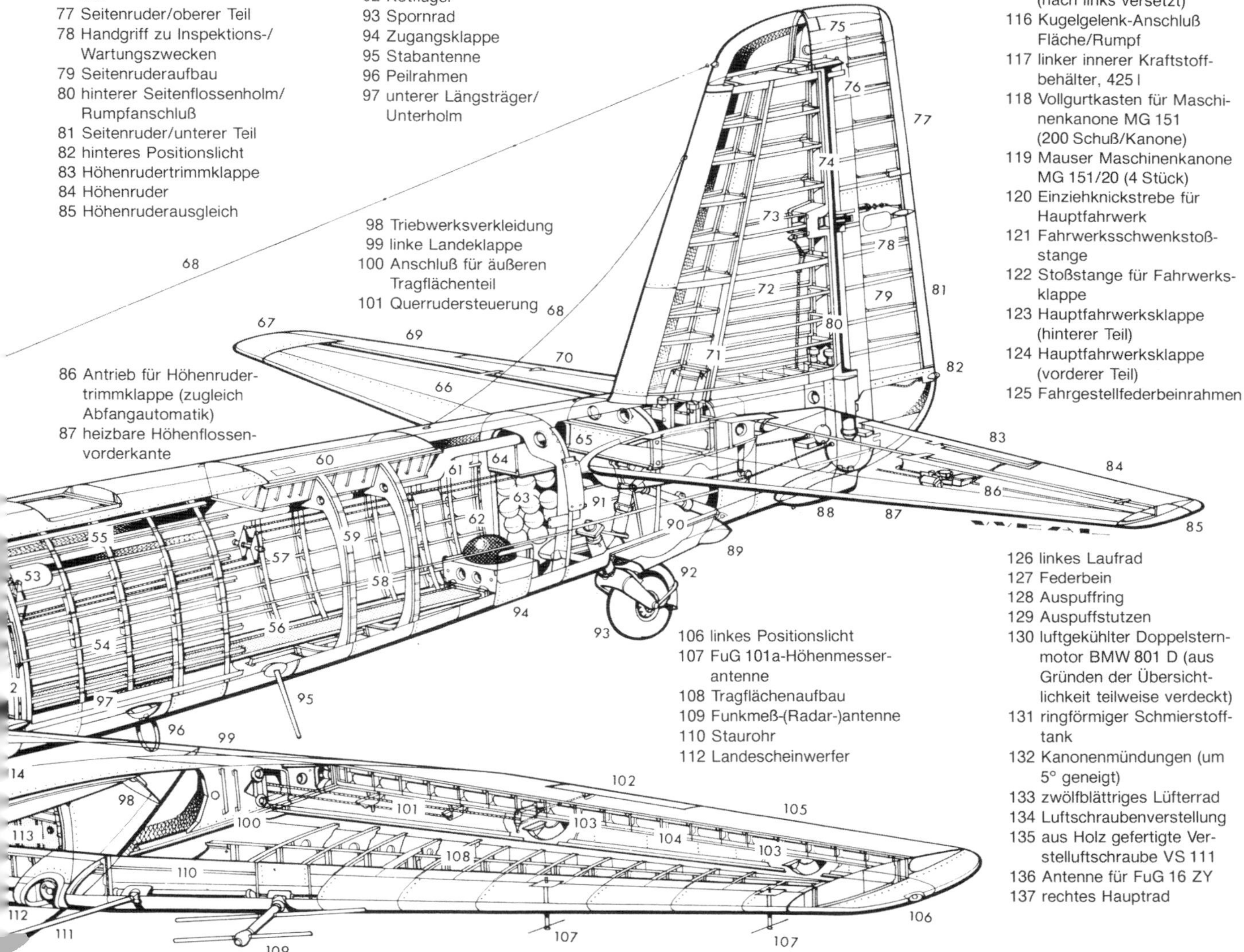

_Ju 88 G-1_ (Werk-Nr. 712273), ursprüngliche Kennung: 4R+UR.

Technische Daten der Junkers Ju 88 G-7b:

Triebwerke: Zwei flüssigkeitsgekühlte Zwölfzylinder-Motoren Junkers Jumo 213 E in hängender V-Anordnung mit je 1750 PS Startleistung bei 3200 U/min und 1320 PS in 9750 m Flughöhe; für den Steigflug und als Kampfleistung in Seehöhe bei 3000 U/min: 1580 PS und 1275 PS in 9550 m. Mit Wassermethanol-Einspritzung in 9100 m Flughöhe: 1608 PS.

Leistungen: Höchstgeschwindigkeit mit einem Gewicht von 13110 kg in Seehöhe: 435 km/h; 584 km/h in 10200 m; mit Wassermethanol-Einspritzung MW 50: 626 km/h, oder ohne Auspuffflammendämpfer: 647 km/h in 9100 m Flughöhe; Anfangssteiggeschwindigkeit: 8,4 m/sec; Steigzeit auf 9850 m: 26,4 min; Flugdauer (mit Reserven für eine Stunde Notleistung mit Wassermethanol-Einspritzung und sich anschließender höchstzulässiger Dauerleistung) in 9000 m: 3,72 Stunden; mit abwerfbarem Zusatztank von 900 l Inhalt bei wirtschaftlichster Marschgeschwindigkeit: 5,2 Stunden.

Gewichte: Normales Abfluggewicht: 13110 kg; mit abwerfbarem 900-l-Zusatztank: 13826 kg. Höchstzulässiges Abfluggewicht: 14674 kg.

Abmessungen: Spannweite: 20,08 m; Länge: 15,55 m; mit FuG 218 mit »Morgenstern«-Antennen und im Heck eingebautem FuG 220: 16,20 m; Höhe: 4,85 m; Flügelfläche: 54,50 m^2.

Bewaffnung: Vier starr eingebaute Maschinenkanonen MG 151, Kaliber 20 mm, mit je 200 Schuß Munition, zwei starre, nach oben feuernde Maschinenkanonen MG 151, Kaliber 20 mm, mit je 200 Schuß Munition und ein bewegliches MG 131, Kaliber 13 mm, mit 500 Schuß Munition, nach hinten feuernd.

den Ausfall eines Motors beim Start betrug 255 km/h. Das Steigen mit voll beladener Maschine ließ sich ziemlich gemächlich an, jedoch gehorchte das Flugzeug den Steuerbewegungen ganz vorzüglich. Die Marschgeschwindigkeit war verhältnismäßig hoch, dabei waren die Steuerdrücke im gesamten Geschwindigkeitsbereich ausgesprochen leicht. Das Höhenruder ging etwas schwerer, jedoch half die automatische Höhenrudereinstellung (Flettner-Ruder) jederzeit, die Steuerdrücke bei großen Ausschlägen gering zu halten. Beim Betätigen der an den Flächenunterseiten angebrachten geschlitzten Sturzflugbremsen wurden die Höhenruder automatisch auf Sturz (kopflastig) gestellt und beim Einziehen der Sturzflugbremsen geschah das Umgekehrte, so daß das Flugzeug automatisch aus dem Sturz abgefangen wurde. Der Sturzangriff mit einem so großen Flugzeug, wie es die *Ju 88* war, war mehr als Ehrfurcht einflößend. Aber die Sturzeigenschaften stellten sich als hervorragend heraus, so daß man nicht besonders mutig zu sein brauchte, um einen solchen Versuch nochmals zu wagen. Insbesondere nahm die automatische Abfangvorrichtung alle Furcht vor solch einem Flugmanöver. Trotzdem war der Sturz kein Kinderspiel, da ständig die Propellerverstellung zu betätigen war, um ein Überdrehen der Luftschrauben zu verhindern. Außerdem wäre ein Abfangen ohne die automatischen Hilfen allein mit dem Höhenruder ein ziemlich anstrengendes Unternehmen geworden. Der *Ju 88*

Die erste zweimotorige Junkers-Maschine, die den Alliierten in die Hände gefallen war und als AX 919 nachgeflogen wurde. Diese Maschine (Werk-Nr. 7036) wurde bereits im August 1940 beim RAE »in Dienst« gestellt. Die Aufnahme stammt vom April 1941. Die zur Ausrüstung gehörende Bodenwanne war bereits abgebaut worden.

Die seltsame Geschichte einer Ju 88.

Der Geschichte um die Nachtjagdversion der *Ju 88*, die den Alliierten am 9. Mai 1943 in Dyce bei Aberdeen als erste in die Hände gefallen war, haftet etwas Mysteriöses an.
Den Berichten des Royal Observer Corps zufolge scheint es, als sei diese *Ju 88 R-1* (Werks-Nr. 360043; taktisches Kennzeichen D5+EV) der 10./NJG 3 erwartet worden, als sie sich etwa 15 Meilen nördlich von Aberdeen der Küste näherte und dann von einigen ›Spitfire‹ nach Dyce eskortiert wurde.
1974 veröffentlichte die in Deutschland viel gelesene »Bild am Sonntag« einen Bericht, der den Anschein hatte, als gäbe er den wahren Sachverhalt wieder. Diese Zeitung behauptete, daß ein gewisser Oberleutnant Heinrich Schmitt, Sohn des Sekretärs des ehemaligen Außenministers Gustav Stresemann seit 1940 als Spion gearbeitet und über seinen Vater regelmäßig geheime Informationen geliefert habe. Dieser habe die Informationen von seiner thüringischen Heimat aus über Zwischenstellen in der Schweiz und in Portugal nach Großbritannien weitergeleitet.
Laut »Bild am Sonntag« soll Schmitt wenigstens einmal schon vor seiner Landung in Dyce in England gelandet sein. Seltsamerweise soll Schmitt schon im Jahre 1941 ausgewählt worden sein, um einem Mitglied des British High Command ein versiegeltes Päckchen zu übergeben. Hierzu landete er in der Nacht vom 20. auf den 21. Mai mit einer Do 217 in Lincoln. Die Platzbefeuerung wurde hierfür extra eingeschaltet, um ihn sicher herunterzulotsen. Schmitt übergab angeblich einem wartenden britischen Offizier das Päckchen, um dann anschließend sofort wieder in Richtung Deutschland zu starten.
Der Flug der *Ju 88 R-1* nach Dyce am 21. Mai 1943 begann in Christiansand in Norwegen. Als Schmitt sich noch in Reichweite der deutschen Funkstationen befand, gab er diesen durch, daß er einen Motorbrand habe und deshalb notwassern müsse. Danach warf er drei Rettungsflöße ab. Die Funkstation, die seinen Notruf empfangen hatte, errechnete, daß er im Planquadrat 88/41 niedergegangen sein mußte. Als kein weiteres Funkzeichen mehr empfangen werden konnte, wurden sofort die vorgeschriebenen Such- und Rettungsmaßnahmen in Gang gesetzt. In der Folgezeit wurde das Flugzeug für verloren erklärt, womit genau das eingetreten war, was sich Schmitt und seine Besatzung, Oberfeldwebel Paul Rosenberger und Oberfeldwebel Erich Kantwell, ausgerechnett hatten.
Das Flugzeug setzte seinen Kurs auf die schottische Küste fort und wurde von einer Eskorte bestehend aus einigen ›Spitfire‹ in Empfang genommen und direkt nach Dyce geleitet. Nach der Landung wurde die Maschine von der Militärpolizei abgeschirmt, um ungebetenen Zuschauern keine Gelegenheit zu Beobachtungen zu geben.
Diese *Ju 88 R-1* war mit dem FuG 202 ›Lichtenstein BC‹ ausgerüstet, das sofort ausgewertet wurde. (Im Vergleich zu dem britischen Radargerät AI Mk IV schnitt es besser ab, da es mit einer schmaleren Radarkeule – also schärferer Bündelung – arbeitete, wodurch man geringeren Zielbewegungen leichter folgen konnte.) Der Erfolg des Unternehmens wurde Schmitts Vater sofort über den britischen Geheim- und Propagandasender ›Gustav Siegfried‹ mit dem Spruch »Der Mai ist gekommen« durchgegeben.
Die deutsche Luftwaffe hat von der Fahnenflucht der Besatzung während der folgenden Monate Kenntnis erhalten, als Schmitt und Rosenberger über den britischen Sender sprachen.

ging der Ruf voraus, ziemlich schwierig beim Landen zu sein. Ich konnte das nicht feststellen. Eine Erklärung für diese ihr angelastete Schwäche liegt wohl darin, daß dieses wirklich hervorragende Flugzeug einfach viel höhere Leistungswerte erreichte, als man von den Flugzeugen gewohnt war, die gleichzeitig mit ihr zum Bestand der Luftwaffe gehörten. Die deutschen Flugzeugführer hatten sich eben an einen schnelleren »Schlitten« zu gewöhnen.

Ehe ich zu meiner ersten Landung in der *Ju 88* ansetzte, habe ich die Geschwindigkeit erflogen, bei welcher die Strömung abriß, und zwar mit und ohne ausgefahrenem Fahrwerk und Klappen. Sie riß bei 148 km/h ab. Die Vorwarnungen waren kaum bemerkbar; ihnen folgte ein schnelles Absacken einer Fläche. Das war der Grund für die Ansicht, daß ein Landeanflug auch seine aufregenden Seiten haben konnte. Das Fahrwerk fuhr ich bei 225 km/h aus, setzte die Landeklappen auf ihre erste Stufe, wobei kaum nachgetrimmt zu werden brauchte. Bei 193 km/h kurvte ich auf den Endanflug ein, fuhr die Landeklappen voll aus, wobei die Nase ziemlich stark nach oben wegging. Durch die automatische Höhenrudereinstellung konnte man diesem Verhalten des Flugzeuges mit nur geringen Steuerdrücken entgegenwirken. Im letzten Teil des Landeanfluges wurden 177 km/h am Stau gehalten, und über dem Platzrand mußten die Leistungshebel schlagartig auf Leerlauf genommen werden, um das Heck an den Boden zu bekommen. Ich fand bald heraus, daß es gar nicht sehr ratsam war, das Heck so früh an den Boden zu bringen, da während des Ausrollens Giermo-

Diese *Ju 88 A-5* landete irrtümlicherweise in Chivenor und fand als HM 509 beim RAE Verwendung.

Eine *Ju 88 G-7c.* Diese Serie wurde als letzte an die Nachtjagdverbände ausgeliefert. Sie verfügten bereits über das Bordradargerät FuG 200 ›Berlin‹ N-1a, das im Zentimeterwellenbereich arbeitete.

mente auftreten konnten, die dann mit dem im Windschatten liegenden Seitenruder nicht mehr ausgeglichen werden konnten.

Obwohl ich niemals mit der *Ju 88* in Luftnot geraten war, erinnere ich mich doch noch ziemlich genau der Handgriffe, die man im Falle eines Ausfalls der Hydrauliksy-

Oben und unten: Die *Ju 88 R-1,* die unter mysteriösen Umständen am 9. Mai 1943 in Dyce landete. Die Aufnahme stammt aus der Erprobungszeit im RAE unter der Kennung PJ 876. Diese Maschine wurde ausgedehnten Funk- und Radaruntersuchungen in Farnborough und Hartford Bridge unterzogen. 1975 wurde sie für eine Ausstellung auf dem RAF-Flugplatz St. Athan wieder hergerichtet. Sie ist bis heute Bestandteil dieser Sammlung historischer Flugzeuge auf diesem Platz.

Oben und links: *Ju 88 G-1* (Werk-Nr. 712273), die im Juli 1944 irrtümlich in Woodbridge landete. Diese Maschine leistete bei der Entwicklung elektronischer Gegenmittel gegen die damals neuesten deutschen Radargeräte unschätzbare Dienste.

steme auszuführen hatte. Allerdings erschien mir das angesichts der Tatsache, daß sich zwei von den Motoren angetriebene Hydraulikpumpen an Bord befanden, fast ein wenig übertrieben. Wenn es also nötig werden sollte, die Handpumpe zu bedienen, mußte man zunächst einmal die Fahrwerkschächte öffnen, um danach bei einer Geschwindigkeit von 220 km/h drei Minuten lang kräftig zu pumpen, ehe das Fahrwerk ausgefahren war. Mit dieser Handpumpe konnte allerdings nur das Hauptfahrwerk ausgefahren werden, das Heckrad war nicht an dieses Notsystem angeschlossen.

DER NACHTRÄUBER

Es waren mehr als 18 Monate vergangen, ehe ich am 1. Mai 1945 Gelegenheit erhielt, eine Nachtjagdversion des Junkers Schnellbombers in Gestalt der *Ju 88 G-1* (Werk-Nr. 712273; taktisches Kennzeichen 4R+UR) zu fliegen. Diese Maschine war irrtümlicherweise im Juli 1944 in Woodbridge von einem Leutnant Maeckle bei uns »abgeliefert« worden.

Sie war das erste intakte Flugzeug gewesen, welches in alliierte Hände geraten und mit dem FuG 220 ›Lichtenstein SN-2‹ sowie den passiven Zielsuchgeräten ›Flensburg‹ und ›Naxos‹ ausgerüstet war. Das FuG 220 ›Lichtenstein‹, arbeitete im Bereich von 90 Megahertz und konnte damit von den britischen Störsendern nicht beeinträchtigt werden. Und beim FuG 227 ›Flensburg‹ sowie dem FuG 350 ›Naxos‹ handelte es sich um Radargeräte, die genau auf die britischen Heckwarngeräte ›Monica‹ der britischen Bomberflotte beziehungsweise auf das britische Radargerät H2S ansprachen.
Deshalb ist es nicht verwunderlich, daß die RAF in Hochstimmung versetzt wurde, als feststand, welches Geschenk des »Himmels« ihr in Gestalt dieses Nachtjägers gemacht worden war. Innerhalb von nur zehn Tagen wurden neue Störsender entwickelt, die das alte ›Window‹ (die Düppel-Streifen) ersetzten und das gegnerische Radargerät ›Lichtenstein SN-2‹ außer Gefecht setzten. Außerdem wurden die Heckwarngeräte vom Typ ›Monica‹ aus den RAF-Bombern entfernt. Die *Ju 88 G-1*, die inzwischen die britischen Kennzeichen TP 190 trug, unterschied sich, abgesehen von den Änderungen, die durch

die neue Aufgabenstellung notwendig geworden waren, beträchtlich von den Flugzeugen der A-Serie, mit denen ich es bislang zu tun gehabt hatte.
Durch Einbau immer neuer Geräte, die für den Nachtjagdeinsatz unumgänglich geworden waren, stieg das Abfluggewicht immer weiter, und damit entstanden Stabilitätsprobleme. Man versuchte, diese in der G-Serie durch die Vergrößerung und rechteckige Gestaltung des Höhen- und Seitenleitwerkes auszumerzen. Außerdem wurden die flüssigkeitsgekühlten Jumo 211-Motoren mit ihren Ringkühlern durch die luftgekühlten BMW 801D-Motoren ersetzt. Geringe Änderungen waren natürlich auch in der Kanzel vorgenommen worden. So wurde beispielsweise die Luftschraubenverstellung mittels Druckknöpfen an den Leistungshebeln vorgenommen. Des weiteren war die Panzerung erheblich verstärkt worden. Vor allen Dingen aber verfügte man in ihr über eine beträchtliche Menge an zusätzlicher Ausrüstung, wie das Peil- und Zielfluggerät FuG 10P sowie das Sprechfunkgerät FuG 16ZY, das FuG 25 für die Freund-Feind-Kennung, das FuG 101a als elektrischen Höhenmesser, ein FuG B1 2 als Funklandegerät, ein FuG 120a ›Bernhardine‹, welches automatisch die Funkfeuerpeilungen auf Papier aufzeichnete und letztendlich einen Funkkompaß PeGe 6.
Trotz höherer Zuladung auf der einen und stärkeren Motorenleistung auf der anderen Seite waren die Flugeigenschaften der G-Version gegenüber der *Ju 88 A-5* nahezu unverändert. Sechs Monate später, am 17. Oktober, hatte ich nochmals die Gelegenheit, die TR 190 zu fliegen. Dazwischen flog ich die sehr viel später entwickelte *Ju 88 G-6c*.
Am 2. Juni 1945, also kurz nach der Kapitulation Deutschlands, wurde ich damit beauftragt, eine *Ju 88 G-6c* (Werk-Nr. 621642) aus Irland herauszufliegen. Diese Maschine war an einem rauhen irischen Regentag in der Morgendämmerung auf dem kleinen Grasplatz des Irish Army Air Corps, Gormanstown bei Dublin, gelandet worden. Der Führer dieses Flugzeuges war kurz vor Beginn des Zweiten Weltkrieges nach Südafrika ausgewandert. Nachdem er seine Einberufungsbescheide zur Wehrmacht zuerst unbeantwortet gelassen hatte, war Druck auf ihn ausgeübt worden, nach Deutschland zurückzukehren. Als die Niederlage des Deutschen Reiches sich dann abzuzeichnen begann, war er mit seiner Besatzung übergelaufen. Mit Hilfe ihres Radargerätes hatten sie die irische Küste ausgemacht, waren durch eine Wolkendecke mit einer Untergrenze von nur 120 Metern durchgestoßen und konnten dann bei schlechter Sicht Gormanstown ausmachen und landeten dort. Die Landung auf diesem 275 m langen Grasstreifen war fürwahr keine schlechte Leistung gewesen. Und ich sah mich nun vor das Problem gestellt, diesen schweren Nachtjäger aus diesem Miniplatz herauszubekommen.
Aus der Befragung der Besatzung über die allgemeinen Eigenschaften ihrer Maschine ergab sich, daß sie mit Jumo 213 A-Motoren ausgerüstet sei, welche eine Leistung von je 1750 PS hergaben und darüber hinaus zusätzlichen Auspuffschub von 107 kp beim Start hatten. Der Start bereitete keine größeren Schwierigkeiten – ich hatte ja auch eine ziemlich leere Kiste. Dennoch war es eine brenzlige Geschichte. Deswegen hielt ich die Bremsen so lange fest, bis ich nahezu Vollast auf den Motoren hatte. Da eine Startbahn im eigentlichen Sinne nicht vorhanden war, konnte ich die Junkers während des Startes etwas ausbrechen lassen, um auf diese Weise etwas mehr Rollstrecke zu gewinnen.
Vorsichtshalber hatte ich zuvor mit zwei ›Spitfire‹ aus Anglesey einen Treffpunkt vereinbart, damit ich auf dem Weg zurück nach Farnborough eine Begleitung hatte, denn ich flog ja ein Einsatzflugzeug der Luftwaffe, mit all seinen kriegsmäßigen Bemalungen, und der Krieg war noch nicht lange vorüber... Es wäre eine zu dumme Geschichte gewesen, wenn ich im letzten deutschen Kriegsflugzeug, welches seine Bahn über England zog, noch abgeschossen worden wäre. Es verlief jedoch alles glatt, und die Männer vom RAE bekamen das, wonach sie so sehr verlangte: das Radargerät der *Ju 88*.
Ehe meine Beziehungen zur Junkers ein Ende fanden, hatte ich noch einmal Gelegenheit, eine andere *Ju 88 G-6* (Werk-Nr. 621965) in Farnborough zu fliegen. Bei dieser Gelegenheit konnte ich die Höchstgeschwindigkeit des Flugzeuges testen, was mir bislang noch nicht möglich gewesen war. Dabei erreichte die Junkers eine korrigierte Höchstgeschwindigkeit von 644 km/h in einer Höhe von 9150 Metern. Fürwahr, gemessen an ihrem Alter, war sie eine ziemlich schnelle Dame!
Kurz nach diesem Erlebnis in Irland machte ich noch die Bekanntschaft mit der *Ju 188 A*, die gleichfalls von zwei Jumo 213 A-Motoren angetrieben wurde. Bei dieser Version verfügten jedoch die Motoren über eine automatische Regelung, wodurch die Druckanzeiger und die Pro-

pellerverstellung wegfielen.
Zwischen der *Ju 188* und der *Ju 88 G-6* konnte ich in bezug auf die Flugeigenschaften wenig Unterschiede feststellen. Nur die Sichtverhältnisse für den Flugzeugführer waren im Bomber etwas verbessert worden. Die Neigung der Deutschen, ihre Flugzeugführer in »Gewächshäuser« zu setzen, war immer noch ausgeprägt. In der *Ju 188* war das schon besser gelöst worden – oder kam mir das nur so vor, weil ich inzwischen schon selbst dieser Ansicht zuneigte?

Bei der Frage, welches wohl das beste deutsche Kriegsflugzeug während des Zweiten Weltkrieges gewesen sei, muß bei der Antwort die *Ju 88* unbedingt in einem Zuge mit der *Fw 190* genannt werden.
Ausgerechnet diese beiden Flugzeuge wurden dann im Rahmen des »Beethoven«-Programmes dazu ausersehen, eine unheilige Ehe im Huckepack miteinander einzugehen. Die *Ju 88* bildete hierbei im sogenannten »Mistel«-Verfahren den unteren Teil des Gespanns – der Bezug auf den immergrünen Parasiten war bezeichnend. Ich habe das Glück gehabt, diesen »Apparat« niemals fliegen zu müssen, jedoch habe ich Rollversuche sowohl in der oben angeordneten *Fw 190* als auch in der darunter liegenden *Ju 88* gemacht. Saß man bei Schul- und Einweisungsflügen in der *Ju 88 H*, so kam man sich wie in einem Fleischwolf sitzend vor, denn der Propeller der darüberlie-

Links und unten: Zwei weitere Aufnahmen dieser *Ju 88 G-1*, die uns seinerzeit in Woodbridge zugeflogen war. Sie ist ebenfalls auf der Seite 151, jedoch mit den ursprünglichen Luftwaffenhoheitsabzeichen, abgebildet.

genden *Fw 190 A* zerteilte genau über dem Kopf des Flugzeugführers der *Ju 88* die Luft. Saß man hingegen in der Kanzel der *Fw 190 A*, dann hatte man den Eindruck, als sei man auf dem Rücken eines anderen Flugzeuges gelandet, welches durch das eigene Fahrwerk gleichsam wie mit Klauen gehalten wurde.
Natürlich ist während der Einsätze niemals ein Flugzeugführer im unteren Teil des Gespannes mitgeflogen (dort war die Kanzel durch den Hohlladungssprengkopf ersetzt), aber auch denen, die diese unheimliche und doch irgendwie beeindruckende Kombination als Flugzeugführer der *Fw 190* geflogen haben, gilt mein Respekt.
Ein Urteil über die *Ju 88* abzugeben, fällt eigentlich nicht schwer, denn ihre Leistungen sprechen für sich. In bezug auf ihre Wirksamkeit im Einsatz war sie sowohl das überragende Bombenflugzeug als auch der beste Langstrekken- und Nachtjäger während des Zweiten Weltkrieges auf deutscher Seite.
Sie erfüllte alle diese Einsatzrollen mit bemerkenswertem Erfolg und war überdies erfolgreich im Einsatz gegen Schiffsziele, als Panzerjäger und als Aufklärer.
Sie war vor allem aber ein Flugzeug wie geschaffen für richtige Flieger. Natürlich hat ihre Beherrschung fliegerisches Können verlangt. War dieses vorhanden, dann lag sie herrlich in der Hand des Könners.
Deutschland verfügte über eine Reihe sehr guter Flugzeuge, aber mit Ausnahme der *Fw 190* hat keines meine Bewunderung so sehr verdient wie die Junkers *Ju 88*!

Die Focke-Wulf Fw 189

Es gibt Flugzeuge, aus welchen Gründen auch immer, die die Herzen bestimmter Flugzeugführer höher schlagen lassen als andere. Solche Apparate brauchen nicht unbedingt zur Klasse der ästhetisch schönen Wunderflugzeuge zu gehören, die ihre artistischen Flugfiguren an den Himmel zu schreiben vermögen, wobei aus lauter Begeisterung hierüber niemand an deren Nützlichkeit denkt. Auch müssen sie nicht unbedingt zu jenen Neuschöpfungen gehören, die sich völlig außerhalb der ausgetretenen aerodynamischen Pfade bewegen. Zugegeben, solche rassigen Formen, solche verführerischen Konstruktionen sind immer Gegenstand unserer Träume. Aber daneben gibt es die leiseren Verführer. Solche Flugzeuge bieten zwar wenig von dem, was man gewöhnlich als schön bezeichnet, sie haben nichts Exotisches an sich, verfügen nicht über herausragende Leistungsreserven und doch haben diese Flugzeuge ein gewisses Etwas, das sie für manche Flieger unwiderstehlich macht. Für mich war eines dieser Flugzeuge »Das Fliegende Auge«, die Focke-Wulf *Fw 189.*

Diese Konstruktion von Professor Kurt Tank beanspruchte nicht, ein Glanzstück zu sein. Gemessen am damaligen luftfahrttechnischen Standard schien sie mit ihren dünnen Leitwerksträgern, ihren winzigen Motoren und ihrer knolligen Flugzeugnase eher das Ergebnis einer lustigen Laune ihres Konstrukteurs entsprungen zu sein. Man kann auch sagen: ein hervorstechendes Beispiel für den Triumph der Zweckmäßigkeit über luftfahrttechnisches Künstlertum. Ein altes englisches Sprichwort besagt: »Edel ist, wer edel handelt« – nun, die *Fw 189* erwies sich als außerordentlich vielseitig, unbedingt zuverlässig und stand bei fast all ihren Flugzeugführern ganz hoch im Kurs. Sie wurde insbesondere für die taktische Aufklärung und die Zusammenarbeit Heer-Luftwaffe entworfen, zu einer Zeit, als nur wenige, die sich mit der Lösung solcher Probleme befaßten, über die von einem Motor angetriebenen Hochdeckerkonstruktionen hinausdachten. Die *Fw 189* stellte mit ihrer nahezu gänzlich aus Glas gefertigten Kanzel, ihrem Doppelleitwerksträger und den schwachen Motoren im Hinblick auf ihre künftige Aufgabenstellung einen absolut neuartigen Lösungsversuch dar.

Professor Tanks Ideen reichten sogar noch weiter. Er dachte vorausschauend an die Verwendung austauschbarer Kanzeln, die ganz dem jeweiligen Auftrag angepaßt sein sollten und mit denen die jeweils besonderen Aufgaben von der Besatzungsausbildung bis hin zur Heeresunterstützung erfüllt werden sollten. Motoren, Flächen, Leitwerksträger, Leitwerk sowie Fahrwerk sollten hierbei unverändert bleiben.

Natürlich gab es im Reichsluftfahrtministerium gegen diesen kühnen, richtungsweisenden Lösungsversuch in bezug auf die Aufgabenerfüllung der Aufklärungsstaffeln (H)[1] Widerstand. Die Skeptiker waren überzeugt davon, daß die Doppelleitwerksanordnung bei harten Flugmanövern zu Verwindungen des Leitwerksträgers führen würde. Außerdem wurde bezweifelt, daß sie die Festigkeit, die man von den einmotorigen Schulterdeckern gewohnt war, jemals erreichen würde. Vor allen Dingen aber zweifelte man daran, daß sie je die Langsamflugeigenschaften und Tiefflugfähigkeiten jener Konstruktionen würde erreichen können.

Trotzdem machte die *Fw 189* das Rennen gegen die mehr konventionell ausgerüstete *Ar 198,* und selbst die anfänglichen Skeptiker wurden von ihrer Leistungsfähigkeit überzeugt, als es sich herausstellte, daß sie im Verlaufe des Krieges zu den erfolgreichsten Flugzeugen gehörte, die in der Luftwaffe des Dritten Reiches Verwendung im Einsatz fanden.

Von Kurt Tank und seinem Team wurde sie »Eule« getauft, wohl in Anspielung auf ihren übergroßen »Kopf« und ihre großen »Augen«. Diese Benennung war nur zu berechtigt, wie sich Jahre später herausstellen sollte, als die *Fw 189* ein wahrhaftiger »Nachtraubvogel« wurde, dem ein Radargerät ›Lichtenstein C-1‹ aufgesetzt und ein MG 151 als »schräge Musik«[2] eingebaut worden war. So ausgerüstet diente sie noch als Nachtjäger im NJG 100.

Die *Fw 189* wurde in der Luftwaffe jedoch eher unter dem Spitznahmen »Uhu« populär.

Als das seltsam aussehende Flugzeug 1941 erstmals der Öffentlichkeit vorgestellt wurde, wurde es von der Pressestelle des RLM als »Das Fliegende Auge« bezeichnet. Die *Fw 189* war in erster Linie als taktisches Aufklärungsflugzeug entworfen worden, hatte drei Mann Besatzung, und war zur Selbstverteidigung mit Waffenständen nach allen Seiten versehen. Ihre Leisungen übertrafen bei weitem alles, was man bislang in dieser Kategorie von Flugzeugen gewohnt war. Der erste Prototyp, die *Fw 189 V1,* machte seinen Jungfernflug im Juli 1938, am Steuer sein Konstrukteur, Prof. Kurt Tank.

Sie war als freitragender Tiefdecker in Ganzmetallbauweise ausgelegt. Die Flächen hatten drei Holme, die Beplankung war mittragend. Die austauschbaren Leitwerksträger mit ellipsenförmigem Querschnitt nahmen in ihrem vorderen Teil zwei kleine, hängend eingebaute, luftgekühlte 12-Zylinder-V-Motoren von Argus auf. Nach hinten liefen diese in selbsttragenden Seitenleitwerksträgern aus. In der Mitte war eine Rumpfgondel eingebaut, die mit so viel Glas verkleidet war, daß sie damit jedem Treibhaus hätte Konkurrenz machen können. Die Serienflugzeuge, welche während des Sommers von 1941 in die

[1] Mit dem Buchstaben (H) wurden die Nahaufklärungsstaffeln bezeichnet, die für die taktische Gefechtsaufklärung den Armeekorps und den Panzerdivisionen taktisch unterstellt waren. Vergl.: Wolfgang Dierich, Die Verbände der Luftwaffe, Stuttgart 1976, S. 155 ff.

[2] Ein schräg nach oben feuerndes Zwillings-Maschinengewehr, mit dem man dem nach hinten gerichteten Abwehrfeuer des Gegners entgegen wirken konnte, indem man den Gegner von hinten unterflog; d. Ü.

Oben und mitte: Eine der allerersten *Fw 189 A-1*, unmittelbar vor ihrer Übernahme durch die Luftwaffe im Februar 1941. An den Leitwerkträgern sind noch die Kennbuchstaben SI+EM zu erkennen.

Unten: Eine *Fw 189 A-1* der 5.(H)/12. Deutlich zu erkennen das nach oben auf beiden Seiten aufklappbare Kabinendach. Das Staffelwappen stellte einen rotgekleideten Negerjungen dar, der sich an einem Seil festklammert.

Aufklärungsstaffeln (H) als *Fw 189 A-1* eingeführt wurden, unterschieden sich vom Prototyp kaum.
Sie befanden sich noch in Zuführung zu den Staffeln, als am 22. Juni 1941 der Angriff auf die Sowjetunion begann. An dieser Front leistete dieses Flugzeug fast ausschließlich seinen Dienst, und das mit großem Erfolg. Sehr bald stellte sich heraus, daß dieses Flugzeug selbst unter den widrigsten Umständen seinen Mann stellte. Es erwies sich sogar gegenüber dem hartnäckigsten Jäger als ausreichend beweglich und machte dank seiner ausgezeichneten Abwehrbewaffnung manchen Angriff eines gegnerischen Jagdflugzeuges zunichte.
Auch mit stärksten Beschußschäden an der Zelle blieb es noch flugfähig, und gelegentlich hat es sogar Rammangriffe sowjetischer Jäger so gut überstanden, daß es trotz abgerissener Flächen- oder Rumpfteile auf den eigenen Feldflugplatz zurückkehren konnte. Infolgedessen ging ihm sehr bald ein legendärer Ruf voraus. Wen wundert es, daß ich begierig darauf war herauszufinden, was dieses ungewöhnliche Flugzeug fliegen machte. Ich hatte außerdem von jeher eine Schwäche für Flugzeuge mit Doppelleitwerksträgern.

Focke-Wulf Fw 189 A Kanzelübersicht:

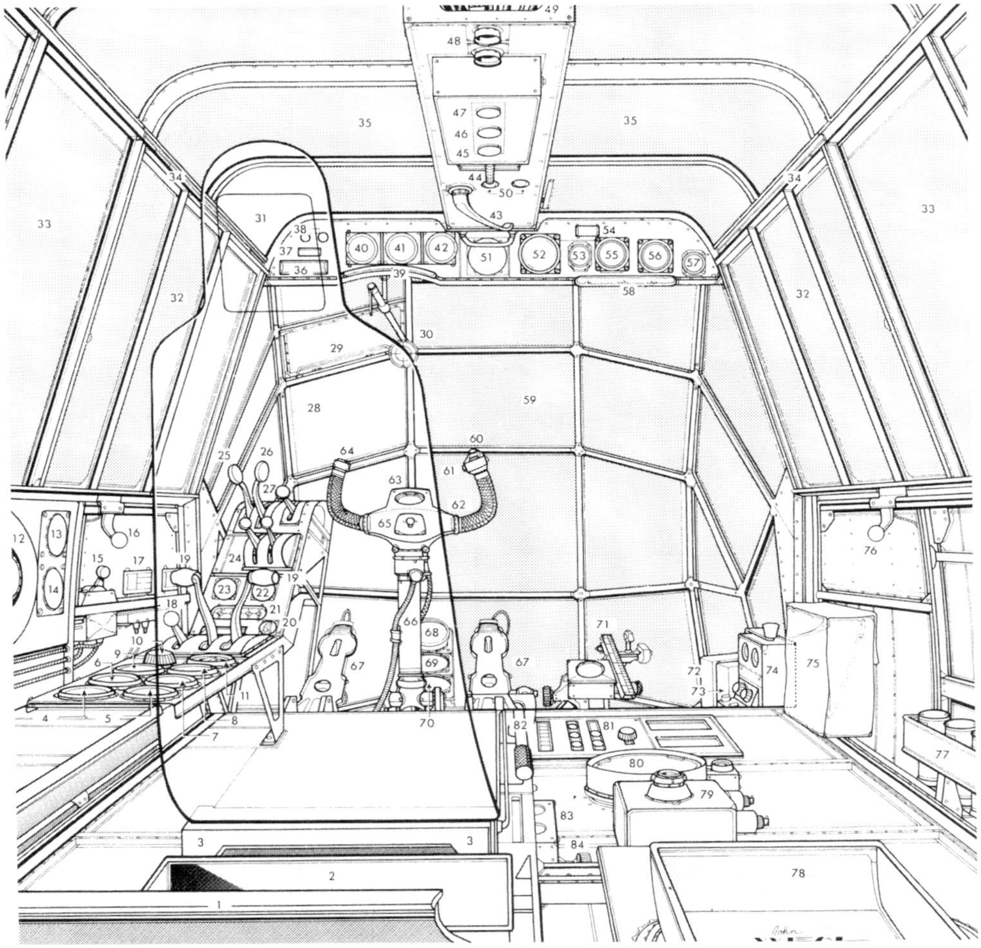

1 Hauptholmdurchführung
2 Leerhülsensammelbehälter vom B-Stand
3 Sitzhalterung
4 Kraftstoffvorratsanzeiger (Backbord)
5 Kraftstoffvorratsanzeiger (Steuerbord)
6 Kraft- und Schmierstoffdruckanzeiger (Backbord)
7 Kraft- und Schmierstoffdruckanzeiger (Steuerbord)
8 Stellungsanzeiger für Höhentrimmung
9 Stellungsanzeiger für Seitentrimmung
10 Kommandoschalter für Luftschraubenverstellung
11 Drehschalter für Landeklappenverstellung
12 Sauerstoffmembranlunge
13 Sauerstoffdruckmesser (Flugzeugführer)
14 O_2-Wächter (Flugzeugführer)
15 Bedienschalter für Scheinwerfer
16 Klappenverschlußhebel
17 Kompaß-Deviationstabelle
18 Kraftstoffgemischregler
19 Gashebel
20 Netzausschalter
21 12-Lampengerät für Fahrwerks- und Landeklappenüberwachung
22 Schmierstofftemperaturanzeiger (rechtes Triebwerk)
23 Schmierstofftemperaturanzeiger (linkes Triebwerk)
24 Zündschalter
25 linker Brandhahnhebel
26 rechter Brandhahnhebel
27 Fahrwerkbedienhebel
28 Führersitz
29 Schlechtwetterfenster
30 Visier
31 gepanzerter Kopfschutz
32 unterer Teil der Einstiegklappe
33 Seitenscheiben
34 Klappenscharnier
35 oberer Teil der Einstiegklappe
36 SKK 20-2 (Schalt- und Kontrollkasten für starre Schußwaffen)
37 Gitterschauzeichen für Staurohrheizung
38 Merkleuchten für Reststandswarnung
39 ledergepolsterter Kopfschutz für Flugzeugführer
40 Fahrtmesser
41 Fein-/Grobhöhenmesser
42 Variometer
43 Notwurfhebel für Kabinenhaube
44 Handgriff
45 Schalter für Instrumentenbrettbeleuchtung
46 Schalter für Positionslampen
47 Schalter für Staurohrheizung
48 Steckdosen für Fliegerkopfhauben-Kabelanschluß
49 Kabelschacht für Instrumentenbrett
50 Druckknöpfe zur Betätigung der Triebwerkfeuerlöschanlage
51 Wendezeiger
52 Horizont
53 Anzeigegerät für Funknavigation
54 Verstellschalter für Seitentrimmung
55 Führertochterkompaß
56 Doppeldosen-Ladedruckmesser (linker/rechter Motor)
57 Regler für Kanzelbeleuchtung
58 ledergepolsterter Kopfschutz für Beobachter
59 Planglasscheiben
60 Auslöseknopf für starre Schußwaffen
61 Bombenauslöseknopf
62 Durchladeknopf (am Vorderteil der Steuersäule)
63 Borduhr
64 Schalter für Höhentrimmung
65 Trennschalter
66 Steuersäule
67 Seitenruderpedale auf Schwinghebel
68 Nahkompaß
69 linker Drehzahlmesser
70 rechter Drehzahlmesser
71 Bombenzielgerät GV 219 d
72 Bediengerät für FuG 25
73 Bedienkasten für PeilG IV
74 Fernbediengerät und Taster
75 Kartenablage
76 Klappenverschlußhebel
77 vier Leuchtpatronen
78 Rollsitz für Beobachter
79 Bildfolgeregler
80 Überdeckungsregler
81 Abwurfschaltkasten für Bomben und Schaltkasten für Nebel-/Rauchgerät
82 Sitzverstellhebel
83 Anlaßschalter
84 Regler für Kanzelbeheizung

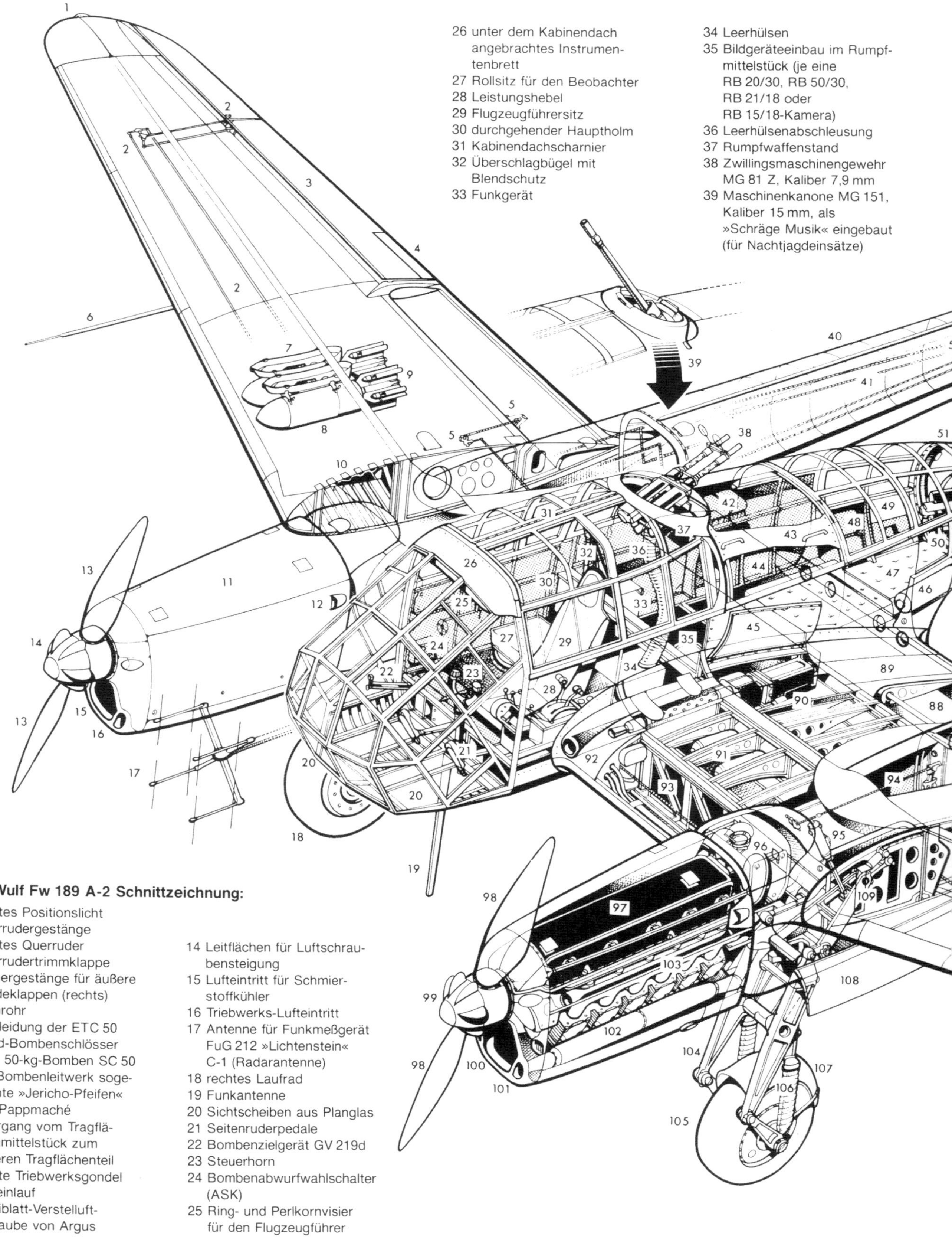

Focke-Wulf Fw 189 A-2 Schnittzeichnung:

1 rechtes Positionslicht
2 Querrudergestänge
3 rechtes Querruder
4 Querrudertrimmklappe
5 Steuergestänge für äußere Landeklappen (rechts)
6 Staurohr
7 Verkleidung der ETC 50 VIII/d-Bombenschlösser
8 zwei 50-kg-Bomben SC 50
9 am Bombenleitwerk sogenannte »Jericho-Pfeifen« aus Pappmaché
10 Übergang vom Tragflächenmittelstück zum äußeren Tragflächenteil
11 rechte Triebwerksgondel
12 Lufteinlauf
13 Zweiblatt-Verstelluftschraube von Argus
14 Leitflächen für Luftschraubensteigung
15 Lufteintritt für Schmierstoffkühler
16 Triebwerks-Lufteintritt
17 Antenne für Funkmeßgerät FuG 212 »Lichtenstein« C-1 (Radarantenne)
18 rechtes Laufrad
19 Funkantenne
20 Sichtscheiben aus Planglas
21 Seitenruderpedale
22 Bombenzielgerät GV 219d
23 Steuerhorn
24 Bombenabwurfwahlschalter (ASK)
25 Ring- und Perlkornvisier für den Flugzeugführer
26 unter dem Kabinendach angebrachtes Instrumentenbrett
27 Rollsitz für den Beobachter
28 Leistungshebel
29 Flugzeugführersitz
30 durchgehender Hauptholm
31 Kabinendachscharnier
32 Überschlagbügel mit Blendschutz
33 Funkgerät
34 Leerhülsen
35 Bildgeräteeinbau im Rumpfmittelstück (je eine RB 20/30, RB 50/30, RB 21/18 oder RB 15/18-Kamera)
36 Leerhülsenabschleusung
37 Rumpfwaffenstand
38 Zwillingsmaschinengewehr MG 81 Z, Kaliber 7,9 mm
39 Maschinenkanone MG 151, Kaliber 15 mm, als »Schräge Musik« eingebaut (für Nachtjagdeinsätze)

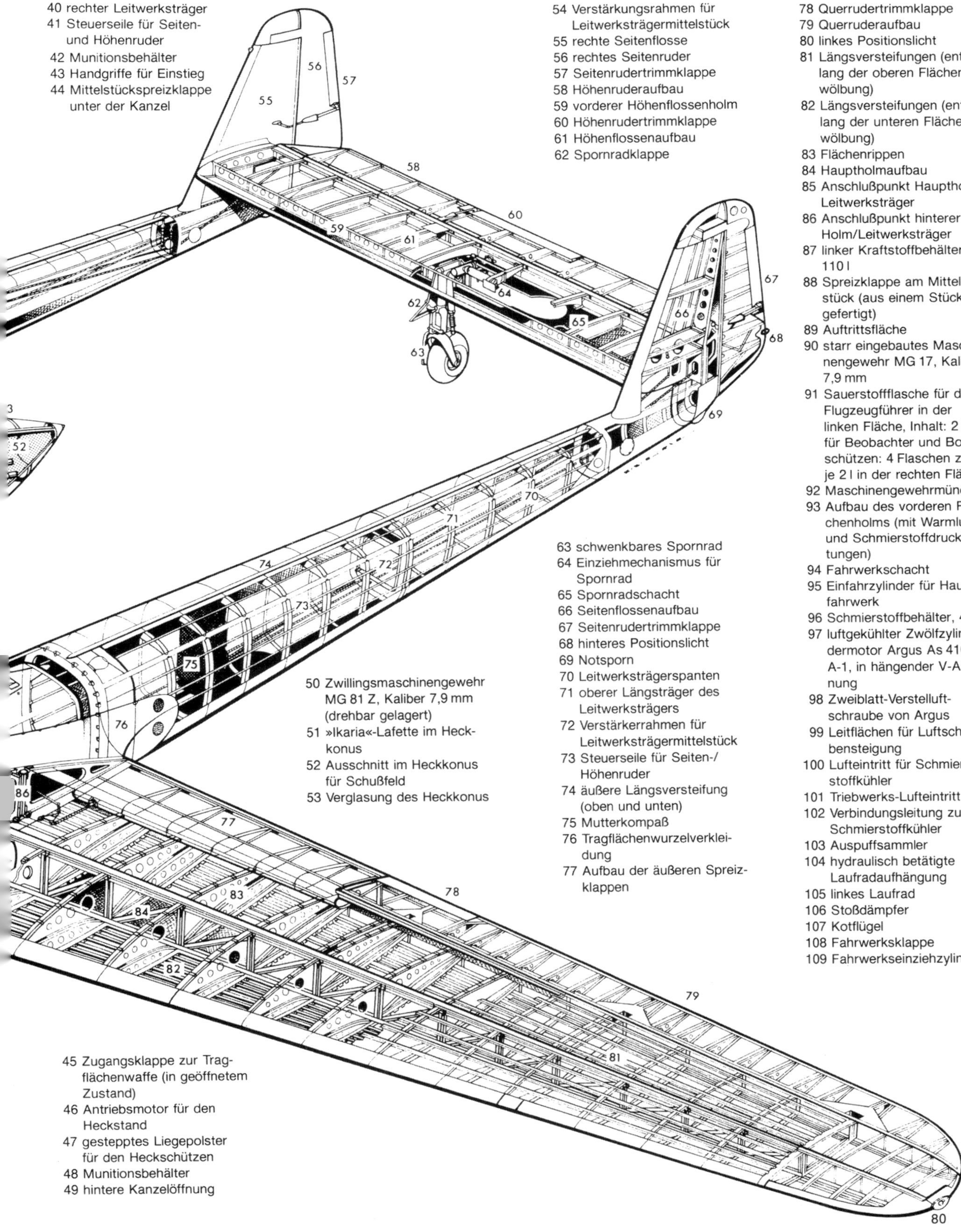

40 rechter Leitwerksträger
41 Steuerseile für Seiten- und Höhenruder
42 Munitionsbehälter
43 Handgriffe für Einstieg
44 Mittelstückspreizklappe unter der Kanzel
45 Zugangsklappe zur Tragflächenwaffe (in geöffnetem Zustand)
46 Antriebsmotor für den Heckstand
47 gestepptes Liegepolster für den Heckschützen
48 Munitionsbehälter
49 hintere Kanzelöffnung
50 Zwillingsmaschinengewehr MG 81 Z, Kaliber 7,9 mm (drehbar gelagert)
51 »Ikaria«-Lafette im Heckkonus
52 Ausschnitt im Heckkonus für Schußfeld
53 Verglasung des Heckkonus
54 Verstärkungsrahmen für Leitwerksträgermittelstück
55 rechte Seitenflosse
56 rechtes Seitenruder
57 Seitenrudertrimmklappe
58 Höhenruderaufbau
59 vorderer Höhenflossenholm
60 Höhenrudertrimmklappe
61 Höhenflossenaufbau
62 Spornradklappe
63 schwenkbares Spornrad
64 Einziehmechanismus für Spornrad
65 Spornradschacht
66 Seitenflossenaufbau
67 Seitenrudertrimmklappe
68 hinteres Positionslicht
69 Notsporn
70 Leitwerksträgerspanten
71 oberer Längsträger des Leitwerksträgers
72 Verstärkerrahmen für Leitwerksträgermittelstück
73 Steuerseile für Seiten-/Höhenruder
74 äußere Längsversteifung (oben und unten)
75 Mutterkompaß
76 Tragflächenwurzelverkleidung
77 Aufbau der äußeren Spreizklappen
78 Querrudertrimmklappe
79 Querruderaufbau
80 linkes Positionslicht
81 Längsversteifungen (entlang der oberen Flächenwölbung)
82 Längsversteifungen (entlang der unteren Flächenwölbung)
83 Flächenrippen
84 Hauptholmaufbau
85 Anschlußpunkt Hauptholm/Leitwerksträger
86 Anschlußpunkt hinterer Holm/Leitwerksträger
87 linker Kraftstoffbehälter, 110 l
88 Spreizklappe am Mittelstück (aus einem Stück gefertigt)
89 Auftrittsfläche
90 starr eingebautes Maschinengewehr MG 17, Kaliber 7,9 mm
91 Sauerstoffflasche für den Flugzeugführer in der linken Fläche, Inhalt: 2 l; für Beobachter und Bordschützen: 4 Flaschen zu je 2 l in der rechten Fläche
92 Maschinengewehrmündung
93 Aufbau des vorderen Flächenholms (mit Warmluft- und Schmierstoffdruckleitungen)
94 Fahrwerkschacht
95 Einfahrzylinder für Hauptfahrwerk
96 Schmierstoffbehälter, 45 l
97 luftgekühlter Zwölfzylindermotor Argus As 410 A-1, in hängender V-Anordnung
98 Zweiblatt-Verstellluftschraube von Argus
99 Leitflächen für Luftschraubensteigung
100 Lufteintritt für Schmierstoffkühler
101 Triebwerks-Lufteintritt
102 Verbindungsleitung zum Schmierstoffkühler
103 Auspuffsammler
104 hydraulisch betätigte Laufradaufhängung
105 linkes Laufrad
106 Stoßdämpfer
107 Kotflügel
108 Fahrwerksklappe
109 Fahrwerkseinziehzylinder

Eine *Fw 189 A-2* der 1.(H)/21 während des Sommers 1942 an der Ostfront. Das Staffelwappen an der Motorverkleidung stellt ein von einem Adler bedecktes Schwert dar. Aus den Fängen des Adlers zucken Blitze.

Technische Daten der Focke-Wulf 189 A-2:

Triebwerke: Zwei luftgekühlte Zwölfzylinder-Motoren Argus As A-1 in hängender V-Anordnung mit einer Startleistung von je 465 PS bei 3100 U/min und einer Notleistung von 485 PS bei 3100 U/min in 800 m Flughöhe; Höchstzulässige Leistung im Marschflug: 315 PS bei 2820 U/min in Seehöhe und 340 PS bei 2820 U/min in 2100 m Flughöhe.
Leistungen: Höchstgeschwindigkeit bei einem Gewicht von 3950 kg: 325 km/h in 2400 m; Reichweite mit 220 l Kraftstoff: 670 km; Flugdauer: 2,16 Std. Steigzeit bis 4000 m: 8,3 min; Dienstgipfelhöhe: 7300 m; Dienstgipfelhöhe mit einem laufenden Motor: 2400 m.
Gewichte: Leergewicht: 2830 kg; Leergewicht mit Ausrüstung: 3245 kg; normales Rüstgewicht: 3950 kg; höchstzulässiges Abfluggewicht: 4170 kg.
Abmessungen: Spannweite: 18,40 m; Länge: 12,03 m; Höhe: 3,10 m; Flügelfläche: 38,0 m^2.
Bewaffnung: Zwei Maschinengewehre Rheinmetall-Borsig MG 17, Kaliber 7,9 mm, in den Flächenwurzeln. Ein bewegliches Zwillings-MG 81 Z, Kaliber 7,9 mm, auf der Oberseite der Kanzel. Ein drehbares Zwillings-MG 81 Z, Kaliber 7,9 mm, in einer »Ikaria«-Drehringlafette im Heckkonus. Vier 50-kg-Bomben SC 50 unter den Flächen an ETC 50/VIII-d-Aufhängungen.

EINER EULE GLEICH

Ende des Zweiten Weltkrieges lagen die *Fw 189* nicht gerade auf der Straße herum, obwohl über 800 Stück davon gebaut worden waren. Aber die eine oder andere Maschine dieses Typs konnte man hie und da schon ausfindig machen, dabei handelte es sich überwiegend um solche, die nicht unmittelbar im Einsatz Verwendung gefunden hatten, sondern mehr für den Kurierdienst eingesetzt worden waren.
Gleich dem ersten Flugzeug dieses Typs, welches mir in Flensburg zu Gesicht gekommen war, wandte ich mich mit dem einzigen Gedanken zu, es zu meinem persönlichen »Arbeitspferd« für die vielen Flüge zu machen, die ich zu jener Zeit zwischen den Britischen Inseln und dem europäischen Festland durchführen mußte.
Ich nehme an, daß gerade dieses Flugzeug bis zur Kapitulation im Stab des Admirals Dönitz benutzt worden war. Leider mußte ich es bald gegen eine Siebel *Si 204 D* eintauschen, weil die Zuladungen, die ich für meine Flüge über den Kanal benötigte, einfach nicht in diesem kleinen Flugzeug unterzubringen waren. In der kurzen Zeit, während der ich die *Fw 189* mein eigen nennen konnte, gewann ich große Achtung und Zuneigung zu diesem rein zweckmäßig ausgelegten und in jeder Hinsicht zuverlässigen Flugzeug. Um es vorweg zu sagen: meine Erfahrungen, welche ich auf diesem Flugzeug sammeln konnte,

Eine *Fw 189 A-0* aus der Vorserie, die 1940 an die Luftwaffe ausgeliefert wurde.

beruhen nicht auf einem systematischen Testprogramm im Auftrag des Royal Aircraft Establishment, sie ergaben sich vielmehr auf Grund der Benutzung des Flugzeuges als Transportmittel.

Mein erster Eindruck, den ich beim Einsteigen hatte, war, daß die Sicht aus der Kanzel tatsächlich phantastisch war, denn man war förmlich von Glas umhüllt. Eine Enttäuschung gab es dann doch, denn die Sicht nach vorne ließ im Fluge einige Wünsche offen.

Die Instrumente und Wahlschalter im Cockpit waren klar und übersichtlich angeordnet. Nachdem ich mich versichert hatte, daß die Kabinendachverriegelung eingerastet war, überprüfte ich die Brandhähne, schaltete das elektrische Bordnetz ein, überprüfte die Temperatur- und Druckanzeigegeräte und schaltete den Hauptschalter für die zweiblättrigen Propeller auf »START«. Das Anlassen der Motoren war denkbar einfach. Sie sprangen zuverlässig an, was während des Einsatzes im Osten, insbesondere während der langen Kälteperioden, eine angenehme Sache gewesen sein muß. Die luftgekühlten Argus-Motoren AS 410 A-1 liefen schnell warm. Die Klappen wurden auf »START« ausgefahren, Seitenruder- und Höhenrudertrimmung auf eine mittlere Position gebracht und die Leistungshebel in die letzte Raste nach vorne geschoben. Zum Start waren eine Ladedruck von 1,4 ata und eine Umdrehungszahl von 3100 »Touren« nötig. Die Startrollstrecke war bemerkenswert kurz, dabei hatte das Flugzeug eine leichte Tendenz nach links aus der Richtung zu ›marschieren‹. Bei einer Geschwindigkeit von 110 km/h konnte sie bereits vom Boden weggenommen werden. Kurz nach dem Abheben mußte man vor dem Einziehen des Fahrwerkes dieses kurz abbremsen, so daß es danach bei 160 km/h eingefahren werden konnte. Ziemlich mühsam war der Steigflug bei einer Geschwindigkeit von 180 km/h und einem Ladedruck von 1,2 ata bei 2820 U/min. Waren ungefähr 3250 Meter Höhe erreicht, bei einer Reisegeschwindigkeit von 290 km/h, dann hatte man in der *Fw 189* das Gefühl, in einem Armsessel zu fliegen.

Die vorgeschriebenen Leistungshebelstellungen mußten genau eingehalten werden, da die Vergaser mit Sauerstoffsparreglern ausgerüstet waren und Zwischenstellungen des Leistungshebels in den verschiedensten Flugbereichen dazu führten, daß ihr Verbrauch in unwirtschaftliche Bereiche hochging. Ich selbst flog die *Fw 189* selten in Höhen um die 3000 Meter, da sie doch mehr für den Tiefflug ausgelegt war. Hier war sie auch bei turbulentem Wetter recht stabil. Nur einmal mußte ich auf dem Wege

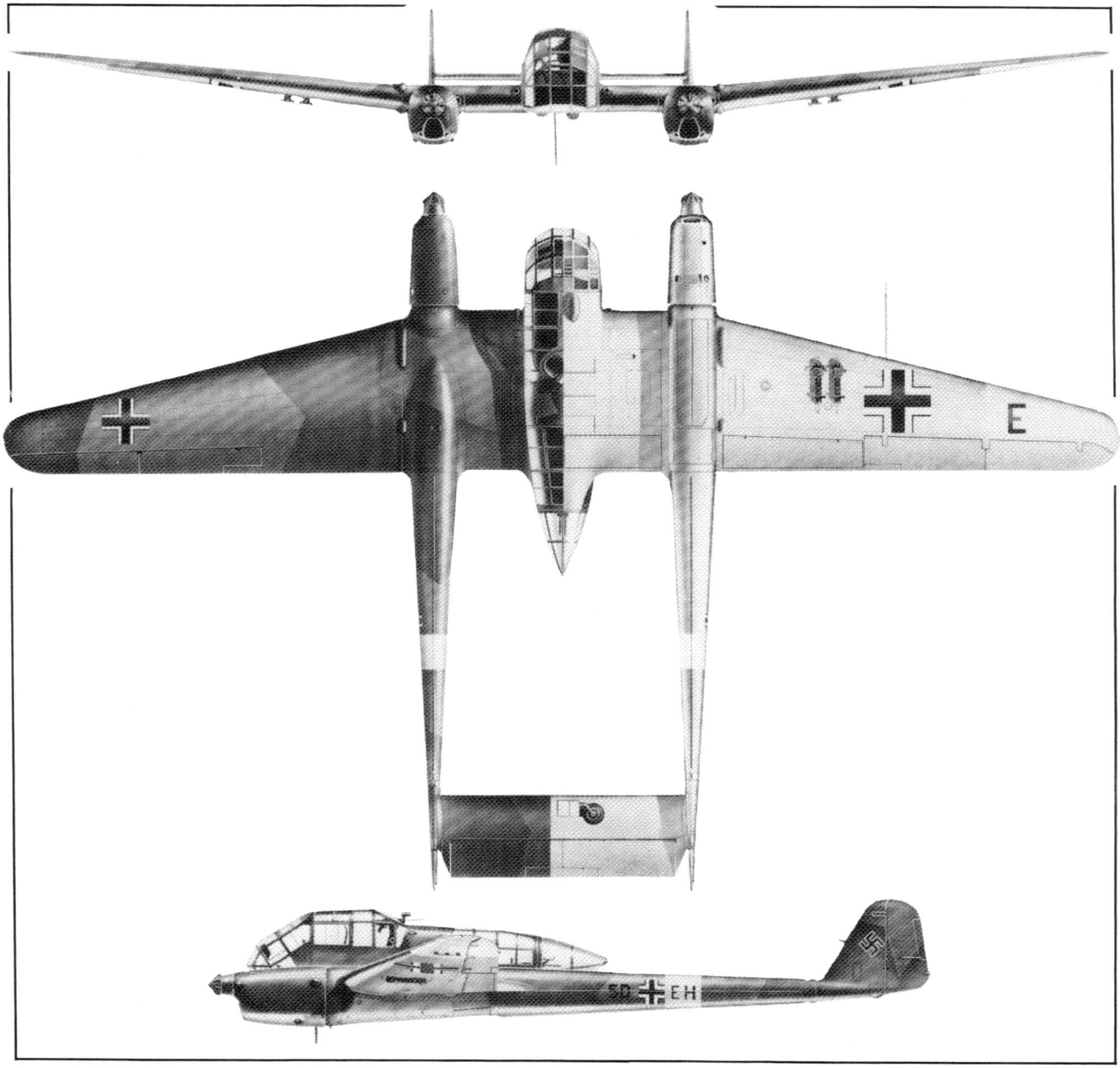

Die Vierseitenansicht zeigt eine *Fw 189 A-2* der 1.(H)/31, wie sie an der Ostfront zum Einsatz gelangte.

In der *Fw 189* war man buchstäblich von Glas umhüllt. Die Aufnahme zeigt die Rumpfgondel von hinten. Oben mittschiffs der drehbare ›Ikaria‹ MG-Stand.

über den Kanal infolge schlechter Sichtverhältnisse abbrechen. Tatsächlich ließ die Sicht nach vorne etwas zu wünschen übrig, da die in verschiedenen Winkeln angebrachte Verglasung durch Lichtbrechung Blendeffekte verursachte.

EINMOTORENFLUG

Von Anbeginn meiner Bekanntschaft mit der *Fw 189* war ich ganz besonders an ihrem Verhalten bei Ausfall eines Motors interessiert, da ich viel über See mit ihr unterwegs sein mußte. Die Focke-Wulf war an sich ein stattliches Flugzeug, und deshalb war es für mich von besonderem Reiz herauszufinden, was ein einziger Argus-Motor zu leisten imstande war. Hinzu kam, daß die Lebensdauer der Motoren deutscher Flugzeuge jener Zeit eine mehr oder minder unbekannte Größe darstellte, denn die Deutschen hatten alle Luftwaffendokumentationen in ihrer gründlichen Art am Ende des Krieges vernichtet. Ich muß allerdings hinzufügen, daß ich viele Flugstunden in der *Fw 189* und der *Si 204 D,* die beide mit Argus-Motoren ausgerüstet waren, verbracht habe und nur ein einziges Mal einen Motorausfall auf Grund verrußter Zündkerzen hatte.
Wie allgemein üblich, mußte man bei Motorausfall den Brandhahn schließen, die Zündung ausschalten und die jeweilige Latte auf Segelstellung setzen. Hatte man das durch Ausfall des einen Motors entstandene Schiebemo-

Der völlig verglaste Rumpfbug.

ment weggetrimmt, erwies sich die *Fw 189* auch mit nur einem laufenden Motor als ausgesprochen gut steuerbar. Nur die in dieser Lage erreichbare Höchstgeschwindigkeit ließ etwas zu wünschen übrig. Unangenehm wurde es dann, wenn man sich in solcher Lage über Feindgebiet befand. Man konnte mit der für den Einmotorenflug festgelegten Dienstgipfelhöhe von 2400 Metern noch ziemlich eng kurven, wobei eine angezeigte Geschwindigkeit von 160 km/h gehalten werden konnte. Im Tiefflug erhöhte sich dieser Wert auf immerhin 180 km/h. Es war sogar möglich, in diesem Zustand mit ausgefahrenem Fahrwerk noch durchzustarten, vorausgesetzt, man hatte vorher die Geschwindigkeit nicht allzusehr absinken lassen und war beim Einfahren von Fahrwerk und Klappen nicht zu langsam. Auch wenn aus den bereits geschilderten Gründen die Sicht nach vorne nicht besonders gut war, so ließ sich die Focke-Wulf dennoch gut landen. Man trimmte hierfür auf dem Endanflug etwas schwanzlastig und hielt 180 km/h am Stau. Das hydraulisch betätigte Fahrwerk wurde bei 160 km/h ausgefahren. Es dauerte eine ganze Weile, ehe es verriegelte. Wurde der Leistungshebel auf Leerlauf zurückgenommen und sank die Motorendrehzahl danach auf unter 1000 »Touren« bei eingefahrenem Fahrwerk, ertönte ein Warnton. Hatte man nicht die Absicht zu landen, konnte dieser Warnton mittels eines Druckschalters an der Steuersäule ausgeschaltet werden. Die etwas lang geratenen Landeklappen, die sich zwischen Querrudern und Leitwerksträgern sowie über das gesamte Mittelstück des Flugzeuges erstreckten, wurden in die Stellung »START« ausgefahren. Hierbei verlor das Flugzeug rasch an Fahrt. Die Verlangsamung betrug in dieser Konfiguration etwa 5,5 m/sec. Daraus

Von oben nach unten: Die *Fw 189* wurde fast ausschließlich in den Aufklärungsstaffeln (H) und in den danach aufgestellten Nahaufklärungsgruppen an der Ostfront eingesetzt. Einige Exemplare gelangten jedoch auch im Afrikafeldzug zum Einsatz. Die hier abgebildete *Fw 189 A-1* hatte den typischen Wüstentarnanstrich. Die Aufnahme wurde im Oktober 1941 auf dem Werksflugplatz von Focke-Wulf kurz vor der Übernahme der Maschine durch die Luftwaffe gemacht.

Vier *Fw 189 A-1* auf dem Werksgelände von Focke-Wulf in Bremen vor den Abnahmeflügen und der Übergabe an die Aufklärungsstaffeln (H), in welchen sie die altertümlichen Henschel *Hs 126* ersetzten.

Oben und rechts: *Fw 189 A-2* im Einsatz an der Ostfront im Winter 1942/43.

erklärt sich die geringe Landegeschwindigkeit dieses Flugzeuges von nur 120 km/h. Setzte man die Maschine in einer Dreipunktlage auf, dann war die Ausrollstrecke erstaunlich kurz. Setzte man auf holperigem Grasuntergrund mit dem Hauptfahrwerk zuerst auf, dann endete das fast regelmäßig in einem unangenehmen sich steigerndem Stampfen, und man konnte nur hoffen, daß die Leitwerksträger nicht so zerbrechlich waren, wie sie den Anschein hatten.

In der Rückschau läßt sich zur *Fw 189* sagen, daß sie im Hinblick auf ihre Rolle als Unterstützungsmittel eines großen Heeres richtig entworfen worden war. Der Wehrmacht war ja von der politisch-militärischen Führung aufgegeben, den Kampf gegen die großen Heere des europäischen Festlandes aufzunehmen, die selbst nur unzureichend von ihren Luftstreitkräften unterstützt werden konnten.

Mit der Entwicklung der *OV-10* ›Bronco‹ als einem Guerilla- und Bandenbekämpfungsmittel, die sowohl die Rolle als taktischer Aufklärer als auch die der unmittelbaren Gefechtsfeldunterstützung übernehmen sollte, wurde von amerikanischen Konstruktionsteams in Columbus dasselbe Konzept entwickelt wie dreißig Jahre zuvor von Kurt Tank und seinen Ingenieuren. Ein größeres Kompliment läßt sich für das fortschrittliche Denken von Kurt Tank und dem Focke-Wulf-Flugzeugbau, die solche Pläne Mitte der dreißiger Jahre bereits entwickelt hatten, kaum machen. Ich werde immer mit besonderem Vergnügen an die *Fw 189 A-1,* die ich so oft und gerne geflogen habe, zurückdenken. Sie trug die Werknummer 0173. Später, im Jahre 1960, als ich für Focke-Wulf in Bremen einige Testflüge durchführte, versuchte ich, der Geschichte gerade dieses Flugzeuges nachzugehen, hatte hierbei jedoch keinen Erfolg. Die zerstörten Hangars der Flugzeugwerke waren noch stumme Zeugen der verheerenden Bombenangriffe durch die Alliierten, und das Archiv war wohl nur noch ein Loch im Boden. Von der *Fw 189* wurden nur wenige Exemplare in Bremen gefertigt. Der Hauptteil der Produktion lief über die ehemaligen Aero-Werke in Prag und ein anderer über französische Flugzeugwerke im Raum um Bordeaux.

Auch wenn das Schicksal der *Fw 189* mit der Werknummer 0173 für die Zeit, ehe sie in meine Hände kam, im dunkeln bleiben muß, so ist ihr weiteres Schicksal doch bekannt. Nachdem im RAE keine Verwendung für sie als Arbeitspferd mehr in Frage kam, flog ich sie nach Brize Norton, wo sie abgestellt werden sollte. Sie wurde dann im Verlauf eines orkanartigen Sturmes am Boden zerschmettert – ein trauriges Ende für eine gute Freundin.

***He 111 H-11* des Kampfgeschwaders 55, »Greif-Geschwader« genannt, im Einsatz während des Unternehmens ›Kleiner Blitz‹, Frühjahr 1944.**

Die Heinkel He 111

Von welcher Seite man die Heinkel *He 111* auch betrachten mochte, man mußte zugeben, daß den Brüdern Siegfried und Walter Günter mit ihr ein klassischer Wurf geglückt war. Sie vereinigte bei ihrem Debüt nicht nur alle damals bekannten aerodynamischen Feinheiten in sich, sondern ließ sich auch außerordentlich gut fliegen. Ihr Leistungsvermögen war derart, daß sie fast allen damals in Dienst gestellten Jagdflugzeugen der Welt die Fersen zeigen konnte. Gemessen an den Verhältnissen der mittdreißiger Jahre gehörte dieses Flugzeug der Ernst-Heinkel-Flugzeugwerke zu den herausragendsten Entwürfen für Kampflugzeuge. Ich selbst kam mit dem schlanken, durch seinen zigarrenförmigen Rumpf auffälligen Bomber zum ersten Mal Anfang der vierziger Jahre in Berührung.

Obwohl immer noch achtbar als Waffe, hatte die *He 111* doch etwas von der Überlegenheit verloren, die sie zu jener Zeit hatte, als sie das erste Mal an die Kampfgeschwader der Luftwaffe ausgeliefert wurde.
Noch heute, nach vierzig Jahren, muß ich mich nicht besonders anstrengen, um mir die erste Begegnung mit ihr ins Gedächtnis zurückzurufen: Man schrieb den 29. Oktober 1939, den Tag, an welchem Flugzeuge vom Typ Heinkel *He 111 P* des Kampfgeschwaders 26 zum ersten Mal über britisches Gebiet eingeflogen waren, um den Schiffsverkehr im Firth of Forth und um Scapa Flow zu stören. Hierbei wurde auch eine Maschine vom Stab KG 26 durch ›Spitfire‹ über Dalkeith abgeschossen. Es war purem Zufall zu danken, daß ich auf einer Reise von

Edinburgh nach London just auf den Flugzeugführer jener Heinkel-Maschine stieß, der unter Bewachung im Nebenabteil desselben Zuges mitfuhr. Da ich deutsch sprach und Uniform trug, war es für mich nicht sonderlich schwer, die Erlaubnis für ein Gespräch mit ihm zu erlangen. Natürlich war er ziemlich niedergeschlagen und hatte wenig Neigung, sich zu unterhalten. Auf der anderen Seite war er begierig herauszufinden, warum er hatte abgeschossen werden können. Er kam selbst zu dem Schluß, daß die Abwehrbewaffnung der *He 111* nicht sinnvoll auf das Flugzeug verteilt sei.
Während seines darauffolgenden Zwangsaufenthaltes in London mochte dieser Luftwaffenflugzeugführer wohl noch häufig Abschüsse von *He 111* durch Jäger der RAF beobachtet haben und die entscheidende Schwäche der ästhetisch schönen Heinkel *He 111* bestätigt bekommen haben. Der deutschen Luftwaffe kam diese Schwäche auf jeden Fall teuer zu stehen. Der Grund für ihre schwache Bewaffnung mag an ihrer ursprünglichen Verwendung als ziviles Verkehrsflugzeug gelegen haben. Wahrscheinlicher ist jedoch, daß die Gebrüder Günter entweder die radikal neue Kombination aus schnellen, achtfach bewaffneten und nur eine ausgesprochen winzige Stirnfläche bietenden Gegner in Form der Jagdflugzeuge vom Typ ›Spitfire‹ oder ›Hurrican‹ nicht vorhergesehen oder aber keine Vorsorge gegen diese gefährlichen Gegner getroffen hatten. Ich gehörte immer zu den Bewunderern des aerodynamischen vollkommenen und wohlgestalteten Heinkel-Bombers, der auf so unnachahmliche Art und Weise Leichtigkeit und Stärke in sich vereinigte. Insbesondere war ich von dem nahezu vollkommen verglasten Rumpfbug beeindruckt. Als ich das erste Mal die Kanzel einer *He 111 H-1* bestieg, wurde mir sofort bewußt, daß das Streben nach unbedingter Stromlinienförmigkeit auch seine Schattenseiten haben konnte. Deutsche Flugzeugkonstrukteure waren offenbar alle gemeinsam von dem Gedanken besessen, ihre Flugzeugführer in Gewächshäusern unterzubringen – eine Neigung, die Probleme schuf, und im Falle der *He 111* hatte der Flugzeugführer so viel gewölbtes Glas vor sich, daß die Sicht nach vorne schon beinahe einem Blick durch einen Glastunnel vergleichbar war. In schlechten Wetter war diese Überfrachtung mit Glas schlichtweg gefährlich. Daß diese Schwäche beim Entwurf der Kanzel bekannt gewesen sein muß, erhellt daraus, daß sowohl der Flugzeugführersitz als auch die Steuersäule nach oben gefahren werden konnten, um dem Flugzeugführer zu ermöglichen, seinen Kopf durch ein kleines Schiebefenster zu stecken. Sein Gesicht wurde mittels einer einziehbaren Windschutzscheibe vor dem Fahrtwind geschützt. Diese Möglichkeit zur schnellen Umwandlung in eine ›Tiger Moth‹ (englisches Doppeldeckerflugzeug der dreißiger Jahre mit offenem Führersitz) im Falle eines Frontflugzeuges schien mir ein untrügerisches Zeichen für die ausgefallenen, fast verschrobenen technischen Lösungen zu sein, auf die die deutsche Flugzeugindustrie hin und wieder zurückzugreifen pflegte. Erstaunlicherweise hatte die damalige Luftwaffenführung solche Lösungen hingenommen.
Die erste Heinkel *He 111,* mit der ich fliegen konnte, war eine *He 111 H-1* (Werk-Nr. 6353), die im Werk Oranienburg der Heinkel-Werke zusammengebaut worden war. Diese Maschine hatte an einem Einsatz zur Schiffsbekämpfung mit der I./KG 26 am 9. Februar 1940 teilgenommen und mußte im Moor bei North Berwick Law notlanden, nachdem ihre Öltanks von einer ›Spitfire‹ der 602. Staffel durchlöchert worden waren. Sie wurde wieder instandgesetzt und begann eine neue »Laufbahn« mit den RAF-Emblemen geschmückt als die No. AW 177, Sie wurde auf allen RAF-Fliegerhorsten herumgereicht, um auf diese Weise alliierte Piloten mit einem Feindflugzeug vertraut zu machen. Diese »Laufbahn« dauerte mehr als drei Jahre. Das häufig eingesetzte Flugzeug stürzte dann am 10. November 1943 bei Polebrook aus dem Trudeln ab, nachdem der Pilot einer ebenfalls erbeuteten *Ju 88* auszuweichen versuchte, welche unabsichtlich die falsche Landebahn angeflogen hatte.
Der Flugzeugführer saß in der *He 111* links. Um ihm eine möglichst günstige Sicht nach vorne zu gewähren, war die ›Ikaria›-Halterung für das MG 15 (7,9 mm) nach rechts versetzt worden, was der Kanzel dieses Flugzeugs, von vorne gesehen, ihr typisches asymetrisches Aussehen verschaffte. Die Steuerorgane waren ziemlich konventionell ausgelegt. Mittels eines Armes, an welches das Steuerhorn montiert war, konnte dieses nach rechts umgelegt werden, so daß ein anderes Besatzungsmitglied Höhen- und Querruder bedienen konnte. Dagegen konnten vom rechten Sitz weder die Leistungshebel noch die Seitenruderpedale bedient werden. Höhen- und Seitenrudertrimmung befanden sich wie auch die Kühlerspreizklappenverstellung hingegen wiederum rechts vom Flugzeugführer, somit also auch in Reichweite des Beobachters. Leistungshebel, Höhenladersteuerung sowie die Hebel für

He 111 H-4 **der 5./KG 26, »Löwen-Geschwader« genannt, über dem Mittelmeer im Jahr 1941.**

die Verstelluftschrauben waren alle linker Hand vom Flugzeugführer angeordnet und konnten nur von diesem betätigt werden.
Die Luftschraubenverstellung war herkömmlich: wurde sie voll nach hinten gezogen, wurden die Propellerblätter in Segelstellung gebracht.
Die Gemischregelung und der Ladedruck wurden automatisch eingestellt. War der Lader auf die höchste Stufe eingestellt, setzte dieser automatisch in einer Höhe von 3500 Metern ein und schaltete sich ebenfalls unterhalb dieser Höhe von selbst wieder aus. Dennoch wurde einem geraten, die Laderverstellung zu verändern, sobald man die Höhe von 3500 Metern unterschritten hatte.
Die Anordnung der Fluginstrumente auf einem Brett unterhalb des Kabinendaches stellte eine unglückliche Lösung dar, vor allem auch deswegen, weil sie den für

He 111 H-2 **der Aufklärungsgruppe (F)/Ob.d.L. (Oberbefehlshaber der Luftwaffe).**

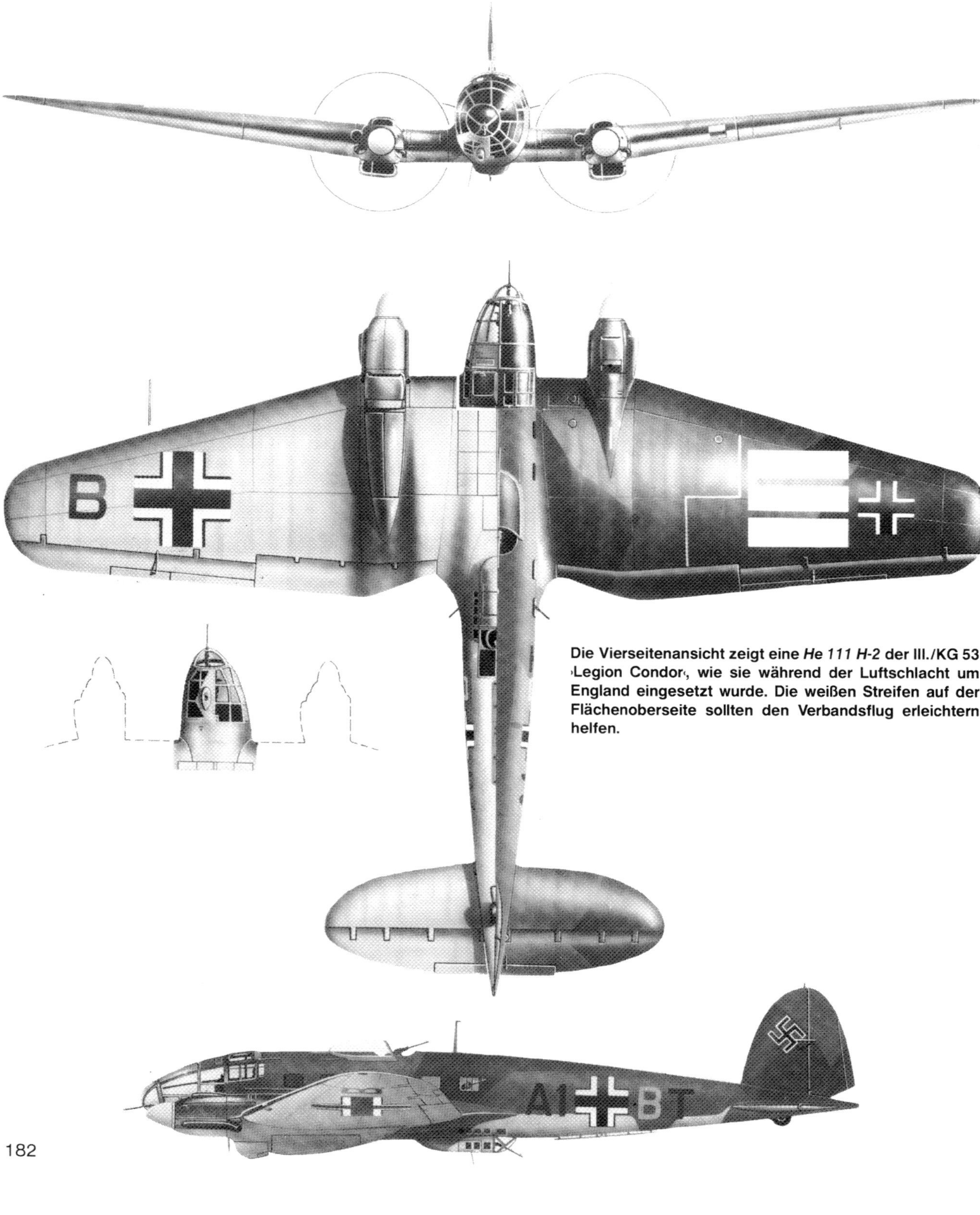

Die Vierseitenansicht zeigt eine *He 111 H-2* der III./KG 53 ›Legion Condor‹, wie sie während der Luftschlacht um England eingesetzt wurde. Die weißen Streifen auf der Flächenoberseite sollten den Verbandsflug erleichtern helfen.

Eine *He 111 H-2* der Aufkl.Gr.(F)/OB.d.L.

He 111 H-6 des Kampfgeschwaders 26, »Löwen-Geschwader« genannt, nach dem Start zum Einsatz.

Eine *He 111 H-4* mit Bombenlastträgern unter der linken Rumpfseite. Der Bombenschacht an der rechten Rumpfunterseite ist in geschlossenem Zustand.

Heinkel He 111 H-3 Schnittzeichnung

1 rechtes Positionslicht
2 rechtes Querruder
3 Flächenrippen
4 vorderer Holm
5 hinterer Holm
6 Querrudertrimmklappe
7 rechte Landeklappe
8 Kraftstoffbehälteröffnung
9 Sollbruchstelle
10 Innentank (700 l)
11 Luftschlitze für Öltankkühlung
12 Ölkühlerlufteinlaß
13 Höhenladerhutze
14 Dreiblattverstellschraube
15 Luftschraubenregler
16 Junkers Jumo 211 D-1
17 Abgasrohr
18 MG 15 (A-Stand)
19 »Ikaria«-Kuppellafette
20 Verkleidung Bombenzielgerät
21 rechtes Hauptfahrwerk
22 Seitenruderpedale
23 Beobachterliege (Gefechtsposition)
24 MG 15 (Truppenselbstbau)
25 Peilgerät
26 Beobachterklappsitz
27 Steuersäule
28 Gashebel
29 Führersitz
30 aufklappbare Windschutzscheibe
31 Schiebefenster
32 vorderer Rumpfspant
33 Doppelspant
34 linker Bombenschacht
35 verplankte Rumpffenster
36 Mittelgang
37 Doppelspant
38 Peiler
39 Kabinendach
40 Rumpf MG 15
41 Rumpfschützenschwingsitz
42 FuG 10
43 Rumpffenster
44 Panzerplatte
45 Antennenmast
46 Leuchtbomben
47 Rumpfspant
48 hintere Rumpföffnung
49 MG 15
50 Schlauchbootkasten
51 Rumpfspanten
52 Längsversteifungen
53 rechte Höhenflosse
54 Antenne
55 rechtes Höhenruder
56 vorderer Seitenflossenholm
57 Seitenflossenaufbau
58 Seitenruderausgleich
59 Seitenruderholm
60 Seitenruderaufbau
61 Seitenrudertrimmfläche
62 Seitenrudertrimmspindel

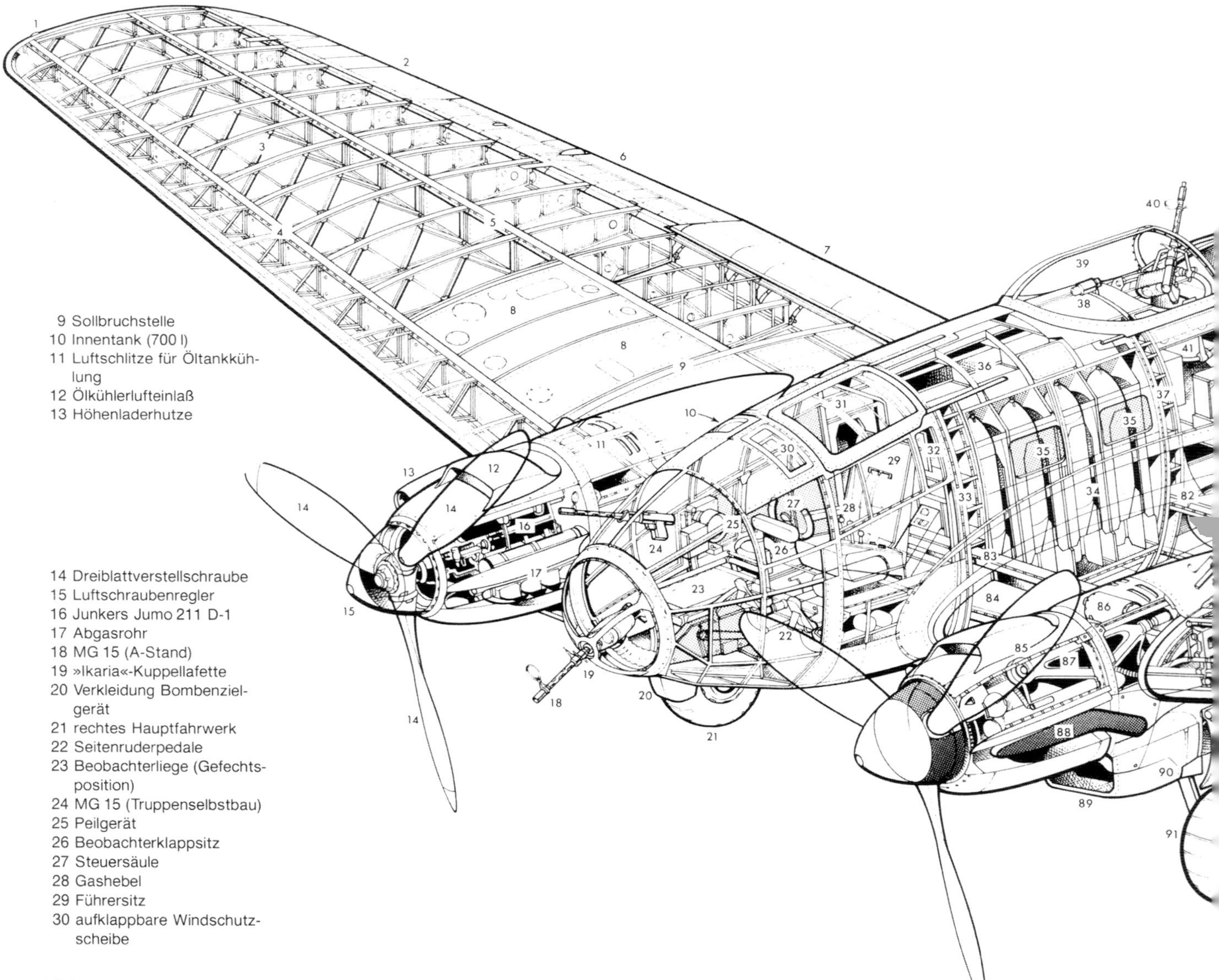

63 MG 17 (fernbedient)
64 hinteres Positionslicht
65 Höhenrudertrimmfläche
66 Höhenflossenaufbau
67 Höhenflossenscharnier
68 vorderer Höhenflossenholm
69 halbeinziehbares Spornrad
70 Spornradstoßdämpfer
71 Windschutzscheibe
72 Rumpf/Höhenflossenspant
73 Umlenk-Gleitrollen
74 Steuergestänge

75 Mutterkompaß
76 Verkleidung für Beobachterfenster
77 Beobachtungsfenster
78 MG 15
79 Einstiegluke zur Bodenwanne
80 Schützenstand (liegend)

91 linkes Hauptfahrwerk
92 Fahrwerksstrebe
93 Einziehmechanismus
94 Fahrwerksklappe
95 Tragflächenverschraubung
96 Führung für Schleppantenne
97 Hinterholmverschraubung
98 linker Flächentank
99 Landeklappensteuergestänge
100 Landescheinwerfer

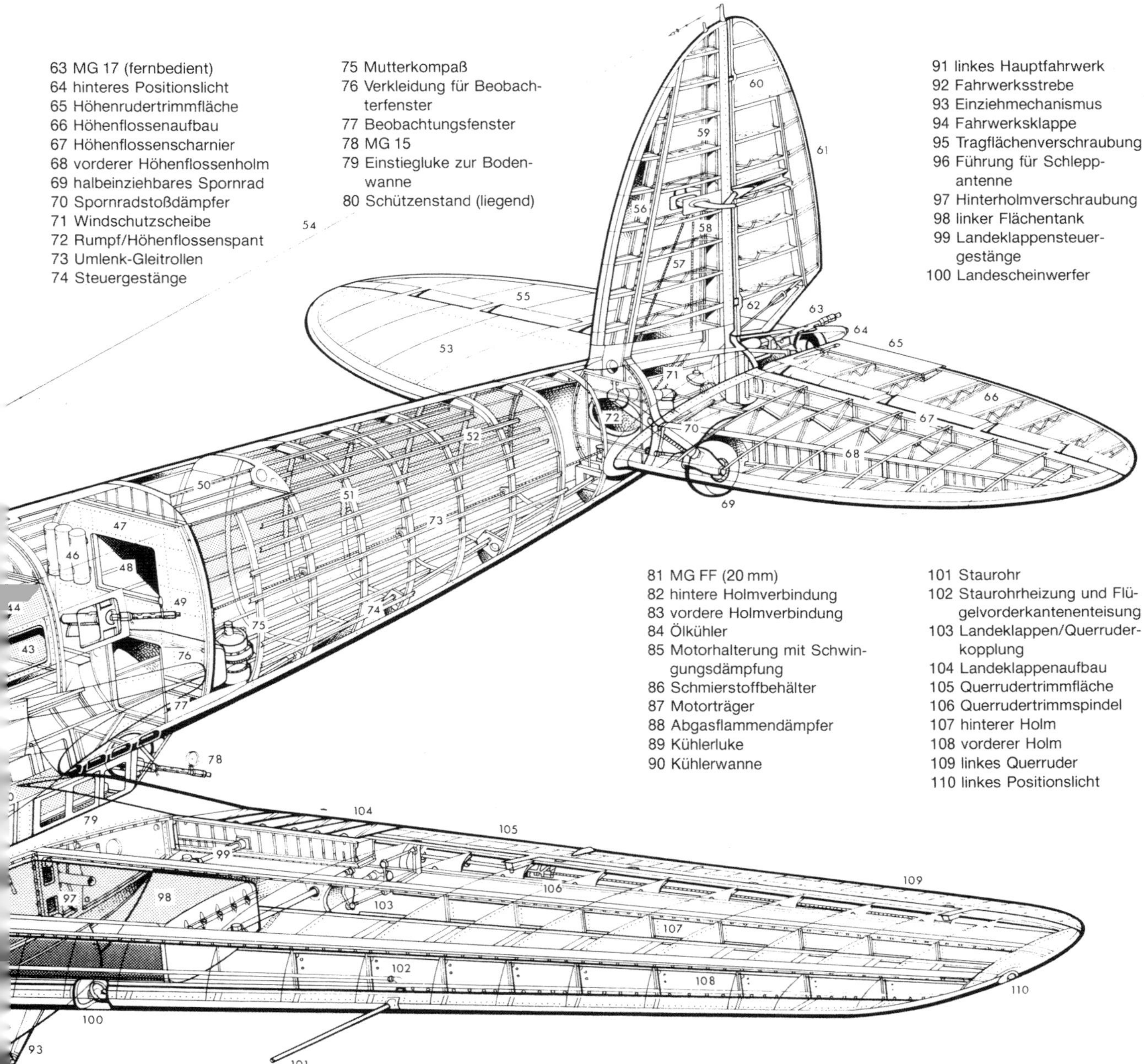

81 MG FF (20 mm)
82 hintere Holmverbindung
83 vordere Holmverbindung
84 Ölkühler
85 Motorhalterung mit Schwingungsdämpfung
86 Schmierstoffbehälter
87 Motorträger
88 Abgasflammendämpfer
89 Kühlerluke
90 Kühlerwanne

101 Staurohr
102 Staurohrheizung und Flügelvorderkantenenteisung
103 Landeklappen/Querruderkopplung
104 Landeklappenaufbau
105 Querrudertrimmfläche
106 Querrudertrimmspindel
107 hinterer Holm
108 vorderer Holm
109 linkes Querruder
110 linkes Positionslicht

_He 111 H-6_ der 2./KG 26 auf einem Einsatzhafen in Nordnorwegen im Sommer 1942. Die dort eingesetzten Verbände hatten die Aufgabe, die Schiffsrouten nach Murmansk und Archangelsk zu bekämpfen.

Heinkel He 111 H-1 Kanzelübersicht:

1 Querrudertrimmung
2 Amperemeter
3 Starterbatterieschalter
4 Anlasserschalter (links)
5 Anlasserschalter (rechts)
6 Umschalthebel für Kraftstoffbehälter
7 Ölkühlerklappenbetätigung
8 Brandhähne
9 Schalter für Kurssteuerung
10 Trennschalter für Kurssteuerung
11 Zündkerzenreinigung (Zündzeitpunktverstellung)
12 Bedienhebel für Luftschraubensteigung (linker Motor)
13 Bedienhebel für Luftschraubensteigung (rechter Motor)
14 Magnetschalter
15 Ausschalter für die Dämpfungsflosse
16 Fahrwerkbedienhebel
17 Fahrwerkverriegelungshebel
18 Landeklappenhebel
19 Laderbedienhebel
20 Lichtschalter
21 Landeklappenanzeige
22 Fahrwerkanzeige
23 Luftschraubensteigungsanzeige (rechter Motor)
24 Luftschraubensteigungsanzeige (linker Motor)
25 Leistungshebel
26 Anlaßeinspritzpumpen
27 Sauerstoffanlage
28 Not-/Zusatzinstrumentenbrett (durch die gestrichelte Linie gekennzeichnet)
29 Tochterkompaß
30 Höhenmesser
31 Heizungsanzeige Staudruckmesser
32 Zielfluganzeiger
33 Zielfluggerät
34 Wende-/Querlagenanzeiger
35 Kurskreisel
36 Fein-/Grobhöhenmesser
37 Blindanfluggerät
38 Fahrtmesser (Geschwindigkeits-)
39 Künstlicher Horizont
40 Variometer (Anzeige für Steigen und Fallen)
41 Schiebefenster
42 Kanzelverglasungen aus Sicherheitsglas
43 Schiebefenster
44 Windschutzscheibe (geöffnet nur im Notfalle)
45 Griff für Schiebefenster
46 Beleuchtungsregler für Instrumentenbrett
47 Öl-/Benzindruckanzeiger (rechter Motor)
48 Öl-/Benzindruckanzeiger (linker Motor)
49 Kraftstoffwarnlicht
50 Außentemperaturmesser
51 Kraftstoffwahlschalter (rechts)
52 Kraftstoffanzeige (rechts)
53 Kraftstoffanzeige (links)
54 Kraftstoffwarnlicht (links)
55 Kraftstoffwahlschalter (links)
56 Notwurfhebel
57 Schiebefensterverriegelung
58 Künstlicher Horizont
59 Zielfluganzeiger
60 Wende-/Querlagenanzeiger
61 Heizungsanzeige Staudruckmesser
62 Blindanfluggerät
63 Fahrtmesser (Geschwindigkeits-)
64 Variometer (Steigen, Fallen)
65 Höhenmesser
66 Tochterkompaß
67 Kurskreisel
68 Drehzahlmesser (links)
69 Drehzahlmesser (rechts)
70 Kraftstoffdruckanzeige (links)
71 Kraftstoffdruckanzeige (rechts)
72 Öltemperaturanzeige (links)
73 Öltemperaturanzeige (rechts)
74 Kühlstofftemperaturanzeige (links)
75 Kühlstofftemperaturanzeige (rechts)
76 Öl-/Kraftstoffdruckanzeige (links)
88 Öl-/Kraftstoffdruckanzeige (rechts)
78 Sicherheitsglasscheibe
79 Schiebefenster
80 Tasche für Erkennungssignalmunition
81 »Patin«-Peilgeräteanzeige
82 Kurbel für Peilantenne
83 Klappsitz für Beobachter
84 Beobachterliege für Gefechtsposition (Segeltuchbespannung der besseren Übersichtlichkeit wegen fortgelassen)
85 Beobachtungsscheibe, verzerrungsfrei
86 Bombenzielgerät
87 Signalpistolenhalterung
88 »Ikaria«-MG-Lafette
89 Verzerrungsfreie Bugverglasung
90 Kanzelverglasung (verzerrungsfrei)
91 Blendschutz (Beobachter)
92 Blendschutz (Flugzeugführer)
93 Schalter für Kurssteuerung (Kurvenflug)
94 Borduhr
95 Umlegbares Steuerhorn
96 Steuersäule
97 Bordeigenverständigung (EiV)
98 Seitenruderpedale
99 Verzerrungsfreie Kanzelverglasung
100 Sicherheitsgurtbefestigung
101 Sitzhöhenverstellung
102 Höhenrudertrimmrad
103 Bedienknöpfe für das Zielgerät
104 Kühlerbedienung (linker Motor)
105 Ölkühlerklappenbedienung
106 Kühlerbedienung (rechter Motor)
107 Handpumpe zur Notbedienung von Fahrwerk und Landeklappen
108 Handpumpe für Kraftstoff
109 Manueller Kraftstoffschalter
110 Einstellungshebel für die Kanzelheizung
111 Seitenrudertrimmrad
112 Betätigungsarm für Sitzverstellung
113 Sitzhauptbauteil mit Betätigungskabel
114 Sitzrahmen
115 Sitzverstellzylinder

---

den Instrumentenflug (Blindflug) notwendigen klaren Aufbau vermissen ließ.
Das trifft im übrigen für fast alle damaligen Flugzeugtypen zu, ehe man die für das Instrumentenfliegen einzig logische T-Anordnung entwickelt hatte, die dann auch rasch weltweite Verbreitung gefunden hat. Dagegen waren die Überwachungsinstrumente für die Motoren alle rechts von den Anzeigern für den Instrumentenflug zusammengefaßt, so daß alle diesbezüglichen Werte auf einen Blick erfaßt werden konnten. Das elektrische System, welches mit 24 Volt arbeitete, war wie in allen deutschen Flugzeugen des Zweiten Weltkrieges weit besser entwickelt als in den britischen Flugzeugen der damaligen Zeit. So waren beispielsweise die elektrischen Sicherungen alle übersichtlich auf einer Schalttafel angeordnet, dicht dabei der Hauptschalter – eine Anordnung, welche später auch für die alliierten Flugzeuge übernommen wurde.
Über die Hydraulik wurden das Fahrwerk, die Klappen, die Kühler, die Sitzverstellung am Flugzeugführersitz, die Steuersäulenverlängerung sowie die Fahrwerkbremsen betätigt.

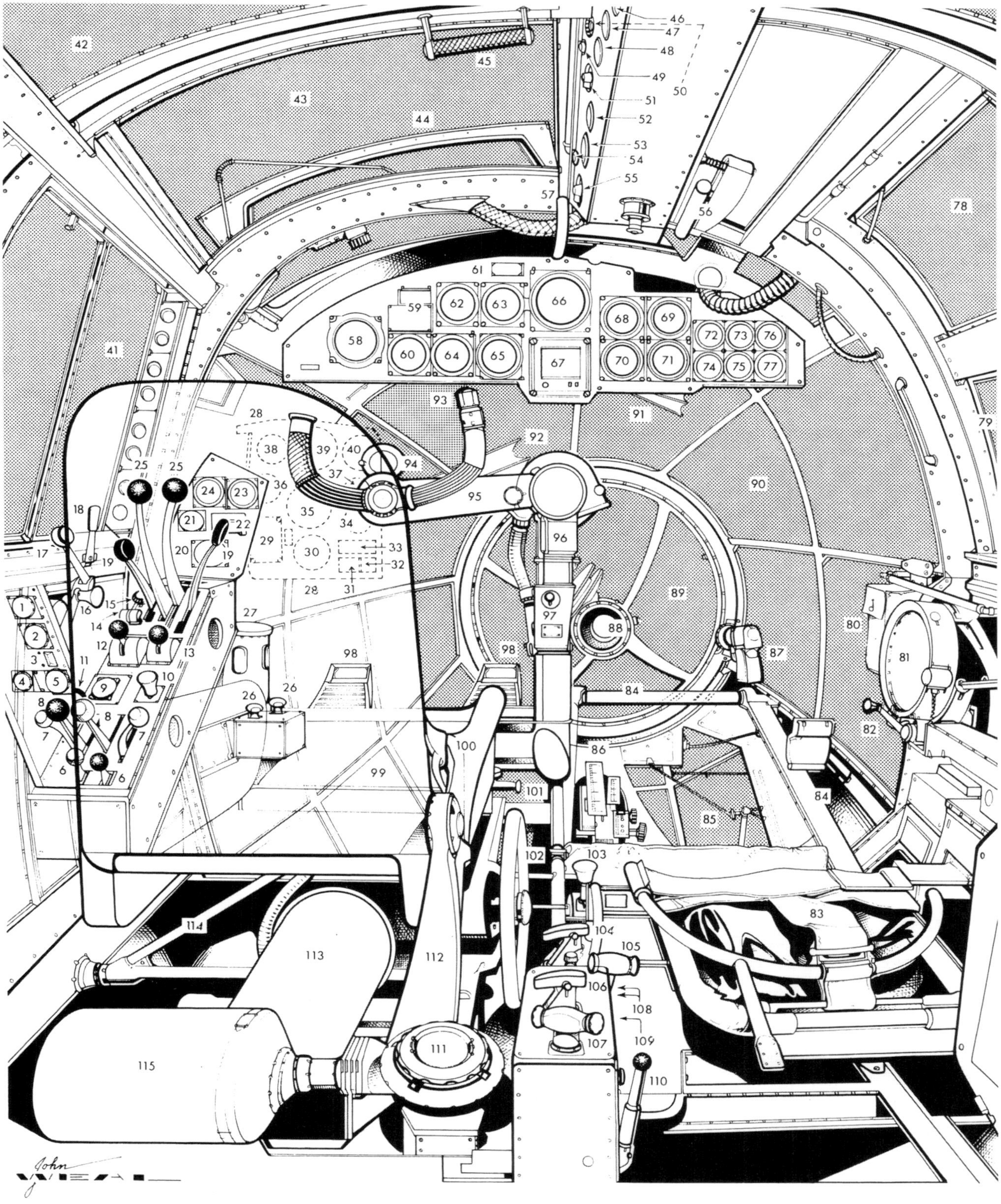
1
2
3
4
5
6
7
8
9
10
11
12
13
14
15
16
17
18
19
20
21
22
23
24
25
26
27
28
29
30
31
32
33
34
35
36
37
38
39
40
41
42
43
44
45
46
47
48
49
50
51
52
53
54
55
56
57
58
59
60
61
62
63
64
65
66
67
68
69
70
71
72
73
74
75
76
77
78
79
80
81
82
83
84
85
86
87
88
89
90
91
92
93
94
95
96
97
98
99
100
101
102
103
104
105
106
107
108
109
110
111
112
113
114
115
John Weal

Technische Beschreibung der Heinkel He 111 H-16:

Triebwerke: Zwei flüssigkeitsgekühlte Zwölfzylinder-Motoren Junkers Jumo 211 F mit hängender V-Anordnung mit je 1350 PS Startleistung und 1060 PS Leistung in 5300 m Höhe.

Leistungen: Höchstgeschwindigkeit ohne Bombenzuladung und halbvollen Kraftstofftanks: 365 km/h in Seehöhe; 399 km/h in 2000 m; 410 km/h in 6000 m Höhe; Höchstgeschwindigkeit mit voller Zuladung: 349 km/h in Seehöhe; 380 km/h in 2000 m; 390 km/h in 4000 m; 405 km/h in 6000 m Flughöhe. Reichweite mit größter Bombenzuladung und einer Geschwindigkeit von 330 km/h in Seehöhe: 1950 km; bei 370 km/h in 2000 m Flughöhe: 1930 km; bei 384 km/h in 5000 m Flughöhe: 2060 km. Steigzeit auf 2000 m mit höchstmöglicher Zuladung: 8,5 min; auf 4000 m Flughöhe: 23,5 min; auf 6000 m Flughöhe: 42,0 min; Dienstgipfelhöhe bei höchstmöglicher Zuladung: 6700 m; ohne Bombenzuladung und mit halbvollen Kraftstofftanks: 8500 m.

Gewicht: Leergewicht mit Ausrüstung: 8680 kg; Höchstgewicht: 14 000 kg.

Abmessungen: Spannweite: 22,60 m; Länge: 16,40 m; Höhe: 4,00 m Flügelfläche: 86,50 m^2.

Bewaffnung: 1. Abwehrbewaffnung: Eine Maschinenkanone MG FF, Kaliber 20 mm, mit 180 Schuß Munition im Rumpfbug; wahlweise ein zusätzliches MG 15, Kaliber 7,9 mm, ein Maschinengewehr MG 131, Kaliber 13 mm, mit 1000 Schuß Munition auf der Rumpfoberseite; zwei MG 81, Kaliber 7,9 mm, mit je 1000 Schuß Munition im hinteren Teil der Bodenwanne; ein MG 15, Kaliber 7,9 mm, oder ein MG 81, Kaliber 7,9 mm, mit 1000 Schuß Munition oder zwei MG 81 mit je 500 Schuß Munition in den Rumpfseitenfenstern.
2. Angriffsbewaffnung: Insgesamt 32 50-kg-Bomben oder acht 250-kg-Bomben als Innenlast oder 16 50-kg-Bomben als Innenlast und eine 1000-kg-Bombe am Außenlastträger PVC oder eine 2000-kg-Bombe und eine 500-kg-Bombe an Außenlastträgern.

Wurden die Hydraulikpumpen im Einsatz zerschossen, konnten die Klappen und das Fahrwerk mittels Handpumpen betätigt werden.

Die Treibstofftanks umfaßten in jeder Fläche einen Haupttank mit 700 l Fassungsvermögen und einen Reservetank mit einem solchen von 1000 l. Die Triebwerke Jumo 211 A-1 entnahmen den Kraftstoff aus dem ihnen zugeordneten Haupttank. War deren Inhalt auf 200 l abgesunken, wurde mittels elektrischer Umfüllpumpen vom Reservetank in den jeweiligen Haupttank wieder aufgefüllt. War der Inhalt des Haupttanks unter die 100-l-Marke gesunken, leuchteten rote Warnlichter in der Kabine auf. Bei Ausfall der Stromversorgung konnte man den Kraftstoff aus den Reservetanks mittels Handpumpe überleiten. Diese Handpumpen waren rechts vom Flugzeugführer angeordnet. Die Leistung der Handpumpen war jedoch nicht ausreichend – sie betrug ganze 225 l/h, wenn man den Pumpenschwengel in der Minute 60 mal

_He 111 H-16_ der I./KG 27 ›Boelcke‹ mit Außenlastträgern ETC 2000 und Wintertarnanstrich über der Ostfront während des Winterfeldzuges 1942/43. Bombeneinsätze waren während der Schlacht um Stalingrad für die _He 111_-Verbände der Luftwaffe von zweitrangiger Bedeutung. An erster Stelle stand damals die Versorgung der in Stalingrad eingeschlossenen 6. Armee.

auf und ab bewegte – deswegen mußten die Leistungshebel zürückgenommen werden, was zur Folge hatte, daß ein Halten der Höhe oberhalb von 3000 Metern nicht möglich war.
Für die Umfüllung des Tankinhalts von der einen auf die andere Seite waren keine Einrichtungen vorhanden.
Hinter jedem Motor befand sich ein Öltank mit einem Inhalt von 100 l. Für die Überleitung des Öls von der einen zu anderen Seite waren hingegen Vorkehrungen getroffen. Die Klappenbetätigung für die Ölkühler wurden vom Flugzeugführer mittels Bedienhebel vorgenommen.

AUSGEZEICHNETE STEUERBARKEIT

Die Jumo 211 A-1-Motoren wurden mit Hilfe des entweder elektrisch oder mit Handkurbel getriebenem Schwungkraftanlassers, nachdem man mittels der Benzineinspritzpumpe entsprechenden Druck in den Leitungen aufgebaut hatte, angeworfen. Die Startleistung betrug je 1010 PS, und in 1500 Metern Höhe leisteten die Motoren je 940 PS.
Das Flugzeug ließ sich am Boden angenehm rollen; nur bei regnerischem Wetter hatte man Schwierigkeiten, da die Sicht nach vorne miserabel war. Deshalb mußte der Flugzeugführer seinen Sitz nach oben verstellen, um aus der eingangs erwähnten Luke schauen zu können. Das Ende vom Lied war dann immer ein nasses Cockpit.
Für den Start wurde für den Lader die unterste Stufe gewählt, die VDM-Luftschrauben so eingestellt, daß die Anzeigen auf 12 Uhr standen. Die Trimmungen wurden auf »NEUTRAL« gesetzt und die Klappen auf »HALB« ausgefahren. Vor dem Start wurde der Flugzeugführersitz gewöhnlich in eine untere Stellung eingerastet, bei Regenwetter konnte jedoch auch aus der erhöhten Sitz-

Oben und unten: Die *He 111 H-1* (Werk-Nr. 6353), ehemals der II./KG 26 angehörig, die nach einer Notlandung bei North Berwick Law am 9. Februar 1940 von der RAF in Besitz genommen worden war und mit der Kennung AW 177 bis zum 10. November 1943, als sie durch Absturz verlorenging, in der RAF ihren Dienst versah.

»... der Flugzeugführer hatte so viel gewölbtes Glas vor sich, daß die Sicht nach vorne beinahe einem Blick durch einen Glastunnel vergleichbar war.«

position ohne Schwierigkeiten gestartet werden, da der Windabweiser bis zu einer Geschwindigkeit von 320 km/h so viel Schutz bot, daß sich der Flugzeugführer, wenn er gezwungen war, seinen Kopf durch die Luke zu stecken, nur geringfügig Zugluft ausgesetzt sah.
Der Ladedruck während des Startes mußte 1,35 ata betragen, bei 2400 »Touren« pro Minute. Die Rollstrecke war kurz, Giermomente traten nur in geringem Maße auf. Die Startmotorenleistung konnte für eine Minute lang beibehalten werden.
Während dieser Zeit mußten Fahrwerk und Klappen eingefahren werden, danach wurde das Gas auf 1,15 ata zurückgenommen und 2300 U/min gehalten. Das Steigvermögen war für damalige Begriffe gut und zur Zeit ihrer Einführung in die Verbände der deutschen Luftwaffe, gemessen an den Leistungen des zeitgenössischen englischen ›Wellington‹-Bombers, der eine fast identische Zuladekapazität aufwies, überragend. Die Dienstgipfelhöhe der *He 111* lag um wenigstens 1500 Meter über der des britischen Bombers. Die Heinkel gehorchte den Steuerdrücken ausgezeichnet. Sie war um alle drei Flugachsen sehr stabil. Alle Steuerflächen waren mit Trimmflächen ausgestattet, die vom Flugzeugführer eingestellt werden konnten. An jedem Querruder gab es zwei Trimmflächen, die eine für Trimmzwecke, die andere diente als automatische Servosteuerung. Die Höhenflosse konnte am Boden auf drei Positionen eingestellt werden. Die Gesamtänderung des Einstellwinkels betrug 3,2°.
Über eine Kurssteuerung konnte das Seitenruder gesteuert werden, und zwar mit Hilfe eines an der Steuersäule befindlichen Schalters. Linker Hand vom Flugzeugführer befand sich eine Schnelltrennung für die Kurssteuerung, mit ihr ließ sich in Notsituationen die Kurssteuerung schnell auskuppeln. Die zulässige Höchstgeschwindigkeit betrug 480 km/h, das höchstzulässige Lastvielfache 2,7 g bei einem Gesamtgewicht von 11000 kg und einer Schräglage von 65°.
Im Normalfall bestand die Besatzung aus vier Mann. Diese Anzahl war ausgelegt auf die Tätigkeit im Zielgebiet. Der Flugzeugführer saß, wie schon gesagt, links in der Kanzel, rechts neben ihm der Kampfbeobachter. Dieser nahm eine liegende Stellung in der Flugzeugnase ein, um das Bombenzielgerät oder, im Falle eines Jägerangriffes von vorne, das MG zu bedienen. Er war außerdem ausreichend als sogenannter Rudergänger geschult, um das Flugzeug bei Ausfall des Flugzeugführers mit Hilfe der Kurssteuerung über die eigenen Linien zu bringen. Konnte der Flugzeugführer auf Grund von Verletzungen nicht selbst das Landemanöver fliegen, war die Besatzung angewiesen, über eigenem Gebiet mit dem Fallschirm abzuspringen.
Der hintere Teil des Flugzeuges war mit der Kanzel durch einen schmalen Laufsteg verbunden, der zwischen den Aufhängevorrichungen für acht 250-kg-Bomben hindurchführte. Diese Bomben waren senkrecht in zwei Reihen beiderseits des Stegs aufgehängt. In der Rumpfmitte befanden sich vier MG 15, Kal. 7,9 mm. Die MG-Stände auf dem Rumpfrücken und in der Bodenlafette waren bald nach Kriegsbeginn durch zwei weitere seitlich im Rumpf eingebaute verstärkt worden. Man brauchte zusätzlichen Schutz gegen seitlich angesetzte Angriffe. Die zusätzliche Bewaffnung machte ein fünftes Besatzungsmitglied notwendig. Die zunehmende Härte des Luftkampfes machte immer stärkere Kaliber für die

Abwehrbewaffnung erforderlich, und einige *He 111* wurden deswegen zusätzlich mit einem fernbedienten MG 17, Kal. 7,9 mm, ausgestattet, welches aus dem Heck nach hinten feuerte. Andere Flugzeuge dieses Typs wurden wiederum mit einer Art Granatwerferrohr ausgerüstet, aus dem Geschosse in Richtung verfolgender Jäger, (in der Hoffnung diese zu treffen), abgefeuert wurden.
So blieben also die Lehren, die man beispielsweise aus dem Abschuß einer *He 111* im Oktober 1939, als sie nach dem Angriff auf Schiffsziele im Firth of Forth getroffen wurde, nicht einfach unbeachtet.
Die Vorbereitungen zur Landung begannen bei einer Geschwindigkeit von 200 km/h, das war die höchstzulässige Geschwindigkeit für das Ausfahren des Fahrwerkes. Die Motorendrehzahl sollte dabei die Marke von 1700 U/min nicht überschreiten. Nach dem Ausfahren des Fahrwerkes wurden die Landeklappen gesetzt, wobei kaum Trimmveränderungen nötig wurden. Während des Anfluges wurden 145 km/h gehalten, und zwar bis zum

Oben: *He 111 P-1* vor der Auslieferung an die Luftwaffe 1939. Die wohl einmalig unpassende taktische Kennung am Rumpf der zweiten Maschine ist beachtenswert: NO+GO (zu deutsch: Nichts geht!)

Ausschweben. Dadurch konnte der Neigung des Flugzeuges, mit der linken Fläche nach unten wegzukippen, entgegengewirkt werden.
Die Ausrollstrecke war bemerkenswert lang, vermutlich lag das an der stromlinienförmigen Formgebung des Flugzeugrumpfes. Zwei, drei Jahre nachdem »unsere« *He 111 H-1* ihr Ende über Polebrook im November 1943 gefunden hatte, hatte ich Gelegenheit, in Schleswig-Jagel die letzten Muster der *He 111 H-6* zu fliegen. Abgesehen davon, daß die Jumo 211 F-1 mit einer verstärkten Kurbelwelle ausgestattet waren, ein geschlossenes Laderleitrad für den DVL-Lader besaßen und eine verbesserte Motorleistung von 1400 PS am Start und eine solche von 1200 PS in 5000 Metern Höhe aufwiesen, unterschied sich die *He 111 H-6* nicht wesentlich von ihren Vorgängerinnen.
Möchte man zu einer fairen Beurteilung der *He 111* gelangen, dann muß man sie mit den zeitgenössischen Flugzeugen derselben Kategorie von Mitte bis Ende der dreißiger Jahre vergleichen. Bei solch einem Vergleich steht sie an der Spitze der mittleren Bomber jener Zeit bezüglich ihres Leistungsvermögens sowie ihrer großen Ver-

Links: *He 111 H-6* mit zwei Übungstorpedos LTF 5b, aufgehängt an Rumpfträgern vom Typ PVC.

Eine *He 111 H-16* (Werk-Nr. 8433), die von den Alliierten erbeutet wurde und zu Erprobungszwecken nach USA, Wright Field, Ohio, überführt wurde.

wendungsbreite. Ihre Schwächen lagen in ihrer Verwundbarkeit, und eine wahre Freude für den Flugzeugführer in bezug auf die Sichtverhältnisse war sie trotz oder gerade wegen des »Spiegelsaals«, in welchem er saß, auch nicht. Die gewölbte Verglasung der Kanzel wirkte im Sonnenlicht wie ein Spiegel. Was das bei schlechten Sichtbedingungen bedeutete, kann man sich leicht vorstellen!
Als Schlußbemerkung zu diesem Kapitel sei mir eine ganz persönliche Anmerkung erlaubt: im Zweiten Weltkrieg habe ich meine ersten Einsatzerfahrungen im Herbst 1940 im Kampfe gegen die *He 111* gesammelt. Ich flog damals übungshalber in einer Gloster ›Gladiator‹ über Somerset in Begleitung einer zweiten Gloster. Beide hatten wir bewaffnete Maschinen, falls uns irgend jemand von der anderen Feldpostnummer begegnen sollte. Es kam wie erwartet: zwei engaufgeschlossene *He 111* flogen uns in Richtung Bristol über den Weg. Wir kamen von hinten, hatten also eine gute Angriffsposition. Sofort wurde ich von einem Gefühl gepackt, welches aus einer Art Hochstimmung und ungewisser Vorahnungen bestand. Ein Gefühl, welches mich während des ganzen Weltkrieges in der Zeit kurz vor einem Kampfe nicht loslassen sollte.
Wir waren in der Lage, aus einer leicht überhöhten Position genau von hinten angreifen zu können. Während unserer Annäherung an den Gegner wurde ich der Sprengwölkchen gewahr, die von unserer leichten Flak stammten. Urplötzlich stand vor uns eine grelle Explosionswolke, und ehe wir uns versahen, flogen unsere zwei ›Gladiator‹ durch die Trümmer der zwei Heinkel hindurch. Die beiden Heinkel waren ziemlich engaufgeschlossen vor uns hergeflogen, und eine von ihnen muß einen Volltreffer in den Bombenschacht bekommen haben. Dieser Volltreffer hat dann gleich beide Maschinen in Stücke zerrissen.
Ich werde wohl kaum jemals dahinterkommen, ob ich bei dieser Gelegenheit um einen Erfolg »betrogen« oder aber glücklich mit dem Leben davongekommen bin. Ich war damals auf jeden Fall der Meinung gewesen, daß es ungerecht war, daß die Löcher in meiner ›Gladiator‹ auf diese Weise zustande gekommen waren.

Transportflugzeuge *Ju 52/3m g5e* und *Ju 52/3m g7e* der 3. Staffel K.Gr. z.b.V. 9 (Kampfgruppe zur besonderen Verwendung; d.Ü.) an der Ostfront im Sommer 1942.

Die Junkers Ju 52/3m

Mein erster Gedanke, den ich beim Anblick von Dipl. Ing. Ernst Zindels Junkers *Ju 52/3m* hatte, war: auf eine häßliche Art verbaut und unglaublich schwerfällig aussehend. Es handelte sich um ein Verkehrsflugzeug der Lufthansa, das auf dem Hallenvorfeld des Tempelhofer Flughafens abgestellt war. Vor mehr als vierzig Jahren, im Sommer 1936, in Berlin.

In den Augen meiner damaligen jugendlichen Unbeschwertheit zeigte diese phantastisch anmutende Mischung aus Wellblech, abgesetzten Flügelklappen, schwer verstrebtem Fahrwerk und ihren drei luftgekühlten Motoren, die einen so unangenehmen Mißklang hatten wie eine ganze Batterie auf Hochtouren laufender Rasenmäher, die totale Mißachtung sämtlicher elementarster aerodynamischer Grundregeln auf. Und doch, die-

Eine ehemalige *Ju 52/3m-Z* der DLH im Dienste der Luftwaffe. Man beachte die lange Abdeckung des Mittelmotors und die Spinner.

Rechts: Eine *Ju 52/3m g5e* mit einer ringförmigen MG-Halterung für das nach vorne schießende MG 15, Kaliber 7,9 mm.

Mitte: Eine *Ju 52/3m g3e* der Flugzeugführerschule (C) in Lechfeld im Sommer 1938. Man beachte die halb eingezogene Bodenlafette (»Kohlenkasten«) für das C-Stand-MG!

Unten: Auf einer Blindflugschule werden im Winter 1942/43 Startvorbereitungen getroffen. Der linke Motor einer *Ju 52/3m* wird vorgewärmt.

ser aerodynamisch so unfertige Apparat genoß zu jener Zeit in den Kreisen der Verkehrsflieger einen beachtlichen Ruf. Ich konnte damals noch nicht ahnen, daß die Hochschätzung, die dieses Flugzeug in der Verkehrsfliegerei genoß, wegen eines häßlichen Baumusters für wenig friedliche Zwecke an Spaniens Himmel getrübt werden sollte. Diese Maschine hatte eine Art Kohlenkasten zwischen den beiden hinteren Auslegern der Fahrwerksverstrebungen zur Aufnahme des MG-Schützen, der zugleich die Funktion des Bombenschützen hatte. Wer etwas Sinn für ästhetische Formen hatte, konnte dieses Produkt der Dessauer Junkers Flugzeug- und Motorenwerke AG in keiner Weise schön finden. Selbst die Charakterisierung »grob aber zweckmäßig« umschrieb nur unvollkommen die ausgesprochen »klapprige« Häßlichkeit der *Ju 52.* Kein Wunder also, daß die Alliierten während des Zweiten Weltkrieges die »Eiserne Annie« der Junkers-Werke mit dem wenig schmeichelhaften Namen »Wellblechsarg« belegten. Als die Deutschen die *Ju 52* als Truppentransporter einzusetzen begannen, glaubten wir, daß sich ihre jeweiligen Insassen krank vor Angst fühlen mußten, schien sie doch schon rein äußerlich so verwundbar, daß sie selbst einer Flinte zum Opfer fallen mußte. Es fragt sich jedoch, ob wir das häßliche Entlein in seinem

Eine der verschiedensten Versionen der eckigen, häßlichen, aber außerordentlich erfolgreichen Dreimotorigen von Junkers, eine *Ju 52/3m g6e,* die im Royal Aircraft Establishment als Arbeitspferd Verwendung gefunden hatte. Die Aufnahme wurde im August 1945 in Farnborough gemacht.

wahren Kern nicht einfach verkannt hatten? Steckte in ihm nicht in Wahrheit ein schöner Schwan? Als der Krieg sich seinem Ende zuneigte, bekam ich zum ersten Male Zweifel an der Richtigkeit meiner ersten Beurteilungen. Ich wurde damals der außerordentlich positiven Gefühle gewahr, die man in der gesamten Wehrmacht der »Tante Ju« gegenüber hegte, und begann sie in einem anderen Lichte zu sehen. Die Rolle, die sie während des gesamten Krieges über spielte, hat den Gang der Ereignisse möglicherweise mehr beeinflußt, als irgendein anderes Kriegsflugzeug. Ich war sowohl über die Zuneigung, die man ihr überall in der Wehrmacht entgegenbrachte, als auch über die Bedeutung, die man ihr als Einsatzflugzeug zumaß, überrascht. Überrascht insbesondere deswegen, weil ich sie vor Jahren für ein vorsintflutliches Monstrum gehalten hatte. Ich war jetzt begierig darauf, ihre Bekanntschaft zu machen. Zuvor sei erwähnt, daß ich seit jeher eine Schwäche für dreimotorige Flugzeuge hatte; eine Motorenanordnung, welche mir Zuverlässigkeit schlechthin zu garantieren schien. Zur Zeit der Kapitulation des Deutschen Reiches lagen überall auf den Plätzen der deutschen Luftwaffe die *Ju 52* verstreut; nicht wenige leisteten nach dem Kriege Schwerstarbeit für die Alliierten. Die RAE-Einheit in Schleswig verfügte über ein halbes Dutzend, die in dauerndem Einsatz zu stehen schienen. Sobald ich zwischen den Überführungsflügen von Schleswig nach Farnborough ein wenig Zeit hatte, gab ich einem nostalgischen Verlangen nach. In der Kanzel der *Ju 52* fühlte ich mich sofort in meine Jugendzeit zurückversetzt. Sie war geräumig und bemerkenswert altmodisch und atmete diesen strengen Geruch nach Farbe, der sich mir merkwürdigerweise mit allen deutschen Flugzeugen, die aus der Zeit der dreißiger Jahr stammten, verband. Der Blick durch die Windschutzscheibe glich dem aus dem Fahrersitz jener alten Doppeldeckerbusse, die in den fünfziger Jahren die Straßen Londons bevölkerten. Die Cockpit-Anordnung war ein heilloses Durcheinander: Hebel, Knöpfe, Schalter, wohin man blickte, und das Ganze ohne erkennbares System! Wie konnte man einem so einfachen Flugzeug nur eine so unübersichtliche Cockpit-Anordnung geben?

EINE WURLITZER-ORGEL

Die Vorbereitungen, die zum Anlassen der drei 725-PS-Sternmotoren BMW 132 A-3, erforderlich waren, glichen dem Spiel auf einer Wurlitzer-Orgel. Man begann mit dem Einschalten der Hauptbatterie, dann stellte man die Zündung auf »SPÄT« ein, indem der Hauptzündschalter herausgezogen wurde. Als nächstes wurden die drei Zündschalter, je Motor einer, auf die Positionen »1 + 2« eingestellt, dann schaltete man die Kraftstoffschalter auf »EINSPRITZUNG«, danach die Gemischhebel, die sich direkt unterhalb der Leistungshebel befanden, auf »FETTES GEMISCH«. Schließlich wurden die drei Ölkühler geschlossen und die Einspritzpumpe für den mittleren Motor in Gang gesetzt.
Nach diesem verwirrenden Auftakt wurde der Hebel für den betreffenden Schwungkraftanlasser für die Dauer von 10–20 Sekunden nach unten gedrückt und danach nach oben gezogen. Sobald der Motor drehte, mußte die Zündung auf »FRÜH« eingestellt werden. Jetzt mußte der Motor so lange im Leerlauf drehen, bis man eine Anzeige am Öldruckmesser feststellen konnte. Erreichte der Öldruck 7 ata, wurde die Umdrehungszahl langsam auf 1000–1200 U/min erhöht.
Sobald die Öltemperatur 30° Celsius erreicht hatte, konnte man den Motor auf 1400 »Touren« bringen. Bei dieser Umdrehungszahl schaltete sich der Generator des Mittelmotors automatisch ein. Bei 40°C mußten die Ölkühler geöffnet werden. Die beiden äußeren Motoren wurden gewöhnlich in Gang gebracht, sobald der Mittelmotor eine Öldruckanzeige aufwies. Waren die Motoren genügend warmgelaufen, wurde ein Druckluftventil für das Bremssystem geöffnet, und mit dem Rollen konnte begonnen werden. Dieses ganze Brimborium, welches alleine zum Anlassen dieses Transporters aus den frühen dreißiger Jahren nötig war, lehrte mich die Fortschritte, die in dieser Hinsicht in den Flugzeugen der folgenden Dekade verwirklicht werden konnten, erst richtig einschätzen. Selbst so einfache Einrichtungen wie automatische Benzindruckregler oder thermostatische Kühlluftregler vereinfachten den Anlaßvorgang ganz erheblich.
Ehe man starten konnte, wurde die Höhenrudertrimmung auf »NEUTRAL« gestellt und die Kombination von Klappen und Querrudertrimmung durch Umlegen eines Hebels nach oben eingeschaltet. Das war wegen der erheblichen Trimmänderungen nötig, die wegen der typischen Jun-

kersanordnung der Klappen in Form von »Doppelflächen« aufzutreten pflegten. Zum Start wurden die Klappen 25° nach unten ausgefahren und die Ladekontrollen für Normalbetrieb auf »EIN« geschaltet, wodurch die Startleistung auf 2050 U/min begrenzt wurde. In Notfällen konnte man die Leistungshebel für die Dauer von 3 Minuten über die Sperre hinaus auf 2150 U/min schieben. Die Maschine hatte während des Startens die Tendenz, nach links auszubrechen, dem konnte mittels des Seitenruders jedoch leicht entgegengewirkt werden. Bei Windstille und einem Abfluggewicht von 10 500 kg hob die *Ju 52* bei 110 km/h nach einer Startrollstrecke von nur 350 Metern ab. Die Klappen fuhr man während des Steigens in zwei Phasen hoch und die Klappen-Trimm-Kombination wurde ebenfalls ausgeschaltet. Gestiegen wurde mit einer Geschwindigkeit von 155 km/h bei 1800 U/min, und das war, gelinde gesagt, mühsam. Mit der *Ju 52/3m* hatte ich einmal Gelegenheit, auf eine Höhe von 3050 Metern zu steigen, hierzu benötigte ich sage und schreibe 18 Minuten. Wenn die Ju auch wie eine alte verehrungswürdige Tante – die sie in Wirklichkeit war – stieg, so besaß sie auf der anderen Seite alle die Nettigkeiten der Verehrungswürdigen, denn sie verhielt sich wunderbar stabil, und man konnte sie in allen Situationen, mit Ausnahme in turbulenter Luft, sich fast selbst überlassen, wenn sie einmal ausgetrimmt war. Hatte man schließlich die Reisehöhe erreicht, wurde das Bremsventil ausgeschaltet und die Umdrehungszahl auf 1600 U/min zurückgenommen. Man erreichte auf diese Weise eine Eigengeschwindigkeit von 200 km/h in 900 m oder eine solche von 190 km/h in 2285 m Höhe. Ging der Mittelmotor aus, dann verlor man lediglich etwa 20 km/h an Fahrt. Der Verlust eines äußeren Motors wirkte sich hingegen mit einer Fahrtverringerung von 30 km/h aus. Die Ursache lag im Einsatz des Seitenruders, der dann nötig wurde, um die Maschine in ihrer Richtung zu halten. Die bei Verlust eines äußeren

Diese *Ju 52/3m* wurde auf einem Einsatzhafen in der Wüste Nordafrikas von der weichenden Wehrmacht zurückgelassen, später von den Alliierten wieder instand gesetzt und von diesen weiterverwendet.

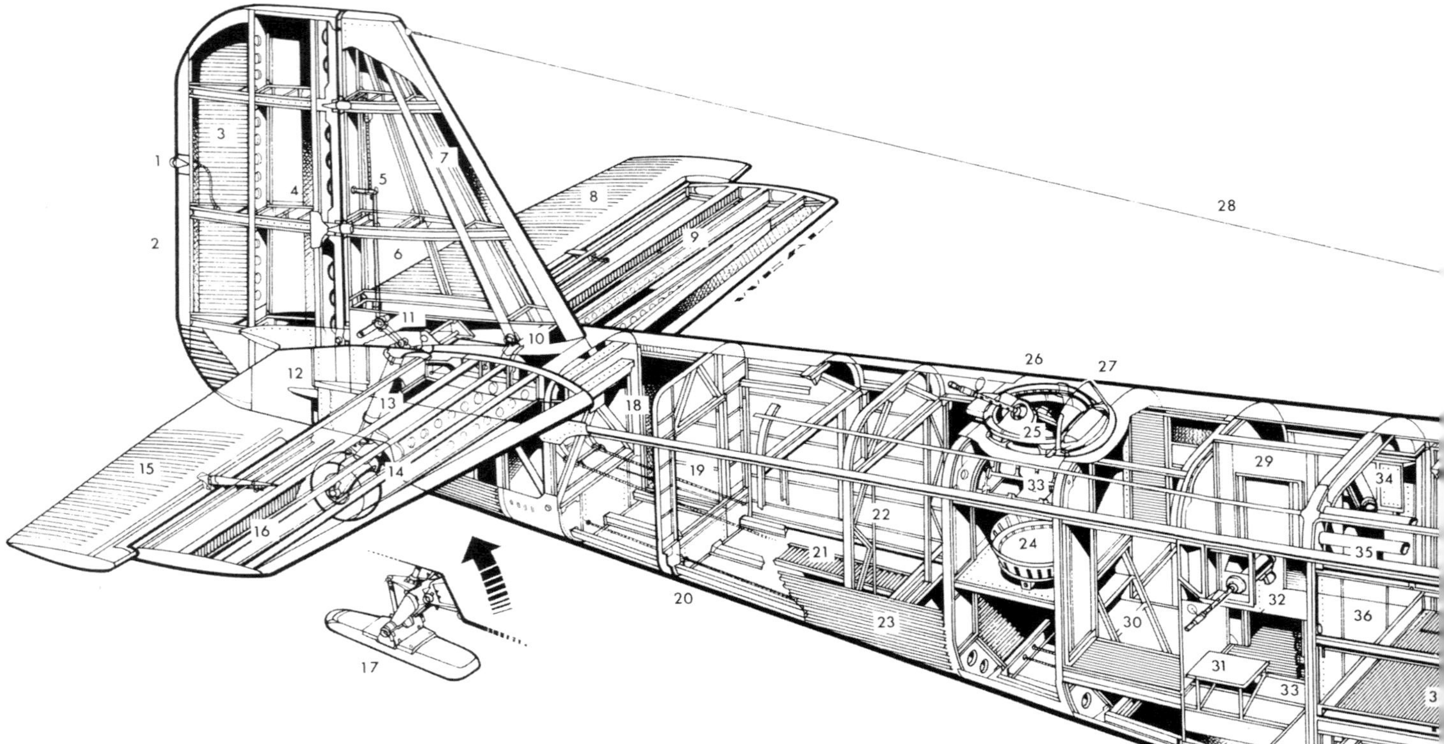

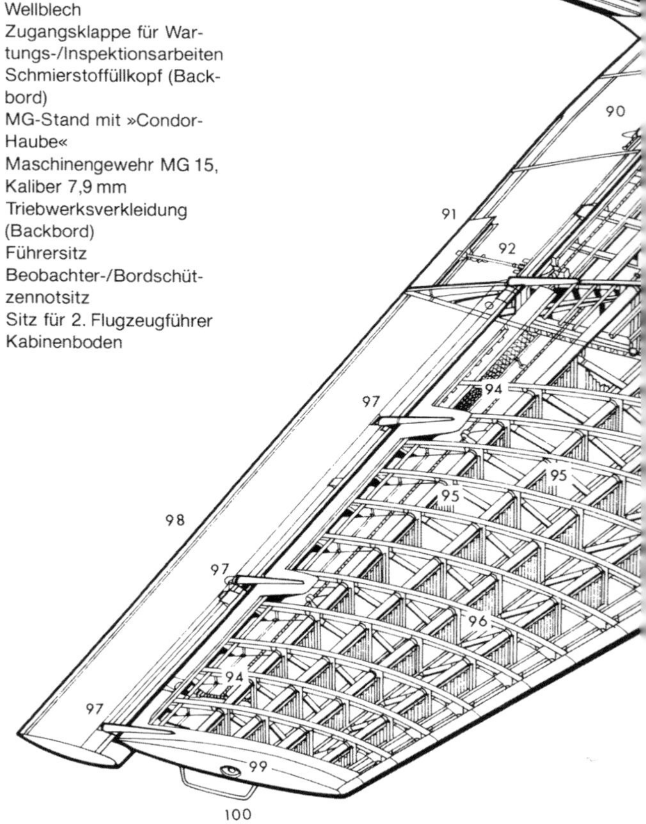

Junkers Ju 52/3m g7e Schnittzeichnung:

1 hinteres Positionslicht
2 Seitenrudertrimmkante
3 Seitenruderbeplankung aus Wellblech
4 Seitenruderholm
5 Seitenrudersteuergestänge
6 Seitenflossenaufbau
7 vorderer Seitenflossenholm
8 linkes Höhenruder
9 aus mehreren Holmen bestehende Höhenflosse
10 Anschlußpunkt Seitenflosse/Rumpf
11 Steuergestänge
12 unteres Seitenrudergelenk
13 Stoßdämpfer für Spornrad
14 Spornrad
15 rechtes Höhenruder
16 Höhenflossenholm
17 Spornkufe (für Wintereinsatz, statt des Spornrades)
18 hinterer Rumpfspant
19 Steurseile
20 Rumpflängsträger
21 Laufsteg zu Wartungs-/Inspektionszwecken
22 Rumpfspant
23 Wellblechbeplankung des Rumpfes
24 Standplatz für den Bordschützen im hinterem Rumpfstand
25 Drehringlafette für MG 81, Kaliber 7,9 mm (oder MG 131, Kaliber 13 mm)
26 offener Bordschützenstand
27 Windschutzscheibe
28 Antenne
29 Toilette
30 Treppe
31 Bordschützenstand zur Bedienung des seitlichen Rumpfmaschinengewehrs MG 15
32 auf Querträger montiertes Rumpf-MG 15
33 Munitionsbehälter
34 wie 32, nur backbord
35 Kanzelheizung
36 hinterer Kanzelspant
37 hintere Einstiegstür
38 vergrößerter (zweiteiliger) Laderaum
39 verstärkter Unterboden-Aufbau
40 Boden aus Wellblech
41 Segeltuchsitze (verstaut)
42 Rumpfbeplankung aus Wellblech
43 Rumpfspant
44 Seitenfenster
45 Windgenerator
46 Funkausrüstung
47 Antennenmast
48 Zwillingspeilrahmen für Zielflug
49 Landeklappen, innen
50 Steuergestänge für Landeklappen, außen
51 Verstellklappen, außen
52 verkleidete Klappenscharniere
53 Tragflächenholme
54 linkes Positionslicht
55 Staurohr
56 Flächenbeplankung aus Wellblech
57 Zugangsklappe für Wartungs-/Inspektionsarbeiten
58 Schmierstoffüllkopf (Backbord)
59 MG-Stand mit »Condor-Haube«
60 Maschinengewehr MG 15, Kaliber 7,9 mm
61 Triebwerksverkleidung (Backbord)
62 Führersitz
63 Beobachter-/Bordschützennotsitz
64 Sitz für 2. Flugzeugführer
65 Kabinenboden

66 Steuersäule
67 Seitenruderpedale
68 Brandschott
69 Schmierstoffbehälter für Mittelmotor
70 Schmierstofffüllkopf
71 Kanzelverglasung
72 Junkers Zweiblattluftschraube (in Metallbauweise)

73 Triebwerksverkleidung
74 BMW-Sternmotor 132 T-2
75 Motorträger
76 Auspuff
77 Filtereinlässe
78 Steuergestänge
79 BMW-Sternmotor 132 T-2, Steuerbord
80 Spant
81 Motorträger
82 Fahrwerkshauptstrebe
83 Schmierstoffbehälter, Steuerbordtriebwerk
84 Schmierstofffüllkopf
85 Kraftstofffüllkopf
86 Kraftstoffbehälter, 7 Stück, zusammen 1200 l
87 Kugelzapfenverbindung Tragfläche/Rumpf
88 Steuergestänge
89 Rohrhülle für Querrudersteuerseile

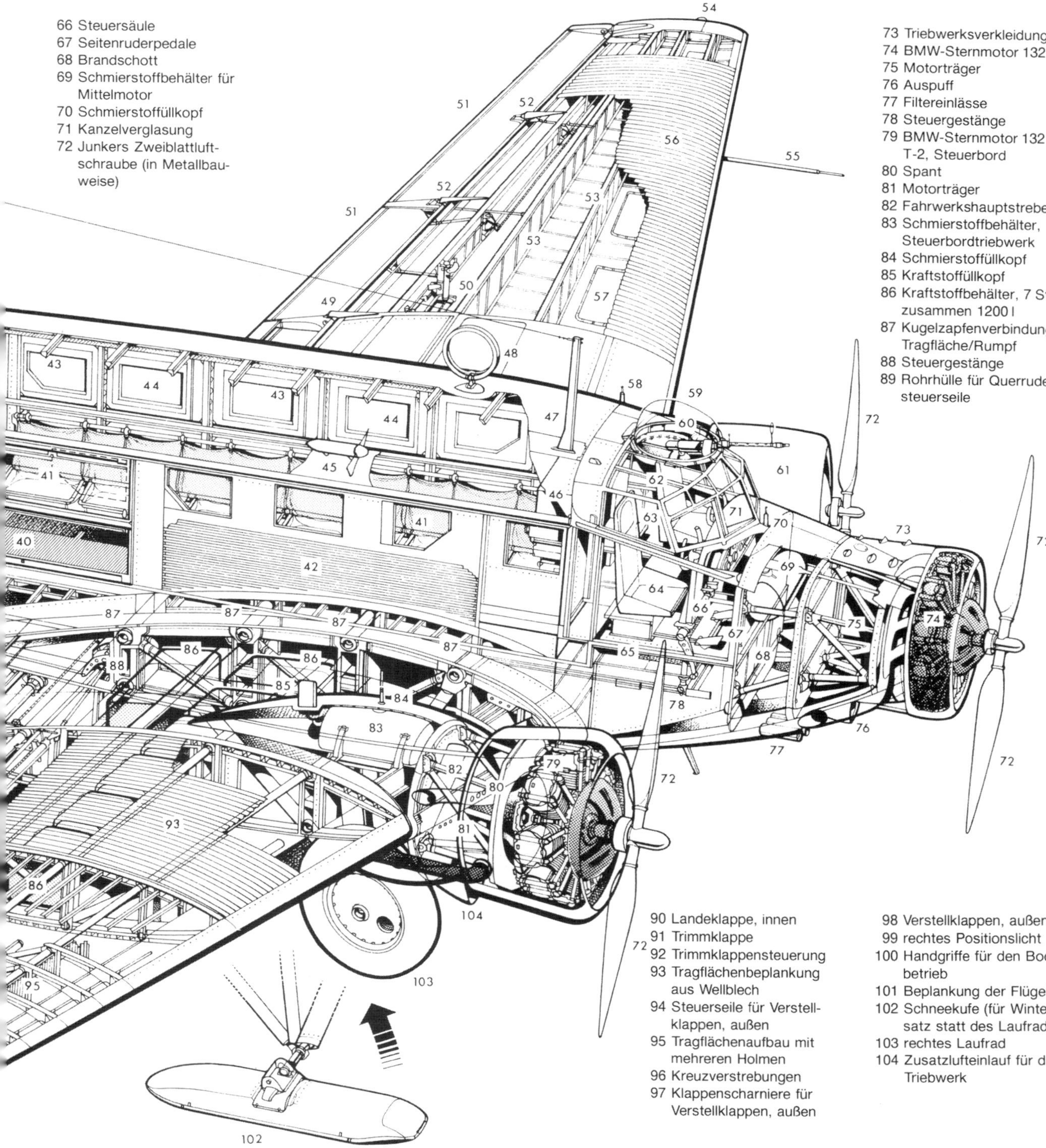

90 Landeklappe, innen
91 Trimmklappe
92 Trimmklappensteuerung
93 Tragflächenbeplankung aus Wellblech
94 Steuerseile für Verstellklappen, außen
95 Tragflächenaufbau mit mehreren Holmen
96 Kreuzverstrebungen
97 Klappenscharniere für Verstellklappen, außen

98 Verstellklappen, außen
99 rechtes Positionslicht
100 Handgriffe für den Bodenbetrieb
101 Beplankung der Flügelnase
102 Schneekufe (für Wintereinsatz statt des Laufrades)
103 rechtes Laufrad
104 Zusatzlufteinlauf für das Triebwerk

Technische Daten der Junkers Ju 52/3m g7e

Triebwerk: Drei luftgekühlte Neunzylinder-Sternmotoren BMW 132 T-2 mit je 730 PS Startleistung bei 2050 U/min und als Notleistung; 650 PS bei 2050 U/min für den Steigflug und 550 PS bei 1930 U/min für höchstmögliche Reisegeschwindigkeit. Kraftstoffzuladung: 2480 l.
Leistungen: Höchstgeschwindigkeit: 272 km/h in Seehöhe; 286 km/h in 1400 m Flughöhe; höchstzulässige Reisegeschwindigkeit: 216 km/h; größte Reichweite mit Normalbetankung: 1100 km; mit Zusatzkraftstoff: 1305 km; Steigzeit auf 3000 m: 17,5 min; Dienstgipfelhöhe: 5900 m.
Gewichte: Leergewicht mit Ausrüstung: 6500 kg; mit Standardzuladung: 10 500 kg; höchstzulässiges Abfluggewicht: 11 000 kg.
Abmessungen: Spannweite: 29,25 m; Länge: 18,90 m; Höhe: 5,55 m; Flügelfläche, 110,50 m²; Fahrwerkspurbreite: 4,00 m.
Bewaffnung: Ein Maschinengewehr MG 81, Kaliber 7,9 mm, mit 1050 Schuß Munition oder wahlweise ein MG 131, Kaliber 13 mm, in einem offenen Stand auf der Rumpfoberseite und zusätzlich wahlweise ein MG 81, Kaliber 7,9 mm, in einem Stand auf der vorderen Rumpfoberseite sowie zwei MG 15, montiert in den hinteren Rumpfseiten.

Abb. rechts: Ein Blick auf den offenen Bordschützenstand auf dem Rücken der *Ju 52*. Die Abbildung zeigt eine Bestückung mit dem MG 131, Kaliber 13 mm. Wahlweise konnte ein MG 81, Kaliber 7,9 mm eingebaut werden.

Motors einsetzende Schiebewirkung wurde mittels Umlegen des hierfür vorgesehenen Trimmhebels ausgeglichen.
Wie bereits erwähnt, entsprach das Verhalten der dreimotorigen Junkers in vielem demjenigen einer (betagten) Dame, und zwar in allen Flug- und Wetterlagen. In wirklich schlechten Wetterzonen hatte man allerdings gehörig an den Steuerorganen zu arbeiten, sobald man in turbulente Luftmassen geraten war, selbst dann, wenn man das Seitenruder auf eine Kurssteuerung aufschalten konnte. Nachteilig an diesem Flugzeug war, daß es in der Kanzel ziemlich laut und zugig war. Die Landevorbereitungen beschränkten sich darauf, daß man die Leistungshebel zurücknahm, die Klappen-Trimm-Kombination einschaltete und die Landeklappen voll (also auf 40°) ausfuhr und dann 150 km/h am Stau hielt. Während des Ausfahrens der Landeklappen drehte man das Trimmrad ganz nach hinten, man trimmte schwanzlastig, um der Nicktendenz des Flugzeugs um seine Querachse entgegenzuwirken. Eine andere kleine Arbeit, mit der man sich die Zeit auf dem Landeanflug zu vertreiben hatte, bestand im Einschalten der Bremsventile. Das Aufsetzen war eine klappernde, scheppernde Angelegenheit, ganz gleichgültig wie vorsichtig man sich dabei auch verhielt. Die Ausrollstrecke betrug ganze 320 Meter. Nach der Landung hatte man mit dem Bremssystem der *Ju 52/3m* sein wahres Vergnügen. Wollte man links bremsen, dann mußte man den Backbordmotor auf Leerlauf stellen, und umgekehrt. Wollte man beide Bremsen gleichzeitig betätigen, dann mußte man den mittleren Motor auf Leerlauf stellen. Unnötig zu sagen, daß man sich an diese abenteuerliche Art des Bremsens nur schwer gewöhnen konnte. Machte man zum ersten Mal Bekanntschaft mit diesem System, dann vollführte man allzuleicht Pirouetten nach Art einer alternden Ballerina.
Die Junkers war zweifellos ein langsames und geräuschvolles Flugzeug gewesen, auf der anderen Seite war sie aber ein Muster an Zuverlässigkeit. Diese, gepaart mit ihrer ungeschlachten soliden Bauweise, ihrer einfachen Handhabung und leichter Wartbarkeit unter den primitivsten Verhältnissen, waren der tiefere Grund für ihre phantastische Langlebigkeit. Ihre Ladekapazität war begrenzt, was bestimmt gewisse Einschränkungen bei ihrer Einsatzverwendung mit sich gebracht hat. Obwohl sie schon als veraltet galt, als die ersten Schüsse im Zweiten Weltkrieg fielen, hat sie in unzähligen Verwendungsarten bei den Transportverbänden brav ihren Dienst versehen, für die die bemerkenswerte alte Dreimotorige im wesentlichen über den ganzen Krieg hinweg das einzige Transportflugzeug geblieben ist. Als Adolf Hitler einmal über den Spanischen Bürgerkrieg sprach, meinte er: »Franco müßte zum Ruhme der Ju 52 ein Ehrenmal errichten las-

Eine fabrikneue Transportmaschine *Ju 52/3m g6e* kurz vor ihrer Auslieferung an die Luftwaffe im Jahr 1941. Im Verlaufe dieses Jahres wurde die Produktion dieser Version zugunsten der *Ju 52/3m g7e* aufgegeben. Diese hatte gegenüber der vorangegangenen Version eine größere Ladeluke auf der Steuerbordseite sowie eine Kurssteuerung eingebaut.

sen. Diesem Flugzeug verdankt die spanische Revolution ihren Sieg.«

Während die Rolle, die die *Ju 52/3m* zum Ausgang des spanischen Konfliktes beigetragen hat, Raum für Vermutungen läßt, besteht wenig Zweifel darüber, daß der Zweite Weltkrieg einen anderen Verlauf genommen hätte, hätte dieses so unkriegerische Transportmittel der Luftwaffe in ausreichender Zahl zur Verfügung gestanden.

Als Nachwort zur Bewertung der *Ju 52/3m* sollten noch einige Anmerkungen über ihre Nachfolgerin, die *Ju 352,* erlaubt sein. Diese stellte den Versuch dar, die Konzeption der *Ju 52,* deren Grundlagen Anfang der dreißiger Jahre in Dessau gelegt worden waren, zu modernisieren. Die *Ju 352,* offiziell als »Herkules« geführt, war ein überaus praktisches Transportflugzeug. Sie war wesentlich größer und mit mehr Pferdestärken ausgestattet als ihre Vorgängerin. Bei ihrem Bau war von vornherein beabsichtigt, weitgehend Gebrauch von sogenanntem »nichtstrategischem Material« zu machen. Die *Ju 352* verfügte über einen sehr geräumigen Rumpf. Was sie jedoch in meinen Augen zu so einem außergewöhnlichen Flugzeug machte, war ihre »Trapoklappe« – das war eine hydraulisch betätigte Laderampe, die vorne angelenkt war und eine Mitteltreppe hatte. Diese Klappe konnte bis auf die Erde ausgefahren werden und konnte, nachdem sie ausgefahren war, den Rumpf hydraulisch in eine waagerechte Lage drücken. Theoretisch war es möglich, über diese Rampe jedes Radfahrzeug bis zur Größe des großen »Kübelwagens« in den Laderaum zu fahren. Kaum glaublich, aber diese Rampe konnte selbst im Fluge geöffnet werden, ohne daß man mit unkontrollierbaren Trimmänderungen zu rechnen gehabt hätte. Tatsächlich wurde während einer Flugvorführung deutscher Flugzeuge, 1945 in Farnborough, diese Klappe einer *Ju 352* im Fluge geöffnet, wobei ein Bordmechaniker zigarettenrauchend auf der untersten Treppenstufe dieser Rampe saß. Was für ein Einfall! Und was für ein Flugzeug!

Leider konnte ihre Produktion zum Schaden der deutschen Luftwaffe nicht mehr in großem Stile aufgenommen werden. Als sie gerade in Großserie gehen sollte, mußte ihre Fertigung auf Grund der sich verschlechternden Kriegs- und damit Rohstofflage wieder aufgegeben werden. Nur etwa 40 Flugzeuge dieses Typs erreichten die Verbände. Zu wenig, um irgendwelche operative Bedeutung im undankbaren Geschäft der Militärtransportfliegerei zu erlangen.

22
72

22

Die Dreimotorige von Junkers erlangte im Spanischen Bürgerkrieg Ruhm. Adolf Hitler meinte einmal »Franco müßte der *Ju 52* ein Ehrenmal errichten lassen. Diesem Flugzeug hat die spanische Revolution ihren Sieg zu danken«. Die hier abgebildeten Bomber *Ju 52/3m g4e* der nationalspanischen Grupo de Bombardeo Nocturno 2-G-22 flogen ihren letzten Einsatz am 26. März 1939.

Die *He 219 A-053,* die durch Einbau des Radargerätes ›Lichtenstein‹ C-1 und SN-2 zur A-5/R1 umgebaut worden war.

Die Heinkel He 219

Wenn man jemals auf Flugzeuge die Eigenschaften »trostlos« oder »unglücklich« anwenden dürfte, dann auf die großen plumpen Jagdflugzeuge, welche in Grove, Südjütland, an jenem frühen Maimorgen des Jahres 1945 in ihren dunkelgrau gesprenkelten Tarnanstrichen, wie sie für die Nachtjagd vorgesehen waren, herumstanden. Sie unterschieden sich in nichts von der allgemeinen Stimmung, welche sich des einstmals so großen und wichtigen Luftwaffenfliegerhorstes bemächtigt hatte. Kurz zuvor hatte ich die letzten Widerstandsnester der Deutschen in Schleswig-Holstein überflogen – hoffnungslos und sinnlos, wenn auch heldenhaft, begleitete der letzte Widerstand die Todeswehen des Dritten Reiches. Die Szene, die sich mir darstellte, war durch schiere Verzweiflung gekennzeichnet.
Der deutschen Truppen hatte sich während der vorangegangenen Wochen eine so allgemeine Teilnahmslosigkeit bemächtigt, daß sie nur noch andeutungsweise den von den jeweiligen Oberkommandos gegebenen Befehlen zur Zerstörung ihrer Waffen und Geräte nachgekommen waren, um sie nicht in die Hände der Sieger fallen zu lassen.
Grove war bestimmt der am besten ausgestattete Nachtjagdplatz der Luftwaffe, auf den wir gestoßen sind, – ausgestattet mit ausgezeichneten Radareinrichtungen. Von ihm aus stiegen die Rotten des Nachtjagdgeschwaders 1 mit ihren bekanntermaßen »furchtbaren« Heinkel *He 219* auf, dem zweiten Flugzeug der Luftwaffe, welchem inoffiziell der lautmalende Spitzname »Uhu« beigegeben worden war. Hier stand eine erkleckliche Anzahl der Heinkel-Jäger herum, – ein Dutzend allein in den verschiedensten Reparaturwerkstätten. Viele andere waren auf Abstellflächen oder in Auflockerungsräumen abgestellt. Zugegeben, nur sieben *He 219* waren flugklar. Eine

Die *He 219 V11* (Werk-Nr. 310189) nach ihrer Umrüstung in eine A-5/R2, hier in Farnborough aufgenommen.

Heinkel He 219 A-5 Schnittzeichnung

1 Antenne für Funkmeßgerät FuG 212 »Lichtenstein« C-1 (Radarantenne)
2 Antenne für Funkmeßgerät FuG 220 »Lichtenstein« SN-2 (Radarantenne)
3 gepanzerter Rumpfbug
4 Vollsichtfrontscheibe (aus einem Stück geformt)
5 Wasch-/Wischanlage für Frontscheibe
6 Haltegriff
7 gepanzerte Frontscheibe innen (als zweite Scheibe hinter der eigentlichen Frontscheibe)
8 Reflexvisier 16 B
9 Panzerglasscheibe (bei späteren Varianten weggelassen)
10 Steuersäule
11 Reflexvisier 16 A-N für die »Schräge Musik«-Bewaffnung
12 klappbare Kopfstütze
13 Schleudersitz für den Flugzeugführer (mittels Preßluft betrieben)
14 linke Gerätekonsole
15 Fußrasten
16 Einstiegleiter (nach hinten einrastbar)
17 Bugfahrwerkbein
18 Bugfahrwerkklappe
19 Preßluftflaschen
20 Einziehstrebe für Bugfahrwerk
21 Befestigung des Schleudersitzes
22 Schleudersitz für den Beobachter
23 Leuchtpistole (links)
24 Kopfstütze
25 Antennenmast
26 Anzeigegerät für Funkmeßgerät FuG 212 (Radarschirm)
27 Anzeigegerät für Funkmeßgerät FuG 220 (Radarschirm)
28 Rumpfspant (Nr. 9)
29 Mündung der linken Tragflächenkanone
30 vorderer Kraftstoffbehälter, 1110 l
31 Kraftstoffüllkopf
32 versenkte Zielflugantenne
33 Hauptholm-Verbindungsstück
34 Auspufflammen-Dämpfungsrohr
35 Kühlmittelbehälter
36 Luftschraubenwelle
37 Luftschraubennabenhaube
38 VDM Luftschraube mit konstanter Drehzahl
39 Daimler-Benz-Motor DB 603 E
40 Höhenlader
41 Schmierstoffbehälter
42 Behälter für Luftschrauben-Enteisungsmittel
43 Tragflächenhauptholm
44 Flächenbeheizung (Steuerbord)
45 Lufteinlaß
46 elektrischer Höhenmesser FuNG 101
47 rechtes Positionslicht
48 rechtes Querruder
49 Tragflächenaufbau
50 Querrudertrimmklappe
51 Landeklappenaufbau
52 Landeklappenmotor
53 Zugangsklappen an Tragflächenunterseite
54 Kraftstoffbehälter in Triebwerksgondel, 390 l
55 Hauptfahrwerkschacht
56 innere Landeklappe
57 Hauptfahrwerksklappen
58 Knickstrebe für Hauptfahrwerk
59 Brandschott
60 Kraftstoffbehälter für Anlasser
61 Kraftstoffbehälter Rumpfmitte, 500 l
62 Kraftstoffüllkopf
63 Rumpfspant (Nr. 17)
64 hinterer Verbindungspunkt Rumpf/Tragfläche
65 MG 151/20 in der linken Tragflächenwurzel
66 Hauptanschluß Rumpf/Tragfläche
67 Munitionszuführung links zur Rumpfkanone und hinteren im Waffenbehälter, je 300 Schuß
68 Munitionszuführung zur Rumpfbehälterkanone links vorne, 300 Schuß
69 Behälter für Luftschrauben-Enteisungsmittel
70 Schmierstoffbehälter

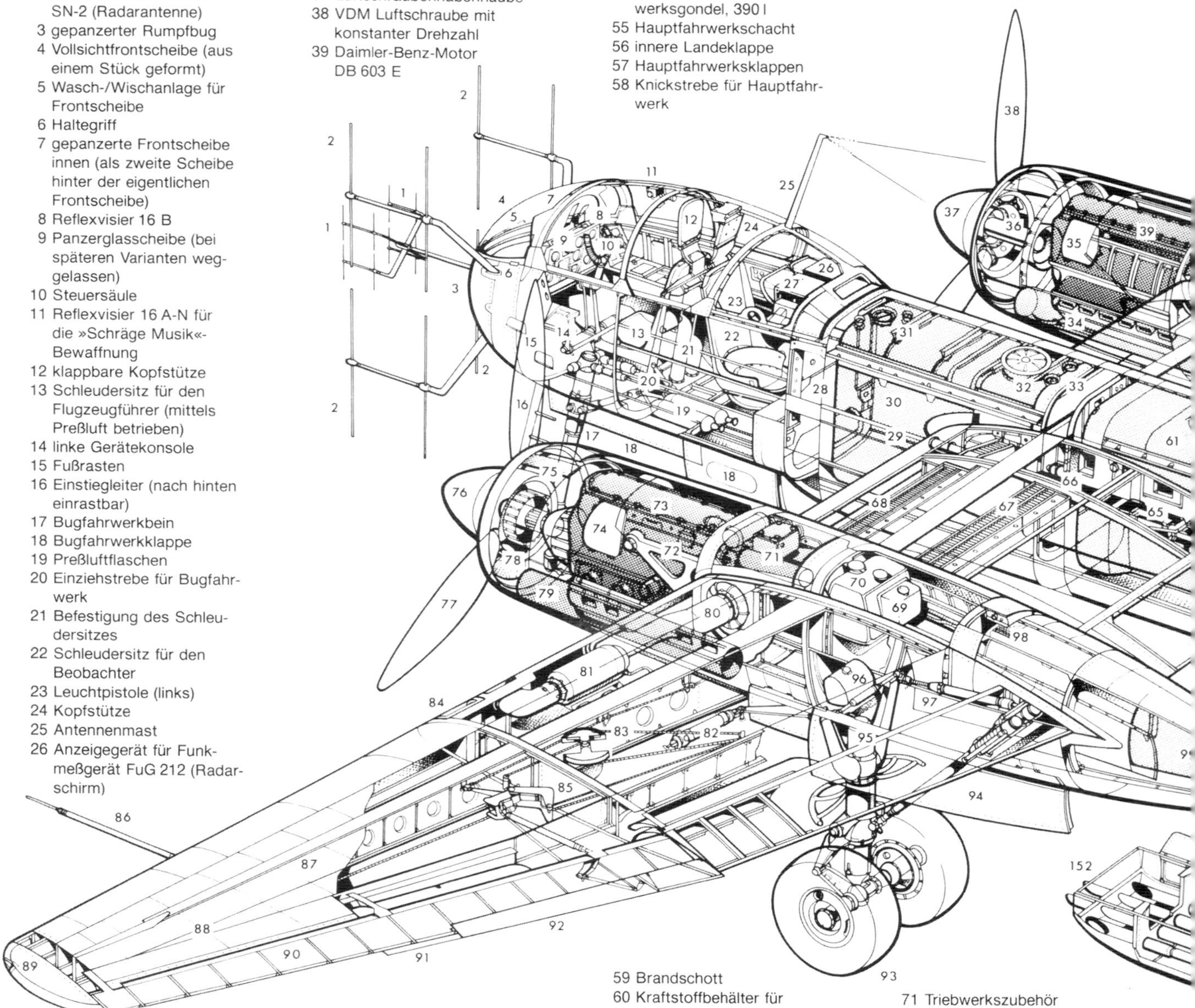

71 Triebwerkszubehör
72 Motorträger
73 Daimler-Benz-Motor DB 603 E
74 Kühlmittelbehälter
75 verstellbare Kühlerklappen
76 Luftschraubennabenhaube (Spinner)
77 VDM Luftschraube mit konstanter Drehzahl
78 gepanzerter Ringkühler
79 Auspuffflammen-Dämpfungsrohr
80 Ladeluft-Ansaugrohr
81 Heizgerät für linke Tragflächenbeheizung

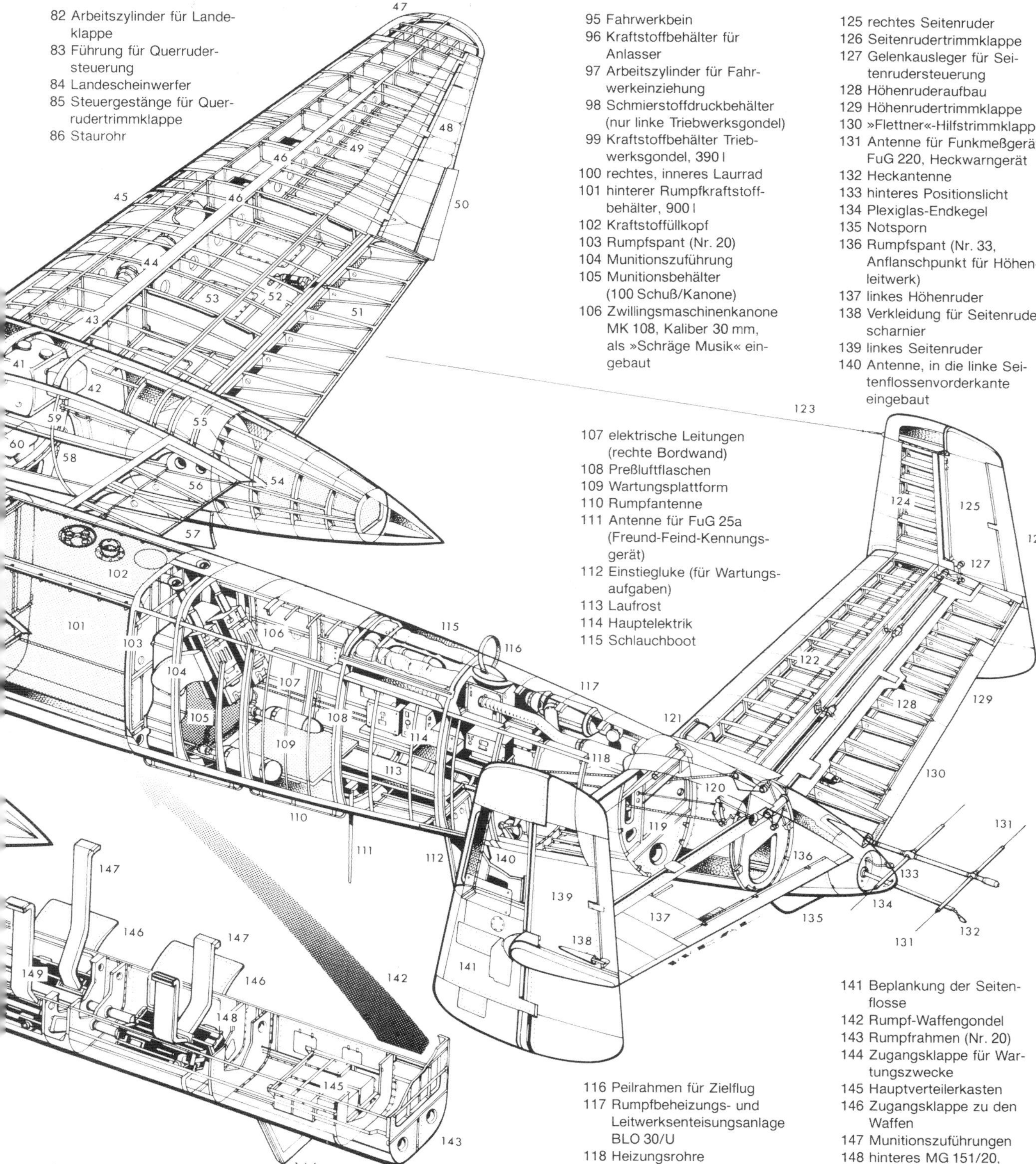

82 Arbeitszylinder für Landeklappe
83 Führung für Querrudersteuerung
84 Landescheinwerfer
85 Steuergestänge für Querrudertrimmklappe
86 Staurohr
87 Tragflächenhauptholm
88 Flächenbeplankung
89 linkes Positionslicht
90 linkes Querruder
91 fest eingebaute Querrudertrimmkante (nur an der linken Tragfläche)
92 Hilfstrimmklappe
93 Hauptfahrwerk mit Zwillingslaufrädern
94 Hauptfahrwerksklappen
95 Fahrwerkbein
96 Kraftstoffbehälter für Anlasser
97 Arbeitszylinder für Fahrwerkeinziehung
98 Schmierstoffdruckbehälter (nur linke Triebwerksgondel)
99 Kraftstoffbehälter Triebwerksgondel, 390 l
100 rechtes, inneres Laurrad
101 hinterer Rumpfkraftstoffbehälter, 900 l
102 Kraftstoffüllkopf
103 Rumpfspant (Nr. 20)
104 Munitionszuführung
105 Munitionsbehälter (100 Schuß/Kanone)
106 Zwillingsmaschinenkanone MK 108, Kaliber 30 mm, als »Schräge Musik« eingebaut
107 elektrische Leitungen (rechte Bordwand)
108 Preßluftflaschen
109 Wartungsplattform
110 Rumpfantenne
111 Antenne für FuG 25a (Freund-Feind-Kennungsgerät)
112 Einstiegluke (für Wartungsaufgaben)
113 Laufrost
114 Hauptelektrik
115 Schlauchboot
116 Peilrahmen für Zielflug
117 Rumpfbeheizungs- und Leitwerksenteisungsanlage BLO 30/U
118 Heizungsrohre
119 Rumpfspant (Nr. 31)
120 Steuergestänge für Leitwerk
121 Einlaß
122 Höhenflossenaufbau
123 Antennen
124 Seitenflossenaufbau
125 rechtes Seitenruder
126 Seitenrudertrimmklappe
127 Gelenkausleger für Seitenrudersteuerung
128 Höhenruderaufbau
129 Höhenrudertrimmklappe
130 »Flettner«-Hilfstrimmklappe
131 Antenne für Funkmeßgerät FuG 220, Heckwarngerät
132 Heckantenne
133 hinteres Positionslicht
134 Plexiglas-Endkegel
135 Notsporn
136 Rumpfspant (Nr. 33, Anflanschpunkt für Höhenleitwerk)
137 linkes Höhenruder
138 Verkleidung für Seitenruderscharnier
139 linkes Seitenruder
140 Antenne, in die linke Seitenflossenvorderkante eingebaut
141 Beplankung der Seitenflosse
142 Rumpf-Waffengondel
143 Rumpfrahmen (Nr. 20)
144 Zugangsklappe für Wartungszwecke
145 Hauptverteilerkasten
146 Zugangsklappe zu den Waffen
147 Munitionszuführungen
148 hinteres MG 151/20, Kaliber 20 mm
149 vorderes MG 151/20, Kaliber 20 mm
150 Rohrmantel der Kanonen
151 Zugangsklappe für Waffenjustierung
152 Rohrmündungsöffnungen

Technische Daten der Heinkel He 219 A-7/R2

Triebwerke: Zwei flüssigkeitsgekühlte Zwölfzylinder-Motoren Daimler-Benz DB 603 E in hängender V-Anordnung mit einer Startleistung von je 1800 PS bei 2700 U/min, 1900 PS in 1800 m und 1550 PS in 7000 m Flughöhe. Steigleistung und Kampfleistung der Motoren: 1580 PS bei 2500 U/min in Seehöhe, 1650 PS in 1800 m und 1440 PS in 7070 m Flughöhe.
Leistungen: Höchstgeschwindigkeit: 460 km/h in Seehöhe, 480 km/h in 2000 m, 535 km/h in 4000 m und 585 km/h in 6000 m Flughöhe. Größte Reichweite bei höchstmöglicher Reisegeschwindigkeit: 1850 km bei 410 km/h in Seehöhe; 1880 km bei 420 km/h in 2000 m; 1930 km bei 470 km/h in 4000 m und 2000 km bei 510 km/h in 6000 m Flughöhe. Steiggeschwindigkeit in Seehöhe: 10,0 m/sec.; in 2000 m: 8,6 m/sec; in 4000 m Flughöhe: 7,2 m/sec. Dienstgipfelhöhe: 9800 m. Startrollstrecke zum Überfliegen eines 15 m hohen Hindernisses: 1050 m; Landestrecke aus 15 m Höhe: 820 m.
Gewichte: Leergewicht: 8345 kg; höchstzulässiges Abfluggewicht: 15 100 kg.
Abmessungen: Spannweite: 18,50 m; Länge (einschließlich der Antennen): 16,34 m; Höhe: 4,10 m; Flügelfläche: 44,50 m².
Bewaffnung: Zwei Maschinenkanonen MG 151, Kaliber 20 mm, mit je 500 Schuß Munition in einer Bodenwanne an der Rumpfunterseite, zwei Maschinenkanonen MG 151 mit je 400 Schuß Munition in den Flächenwurzeln und zwei Maschinenkanonen MG 108, Kaliber 30 mm, mit je 100 Schuß Munition in einem Anstellwinkel von 65° als sogenannte »Schräge Musik«eingebaut.

große Anzahl war vorher ausgeschlachtet worden. Man war einfach gezwungen gewesen, Flugzeuge auseinanderzunehmen, um wenigstens einen Teil der Maschinen einsatzklar zu erhalten, denn die Luftwaffe litt während der letzten Wochen des Zweiten Weltkrieges nicht so sehr am Nachschub neuer Flugzeuge, als vielmehr am Mangel an Ersatzteilen.

Die deutschen Kriegsflugzeuge waren weniger für ihre ästhetischen Linienführungen als vielmehr für ihre Zweckmäßigkeit und Tauglichkeit bekannt; sie besaßen also diejenigen Eigenschaften der Nation, die sie sich ersonnen hatte.

Natürlich gab es Ausnahmen, wie zum Beispiel die Heinkel *He 111,* die in ihrer Klasse bestimmt eines der am besten gestalteten Flugzeuge war. Ebenfalls zu erwähnen ist in diesem Zusammenhang die Messerschmitt *Bf 110,* die sich durch eine gefällige Linienführung auszeichnete, bis sie dann im Verlaufe der Zeit eine »Girlandenverzierung« in Form von Radarantennen, Waffenwannen, Raketenabschußgestellen sowie abwerfbaren Außentanks angefügt bekommen hatte.

Die *He 219* war auf den ersten Blick hingegen ein wenig anziehendes Biest, mit ihren plattenförmigen Rumpfseitenteilen, flankiert von riesigen Motorengondeln und dem staksigen dreibeinigen Fahrwerk. Hinzu kam eine komisch aussehende Flugzeugnase, die dem Kopf einer prähistorischen Riesenechsenart anzugehören schien, und aus der ein kleiner Wald von Radarantennen sproß, der im Landserjargon auch »Maikäferfühler« genannt wurde. Nach meinem Geschmack hatte die Heinkel weniger Anspruch darauf, als aerodynamisch schön gestaltet zu gelten, als irgendein Jagdflugzeug vor ihr.

So wunderlich und absonderlich ihr Äußeres auch gewesen sein mag – diese so ganz unschöne Schöpfung konnte für sich den Ruhm in Anspruch nehmen, der beste Nachtjäger gewesen zu sein, der während des ganzen Zweiten Weltkrieges in Dienst gestellt worden war. Sicherlich eine Bestätigung der alten Redewendung: »Edel ist, wer edel handelt.«

In der kurzen Zeit, während der die Nachtjagd, die seit der Zeit des Ersten Weltkrieges so gut wie nicht weiterentwickelt worden war, und die vornehmlich mit Suchscheinwerfern, Leuchtbomben, dem Mondlicht sowie mit etwas Glück auskommen mußte, war sie fast zu eine exakten Wissenschaft herangereift, und viele sahen in der *He 219* die geschickteste Anwendung dieser Wissenschaft während der letzten Jahre auf dem europäischen Kriegsschauplatz.

Sie verfügte auf jeden Fall über alle erdenklichen Radargeräte für den Nachtjagdeinsatz. Ihr FuG 220 ›Lichtenstein SN-2‹, welches teilweise mit dem moderneren FuG 218 ›Neptun‹ gekoppelt wurde, war ziemlich wirkungsvoll. Die Bewaffnung der Maschine war gewaltig und bestand aus einer Batterie nach vorne schießender Kanonen, manchmal aus vier 3-cm- und zwei 2-cm-Kanonen bestehend; häufig ergänzt durch eine 3-cm-Zwillingskanone, die als »schräge Musik«, schräg nach oben feuernd, eingebaut war. Ihre Enteisungsanlagen waren umfangreich. Außerdem war sie mit solchen Feinheiten wie einer Kurssteuerung, wirksamen Blindlandeeinrichtungen, Ultraviolett-Beleuchtung in der Kanzel sowie Schleudersitzen für die zwei Besatzungsmitglieder ausgestattet. Daß deren Sitze gut gepanzert waren, versteht sich fast von selbst.

Der Schleudersitz von Heinkel war übrigens der erste auf der Welt, den ein Flugzeug eingebaut bekommen hatte. Wenn die Heinkel *He 219* sich auch nicht auf einer Schönheitskonkurrenz sehen lassen konnte, so war sie auf jeden Fall ein sehr leistungsfähiges Fluggerät.

Es ist übrigens eigenartig, daß jedes Flugzeug, das als

Nachtjagdflugzeug während der Zeit des Zweiten Weltkrieges in den Dienst gestellt wurde, mit Ausnahme der Northrop *P-61,* eine Notlösung war. Alle kamen sie nur durch Zufall zur Nachtjagdverwendung.

Natürlich gibt es in der Luftfahrtgeschichte zahlreiche Beispiele für Flugzeuge, die ihr wahres Aufgabengebiet ganz woanders als ursprünglich geplant gefunden haben – die *He 219* ist ein ganz bezeichnendes Beispiel hierfür. Sie verdankte ihre Entstehung einer auf eigene Faust unternommenen Entwurfsarbeit der Heinkel-Werke in Rostock-Marienehe. Der Entwurf galt dem Konzept eines »Kampfzerstörers« – es sollte gleichsam ein »Hans-Dampf-in-allen-Gassen« gebaut werden. Das Flugzeug sollte vom schweren Langstreckenjäger bis zum Torpedobomber alle Aufgaben erfüllen können. Es war reich an neuen Erfindungen, wie beispielsweise ferngesteuerten MG-Ständen. Es schien so, als seien die radikal neuen Lösungen, welche von den Konstrukteuren Heinkels in diesem Flugzeug verwirklicht worden waren, zu anspruchsvoll für die Herren im Technischen Amt des Reichsluftfahrtministeriums gewesen. Und die Konstruktionszeichnungen hätten in den Aktenschränken der Heinkel-Werke bestimmt noch mehr Staub nach der Zurückweisung durch das RLM im Jahre 1940 angesetzt, wäre nicht zufällig, etwa ein Jahr danach, Generalmajor Kammhuber[1], General der Nachtjagdverbände, zu einem Besuch nach Marienehe gekommen. Mit seiner Hilfe wurde das Heinkel-Projekt für die Nachtjagd überarbeitet und dann in Form der *He 219* gestaltet. Es ist ganz unwahrscheinlich, daß irgendein Flugzeugprojekt während seiner Entwicklungsphase und in der Produktion mehr Hindernisse zu überwinden gehabt hat als diese Heinkel-Maschine. Es ist auch kaum wahrscheinlich, daß irgendeine Maschine einen besseren Einstand gleich zu Beginn ihrer Karriere hatte als die *He 219.* Mit einiger Berechtigung wurde deswegen auch behauptet, der Heinkel-Jäger habe seine hauptsächlichen Gegner in Gestalt des Generalluftzeugmeisters, des Generalfeldmarschalls Erhard Milch, sowie des Reichsluftfahrtministeriums und weniger am nächtlichen Himmel über der deutschen Reichshauptstadt gehabt.

Auf Einzelheiten des beharrlichen und außergewöhnlichen Widerstandes von seiten offizieller deutscher Stellen gegen die Einführung der *He 219* – trotz ihrer unbestreitbaren Vorzüge – ist hier nicht der Ort einzugehen. Es erübrigt sich auch darauf hinzuweisen, daß dieser Widerstand letztlich dem RAF Bomber Command zugute kam. Nicht weniger außergewöhnlich wie der Widerstand gegen die Einführung dieses Flugzeugs bei den Frontverbänden, war ihr Debüt im scharfen Einsatz in der Nacht vom 11. auf den 12. Juni 1943. In jener Nacht wurden ein paar Flugzeuge der Nullserie von der I. Gruppe des Nachtjagdgeschwaders 1 in Venlo (Niederlande) einer Einsatzerprobung unterzogen. Im Verlaufe dieser Nacht schoß Major Streib, Kommandeur I./NJG 1[2], mit der ersten Maschine der Nullserie gleich fünf englische Bombenflugzeuge ab. Nach geglücktem Einsatz mußte er auf dem Endanflug zum Einsatzfliegerhorst feststellen, daß die Landeklappen sich nicht ausfahren ließen. Infolgedessen schoß er nach der Landung auf Grund zu hoher Auf-

Die Antennenanordnung des FuG 200 ›Lichtenstein‹ SN-2 der *He 219 V11,* alias A-5/R2, in Farnborough aufgenommen. Die kreisförmige Öffnung in der Bugmitte ist der Lufteinlaß für die Kabinenheizung.

[1] General Kammhuber wurde 1956 der erste Inspekteur der neuen Luftwaffe der Bundeswehr. (d. Ü.)

[2] Der spätere Träger des Ritterkreuzes mit Eichenlaub und Schwertern, Major Streib, war derjenige Jagdflieger gewesen, dem der erste Nachtjagdabschuß in der Geschichte des Luftkrieges gelang. (d. Ü.)

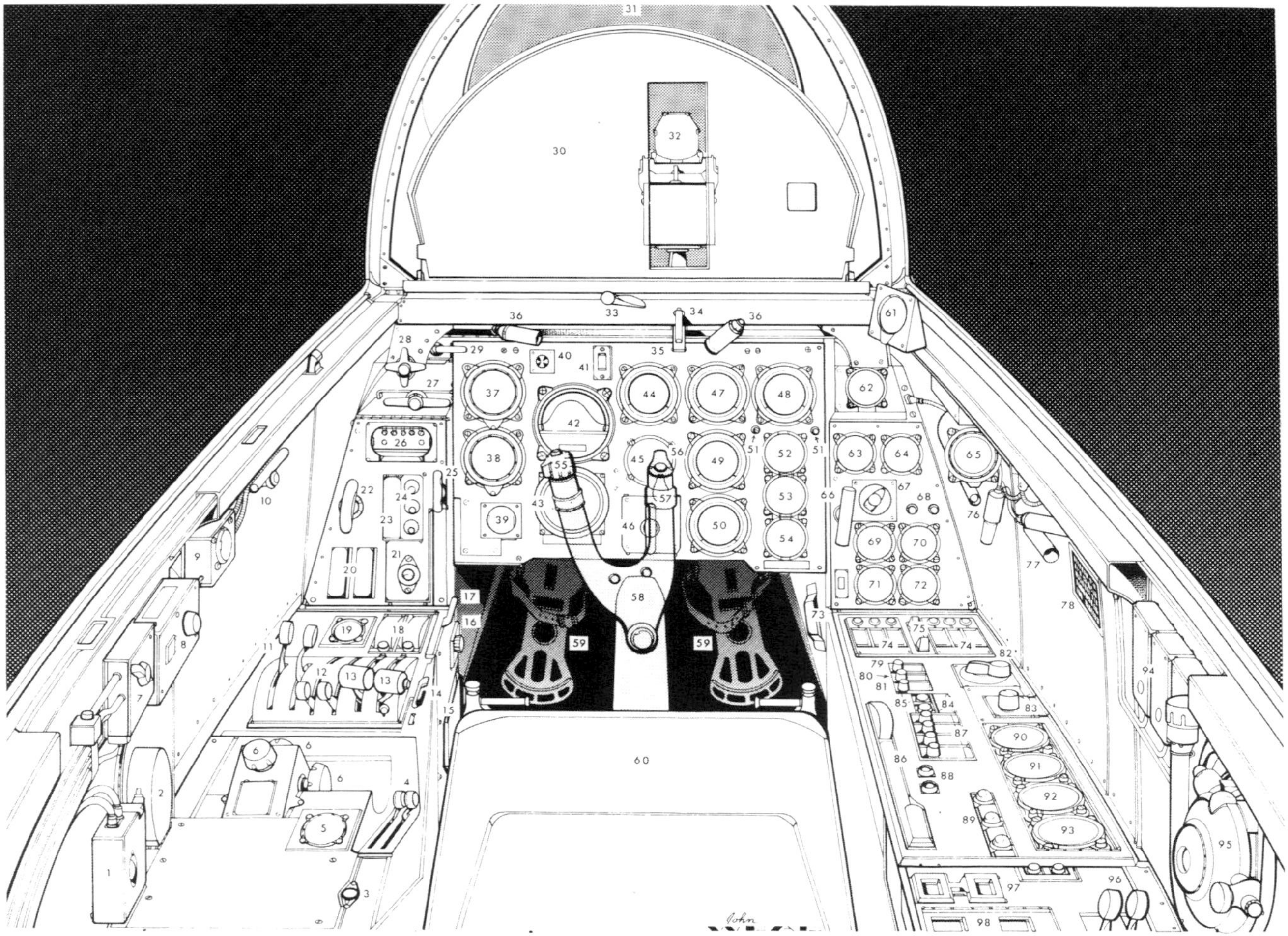

Unten: Die *He 219 V16,* alias *He 219 A-016,* der Prototyp für die *He 219 A-5.* Es fehlt die geänderte Kanzelverglasung, die erst in die Serie A-5 eingebaut wurde. Ursprünglich war sie mit zwei DB 603 A ausgerüstet, später mit den stärkeren Triebwerken DB 603 E. Die Bewaffnung bestand aus zwei in den Flächenwurzeln eingebauten MG 151, Kaliber 20 mm, einer Doppellafette mit 3-cm-Kanonen MK 108, die als »schräge Musik« eingebaut wurden, und zwei MK 108 in der Bodenwanne.

Heinkel He 219 A-7/R2 Führerraum:

1 Anschluß für Heizbekleidung
2 Sicherung für Selbstzerstörungsladung
3 Füllkopf für Preßluft
4 Kühlerklappen-Notverstellung
5 Doppeldruckanzeiger für Schmierstoffdruck Steuerbord-/Backbordtriebwerk
6 Trimmknopf
7 Schaltkasten für FT-Anlage FuG 17
8 Verteilerkasten für Bordeigenverständigung
10 Hebel für Kabinenbelüftung
11 Hebel für Drehzahleneinstellung
12 Kraftstoffbehälter-Wahlschalter (mit Schmierstofffilterbetätigung und Motorabschaltung)
13 Leistungshebel mit Daumenschalter zur Einstellung der Luftschraubensteigung
14 Feststellbremse
15 Kartentasche
16 Regler für Kabinenheizung
17 Seitenruderfeststellung (am Boden)
18 Zündschalter
19 Anzeige für Landeklappenstellung
20 Schalter für automatische Luftschraubensteigung
21 Stromüberbrückungsschalter
22 Notzug für Landeklappen
23 Fahrwerksschalter
24 Landeklappenschalter
25 Betätigungshebel für Panzerglasschutz
26 Anzeigenbrett (12 Lampen)
27 Notzug für Hauptfahrwerk
28 Notzug für Bugfahrwerk
29 Scheibenwaschanlage für innere gepanzerte Frontscheibe
30 Panzerglasschutz (erste Varianten)
31 innere gepanzerte Frontscheibe (spätere Varianten)
32 Reflexvisier 16 B
33 Scheibenwischer
34 Betätigungshebel für Revi-Blendfilter
35 Betätigungshebel für Revi-Nachtfilter
36 Instrumentenbrettbeleuchtung
37 Fahrtmesser
38 Fein-/Grobhöhenmesser
39 Hilfswendezeiger
40 Schauzeichen für Staurohr
41 Notschalter für Kurssteuerung
42 Wendehorizont
43 Tochterkompaß
44 Variometer
45 Anzeigegerät für FuG 307 (UKW-Funkboje)
46 Betätigungshebel für Frontscheibenbelüftung
47 Drehzahlmesser (linkes Triebwerk)
48 Drehzahlmesser (rechtes Triebwerk)
49 Doppelanzeiger für Ladedruck
50 Anzeige für FuG 101 – Kontakthöhenmesser
51 Anzeigeleuchten für Luftschraubensegelstellung
52 Doppelanzeiger für Luftschraubensteigung
53 Kraftstoffdruckanzeige (linkes Triebwerk)
54 Kraftstoffdruckanzeige (rechtes Triebwerk)
55 Sendeknopf
56 Auslöseknopf für Rumpfwaffen
57 Druckschalter für Tragflächenwaffen
58 Steuersäule
59 Seitenruderpedale
60 Schleudersitz
61 Kurseinstellung
62 Borduhr
63 0_2-Wächter (Sauerstoffdurchflußanzeige)
64 Sauerstoffdruckanzeige
65 Notkompaß
66 Handgriff für Kabinenhaubenabsprengung
67 Drehschalter-Umschalter
68 Kühlmittelfluß-Warnanzeige
69 Kühlmittel-Temperaturanzeige (linkes Triebwerk)
70 Kühlmittel-Temperaturanzeige (rechtes Triebwerk)
71 Schmierstoff-Temperaturanzeige (linkes Triebwerk)
72 Schmierstoff-Temperaturanzeige (rechtes Triebwerk)
73 Halterung für Deviationstabellen
74 Schußzählwerk SZKK 6
75 Sicherheitsschalter
76 phosphoreszierende Leuchten
77 Leuchte für rechte Gerätekonsole
78 Anleitung für Schleudersitzbetätigung
79 Schalter für Landescheinwerfer
80 Schalter für Positionslichter
81 Schalter für phosphoreszierende Leuchten
82 Schalter für Kurskreisel
83 Beleuchtungsregler
84 Schalter für Kurssteuerung
85 Schalter für Staurohrheizung
86 Auslösegriff für Schleudersitz
87 Schalter für Kraftstoffpumpen (4 Stück)
88 Batterieschalter (2 Stück)
89 Kraftstoff-Reststandswarnleuchten
90 Kraftstoffvorratsanzeige (vorderer Behälter)
91 Kraftstoffvorratsanzeige (mittlerer Behälter)
92 Kraftstoffvorratsanzeige (hinterer Behälter)
93 Anzeige für Preßluft
94 Regler für phosphoreszierende Beleuchtung
95 Sauerstoffversorgung für den Flugzeugführer
96 Hebel für Kraftstoffschnellablaß
97 Anlasserschalter über Außenbordanschluß
98 Anlasserschalter bei Bordnetzbetrieb

setzgeschwindigkeit über die Landebahn hinaus, blieb jedoch, zusammen mit seinem Kampfbeobachter, Unteroffizier Fischer, im völlig zerstörten Flugzeug unverletzt. Die deutschen Kriegstagebücher vermerken, daß, nach den ersten Erfolgen von Major Streib, der Stabsschwarm dieser Gruppe noch 20 weitere RAF-Bomber, einschließlich einem halben Dutzend der bislang als unverwundbar geltenden ›Mosquito‹, während nur sechs Einsätzen vom Himmel geholt hat.

EIN GROSSARTIGES COCKPIT

Als ich in Grove zum ersten Mal eine *He 219* zu Gesicht bekam, wenig mehr als zwei Jahre nach ihrem verheißungsvollen Debüt mit Major Streib am Knüppel, war ich eigentlich mehr mit der Arado *Ar 234 B* beschäftigt, und deshalb konnte ich mir aus zeitlichen Gründen nur einen groben Überblick über den Heinkel-Jäger verschaffen. Nach und nach wurden zum RAE nach Farnborough jedoch fünf *He 219* aus Schleswig überführt, und bald darauf hatte ich Gelegenheit, drei dieser Maschinen selbst zu fliegen. Zu den nach England überführten Maschinen gehörten vier *He 219 A-2* von der ersten Serie

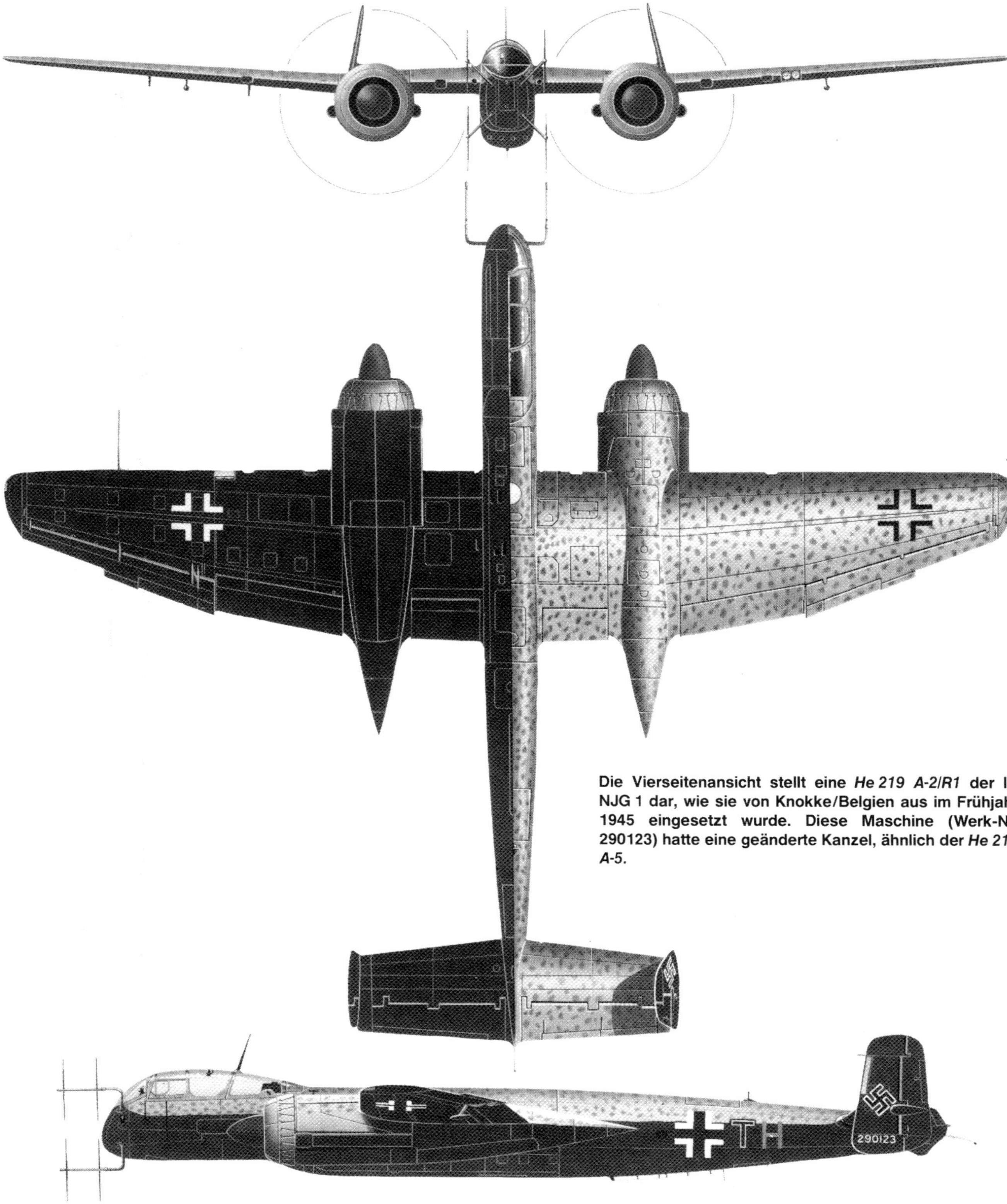

Die Vierseitenansicht stellt eine *He 219 A-2/R1* der I./ NJG 1 dar, wie sie von Knokke/Belgien aus im Frühjahr 1945 eingesetzt wurde. Diese Maschine (Werk-Nr. 290123) hatte eine geänderte Kanzel, ähnlich der *He 219 A-5*.

und eine *He 219 A-5*. Die letzere wurde allerdings nach einem schweren Unfall erst von der *He 219 V11* auf die *A-5* Serie umgebaut. Wir haben in Farnborough keinerlei Leistungstests mit der *He 219* unternommen, prüften hingegen spezielle Ausrüstungen, denen unser besonderes Interesse galt. Ich machte auf diesem Flugzeug jedoch so viele Überführungsflüge, daß mir viel Zeit blieb, ihre Flugeigenschaften gründlich zu testen.

Vom Standpunkt eines Flugzeugführers war das beeindruckendste an der *He 219* das ausgezeichnet ausgelegte Cockpit. Es lag ziemlich hoch und wurde über eine Leiter erreicht. Nachdem die Besatzung an Bord geklettert war, wurde diese Leiter vom Bodenpersonal aufwärts-seitwärts in der linken Rumpfunterseite verstaut. Das Kabinendach war aus einem Guß, ziemlich groß und an der rechten Rumpfseite mit Scharnieren befestigt. Man hatte damit aus der Kanzel einen ausgezeichneten Rundblick. Die Kabine selbst war geräumig und bequem. Alle Fluginstrumente waren in der klassischen T-Form angeordnet, die Motorenüberwachungsinstrumente rechts vom Hauptinstrumentenbrett.

Flugzeugführer und Kampfbeobachter saßen Rücken an Rücken auf Schleudersitzen, die mit Preßluft gefeuert wurden. Alle Hilfsmittel, die zu jener Zeit für die Nachtjäger erdacht waren, befanden sich in dieser Kanzel. Daß selbst das Reichsluftfahrtministerium die Vorzüge des Cockpits der *He 219* erkannt hatte, erhellt aus der Tatsache, daß zu einer gewissen Zeit Überlegungen darüber angestellt worden waren, wie man die ganze Flugzeugnase der Junkers *Ju 388* aufpfropfen könne.

Für die *He 219* waren ursprünglich die Daimler-Benz DB 603 G-Motoren vorgesehen, welche 1900 PS Startleistung und 1506 PS Leistung in einer Höhe von 7375 m abgeben sollten. Diese Motoren waren jedoch zu jener Zeit, als die ersten Zellen von den Taktstraßen in Wien/Schwechat, im Herbst 1943, rollten, nicht einsatzbereit. So behalf man sich mit den DB 603 A-Motoren, die eine Startleistung von 1750 PS und 1850 PS in 2100 m Höhe abgaben. Mit diesen Triebwerken entstand das Baumuster *He 219 A-2*. Mit dieser Version des Heinkel-Jägers konnte ich mehrere Male fliegen, so überführte ich die *He 219 A-2* (Werk-Nr. 290 126) von Farnborough nach Brize Norton am 21. 8. 1945. Neun Tage danach lieferte ich eine andere (Werk-Nr. 310 109), über Abingdon nach Brize Norton fliegend, und schließlich am 19. Oktober eine dritte *A-2* (Werk-Nr. 310 106), von Tangmere nach Farnborough fliegend, ab. Leider hatte ich keine Gelegenheit, die später ausgelieferten *He 219 A-5* mit DB 603 G-Motoren zu erproben, nehme jedoch an, daß zwischen ihr und der Version *A-2* keine entscheidenden Unterschiede bezüglich der Leistung bestanden.

Der Anlaßvorgang war bei den DB 603 A-Motoren einfach. Die Benzinhähne wurden auf Tank 2 und Tank 3 gestellt (das waren der mittlere und hintere Haupttank), dann wurde die Benzinpumpe für den entsprechenden Motor auf »AN« geschaltet. Danach wurde der Leistungshebel ungefähr ein Viertel nach vorne geschoben, bis sich ein spürbarer Widerstand ergab. Dann wurden die Magnetzünder auf Position »M 1 + 2« gestellt. Gewöhnlich wurde der Schwungkraftanlasser elektrisch von außen betätigt, man konnte aber auch von der Kanzel aus diesen bedienen. Der Anlaßknopf wurde für 10 bis 20 Sekunden gedrückt, losgelassen, und dann gezogen und nach links gelegt. Auf diese Weise wurde der Motor im kalten Zustand eingespritzt. Lief der Motor, wurde er zunächst auf 1200 »Touren« gehalten, bis Öl- und Benzinanzeigen vorhanden waren. Danach mußte er mit 1500 Umdrehungen pro Minute drei Minuten warmlaufen, ehe abgebremst werden konnte. Die Zündung wurde bei 2000 U/min überprüft.

Ehe man losrollen konnte, wurden alle Trimmungen auf »NULL« gesetzt, die Kühlerspreizklappen geöffnet und die Preßluftdrücke der Schleudersitze überprüft. Diese mußten beim Flugzeugführer 80 kg pro Quadratzentimeter Druck anzeigen und beim Kampfbeobachter 50 kg pro Quadratzentimeter. Die Heinkel ließ sich während des Rollens sehr leicht steuern, jedoch mußte man mit den Bremsen, die übrigens sehr wirkungsvoll waren, bei Querwinden sehr sorgsam umgehen. Unmittelbar vor dem Start wurde die Propellerverstellung an der Anzeige auf 12.15 Uhr gestellt und die Klappen auf »START« gefahren. Die Startrollstrecke war beträchtlich und betrug bei Vollast und 2700 U/min sowie einem Ladedruck von 1,4 ata ungefähr 1500 Meter.

Ich hatte vordem deutsche Berichte gelesen, denen zufolge die *He 219* einen beträchtlichen Kraftüberschuß beim Startvorgang entwickeln sollte und ein Triebwerksausfall unmittelbar nach dem Abheben oder kurz vor dem Aufsetzen wenig Probleme mit sich bringen würde. Es wurde von einem Flugzeugführer berichtet, welcher einen Start mit nur einem Motor, Fahrwerk und Klappen noch in ausgefahrenem Zustand, gemacht haben soll! Wenn an

Oben und unten: Eine der *He 219 A-5*, die zu Erprobungszwecken nach USA, Wright Field, überführt worden war.

diesem Bericht etwas Wahres dran sein sollte, dann muß das Flugzeug mit Starthilferaketen ausgerüstet gewesen sein und eine sehr lange Startbahn zur Verfügung gehabt haben.
In meinen Augen war der Heinkel-Jäger, insbesondere in der Bauausführung *He 219 A-2,* entschieden mit zu geringer Motorleistung ausgestattet. Der Ausfall eines Motors während des Abhebens mußte insbesondere bei einem Nachtstart eine äußerst kitzelige Angelegenheit gewesen sein, da bei Geschwindigkeiten unter 220 km/h das Flugzeug nur schwer geradeaus zu halten war. Stellt man noch die Neigung zum Durchsacken während des Einfahrens des Fahrwerks in Rechnung, die ja bei jedem Flugzeug während dieses Vorgangs beobachtet werden kann, dann war der Steigflug zwischen den ersten 15 bis 90 Metern eine unangenehme Sache. Die Abhebege-

schwindigkeit betrug 170 km/h, und in einer Höhe von 15 Metern konnte man ans Einfahren des Fahrwerkes denken; darunter ging es auf gar keinen Fall wegen des vorher erwähnten Durchsackens während dieses Vorgangs. Sobald die Maschine auf 250 km/h beschleunigt hatte, konnten die Klappen in einer Höhe von 152 m eingefahren werden, wobei das Flugzeug merklich durchsackte. Ein definitives Steigen konnte mit einer Geschwindigkeit von 300 km/h und 2500 U/min sowie einem Ladedruck von 1,3 ata begonnen werden. Im Steigen wurde die ausgezeichnete Stabilität der *He 219* bereits offenbar. Das günstigste Steigvermögen hatte man bei einer Geschwindigkeit von 300 km/h, die mit zunehmender Höhe langsam auf 280 km/h bis zu einer Höhe von 10 000 m abfallen konnte. Das Steigvermögen war auf jeden Fall nicht sehr hoch.

EIN GUTES ALLWETTERFLUGZEUG

Hatte man die gewünschte Höhe erreicht, wurden die Kühlerspreizklappen geschlossen und die Motoren auf 2300 U/min bei einem Ladedruck von 1,3 ata zurückgenommen.
Wollte man eine große Reichweite erzielen, dann wurde die Motorenleistung auf 2000 U/min bei einem Ladedruck von 1,05 ata eingestellt. In 6100 m Höhe erwies sich die Beschleunigung bei Vollgas als ziemlich schwerfällig. Man erzielte dabei eine Höchstgeschwindigkeit von 608 km/h. Das lag etwas unter den in den deutschen Handbüchern angegebenen Werten. Das Kraftstoffsystem wurde in der Weise gehandhabt, daß aus den Kraftstofftanks 2 und 3 anfangs so lange entnommen wurde, bis sie halb geleert waren (also noch 1000 l in ihnen vorhanden waren), danach wurde auf Tank 1 umgeschaltet, bis dieser leer geflogen war.
Die Kabinenheizung und das Enteisungsystem waren außerordentlich wirksam. Die Kurssteuerung war leicht

Die unelegante Erscheinung der *He 219 A-5* kommt bei dieser Seitenansicht besonders zum Ausdruck. Sie war jedoch ein sehr erfolgreich eingesetztes Nachtjagdflugzeug, auch wenn ihre Leistung nicht ausreichte, um die ›Mosquito‹ zu bekämpfen.

zu bedienen und zuverlässig. Die *He 219* war ohne Frage ein ausgezeichnetes Allwetterflugzeug. Die Landevorbereitungen waren denkbar einfach: Die Kühlerspreizklappen wurden geschlossen, die Luftschraubenverstellung auf »12.00 Uhr« an der Anzeige gesetzt und bei 300 km/h Klappen auf »START« und das Fahrwerk bei einer Geschwindigkeit von 270 km/h ausgefahren. Auf den Endanflug wurde mit 250 km/h eingekurvt. Die Klappen wurden im Endanflug voll ausgefahren und gleichzeitig wurden die Benzinpumpen eingeschaltet. Mit einer Geschwindigkeit von 225 km/h setzte man den Endanflug bis zur Flugplatzbegrenzung fort, dann wurde das Gas zurückgenommen und 200 km/h am Stau gehalten. Die Landung erfolgte bei ungefähr 160 km/h. Sie war mit der für dieses Flugzeug vorgesehenen Fahrwerksanordnung sehr leicht auszuführen. Man konnte jedoch das Bugfahrwerk zu aerodynamischen Bremszwecken nicht sehr lange vom Boden halten, so daß das Ausrollen anfänglich sehr schnell war, wofür gute Bremsen gebraucht wurden. Daher mußte man vor der Landung tunlichst die Bremsdrücke, die nicht weniger als 60 kg/cm^2 betragen sollten, überprüfen. Waren diese Werte nicht gegeben, mußte man einen Knopf in der Nähe der Bremsdruckanzeige so lange drücken, bis dieser Druck aufgebaut war und sich hielt. Die Ausrollstrecke betrug bei Windstille etwa 650 m.

In der Landephase wurde es offenkundig, daß die Seitenstabilität mit Hilfe der federgelagerten Querruder nur mühsam aufrechterhalten werden konnte, und demzufolge waren Kurven bei voll ausgefahrenen Klappen nicht empfehlenswert. Bei turbulentem Wetter verhielt sich die *He 219* auf dem Endanflug in bezug auf die Seitenstabilität ziemlich schlecht. Meinen Erfahrungen zufolge, die ich mit der *He 219 A-2* machen konnte, war der Ruf, der dem Heinkel-Jäger vorausging, etwas zu gut. Die Heinkel war zwar im Grunde genommen ein gutes Nachtjagdflugzeug, jedoch hatte sie eine Schwäche, die zu den schlimmsten zählt, die ein zweimotoriges Flugzeug haben kann: Sie hatte zu geringe Motorleistungen.

Diese Schwäche machte sie bei Triebwerksausfall in der Startphase zu einer gefährlichen Maschine, und dasselbe traf für die Landung zu, wobei ein Durchstarten dann nicht mehr möglich war. Des weiteren war ihre Leistung zur Bekämpfung der ›Mosquito‹ bestimmt zu gering – eine Aufgabe, für die sie ja hauptsächlich vorgesehen war. Jedoch war sie für jeden viermotorigen Bomber ganz sicher ein unangenehmer Gegner. Und man fragt sich mit Recht, welche Veränderungen am nächtlichen Himmel über Deutschland eingetreten wären, hätte der Generalluftzeugmeister sich nicht so standhaft dieser Heinkel-Konstruktion und ihrer Verwendung als Nachtjäger entgegengestemmt, und hätte Heinkel die Möglichkeit gehabt, seine *He 219* in ausreichender Zahl an die Nachtjäger auszuliefern!

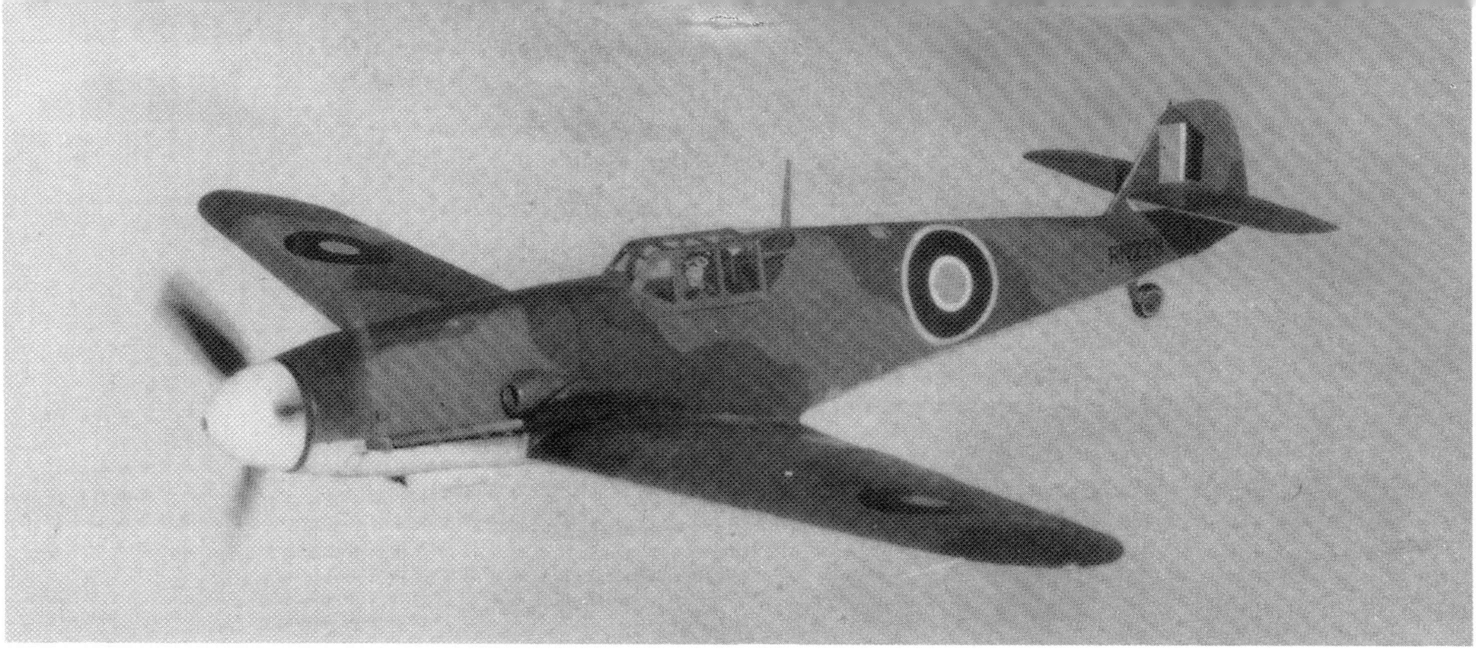

Die Messerschmitt Bf 109 G

Langlebigkeit im Einsatz war noch nie ein Charakteristikum von Jagdflugzeugen. Tatsächlich konnte man bis vor etwa einem Jahrzehnt die durchschnittliche Lebenserwartung von Jagdflugzeugen nach Jahren an den Fingern abzählen.

Das Entwicklungstempo für Jagdflugzeuge war seit jeher höher als das von irgendwelchen anderen Einsatzflugzeugen, wobei das Tempo während Kriegszeiten naturgemäß noch höher lag, da das eigene Überleben in solchen Zeiten zu einem hohen Grade von der Möglichkeit abhing, den Gegner im Kampf mit der Leistung der eigenen Maschine zu übertreffen. Man mußte sich also wenigstens auf der Höhe der Leistungsfähigkeit des Gegners befinden.

Natürlich gibt es auch auf dem Gebiete des Jagdflugzeugbaues keine Regel ohne Ausnahme, und es war für mich ein interessantes Unterfangen, diesen Ausnahmen in den Annalen der Jagdflugzeugentwicklung nachzuspüren.

Möglicherweise war die bemerkenswerteste Ausnahme von dieser Regel die *Bf 109* von Professor Willy Messerschmitt. Sie überstand in ihren verschiedenen Baumustern nicht nur einen langen Bürgerkrieg sondern einen vollen Weltkrieg. Kaum ein bekanntes Jagdflugzeug hat ihre Lebensdauer je übertroffen. Vor dem Zweiten Weltkrieg war die *Bf 109* umwittert von Geheimnissen, ja man kann sogar behaupten, daß ihr ein bestimmter Mythos anhaftete. So umgab das deutsche Propagandaministerium sie mit einem Glorienschein der Unbezwingbarkeit. Diesem Mythos sollte schließlich die Luftwaffe in ihren Jagdverbänden, vor allem auf Grund der leicht errungenen Siege vor den Tagen der Luftschlacht um England, zum Opfer fallen. Tatsächlich hatte die *Bf 109* nichts Geheimnisvolles an sich. Sie war ganz einfach ein gut entworfenes und durchdachtes Jagdflugzeug, welches in seinem Reifestadium noch dieselben Erfolge aufweisen konnte, wie während des Beginns ihrer Laufbahn.

Ihr durchdachter Entwurf ermöglichte den Einbau immer besserer Waffen und Motoren, wodurch sie während eines Zeitraumes von mehr als sieben Jahren weltweit zur ersten Garnitur der Jagdflugzeuge gezählt werden mußte.

Die letzte Version aus dieser »Brut« war vermutlich die G-Serie oder »Gustav«, wie sie gemeinhin, jedoch inoffiziell, getauft worden war. Natürlich gibt es eine Reihe

Die *Bf 109 G-6/U2* (Werk-Nr. 412951) die am 21. Juli 1944 irrtümlich in Manston landete. Ihr wurden die RAF-Kennzeichen und die Kennung TP 814 gegeben. Sie wurde am 25. August 1944 vom Autor geflogen und später zu taktischen Erprobungen in der Air Fighting Development Unit eingesetzt. Am 23. November 1944 ging sie während des Starts zu Bruch.

ehemaliger Jagdflieger, die mit guten Gründen die F-Serie gegenüber dem Verfasser verteidigen und dabei ins Feld führen könnten, daß die F-Serie die *Bf 109* auf den Höhepunkt ihrer Entwicklung gebracht habe. Man sollte hierbei doch nicht außer acht lassen, daß die Anforderungen im Luftkampf andauernden Veränderungen unterworfen waren: Geschwindigkeit und Anpassungsfähigkeit an neue Einsatzrollen wurden mit zunehmender Dauer des Krieges entscheidender, während früher diese Eigenschaften durch besseres fliegerisches Können der Flugzeugführer und Manövrierfähigkeit teilweise ersetzt werden konnten. Durch die neueren Anforderungen des Luftkrieges waren stärkere Bewaffnung und höhere Motorenleistungen notwendig geworden. Beides war mit der »Gustav« erreicht. Wenn die »Gustav« auch aus der Sicht eines Flugzeugführers nicht schlechthin *das* Flugzeug war, so war sie doch von ausschlaggebender Bedeutung für die Luftwaffe an allen jenen Fronten, an denen sie Verwendung fand. Ein Kriegsflugzeug, welches sich Respekt zu verschaffen wußte. Eines der ersten deutschen Kriegsflugzeuge, welches im RAE in Farnborough eintraf, war eine Messerschmitt *Bf 109* – eine E-3 der 2./JG 54, die vordem in französische Hände gefallen war, nachdem der Flugzeugführer irrtümlich in Wörth (Unterelsaß) gelandet war. Der Flugzeugführer wähnte sich noch über deutschem Gebiet. Diese Maschine kam dann Mitte Mai 1940 zu uns. In der Folgezeit hatten wir einen laufenden Zustrom der verschiedensten aufeinanderfolgenden Baumuster der *Bf 109,* so daß wir in der Lage waren, die technischen Fortschritte, welche Messerschmitt mit seinen *Bf 109* machte, mit denen zu vergleichen, die unsere britischen Flugzeuge machten. Eine Vergleichsübersicht zeigt eine Überlegenheit der *Bf 109* bis Ende 1942 an, danach zog die ›Spitfire‹ IX an ihr vorbei und davon. Ihren Platz nahm fortan die Focke-Wulf *Fw 190-A* ein. Das heißt, daß die »Gustav« mit Masse zu einer Zeit auf den Kriegsschauplätzen erschien, als der Stern der *Bf 109* über der Westfront bereits im Verblassen war.

EINE UNHEILDROHENDE ERSCHEINUNG

Es war beinahe unvermeidlich, daß uns eines Tages auch eine »Gustav« in Farnborough zufallen würde. Es handelte sich um die *Bf 109 G-6/U 2* (Werk-Nr. 412951), die uns irrtümlich am 21. Juli 1944 in Manston zuflog. Wie alle ihre Vorgängerinnen mußte sie den Testkreislauf durchstehen, in welchem sie auf Herz und Nieren geprüft wurde.

In meinem Gedächtnis war sie seit jeher mit der Eigenschaft »unheildrohend« haften geblieben. Es wurde behauptet, daß sie diejenigen Eigenschaften hätte, mit denen man auch die Nation, in welcher sie ersonnen und gebaut wurde, gleichermaßen bedachte.

Auch auf mich wirkte sie sowohl am Boden als auch in der Luft, aus welchen Blickwinkel auch immer, todverheißend.[1] Als ich dann in die Platzangst erzeugende Kabine geklettert war, fühlte ich mich mit etwas Tödlichem vereint. Die Kabine war klein und eng und wurde von einem unschönen Kabinendach umschlossen, welches nur mühsam von innen geöffnet werden konnte, und welches mit eher primitiv zu nennenden Schiebefenstern ausgestattet war. Der Rahmen für die Windschutzscheibe war eigentlich ziemlich schmal und behinderte die Sicht kaum, jedoch war der Raum insgesamt so begrenzt, daß Bewegungen des Kopfes selbst für einen Flugzeugführer so kleiner Statur, wie ich es nun einmal bin, ziemlich eingeschränkt wurden. Das Panzerglas der Windschutzscheibe hatte eine leichte Tönung wie Rauchglas und war ganz offensichtlich von erheblich geringerer Qualität als die der früheren *Bf 109*-Baumuster. Es war

1) Anmerkung:
Es fragt sich, welches gute Jagdflugzeug nicht diese Wirkungen auf den Gegner gehabt hat? Der Übersetzer kennt eine ganze Reihe bekannter erfolgreicher Jagdflieger des Zweiten Weltkrieges – sie alle lieben ihre kleine Messerschmitt heute noch. Es ist schon eine Frage des Standortes, wie man ein Jagdflugzeug beurteilt. Im übrigen, wie schon gesagt: über Geschmack läßt sich streiten. d. Ü.

Eine *Bf 109 G-2* (Werk-Nr. 10639), die nach der Besetzung von Sizilien erbeutet, sofort nach England verschifft wurde und Liverpool am 26. Dezember 1943 erreichte. Sie wurde anschließend mit der Kennung RN 228 geflogen.

Messerschmitt Bf 109 G-14/U4 Schnittzeichnung:

1 rechtes Positionslicht
2 rechte Flächenrandklappe
3 Trimmkante
4 rechtes Querruder mit Nasenausgleich
5 versenkgenietete Flächenbeplankung
6 automatisch aus-/einfahrende »Handley-Page«-Vorflügel
7 Anlenkung für Vorflügel
8 Ausgleichsgestänge für Vorflügel
9 Querrudersteuergestänge
10 Aufbau der stoffbespannten Landeklappe
11 Laufradverkleidung
12 Verkleidung der Munitionszuführung zum linken Rumpf-MG
13 linkes Rheinmetall-Borsig Maschinengewehr MG 131, Kaliber 13 mm
14 Triebwerkanbaugeräte
15 Austritt für rechtes Rumpf-MG
16 flüssigkeitsgekühlter Zwölfzylindermotor Daimler-Benz DB 605 AM mit hängender V-Anordnung
17 abnehmbare Motorverkleidung
18 Schmierstoffüllkopf
19 Schmierstoffbehälter
20 Luftschraubenverstellmechanismus
21 VDM-Luftschraube mit konstanter Drehzahl
22 Luftschraubennabenhaube (Spinner)
23 Mündung der im Motorblock eingebauten Maschinenkanone
24 Rohrmantel der Maschinenkanone
25 Luftschraubennabe
26 Grundplatte für Luftschraubennabenhaube
27 Hilfskühlschlitze
28 Kühlstoff-Ausgleichsbehälter
29 Gummipuffer für Motoraufhängung
30 aus Elektron geschmiedeter Motorträger
31 Anschlußbeschlag für Motorträger-Stützstrebe
32 Zündkerzenkabel
33 Abdeckung für Auspuffstutzen
34 Auspuffstutzen mit Rückstoßwirkung
35 Verschlüsse für Triebwerksverkleidung
36 Schmierstoffkühler
37 Schmierstoffkühlereinlauf
38 rechtes Laufrad
39 Kühlerklappe hinter dem Schmierstoffkühler
40 Verstärkung für die Tragflächenwurzel
41 Verkleidungsübergang Tragfläche/Rumpf
42 Brandschott
43 Ladeansaughutze
44 Höhenlader
45 Trommelmagazin für die 20-mm-Kanone
46 Gurtzuführung für MG 131
47 oberer Flansch für den Motorträger
48 Verkleidung für die Gurtzuführung
49 Rheinmetall-Borsig Maschinengewehr MG 131, Kaliber 13 mm

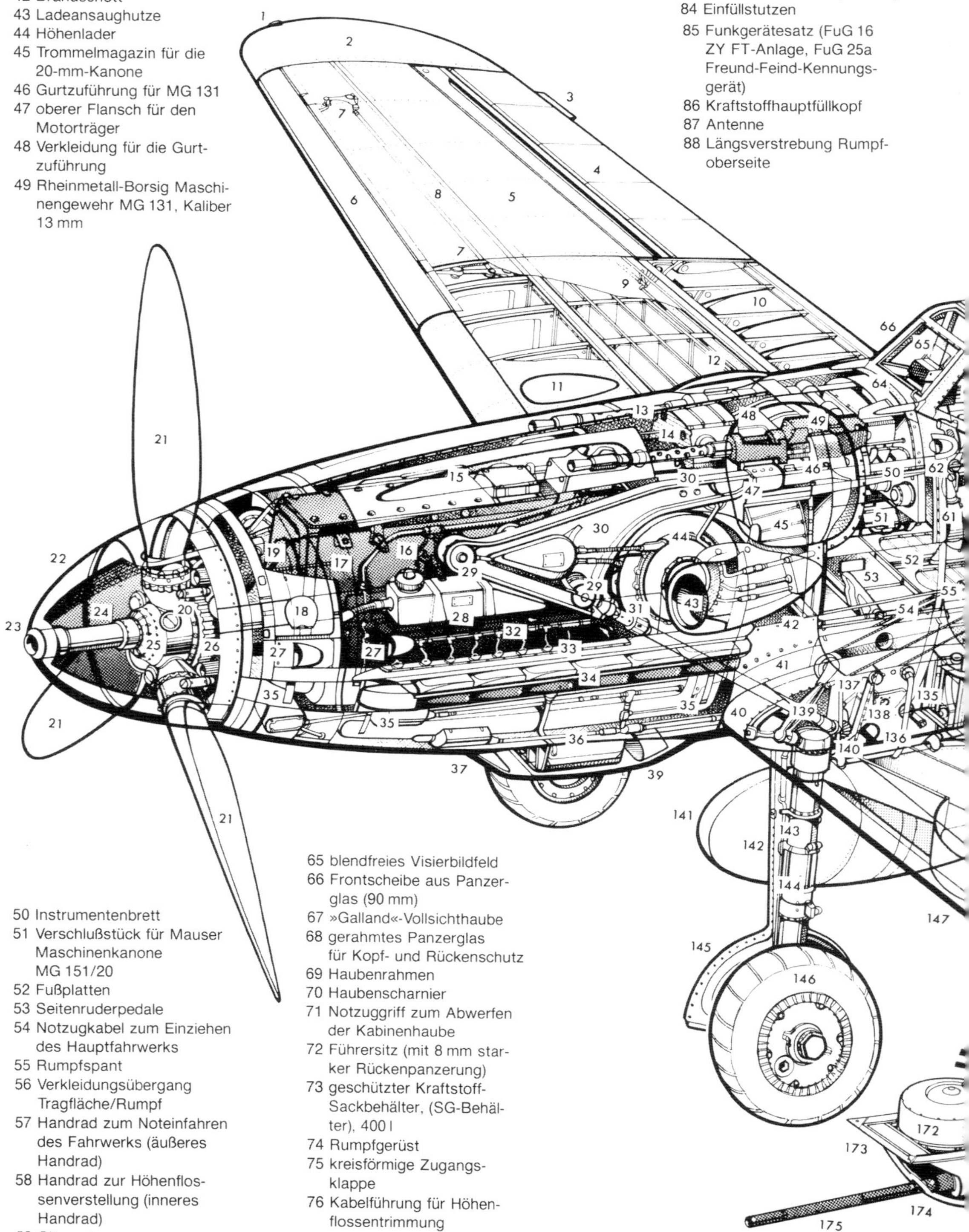

50 Instrumentenbrett
51 Verschlußstück für Mauser Maschinenkanone MG 151/20
52 Fußplatten
53 Seitenruderpedale
54 Notzugkabel zum Einziehen des Hauptfahrwerks
55 Rumpfspant
56 Verkleidungsübergang Tragfläche/Rumpf
57 Handrad zum Noteinfahren des Fahrwerks (äußeres Handrad)
58 Handrad zur Höhenflossenverstellung (inneres Handrad)
59 Sitzgurt
60 Leistungshebel
61 Steuerknüppel
62 Führerraumbelüftung
63 Reflexvisier (Revi) 16 B
64 gepanzerter Frontscheibenrahmen
65 blendfreies Visierbildfeld
66 Frontscheibe aus Panzerglas (90 mm)
67 »Galland«-Vollsichthaube
68 gerahmtes Panzerglas für Kopf- und Rückenschutz
69 Haubenrahmen
70 Haubenscharnier
71 Notzuggriff zum Abwerfen der Kabinenhaube
72 Führersitz (mit 8 mm starker Rückenpanzerung)
73 geschützter Kraftstoff-Sackbehälter, (SG-Behälter), 400 l
74 Rumpfgerüst
75 kreisförmige Zugangsklappe
76 Kabelführung für Höhenflossentrimmung
77 Leitungskabel für Funkgeräte
78 MW 50 (Wasser-Methanol-) Behälter, 114 l
79 Handgriff
80 Rumpfbeplankung
81 Antennenmast
82 Peilrahmen
83 Sauerstoffbehälter (3 Stück)
84 Einfüllstutzen
85 Funkgerätesatz (FuG 16 ZY FT-Anlage, FuG 25a Freund-Feind-Kennungsgerät)
86 Kraftstoffhauptfüllkopf
87 Antenne
88 Längsverstrebung Rumpfoberseite

89 Antennenzuleitung
90 Rumpfbeplankung
91 »U«-Längsversteifungen
92 Rumpfspanten (Schalenbauweise)
93 Höhenflossentrimmkabel
94 Verkleidung der Seitenflossenwurzel
95 starre Höhenflosse (rechts)

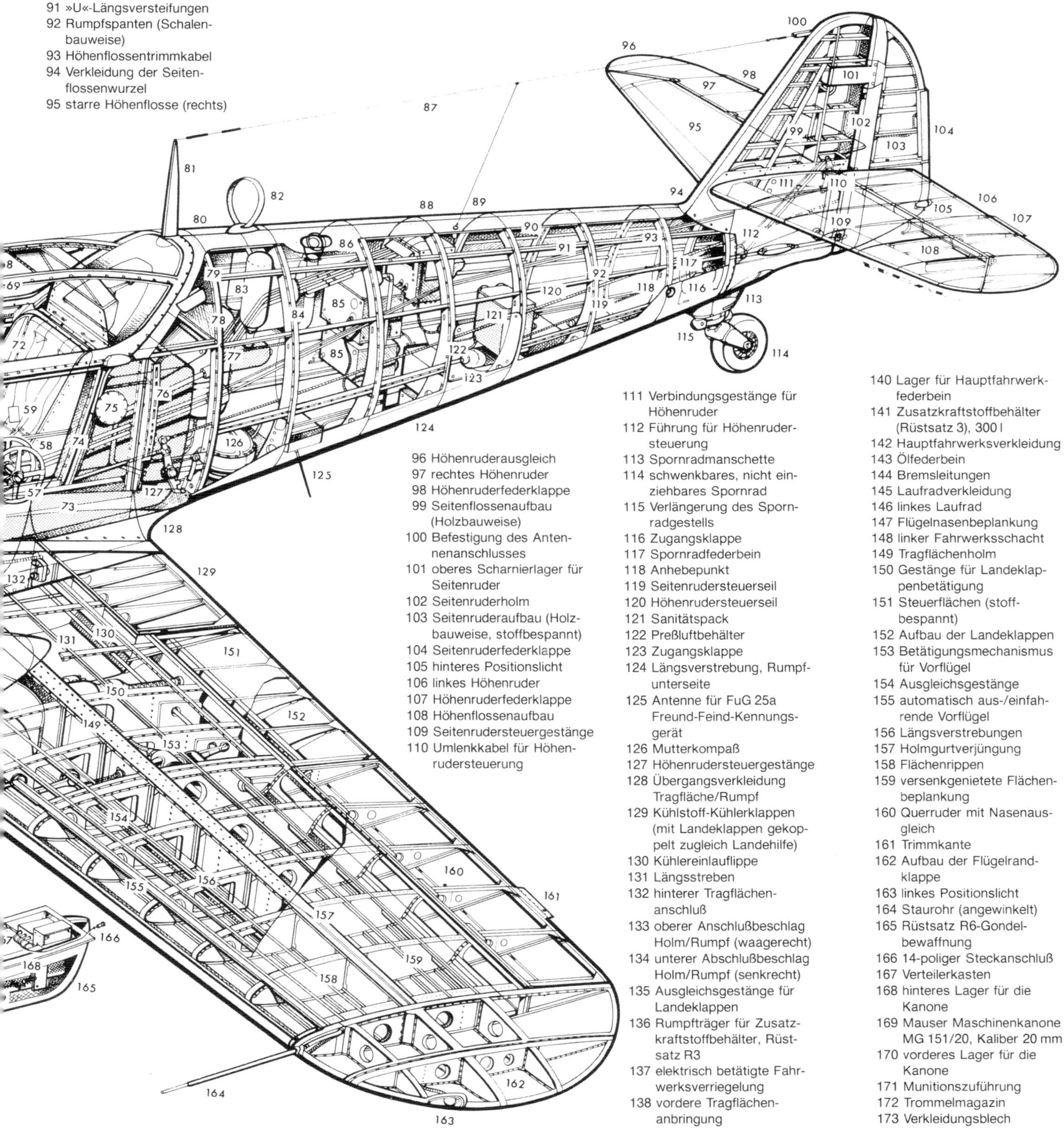

96 Höhenruderausgleich
97 rechtes Höhenruder
98 Höhenruderfederklappe
99 Seitenflossenaufbau (Holzbauweise)
100 Befestigung des Antennenanschlusses
101 oberes Scharnierlager für Seitenruder
102 Seitenruderholm
103 Seitenruderaufbau (Holzbauweise, stoffbespannt)
104 Seitenruderfederklappe
105 hinteres Positionslicht
106 linkes Höhenruder
107 Höhenruderfederklappe
108 Höhenflossenaufbau
109 Seitenrudersteuergestänge
110 Umlenkkabel für Höhenrudersteuerung
111 Verbindungsgestänge für Höhenruder
112 Führung für Höhenrudersteuerung
113 Spornradmanschette
114 schwenkbares, nicht einziehbares Spornrad
115 Verlängerung des Spornradgestells
116 Zugangsklappe
117 Spornradfederbein
118 Anhebepunkt
119 Seitenrudersteuerseil
120 Höhenrudersteuerseil
121 Sanitätspack
122 Preßluftbehälter
123 Zugangsklappe
124 Längsverstrebung, Rumpfunterseite
125 Antenne für FuG 25a Freund-Feind-Kennungsgerät
126 Mutterkompaß
127 Höhenrudersteuergestänge
128 Übergangsverkleidung Tragfläche/Rumpf
129 Kühlstoff-Kühlerklappen (mit Landeklappen gekoppelt zugleich Landehilfe)
130 Kühlereinlauflippe
131 Längsstreben
132 hinterer Tragflächenanschluß
133 oberer Anschlußbeschlag Holm/Rumpf (waagerecht)
134 unterer Abschlußbeschlag Holm/Rumpf (senkrecht)
135 Ausgleichsgestänge für Landeklappen
136 Rumpfträger für Zusatzkraftstoffbehälter, Rüstsatz R3
137 elektrisch betätigte Fahrwerksverriegelung
138 vordere Tragflächenanbringung
139 Einziehmechanismus für Hauptfahrwerk
140 Lager für Hauptfahrwerkfederbein
141 Zusatzkraftstoffbehälter (Rüstsatz 3), 300 l
142 Hauptfahrwerksverkleidung
143 Ölfederbein
144 Bremsleitungen
145 Laufradverkleidung
146 linkes Laufrad
147 Flügelnasenbeplankung
148 linker Fahrwerksschacht
149 Tragflächenholm
150 Gestänge für Landeklappenbetätigung
151 Steuerflächen (stoffbespannt)
152 Aufbau der Landeklappen
153 Betätigungsmechanismus für Vorflügel
154 Ausgleichsgestänge
155 automatisch aus-/einfahrende Vorflügel
156 Längsverstrebungen
157 Holmgurtverjüngung
158 Flächenrippen
159 versenkgenietete Flächenbeplankung
160 Querruder mit Nasenausgleich
161 Trimmkante
162 Aufbau der Flügelrandklappe
163 linkes Positionslicht
164 Staurohr (angewinkelt)
165 Rüstsatz R6-Gondelbewaffnung
166 14-poliger Steckanschluß
167 Verteilerkasten
168 hinteres Lager für die Kanone
169 Mauser Maschinenkanone MG 151/20, Kaliber 20 mm
170 vorderes Lager für die Kanone
171 Munitionszuführung
172 Trommelmagazin
173 Verkleidungsblech
174 Gondelverkleidung
175 Kanonenlauf

Eine *Bf 109 G-14/U4,* eine Maschine aus einer der letzten G-Serien. Einige Exemplare dieser Serie, wie die hier abgebildete, waren mit einem hölzernen Leitwerk ausgerüstet, was auch aus der Serienbezeichnung U4 hervorgeht.

ein deutliches Anzeichen für nachlassende Produktionsqualitäten des Jahrganges 1944 bei der deutschen Flugzeugproduktion insgesamt. Die Blindfluginstrumente schienen etwas besser zu sein, als jene der zeitgenössischen *Fw 190.* Die für solche Flugzeuge notwendigen Hilfsaggregate, mit Ausnahme der Fahrwerkseinheit und des Kühlers, die beide hydraulisch betätigt wurden, wurden alle elektrisch gefahren oder gerichtet. Außerdem wurden die Landeklappen mit Handbetrieb mittels eines Rades herauf- oder heruntergefahren. Entsprechend lange hat das immer gedauert.

Technische Daten der Messerschmitt Bf 109 G-6

Ein flüssigkeitsgekühlter Zwölfzylinder-Motor Daimler-Benz DB 605 AM in hängender V-Anordnung mit einer Startleistung von 1475 PS und 1355 PS in 5700 m Flughöhe oder 1800 PS Startleistung und 1700 PS in 4100 m Flughöhe mit MW 50-(Wasser-Methanol)-Einspritzung.

Leistungen: Höchstgeschwindigkeit: 547 km/h in Seehöhe mit einem Gewicht von 3248 kg, 590 kp/h in 2000 m, 600 km/h in 3000 m, 611 km/h in 4000 m und 621 km/h in 6900 m Flughöhe. Reichweite bei einer Geschwindigkeit von 530 km/h in 5800 m Flughöhe: 563 km; Reichweite mit einem abwerfbaren Zusatztank von 300 l Inhalt und einer Geschwindigkeit von 510 km/h in 6000 m Flughöhe: 998 km. Anfangssteiggeschwindigkeit bei einem Gewicht von 3148 kg: 17,0 m/sec; Steigzeit auf 3000 m Flughöhe: 2,9 min; auf 5700 m Flughöhe: 6 min. Dienstgipfelhöhe: 11 550 m.

Bewaffnung: Eine Rheinmetall-Borsig Maschinenkanone MK 108, Kaliber 30 mm, mit 20 Schuß Munition, im Motorblock oder eine Mauser-Maschinenkanone MG 151/20 mit 150 Schuß Munition und zwei Rheinmetall-Borsig MG 151, Kaliber 13 mm oberhalb des Motorblocks liegend, mit je 300 Schuß Munition.

Gewichte: Leergewicht mit Ausrüstung: 2673 kg; normales Abfluggewicht: 3148 kg; höchstzulässiges Abfluggewicht: 3400 kg.

Abmessungen: Spannweite: 9,92 m; Länge: 8,85 m; Höhe: 2,50 m; Flügelfläche: 16,10 m^2.

Der Anlasser für den Motor war als Schwungkraftanlasser ausgelegt, wobei einer der Warte ein Schwungrad so lange auf Touren kurbelte, bis es genügend Umdrehungen hatte. Dann wurde der Starter, der neben dem linken Knie des Flugzeugführers eingebaut war, betätigt. Der DB 605 A gab beim Warmlaufen mit 1900 U/min ein schönes, kräftiges dunkles Röhren von sich. Während dessen wurden die Magnetzündung, die Benzinpumpen, der Benzindruck und die Zylinderkopftemperatur überprüft. Der Motor sprach auf Leistungshebelveränderungen ausgesprochen gut an.

Die Sicht nach vorne während des Rollens war verheerend, aber wenigstens war das Flugzeug leicht steuerbar, da gute Bremsen vorhanden waren. Benutzte man beim Start die Klappen in 15°-Stellung und einen Ladedruck von 1,5 ata, dann betrug die Startrollstrecke wenige hundert Meter und war – verglichen mit denen der ›Spitfire‹ IX – relativ kurz. Die starken nach links gerichteten Giermomente konnten leicht mit dem Seitenruder unter Kontrolle gehalten werden. Dennoch war es ratsam, das Heck sobald wie möglich der schlechten Sicht wegen, die man nach vorne hatte, nach oben zu bringen. Das konnte auf ziemlich grobe Art geschehen, ohne daß man zu befürchten hatte, die Luftschraube würde dabei den Boden pflügen, denn die Luftschraubenachse des hängenden V-Motors gab genügend Bodenfreiheit her. Die »Gustav« mußte man vom Boden wegfliegen lassen, denn jeder Versuch, sie gewaltsam in ihr Element zu reißen, endete damit, daß eine der Flächen wegkippte, und zwar auf Grund der automatischen Vorflügel, die nicht ganz gleichzeitig ausfuhren. Während das Fahrwerk ziemlich schnell einfuhr, brauchte die Luftschraubenverstellung ihre Zeit. Die Klappen wurden mit Hilfe des äußeren von zwei Trimmrädern, die sich linker Hand befanden, bewegt. Mit Hilfe des innenliegenden Rades wurde die Höhenleitwerkseinstellung verändert. So konnte man also mit einem Griff die Klappen einfahren und den dadurch verursachten Trimmänderungen entgegenwirken.

Die Landeklappenstellung konnte man nur über die linke Klappe ablesen, während die Kühlerklappenstellung durch zwei kleine Stangen, die aus den Flächen herausragten, angezeigt wurde.

Die *Bf 109 G-6* stieg gut; ihre Steigleistung betrug in Seehöhe 19,3 m/sek. Ihre Stabilität war um die Längsachse und Querachse ausgezeichnet, während sie um die Hochachse lediglich befriedigend war. Das Zusammenspiel der Steuerorgane war für ein Jagdflugzeug ausgesprochen schlecht; so gingen das Seitenruder leicht, die Querruder mittelmäßig, während das Höhenruder ausgesprochen schwer zu betätigen war. Die Schwergängigkeit des Höhenruders war möglicherweise wegen der recht hohen Flächenbelastung der *Bf 109 G* notwendig, da ein Überziehen allzuleicht die Vorflügel in Gang brachte, was wiederum zu Kippbewegungen um die Längsachse führen konnte, denn die Vorflügel fuhren, wie schon erwähnt, nicht gleichzeitig aus. Damit konnte der schönste Angriff auf einen Gegner zunichte gemacht werden und zwar deshalb, weil durch diese Kippbewegungen um die Längsachse zeitweilig die Sicht einfach versperrt wurde. Eine weitere Schwäche dieses Flugzeuges war das Fehlen jeglicher Seitenrudertrimmung. Das hieß ja nichts anderes, als daß man während des Steigfluges ständig rechts Ruder geben mußte, während der Sturzflug linke Ruderausschläge verlangte. Die Piloten der *Bf 109* bevorzugten zwar den Sturzflug, um aus einem Kurvenkampf zu entwischen, aber bei solch einem Manöver hatten sie doch mit starken Seiten- und Höhenruderandrücken zu kämpfen, wenn die Geschwindigkeit zunahm, und deshalb war das Abfangen aus Sturzflügen in niedriger Höhe ziemlich schwierig. Dieses Manöver wurde im Kampf gegen die ersten Baumuster der ›Spitfire‹ und der ›Hurricane‹ angewandt, die regelmäßig auf diese Weise abgehängt werden konnten. Als jedoch im Merlin-Motor ein Rückenflugvergaser zur Verfügung stand, gingen manche RAF-Piloten, die eine Messerschmitt hinter sich wußten, absichtlich in einen Sturz über, um auf diese Weise den Gegner in Bodennähe ins Verderben zu führen. Bei der relativ geringen Marschgeschwindigkeit, sie betrug nur 386 km/h, war die »Gustav« bestimmt wunderbar zu fliegen. Wenn jedoch die Geschwindigkeit anstieg, änderte sich die Lage rasch. In einem Sturz mit 644 km/h am Stau fühlten sich die Steuerorgane so an, als wären sie festgefroren. Ich selbst erreichte im Sturz unterhalb einer Höhe von etwa 3000 Metern eine Geschwindigkeit von 708 km/h, und dabei fühlten sich die Steuerorgane an, als seien sie blockiert. Für mich war das die absolute Grenze. Die Sache ließ sich jedoch in großen Höhen anders an – vorausgesetzt man ließ die »Gustav« dort, wo sie eigentlich hingehörte: in Höhen oberhalb von 7500 Metern. Hier verhielt sie sich sowohl im Kurvenkampf als auch als Angreifer auf Bomberverbände ganz ausgezeichnet. Um einen Begriff von ihrer Leistungsfähigkeit zu erhalten, seien kurz folgende Werte angeführt: ich flog diese Version im Horizontalflug in 7100 Metern Höhe mit einer Geschwindigkeit von 618 km/h, und dieser Wert lag ziemlich dicht an der offiziell angegebenen Höchstgeschwindigkeit, die in dieser Höhe 621 km/h betragen sollte.

Mein besonderes Interesse galt der Wirkungsweise der neuartigen Vorflügel. Diese bewirkten dem Vernehmen nach heftige Rollbewegungen während aller Flugmanöver, die mit hohen g-Werten zu fliegen waren, wie in Loopings oder während eng geflogener Kurven. Ich flog deshalb in einer Reihe von Manövern die Maschinen bis zum Strömungsabriß aus, um genaue Erkenntnisse über das Verhalten dieses Flugzeugs in diesen kritischen Situationen zu gewinnen. Der Strömungsabriß erfolgte, bei halber Treibstoffzuladung, ohne Außenlasten und voll zurückgenommenem Leistungshebel, bei einer Geschwindigkeit von 168 km/h. Das Ganze geschah unter heftigem Schütteln des Höhenleitwerkes; die Vorflügel fuhren dabei 30 km/h vor Erreichen der kritischen Geschwindigkeitsmarke aus ihrer hinteren Stellung aus. Die Querrudersteuerung wurde dadurch erschwert, daß die Vorflügel, wie wiederholt bemerkt, nicht gleichzeitig ausfuhren. Der Strömungsabriß selbst blieb eigentlich ohne große Folgen bei diesem Flugzeug: die Flugzeugnase und die linke Flä-

Messerschmitt Bf 109 G-6 Führerraum:

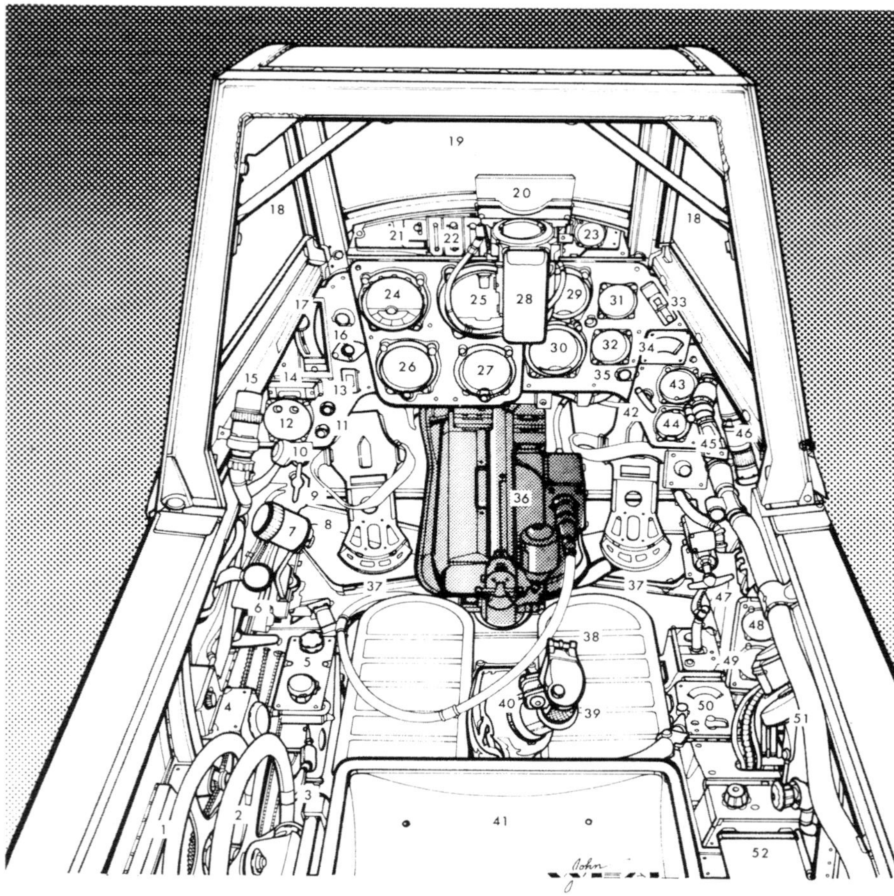

1 Handrad für Fahrwerksnotbetätigung
2 Handrad für Höhenflossenverstellung
3 Führersitzverstellung
4 Anzeige für Höhenflossenverstellung
5 Handpumpe für Anlaßeinspritzanlage
6 Schnellstopphebel
7 Leistungshebel
8 Daumenschalter am Leistungshebel für Luftschraubensteigung
9 Zuggriff für Sandabscheiderklappe
10 Kabinenhaubenverriegelung
11 Druckknöpfe für Fahrwerksschalter
12 Fahrwerksanzeige
13 Schalter für Kerzenabbrennung (Zündzeitpunktverstellung)
14 Anlaßschalter
15 UV-Leuchte (Instrumentenbrettbeleuchtung)
16 Netzausschalter
17 Zündschalter
18 Streben für Kabinenhaubenrahmen
19 gepanzerte Frontscheibe
20 Reflexvisier (Revi) 16 B
21 Waffensicherheitsschalter
22 Schußzähler
23 Borduhr
24 Tochterkompaß
25 Wendehorizont
26 Fein-Grobhöhenmesser
27 Fahrtmesser
28 Lager für Reflexvisier
29 Ladedruckmesser
30 Drehzahlmesser
31 Anzeigegerät AFN 2 (FuG 16 ZY-Zielfluganzeige)
32 Luftschrauben-Stellungsanzeiger
33 Kippschalter
34 Doppelanzeiger für Kühlmittelaustritts- und Schmiermitteleingangs-Temperatur
35 Warnlampe für Kraftstoffreststand
36 Waffenverschluß für MK 108
37 Seitenruderpedale
38 B1-Knopf, Abzug für MK 108 und Flächengondelwaffen (FlGoW)
39 Durchladeknopf für MK 108
40 Steuerknüppel
41 Führersitz
42 Notzuggriff für Fahrwerk
43 elektrische Kraftstoff-Reststandanzeige
44 Doppeldruckmesser für Kraft- und Schmierstoff
45 Kraftstoff-Reststand-Anzeige für Zusatzkraftstoff
46 UV-Leuchte
47 Kühlerklappenverstellung
48 Anzeige für Sauerstoffdurchfluß (O_2-Wächter)
49 Sauerstoff-Druckmesser
50 Fernbediengerät für FuG 16 ZY
51 Absperrventil für Sauerstoff
52 Funkabstimm-Tafel

che neigten sich fast gleichzeitig um 10°. In der Landekonfiguration riß die Strömung bei einer Geschwindigkeit von 160 km/h ab, wobei mit Ausnahme des heftigen Rüttelns des Höhenleitwerkes die Anzeichen annähernd gleich blieben. Eine Reihe von Scheinangriffen, die ich auf eine ›Lancaster‹ führte (viermotoriges Bombenflugzeug der RAF – Rückgrat der britischen Bomberwaffe im Kampf gegen das Deutsche Reich während des Zweiten Weltkrieges; d. Ü.) sowie einige Scharmützel gegen eine ›Mustang‹, ergaben alle dasselbe: bedingt durch die hinter dem jeweiligen Flugzeug, welches man in der »Gustav« fliegend verfolgte, entstehenden Luftwirbel, fuhren die Vorflügel frühzeitig aus, und zwar ungleichmäßig, womit an ein gezieltes Feuer aus der *Bf 109 G* kaum zu denken war.

Nach einer Flugstunde befanden sich von den ursprünglich 400 Litern Treibstoff immer noch 120 Liter in den Tanks. Als ich in Farnborough zur Landung anschwebte,

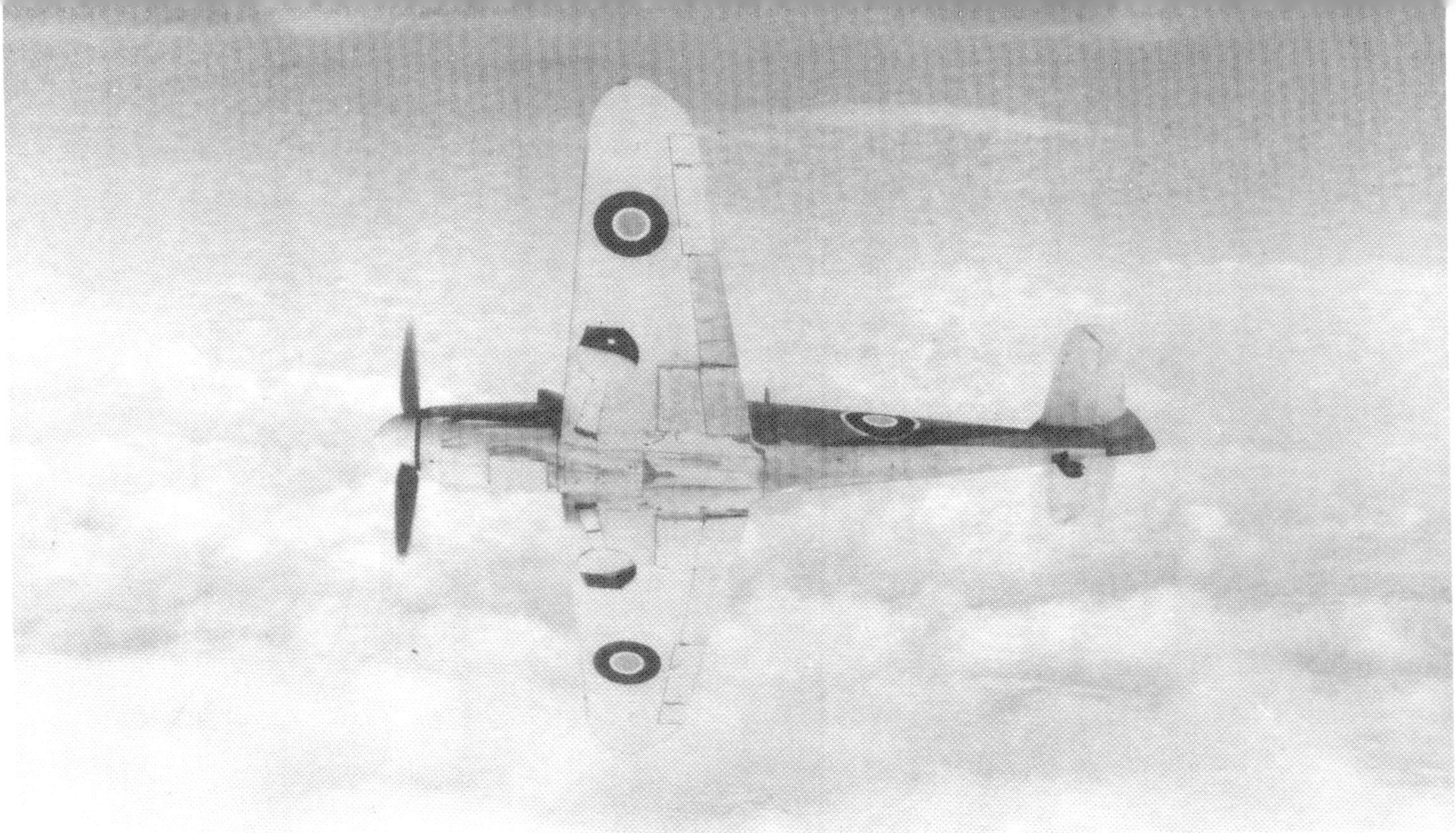

***Bf 109 G-2* (Werk-Nr. 10639) mit der RAF-Kennung RN 228, Ende Februar 1944 aufgenommen. Sie wurde von der Enemy Aircraft Flight im Central Fighter Establishment in Tangmere geflogen.**

kam mir der Anflug steiler vor als in der ›Spitfire‹. Das Höhenruder sprach zuverlässig und genau an. Bei einer Anschwebegeschwindigkeit von 190 km/h hatte man eine ausgezeichnete Steuerwirkung auf das Höhenruder.
Zum Abfangen vor dem Aufsetzen benötigte man eine ziemliche Höhe, und nach dem Aufsetzen waren keineswegs alle Auftriebskräfte dahin. Deshalb gab es auf unebenem Untergrund regelmäßig mehrere Hüpfer, ehe man endlich am Boden saß. War das Spornrad fest auf der Erde, konnte man einigermaßen hart auf die Bremsen steigen, die Ausrollstrecke wurde mit dieser Technik doch ziemlich verkürzt. Gegen Ausbrechbewegungen mußte man rechtzeitig etwas unternehmen, da diese in Verbindung mit dem schmalen Hauptfahrwerk immer zu ernsthaften Schwierigkeiten für das Halten der Richtung führten.

KEIN EINTRÄGLICHES GESCHÄFT!

Mitte 1944 trat der Krieg in seine Endphase, und die Jagdflugzeugentwicklungen holten den Messerschmitt-Jäger ein. Die Jagdflieger in der *Bf 109* hatten zu dieser Zeit am Himmel Europas ganz gewiß kein bequemes Leben mehr. Saß man hinter dem Knüppel einer ›Hurricane‹ und traf auf eine »Gustav«, ging das auf keinen Fall ohne Kopfzerbrechen aus, weil man die ganze Wendigkeit der ›Hurricane‹ gegenüber der *Bf 109 G* ausspielen mußte, um ein solches Treffen zu überleben. Hatte man eine ›Spitfire‹ V unter sich, dann mußte man sich insbesondere in Höhen über 6100 Metern schon gewaltig anstrengen, um heil aus der Sache herauszukommen. Auch in diesem Fall lag die Stärke des britischen Flugzeuges in seiner Wendigkeit. Saß man jedoch hinter dem Visier einer zeitgenössischen ›Spitfire‹ der Serien Mk IX oder Mk XIV, dann sah die Sache anders aus. Die Air Fighter Development Squadron erprobte die *Bf 109 G-6* im taktischen Vergleich mit den ›Spitfire‹ der Serien LF IX

Eine *Bf 109 G-6/R6* von der II. Gruppe Jagdgeschwader 26 ›Schlageter‹, Frankreich im Herbst 1943. Die *Bf 109 G-6/R6* wurde in der Zerstörerrolle eingesetzt und hatte zu diesem Zweck zwei Kanonen MG 151, Kaliber 20 mm, in Unterflügelgondeln montiert.

und XV sowie einer ›Mustang‹ III *(P 51-C)*. Die *Bf 109 G-6* hatte leichte Vorteile bis zu einer Höhe von 4900 Metern. Das änderte sich zugunsten der ›Spitfire‹ LF IX zwischen dieser Höhe und einer solchen von 6100 Metern. Der Geschwindigkeitsvorteil der ›Spitfire‹ betrug bis zu 11 km/h bei einem Ladedruck von 8,16 kg. Wurde dieser auf 11,3 kg erhöht, war die ›Spitfire‹ in Höhen unterhalb von 4750 Metern 40 km/h schneller und etwa 11 km/h oberhalb dieser Höhenmarke. Die »Gustav« war hingegen in bezug auf Steigleistung in allen Höhenbereichen der ›Spitfire‹ überlegen, insbesondere unterhalb einer Höhe von 4000 Metern. Im Sturze ließ die *Bf 109 G* die ›Spitfire‹ LF IX mühelos hinter sich. Wurden beide Flugzeuge aus einem Sturz heraus in einen Steigflug hochgezogen, war ihre Leistung nahezu gleich. Die ›Spitfire‹ zog etwas davon, sobald ein bestimmter Steigwinkel erreicht war. Rollrate und Kurvenradius waren bei der ›Spitfire‹ in allen Geschwindigkeitsbereichen überlegen.

Die ›Spitfire‹ XIV war der »Gustav« bis zu einer Höhe von 4900 Metern um 40 km/h überlegen, wenn man einen Ladedruck von 8,16 kg beibehielt. Auf der erwähnten Höhe ging der Geschwindigkeitsvorteil auf 16 km/h zurück, um danach bis zu einer Höhe von 9150 Metern ständig bis zu einer Marke von 80 km/h Geschwindigkeitsvorteil anzusteigen.
In bezug auf Steigleistung gaben sich die beiden Jagdmaschinen bis zu einer Höhe von 4880 Metern wenig. In allen andern Höhenbereichen sah die *Bf 109 G* nur das Heck der ›Spitfire‹. Vergleiche im Sturzflug ergaben leichte Vorteile der »Gustav« bis zu 610 km/h, oberhalb dieser Marke ging dieser Vorteil an die ›Spitfire‹ XIV verloren. Wurde aus einem Sturz mit leerlaufendem Motor abgefangen und dann Vollgas gegeben, erzielte man mit beiden Jagdflugzeugen etwa gleichwertige Steigleistungen. Fing man die Maschinen hingegen aus einem mit Vollgas geflogenen Sturz ab, dann lagen im sich anschlie-

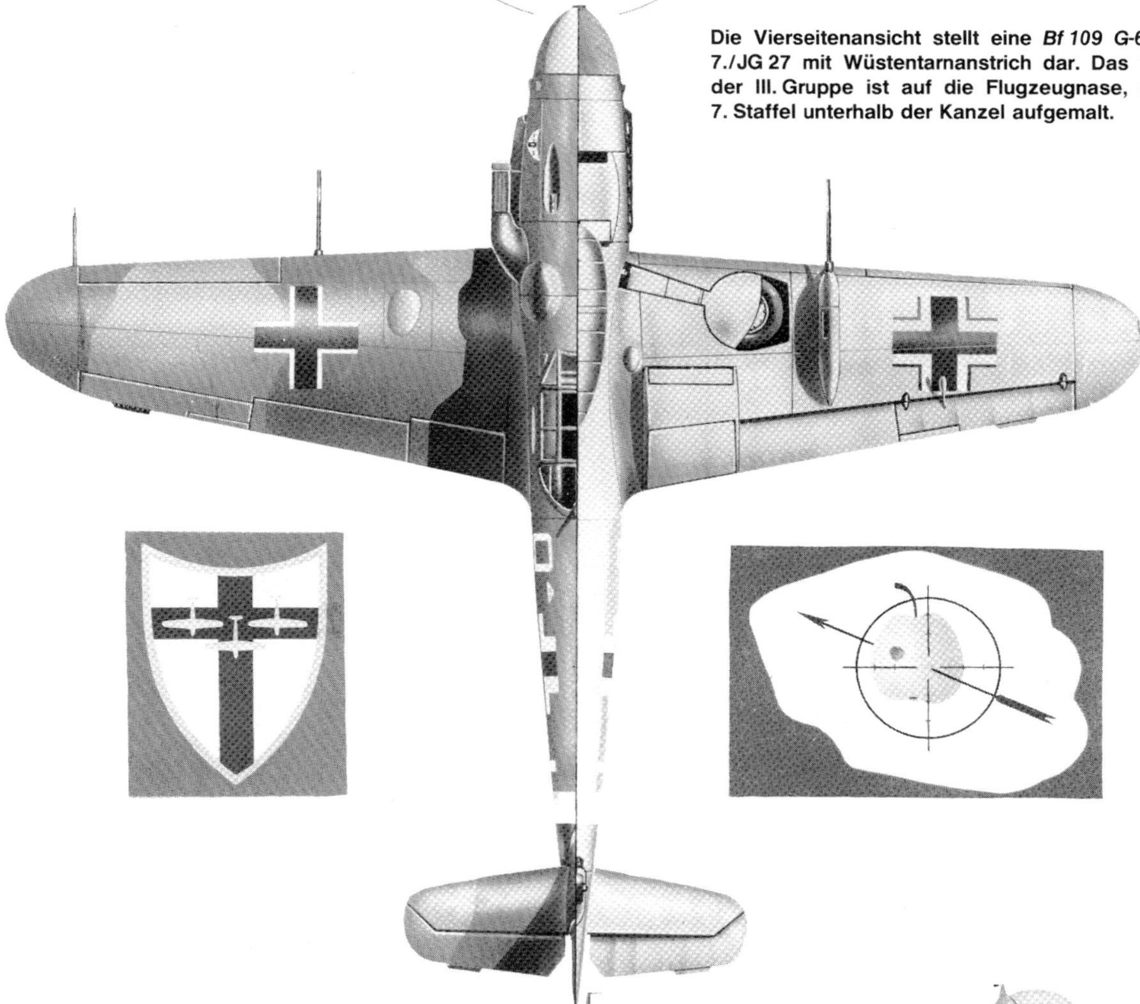

Die Vierseitenansicht stellt eine *Bf 109 G-6/R6* der 7./JG 27 mit Wüstentarnanstrich dar. Das Wappen der III. Gruppe ist auf die Flugzeugnase, das der 7. Staffel unterhalb der Kanzel aufgemalt.

Eine *Bf 109 G-5* der 7./JG 27 im Einsatz über dem östlichen Mittelmeerraum im Jahr 1943.

ßenden Steigflug alle Vorteile bei der ›Spitfire‹.
Die ›Mustang III‹ hatte im Horizontalflug eindeutige Geschwindigkeitsvorteile gegenüber der *Bf 109 G-6,* angefangen in der für die »Gustav« günstigen Höhe von 4870 Metern; hier betrug der Vorteil der ›Mustang III‹ bereits 48 km/h.
Diese Geschwindigkeitsvorteile dehnten sich dann bis in einer Höhe von 9150 Metern auf 80 km pro Stunde aus. Die »Gustav« war im Steigflug bis zu 6100 Meter leicht überlegen, darüber hinaus war sie bis zu 7620 Meter Höhe der ›Mustang‹ ebenbürtig. Aus einem Sturz abgefangen, gaben sich die beiden Jäger im anschließenden Steigflug wenig. Hingegen konnte die ›Mustang‹ die »Gustav« im Sturzflug jederzeit überholen. Darüber hinaus war sie im Kurvenkampf die eindeutig überlegene Maschine.
Eines meiner waghalsigsten Unternehmen war der Flug in einer doppelsitzigen *Bf 109 G*-Schulmaschine mit Tandemanordnung der Sitze aus dem hinteren Sitz. Ich wollte herausfinden, welche Sicht für den Fluglehrer bei der Landung vorhanden war. Die Antwort lautet: keine! Ich machte drei Landeversuche, ehe ich Mutter Erde sicher erreichte. Das Periskop, welches für den hinteren Sitz vorgesehen war, brachte keinerlei Erleichterung wäh-

**Oben und unten: Eines der aufregendsten Flugunternehmen, das der Autor je zu bestehen hatte, war das in einer doppelsitzigen *Bf 109 G-12,* vom hinteren Cockpit aus gesteuert.
Die Bilder zeigen den Prototyp dieses Tandemsitzers.**

rend der kritischen Phasen des Ausschwebens, der Landung und des Ausrollens. Man muß annehmen, daß die Fluglehrer auf der doppelsitzigen *Bf 109 G-12* ein fatalistisches Vertrauen in die Fähigkeiten ihrer jeweiligen Flugschüler gehabt hatten. Ich kann nur jedem davon abraten, das zu tun, was ich in meiner Verzweiflung unternahm, um doch noch mit dem verflixten Ding den Boden zu gewinnen: ich setzte über dem Platzrand zu einem Abschwung an, gab Vollgas, als die Nase sich wieder zum Horizont hinbewegte, um einen von mir verursachten Aufschlagskrater am Flugfeldrand zu vermeiden, und setzte so mit dem Hauptfahrwerk auf. Als das Heckrad Bodenberührung hatte, mußte ich es dem Zufall überlassen, wohin die Reise gehen würde – ich hatte nicht die leiseste Ahnung. Das war also die »Gustav«. Zu jener Zeit, zu welcher die Entwicklung von Willy Messerschmitts ursprünglichem Entwurf in die G-Serien einmündete, war sie kein großes Jagdflugzeug mehr, jedoch war sie immer noch ein guter Allroundjäger, und die *BF 109 G* besaß auf jeden Fall eine größere Verwendungsbreite als die vorangegangenen Serien. Die alliierten Bomber hatten in Gestalt der »Gustav« immer mit einem gefährlichen Gegner zu kämpfen, da sie über eine große Feuerkraft verfügte, einen ansehnlichen Fahrtüberschuß besaß und für MG-Schützen in den Bombern ein äußerst kleines Ziel darbot. Auch wenn man feststellen muß, daß die *BF 109 G* mit den späteren Jagdflugzeugentwicklungen der Alliierten am Ende des Krieges nicht mehr mitzuhalten vermochte, so soll damit kein negatives Urteil über das Entwicklungsteam gefällt werden, welches für die ursprüngliche Konstruktion dieses großartigen Jagdflugzeuges verantwortlich zeichnete.

Messerschmitt Bf 110

Ein etwas betagter Doppeldecker Hawker ›Hart‹ mit einem Kameraden der Fleet Air Arm (FAA) am Steuerknüppel folg auf einem Übungsflug gelassen durch die stille englische Landschaft in der Nähe von Salisbury in jenem schicksalhaften Juni 1940 dahin. Die RAF war voll und ganz mit der Vorbereitung auf den Entscheidungskampf gegen die deutsche Luftwaffe in Beschlag genommen, der unmittelbar bevorstand. An jenem wunderschönen Sommertag schien über der sonnigen Landschaft von Wiltshire die Welt noch in Ordnung zu sein, als plötz-

◀ **Die *Bf 110 C-4* (Werk-Nr. 2177), die am 21. Juli 1940 in Goodwood heruntergeholt wurde. Sie war bei der 4.(F)/14 im Einsatz und wurde später mit Hilfe von Teilen einer ebenfalls abgeschossenen Maschine wieder instand gesetzt und mit der Kennung AX 772 geflogen.**

lich eine einem Haifisch ähnliche Messerschmitt *Bf 110* aus der Sonne kommend, die ›Hart‹ überholte. Ehe sich der überraschte FAA-Pilot besinnen konnte, war sein Flugzeug von den Kugeln des Bordschützen der Messerschmitt in Stücke geschossen. Dies war meine erste Begegnung mit Willy Messerschmitts Langstreckenjäger. Ich hatte allerdings das Glück, das Geschehen aus etwas größerer Distanz beobachten zu können. Von dem, was sich vor meinen Augen abgespielt hatte, war ich tief beeindruckt. Die Konturen deuteten die räuberischen Eigenschaften an, welche man dem Hai auch zugeschrieb. Wichtiger an diesem Ereignis war jedoch, daß ich mir von da an drei Dinge zu Herzen genommen habe, die zum Überleben in der Himmelsarena jener vierziger Jahre und darüber hinaus zu jeder Zeit, die von Feindseligkeiten dieser Art geprägt war, gehörten: Ein Flugzeugführer kann es sich nie erlauben, sich der Beschaulichkeit hinzugeben, gleichviel wie schön die Landschaft unter ihm gerade ist; sein Nacken muß so elastisch sein, daß er einen dauernden Rundblick von 360 Grad hat, und dann muß er sich ständig die Grundregel der Piloten des Ersten Weltkrieges vor Augen halten: »Beware of the hun in the sun!« (Hüte dich vor dem Deutschen, der aus der Sonne kommt! d. Ü.)

Dieser ersten Begegnung mit der *Bf 110* habe ich eine Menge zu verdanken. Der Zerstörer, wie diese Kategorie von Langstreckenjägern vom Schlage der Messerschmitt *Bf 110* auch genannt wurde – eine Bezeichnung, die übrigens der Marine entlehnt worden war – erfreute sich der besonderen Gunst des Reichsmarschalls Hermann Göring. Die mit der *Bf 110* ausgestatteten Zerstörer-Gruppen der Luftwaffe, als deren Schöpfer in der Hauptsache Hermann Göring gilt, gehörten zur Elite der Luftwaffe.

Bezüglich der Leistungen der *Bf 110* hatte die deutsche Propaganda hochfliegende Ansprüche angemeldet, Ansprüche, an die der Reichsmarschall zweifellos glaubte. Als sie zum ersten Mal in den Einsatz gelangte, bestand auf jeden Fall Grund zur Annahme, daß sie die in sie gesetzten Erwartungen erfüllen würde.

Im Polenfeldzug war die *Bf 110* gegenüber dem weit wendigeren, wenn auch etwas langsameren polnischen Jagdeinsitzer *PZL P. 11* ziemlich erfolgreich, und der fatale Ausgang eines bewaffneten Aufklärungseinsatzes von 24 Bombern vom Typ ›Wellington‹ über dem Jadebusen und Wilhelmshaven am 18. Dezember 1939, in dessen Verlauf neun ›Wellington‹ den *Bf 110 C* der 1. und 2. Staffel des Zerstörergeschwaders 76 zum Opfer fielen, schienen die großsprecherischen Ansprüche von seiten des Reichsmarschalls Göring noch zu bestätigen. Diese Erfolge müssen den Besatzungen der deutschen Langstreckenjäger außerordentlichen Auftrieb gegeben haben. Die *Bf 110* hatte sich einen geradezu furchterregenden Ruf erworben bis zu dem Zeitpunkt, als sie in der Luftschlacht um England eingesetzt wurde. Bis dahin war auch wenig Zeit zu gründlichen Auswertungen der Ein-

Eine *Bf 110 C-4* der 7. Staffel des Jagdgeschwaders 5, »Eismeer-Geschwader« genannt. Dieses Geschwader war ursprünglich mit einsitzigen Jagdmaschinen ausgerüstet gewesen, später wurde ihm eine Zerstörerstaffel angegliedert.

satzergebnisse aus dem Frankreichfeldzug vom Mai-Juni 1940 geblieben. Während dieses Feldzuges hatten es ja die Zerstörergruppen mit ziemlich modernen und gut bewaffneten Jagdeinsitzern auf der Gegenseite zu tun gehabt. Jedoch war die Luftherrschaft auch während dieses Feldzuges von der deutschen Luftwaffe ausgeübt worden. Die Gegner über Frankreich machten ein Umdenken in bezug auf die anzuwendende Taktik der Zerstörerverbände notwendig, denn die Schwächen im Konzept der Langstreckenjäger wurden offenkundig. Dieses Konzept bestand in der Hauptsache aus einem Kompromiß zwischen voneinander abweichenden, widersprüchlichen Forderungen. Verlangt war eine starke Feuerkraft und genügend Treibstoffvorrat für Einsätze über lange Strekken. Diesen Forderungen konnte zu jener Zeit nur ein relativ großer zweimotoriger Jäger entsprechen. Ein Langstreckenjäger sollte dem ihn bekämpfenden Jagdeinsitzer ebenbürtig sein, denn seine hauptsächliche Einsatzrolle bestand ja im Schutze der ihm anvertrauten Bomber gegen den Angriff feindlicher Jagdeinsitzer. Voraussetzung hierfür war eine hohe Wendigkeit. Es ist offenkundig, daß einige der gewünschten Eigenschaften im Widerstreit miteinander lagen. So war die Forderung nach großer Einsatzreichweite nur mit großen Gewichten erfüllbar, und das mußte auf Kosten der Manövrierfähigkeit gehen. Während der Luftschlacht um England konnte die *Bf 110* die in sie gesetzten Erwartungen bei weitem nicht erfüllen. Ihre geringen Erfolge in dieser Phase des

Eine *Bf 110 G-4b/R3* dient als Versuchsflugzeug für die verbesserte Radarantenne SN-2, die in der Serie G-4d/R3 Verwendung fand.

Krieges führten zu der Meinung, sie sei insgesamt eine Fehlkonstruktion. Messerschmitts Langstreckenjäger war jedoch keineswegs das schlechte Einsatzflugzeug, als das es nach seiner Vorstellung in der Luftschlacht um England erscheinen mochte. Ganz im Gegenteil: sie war ein wirkungsvolles Kampfflugzeug, und nur das mangelnde Verständnis für die einem Langstreckenjäger innewohnenden Schwächen seitens des Führungsstabes der Luftwaffe führten zu ihrem unangemessenen Einsatz mit dem Ergebnis, daß die Zerstörergruppen 40 % Verluste innerhalb eines Zeitraumes von weniger als drei Wochen nach Beginn des »Adlertages« erlitten haben.

Eine *Bf 110 G-4b/R3* im Oktober 1945 auf einer Ausstellung in Farnborough.

EIN VERNÜNFTIGER ENTWURF

Ich versuchte, den Gründen für das relativ schlechte Abschneiden der *Bf 110* während des Sommers 1940 am Himmel Großbritanniens nachzugehen. Viele Luftkriegshistoriker bewerteten dieses elegante Kampfflugzeug auf Grund dieser Geschehnisse meiner Meinung nach falsch. Ich möchte unterstreichen, daß abgesehen von dem unheilvollen Abschneiden der Zerstörergruppen während der Luftschlacht um England, die *Bf 110* mit ziemlicher Bravour an allen Fronten des Zweiten Weltkrieges sowohl als Tag- als auch als Nachtjäger, als Jagdbomber sowie in einer ganzen Reihe anderer Aufgaben gedient hat. Es stellte sich dabei heraus, daß die Grundkonzeption des Flugzeuges den Einbau stärkerer Triebwerke, zusätzlicher Bewaffnung, Instrumentierung und anderer einsatzwichtiger Geräte zuließ, wobei weit über das hinausgegangen wurde, was ursprünglich geplant war. Will man fair bleiben, dann muß man der *Bf 110* das Prädikat, ein erfolgreicher Entwurf gewesen zu sein, zugestehen. Mir ist übrigens niemals ein deutscher Flieger begegnet, der sie nicht gemocht hätte – in der Tat das beste Kompliment, welches man einem Flugzeug machen kann. Ich gehöre immer zu den Bewunderern der schlanken Erscheinung der *Bf 110*.

Als sich die Gelegenheit dazu ergab, Görings Lieblingskind einmal selbst zu fliegen, überkam mich das prikkelnde Gefühl, das ich immer dann verspürte, wenn ich in einem Flugzeug saß, welches für die an es gestellten Einsatzforderungen richtig entworfen war. Das erste Exemplar dieses ästhetisch so gelungenen Flugzeuges, in welchem ich mich in die Luft begeben konnte, entstammte der Baureihe *Bf 110 C,* ausgerüstet mit den Daimler Benz Motoren DB 601 A. Später konnte ich feststellen, daß sich die grundlegenden Flugeigenschaften der *Bf 110* nach dem Einbau der erheblich stärkeren DB 605-Motoren kaum verändert hatten. Das war hauptsächlich wohl darauf zurückzuführen, daß inzwischen auch die Zelle der Serie *Bf 110 G* verstärkt worden war.
Die Kanzel wurde auf der linken Seite über eine bordseitige Leiter bestiegen, die normalerweise im Rumpf, unmittelbar hinter der linken Tragflächenhinterkante verstaut war. Mittels Knopfdruck sprang diese in die gewünschte Position. Die vordere Rundumsicht-Kabinenhaube bestand aus drei Teilen. Der obere Teil war nach hinten, während die beiden Seitenteile nach außen klappbar waren. Die Haube konnte von außen nicht verriegelt werden. Ich war immer neugierig zu erfahren, wie ein Flugzeugführer im Notfalle die *Bf 110* verlassen sollte. Da diese Geschichte ziemlich problematisch war, ist es für

Diese *Bf 110 C-43* wurde wahrscheinlich 1944 von den Alliierten erbeutet. Ihre ursprüngliche Kennung und die näheren Umstände ihrer Erbeutung liegen im dunkeln.

Messerschmitt Bf 110 G-4b/R3 Schnittzeichnung:

1 »Hirschgeweih«-Antenne für Funkmeßgerät FuG 220 b »Lichtenstein« SN-2 (Radarantenne)
2 Antenne für Funkmeßgerät FuG 212 »Lichtenstein« C-1 (Radarantenne)
3 Schießkamera
4 Kanonenmündungen
5 Geschoßaustritte
6 Schußöffnung für Rumpfkanone
7 rechtes Laufrad
8 Panzerplatte
9 Rheinmetall-Borsig Zwillingsmaschinenkanone MK 108, Rüstsatz 3, mit 135 Schuß/Kanone
10 gepanzerter Spant
11 Ladereinlaufhutze
12 Fluginstrumente (nur Tagjägerbaureihen)
16 automatisch aus-/einfahrende Vorflügel
17 Staurohr
18 Antenne für Funkmeßgerät FuG 227/1 »Flensburg« (Zielfluggerät)
19 Tragflächenbeplankung
20 rechtes Querruder
21 Trimmklappe
22 Spaltklappen
23 Kabinendach
24 gepanzerte Frontscheibe (60 mm)
25 Instrumentenbrett
26 Bodenpanzerung (4 mm)
27 Mauser Zwillingsmaschinenkanone MG 151/20, Kaliber 20 mm mit 300 Schuß für die linke und 350 Schuß Munition für die rechte Kanone
28 Führersitz
29 Steuerknüppel
30 Rücken- und Kopfpanzerung für Flugzeugführer (8 mm)
31 Munitionsbehälter
32 Hauptholmdurchgang
33 Drehsitz für Bordfunker
34 Peilrahmen für Zielfluggerät
35 Antennenmast
36 Mündungen der schräg nach oben gerichteten Bordkanonen MK 108
37 Zwillingsmaschinenkanonen MK 108, als »Schräge Musik« eingebaut
38 Munitionstrommelmagazine
39 Spant für Bordfunker-/Bordschützenraum
40 FT-Anlage FuG 10 P (Kurzwellenanlage)
41 FuBl 2 F für Blindlandeverfahren
42 Handgriff
43 Sauerstoffbehälter
44 Antennen
45 Mutterkompaß
56 linke Höhenflosse
57 linke Seitenflosse
58 Seitenruder
59 Seitenrudertrimmfläche
60 Spornrad
61 Rumpfrahmenspant
62 Steuerseile
63 Dipol-Antennenanpassungsgerät
64 Batterien
65 Umformer
66 Spaltklappen
67 Kraftstoffbehälter, 260 l
68 Schmierstoffbehälter, 35 l
69 Stabantenne, Rumpfunterseite
70 Kühler
71 Kühlereinlauf
72 Kühlereinlaufklappe
73 Querrudertrimmklappe
74 Querruderaufbau
75 Flügelrandstück
76 Antenne für »Flensburg«-Gerät, siehe 18

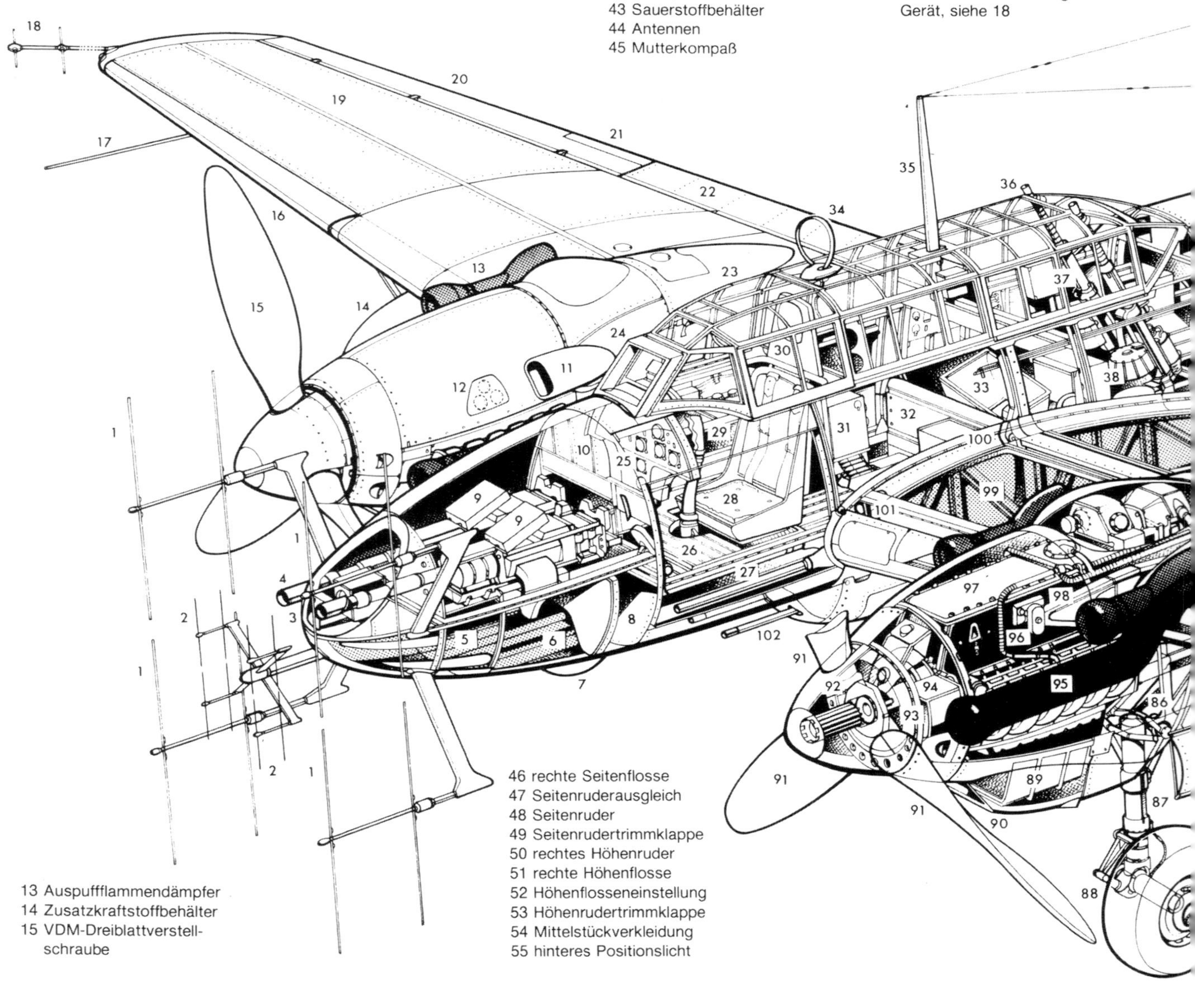

13 Auspuffflammendämpfer
14 Zusatzkraftstoffbehälter
15 VDM-Dreiblattverstellschraube
46 rechte Seitenflosse
47 Seitenruderausgleich
48 Seitenruder
49 Seitenrudertrimmklappe
50 rechtes Höhenruder
51 rechte Höhenflosse
52 Höhenflosseneinstellung
53 Höhenrudertrimmklappe
54 Mittelstückverkleidung
55 hinteres Positionslicht

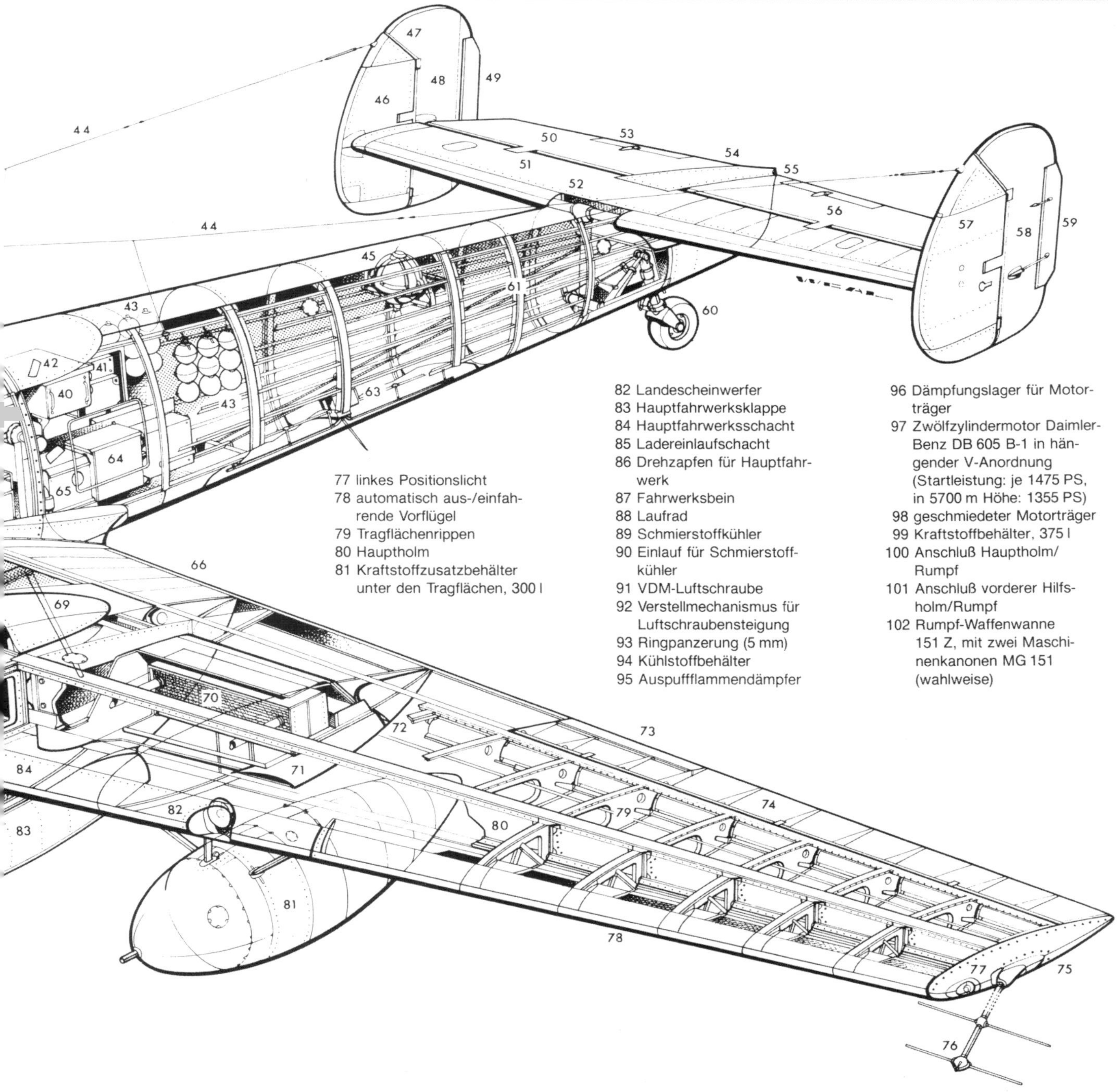

77 linkes Positionslicht
78 automatisch aus-/einfahrende Vorflügel
79 Tragflächenrippen
80 Hauptholm
81 Kraftstoffzusatzbehälter unter den Tragflächen, 300 l
82 Landescheinwerfer
83 Hauptfahrwerksklappe
84 Hauptfahrwerksschacht
85 Ladereinlaufschacht
86 Drehzapfen für Hauptfahrwerk
87 Fahrwerksbein
88 Laufrad
89 Schmierstoffkühler
90 Einlauf für Schmierstoffkühler
91 VDM-Luftschraube
92 Verstellmechanismus für Luftschraubensteigung
93 Ringpanzerung (5 mm)
94 Kühlstoffbehälter
95 Auspuffflammendämpfer
96 Dämpfungslager für Motorträger
97 Zwölfzylindermotor Daimler-Benz DB 605 B-1 in hängender V-Anordnung (Startleistung: je 1475 PS, in 5700 m Höhe: 1355 PS)
98 geschmiedeter Motorträger
99 Kraftstoffbehälter, 375 l
100 Anschluß Hauptholm/Rumpf
101 Anschluß vorderer Hilfsholm/Rumpf
102 Rumpf-Waffenwanne 151 Z, mit zwei Maschinenkanonen MG 151 (wahlweise)

Oben: diese Aufnahme zeigt die *Bf 110 C-4,* die vier Jahre lang in England als AX 772 eingesetzt wurde. Diese und die folgenden Aufnahmen verdeutlichen die außerordentliche Eleganz dieses Messerschmitt-Jägers. Auch wenn dieses Jagdflugzeug während der Luftschlacht um England im Jahr 1940 schlecht abgeschnitten hat, so hat es danach mit Auszeichnung an anderen Fronten und in anderen Einsatzrollen während des ganzen Zweiten Weltkrieges seinen Dienst getan.

Oben und unten: Die *AX 772* am 28. März 1942 aufgenommen. Sie wurde über Goodwood am 21. Juni 1940 abgeschossen und danach mit ausgeschlachteten Teilen einer anderen *Bf 110,* die zehn Tage zuvor in der Nähe von Warham heruntergeholt worden war, wieder flugtüchtig gemacht. Sie wurde erstmals am 15. Februar 1941 in Farnborough geflogen. November 1945 wurde sie dann eingemottet.

Technische Daten der Messerschmitt Bf 110 G-4c/R3

Triebwerke: Zwei flüssigkeitsgekühlte Zwölfzylinder-Motoren Daimler-Benz DB 605 B-1 in hängender V-Anordnung mit je 1475 PS Startleistung und 1355 PS Leistung in 5700 m Flughöhe, die je eine VDM-Dreiblattluftschraube antrieben.

Normale Kraftstoffzuladung in vier Flächentanks (zwei vor und zwei hinter dem Hauptholm neben dem Rumpf): 1270 l. Zusätzlich zwei Vorrichtungen für zwei abwerfbare Tanks mit je 300 l Inhalt.

Leistungen: Höchstgeschwindigkeit bei einem Gewicht von 9390 kg in Seehöhe: 500 km/h; 550 km/h in 6980 m Flughöhe. Höchstmögliche Marschgeschwindigkeit: 510 km/h in 6000 m Flughöhe. Größte Reichweite (mit Innenkraftstoff): 900 km; mit zwei abwerfbaren Zusatztanks von je 300 l Inhalt: 1300 km. Höchste Steiggeschwindigkeit: 11 m/sec. Dienstgipfelhöhe: 8000 m; größte Flughöhe: 11 000 m.

Gewichte: Leergewicht mit Ausrüstung: 5094 kg; normales Rüstgewicht: 9390 kg; höchstzulässiges Abfluggewicht: 9888 kg.

Abmessungen: Spannweite: 16,25 m; Länge (ohne Radarantennen): 12,07 m; mit Radarantennen: 13,05 m; Höhe: 4,18 m; Flügelfläche: 38,40 m^2.

Bewaffnung: Zwei Maschinenkanonen Rheinmetall-Borsig MK 108, Kaliber 30 mm, mit je 135 Schuß Munition und zwei Maschinenkanonen Mauser MG 151, Kaliber 20 mm, mit 300 Schuß Munition für die Backbordkanone und 350 Schuß Munition in der Steuerbordkanone und ein bewegliches Zwillingsmaschinengewehr MG 81 Z mit 800 Schuß Munition oder eine Zwillingsmaschinenkanone MG 151 bzw. eine Zwillingsmaschinenkanone MG FF als »Schräge Musik« eingebaut.

mich bis heute rätselhaft geblieben, wie leicht das dem relativ ungeübten Rudolf Heß, Hitlers Stellvertreter, über Großbritannien gelungen war, nachdem er auf seinem sattsam bekannten Solonachtflug von München kommend in die Außenbezirke von Glasgow gelangt war. Nachdem ich das Problem des Abspringens aus diesem Flugzeug gründlich studiert hatte, kam ich zu dem sicher nicht ungerechtfertigten Schluß, daß dazu einfach eine Portion Glück gehöre. Der obere Teil der Haube war abwerfbar, wenn man sie von innen entriegelte und das weitere dem Fahrtwind überließ. Danach mußte sich dann der Flugzeugführer über die Bordwand der Kanzel auf die Fläche abrollen. Daß er hierbei leicht gegen das rechte große Leitwerk geschleudert werden konnte, versteht sich von selbst.

Die Steuerorgane waren wie allgemein üblich ausgelegt, mit Ausnahme der Vorflügel, die den Querrudern entgegengesetzt an der Flächenvorderkante angebracht waren. Die als Spaltklappen gebauten Landeklappen wurden hydraulisch betätigt. Ihre jeweilige Stellung wurde auf einer Anzeige mit einer Einteilung von 0–50° angezeigt. Sie konnten im Notfall mit Hilfe von Druckluft ausgefahren werden. Das Hauptfahrwerk wurde auf ähnliche Weise betätigt, während das Spornrad starr war. Die Vorrichtung für die Seitenrudertrimmung war insofern bemerkenswert, als sie mit einem Hebel geschah, der über einen mit Kerben versehenen Quadranten lief. Drehte man den Hebel nach links, resultierte eine Drehung um die Hochachse nach links und umgekehrt. Die Instrumentenanordnung in der Kanzel war zufriedenstellend; die Instrumentierung enthielt die sechs wichtigsten Anzeigegeräte für den Blind-(Instrumenten-)flug, jedoch fehlte im vorderen Teil der Tochterkompaß. Er war wohl zugunsten eines Geschoßzählers ausgebaut worden und nach links versetzt. Ganz offensichtlich geisterte ein Waffenoffizier mit starker Persönlichkeit durch die Hallen des Reichsluftfahrtministeriums, wenn so etwas möglich war. Eine ganze Menge guter Ideen haben damals in den Cockpits deutscher Flugzeuge ihren Niederschlag in Form von Standardausrüstung gefunden, so zum Beispiel der Farbschlüssel für die verschiedenen Leitungssysteme. Ein anderes Beispiel wäre die Anzeige für die Luftschraubenverstellung, die immer wie ein Zifferblatt aufgeteilt war. Das hat dazu geführt, daß man sich mit der Luftschraubenverstellung in keinem deutschen Flugzeug vertun konnte. Für Startzwecke wurde sie beispielsweise immer auf Position »12.00 Uhr« eingestellt.

In der ersten Serie der *Bf 110* war dieser Anzeiger zusätzlich noch an den Motorgondeln angebracht, so daß der Flugzeugführer sie auch dort ablesen konnte. In späteren Modellen wurde nur noch diese Anzeige eingebaut. Der Block der Triebwerksüberwachungsinstrumente war auf der rechten Seite des Instrumentenbrettes angebracht. Für die beiden Motoren waren noch zwei besondere Steuerungsorgane vorgesehen: rechts an der Kanzelreeling befanden sich zwei Griffe. Wurden diese nach oben gelegt, dann wurde die Zündung so eingestellt, daß Ölablagerungen auf und an den Zündkerzen verbrannt wurden. Das Treibstoffsystem bestand zunächst aus je einem Haupt- und Reservetank in jeder Fläche. Jeder Haupttank konnte 375 Liter Kraftstoff aufnehmen. Mit Ausnahme der handbetriebenen Umfüllpumpe, die hier fehlte, entsprach das Kraftstoffsystem demjenigen in der *He 111*. Hinter den Brandschotts für die Motoren waren die Öltanks mit je 40 Liter Fassungsvermögen eingebaut. Überleitungen von einem zum anderen Motor fehlten für den Fall, daß die Ölversorgung eines Motors ausfiel. Die Schwungkraftanlasser für die flüssigkeitsgekühlten, hängenden 12-Zylinder V-Motoren DB 601 konnten entweder

Messerschmitt Bf 110 C Führerraum:

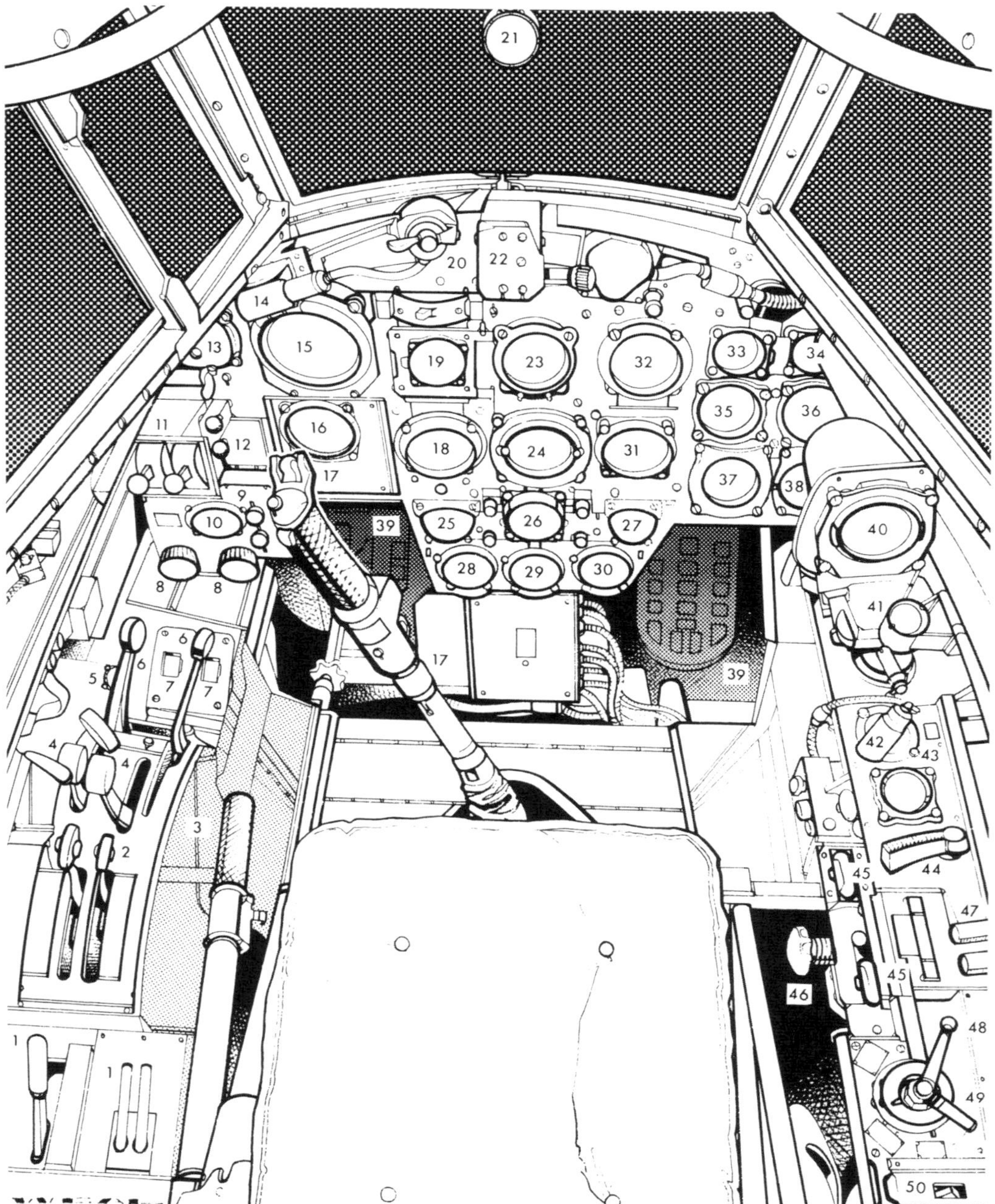

1 Hebel für Schmierstoffkühler-Klappenverstellung
2 Brandhähne
3 Handgriff für Sitzverstellung
4 Leistungshebel
5 Netzausschalter
6 Handpumpe für Anlaßeinspritzanlage (nicht mehr im Führerraum Bf 110 G)
7 Zündschalter
8 Notschalter für Fahrwerksausfahren und Landeklappenverstellung
9 Schalter für Landeklappenbetätigung
10 Preßluftdruckanzeige
11 Hebel für Luftschraubensteigung
12 Hebel für Fahrwerksbetätigung
13 Anzeige für Fahrwerksstellung
14 Führerraumbeleuchtung
15 Tochterkompaß
17 Zielfluganzeige
17 Auslöseknopf am Knüppelgriff für Bordbewaffnung
18 Höhenmesser
19 Schußzähler für Bordkanonen
20 Schußzähler für Bordmaschinengewehre mit Schalter zum Durchladen
21 Verriegelung der Einstiegklappe zum Führerraum
22 Reflexvisierplatte
23 Wendezeiger
24 Künstlicher Horizont
25 Anzeigegerät für Kühlstofftemperatur
26 Kraftstoff-Reststandsanzeige
27 Anzeigegerät für Kühlstofftemperatur, Steuerbord
28 Anzeigegerät für Kühlstoff-Kühlerklappen
29 Schalter für Kraftstoffbehälter-Reststandsanzeige
30 Schalter für Kühlstoff-Kühlerklappenverstellung
31 Fahrtmesser
32 Variometer
33 Anzeige für Luftschraubenstellung, Backbord (erst ab Bf 110 G)
34 wie 33, Steuerbord
35 Drehzahlmesser, Backbordtriebwerk
36 wie 35, Steuerbord
37 Ladedruckmesser, Backbord
38 Ladedruckmesser, Steuerbord
39 Seitenruderpedale
40 Kurskreisel
41 Sauerstoffdruckanzeige
42 Führerraumbeleuchtung
43 Beleuchtungsregler
44 Handhebel für Seitenrudertrimmung
45 Anlasser
46 Absperrventil für Sauerstoff
47 Handgriffe für Zündkerzenabbrennung/-reinigung
48 Handgriffe für Kraftstoffumfüllung

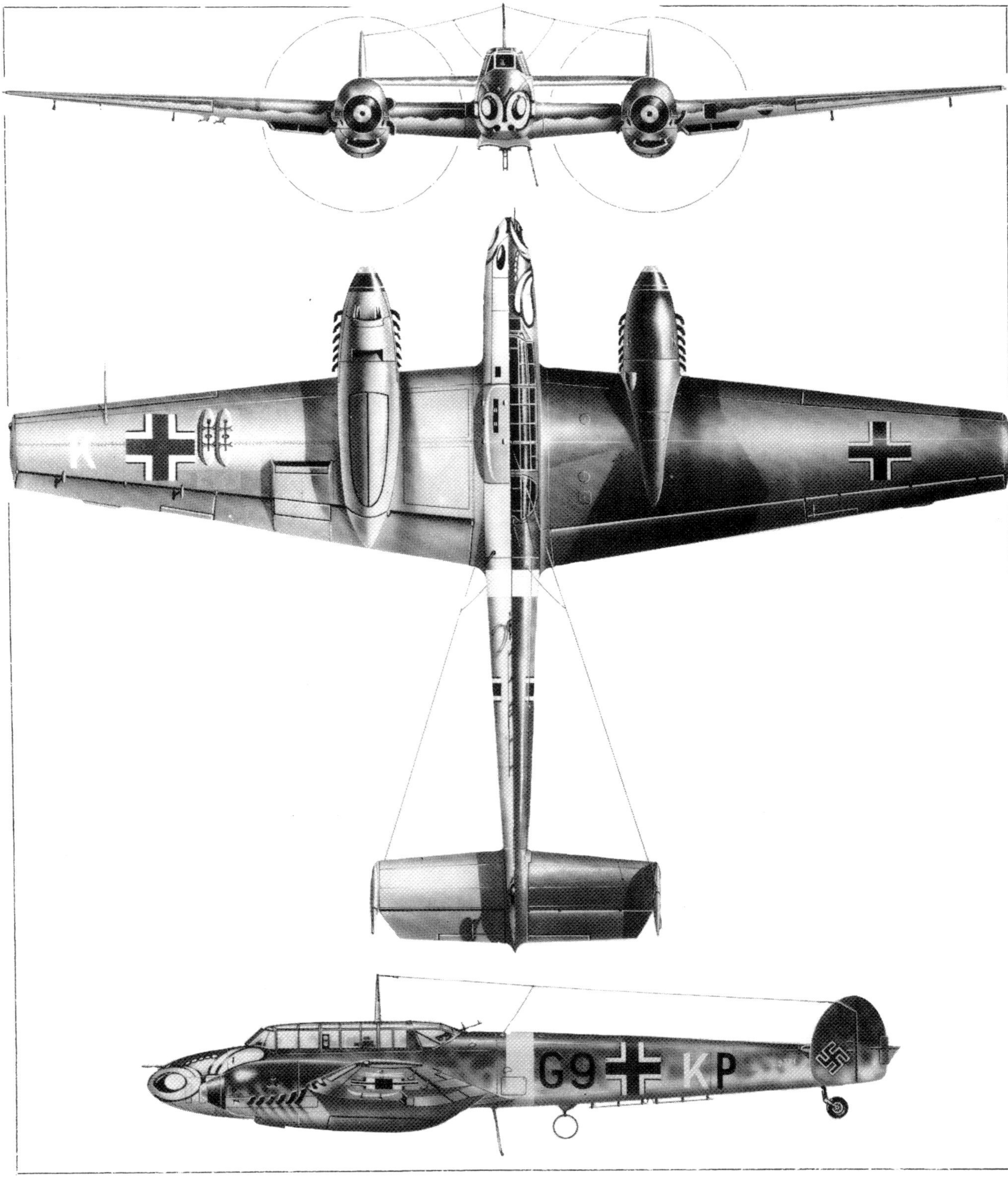

Die Vierseitenansicht zeigt die *Bf 110 C-4/B* (Werk-Nr. 4371) der 6. Staffel des Zerstörergeschwaders 1, wie sie an der Ostfront während des Herbstes im Jahr 1942 zum Einsatz gelangte.

mittels Handkurbel, einer 24-Volt-Bordbatterie oder von einem Anlaßgerät aus in Gang gebracht werden. Die Motoren wurden vor dem Start durch Einspritzung mit Benzin versorgt. Für jeden Motor wurde hierzu achtmal die Pumpe betätigt. Danach wurde das unter Druck stehende Benzin mittels eines Hebels, der links vom Flugzeugführer angebracht war, hochgepumpt. Dieses lästige Verfahren mußte fortgesetzt werden, bis die Motoren ansprangen. In der G-Serie verschwanden diese Hebel. Nachdem die Motoren warmgelaufen waren, wurden bei 1900 U/min die Magnetzündung sowie die Benzinpumpen überprüft. Zeigte die Öltemperatur 40° an, wurden die Motoren mit 2200 U/min und einem Ladedruck von 1,3 ata abgebremst.

ERFREULICHE EIGENSCHAFTEN

Das Rollen am Boden ließ sich mit der *Bf 110* leicht an. Man hatte aus der Kanzel einen guten Überblick. Mit Hilfe einseitiger Leistungshebelverstellung sowie einseitigem Einsatz der Bremsen konnte der *Bf 110* selbst der übelste Querwind nichts anhaben. Zum Losfliegen bedurfte es in den älteren Modellen nicht einmal der Landeklappen. Die Startrollstrecke war bei 2000 »Touren« und einem Ladedruck von 1,3 ata vergleichsweise lang. Startete man mit einem Flugzeug der G-Serie, so wurden die Klappen auf 20° ausgefahren. Das Halten der Seitenrichtung war im ersten Teil der Startrollstrecke nicht besonders gut, sobald man jedoch 193 km/h am Stau hatte, besserte sich das. Vermutlich war die Wirkung der Seitenruder zu gering, solange diese am Boden waren, und zwar deswegen, weil sie im Windschatten von Rumpf und Motorgondel lagen. Selbst wenn man den Knüppel nach vorne drückte, kam das Heck nur mühsam hoch und damit in die Strömung des Fahrtwindes. Der Startvorgang mit der *Bf 110 G,* mit ihren kraftvollen DB 605-Motoren, die 2800 »Touren« drehten und einen Ladedruck von 1,4 ata erzeugten, war gegenüber dem in der *Bf 110 C* um einiges eindrucksvoller. 150 Meter über Grund wurden die Landeklappen eingefahren. Diese relativ große Höhe war wegen der bedeutenden Änderung des Anstellwinkels nach vorne, die beim Einfahren der Klappen auftrat, notwendig. Danach beschleunigte man auf 240 km/h und erzielte mit dieser Geschwindigkeit eine ansehnliche Steigleistung. Die Motoren drehten hierbei 2300 »Touren« bei 1,2 ata, später in der *Bf 110 G* sogar 2600 »Touren« bei 1,3 ata. Die Steuerorgane waren leichtgängig, gut aufeinander abgestimmt und bis zu einer Geschwindigkeit von 400 km/h sehr wirkungsvoll. Jenseits dieser Marke wurden sie sichtlich schwergängiger, insbesondere das Höhenruder war hiervon betroffen. In dieser Hinsicht glich sie ihrer »Stallgefährtin«, der *Bf 109.*

Die Stabilität der Maschine war um Quer- und Hochachse gut, um die Längsachse befriedigend. Ihre Manövrierfähigkeit war (gemessen an damaligen Verhältnissen) überraschend gut. Die *Bf 110* hatte die selben schlimmen Leiden wie die Bf 109 – die Vorflügel schnappten im Kurvenkampf ungleichmäßig aus ihren hinteren Stellungen heraus, wodurch Roll- und Drehmomente auftraten, die ein genaues Zielen unmöglich machten.

Die Platzrunde wurde mit 250 km/h am Stau angeflogen. Ehe die Landeklappen betätigt werden konnten, war das Fahrwerk auszufahren. Beim Ausfahren der Klappen ging nämlich die Nase ziemlich heftig nach oben weg. Je geringer Geschwindigkeit in dieser Lage, umso besser. Trimmen half hierbei wenig, denn je weiter die Klappen herunterfuhren, desto mehr ging die Nase wieder nach unten weg, so daß am Ende gar kein Nachtrimmen nötig war. Während die Klappen ausfuhren, konnte eine zunehmende Weichheit in den Querrudern festgestellt werden, mit anderen Worten, sie wurde leichter in der Hand. Ihrer Wirksamkeit tat das jedoch keinen Abbruch.

Der Anstellwinkel im Endanflug bei einer Geschwindigkeit von 160 km/h war hoch, dennoch war die Sicht aus der Kanzel ausgezeichnet. Wie in der *Bf 109* mußte darauf geachtet werden, daß das Ausschweben nicht zu hoch angesetzt wurde, da die Vorflügel, wie schon erwähnt, die Eigenart hatten, ungleichmäßig auszufahren,sobald die Geschwindigkeit eine kritische Marke unterschritten hatte, danach kippte dann die eine oder andere Fläche seitlich weg. Die Ausrollstrecke war kurz, weil die Bremsen scharf eingesetzt werden konnte, ohne daß man dabei Gefahr lief, daß das Heck hochkam.

Die Leistungen der *Bf 110* bei Ausfall eines Triebwerkes waren als gut zu bezeichnen, nicht zuletzt auf Grund der Tatsache, daß man die Propellerblätter voll auf Segelstellung einstellen konnte. Die Landeklappen konnten für die Landung nur auf 25° ausgefahren werden. Wurde diese Marke überschritten, dann führte das Flugzeug unkontrollierbare Stampf- und Rollbewegungen aus. Diese Einschränkung bedeutete, daß ein äußerst hoher Anstellwinkel auszutrimmen war. Gleichzeitig stand der Flugzeug-

Eine *Bf 110 G-4c/R3,* ausgerüstet mit einem FuG 220b ›Lichtenstein‹ SN-2 und Rüstsatz 3. Rüstsatz 3 ersetzte die serienmäßigen vier MG 17, Kaliber 7,9 mm, durch zwei 3-cm-Kanonen MK 108. Über weite Strecken des Krieges bildete die *Bf 110* das Rückgrat der deutschen Nachtjagdverbände.

führer einige bange Sekunden durch, bis er die richtige Geschwindigkeit am Stau hatte. Sank diese unter das zulässige Maß ab, dann sah er sich ziemlich üblen Steuerproblemen gegenüber. Leistungsvergleiche im RAE mit einer *Bf 110 G,* (Werk-Nr. 730301) ergaben eine Höchstgeschwindigkeit im Horizontalflug von 592 km/h in einer Höhe von 5790 Metern. Auf einem Hinweisschild im Cockpit der *Bf 110 G* war eine solche von 700 km/h angegeben. In 5485 m Höhe konnte eine Marschgeschwindigkeit von 491 km/h gehalten werden. Diese Höhe erreichte man in 7,3 Minuten. Die Leistungen der *Bf 110* waren auf jeden Fall bedeutend besser als diejenigen ihrer zeitgenössischen britischen Gegenspielerinnen, wie beispielsweise der ›Beaufighter‹. Außerdem war sie bestimmt wendiger als das schwerere und größere Bristol-Flugzeug, welches eine bedeutend höhere Flächenbelastung aufwies. Logischerweise kann wenig Zweifel darüber bestehen, daß die Messerschmitt von beiden das bessere Tagjagdflugzeug gewesen war. Als Nachtjäger scheint die ›Beaufighter‹ dank ihrer größeren Feuerkraft sowie der besseren Radarausrüstung das bessere Flugzeug gewesen zu sein. Das war also die *Bf 110* – ein vielseitig einsetzbares Flugzeug, mit welchem die Deutschen zur Zeit ihrer Einführung ein Spitzenprodukt auf diesem Sektor zur Verfügung hatten. Wie mit so vielen Flugzeugen, mit denen die Deutschen den Krieg begonnen haben, erging es auch mit ihr: sie wurde zu lange in der Fertigung behalten und konnte am Ende ihrer Tage nicht mehr zur ersten Garnitur gerechnet werden. Die letzte *Bf 110* rollte im März 1945 von der Taktstraße, also drei Jahre, nachdem ihr Ersatz durch die *Me 210* geplant war. Selbst das Nachfolgemuster für die mißratene *Me 210,* die *Me 410* – ein Spitzenflugzeug, mit dem ich leider niemals Bekanntschaft machen konnte – konnte den Anteil an Messerschmitts erster Zweimotoriger im Bestand der deutschen Luftwaffe nicht entscheidend verringern. Für die Luftwaffe war es ein Glücksfall gewesen, daß sie über so ein handliches Flugzeug zur rechten Zeit verfügen konnte. Und es ist unfair, wenn auch verständlich, wenn man die *Bf 110* nur im Zusammenhang mit ihrer Rolle in der Luftschlacht um England sieht. Es ist fairerweise festzuhalten, daß der Führungsstab der Luftwaffe sich für »Hermanns Zerstörer« keinen anderen Einsatz vorstellen konnte, als den unter der Bedingung örtlicher Luftüberlegenheit, wenn nicht gar Luftherrschaft. Der Einsatz in einer Lage, wie sie sich über Südengland im August/

September 1940 entwickelt hatte, war für die *Bf 110* niemals vorgesehen. Kein noch so fähiger und talentierter Konstrukteur konnte die magische Formel für ein großes zweimotoriges Langstreckenjagdflugzeug finden, das in der Lage gewesen wäre, in bezug auf Wendigkeit mit den damals im Einsatz befindlichen Jagdeinsitzern in Wettstreit zu treten. Die Feuerkraft der *Bf 110* nach vorne war ganz bestimmt gewaltig. Da es ihr aber an Wendigkeit mangelte, konnte sie diese Feuerkraft nur dann mit Aussicht auf Erfolg einsetzen, wenn sie das Überraschungsmoment auf ihrer Seite hatte. Oder aber, wenn sie zufällig mit einem unbedachtsamen gegnerischen Anfänger zusammentraf – und die gab es zu jener Zeit, das sei zugegeben, in den Reihen des Fighter Command mehr als genug. Ihre Beschleunigung und ihre Höchstgeschwindigkeit reichten nicht aus, um den Kampf mit zahlenmäßig überlegenen Abfangjägern auszuweichen, und ihr 7,9-mm-MG reichte zum Schutze nach hinten nicht aus.

Die *Bf 110* mußte zwar während der Luftschlacht um England empfindliche Schläge einstecken, während der folgenden Kriegsjahre hat sie sich jedoch auf vielen Kriegsschauplätzen als gutes Einsatzflugzeug bewährt.

Die Messerschmitt Me 163

Eine Flächenpfeilung von 55°, der Flugzeugführer in liegender Stellung unterhalb des Lufteinlaufes für das Triebwerk, eine Höchstgeschwindigkeit, die ungefähr das eineinviertelfache der Schallgeschwindigkeit betragen sollte, abwerfbares Fahrwerk und ein Paar Landekufen, mit deren Hilfe der Landestoß bei Aufsetzgeschwindigkeiten von 257 km/h aufgefangen werden sollte – all das waren ziemlich ungewöhnliche Merkmale für einen britischen Flugzeugentwurf von vor ungefähr dreißig Jahren. Es handelte sich jedoch um die militärischen Forderungen an ein Flugzeug, das 1947 auf den Zeichenbrettern des RAE in Farnborough Gestalt annahm.

Dieses Projekt war in des Wortes reinster Bedeutung exotisch und zwar deswegen, weil es von ausländischen Aerodynamikern entworfen wurde, und ganz sicherlich waren einige, für den Fachmann erkennbare Merkmale dieses Flugzeugprojektes, gemessen an damaligen britischen Vorstellungen, als tatsächlich fremdländisch zu bezeichnen. Dieses Projekt war von Dr. Hans Multhopp, ehemals verantwortlich für fortgeschrittene Projektstudien bei Focke-Wulf sowie Dr. Winter, einem Windkanalexperten aus einem ehemaligen deutschen Forschungszentrum, entworfen worden. Als Triebwerk sollte das gerade in Erprobung befindliche Rolls-Royce Axialtriebwerk AJ 65 ›Avon‹ Verwendung finden. Infolge dieses vom RAE vorangetriebenen Überschallprojektes konnte man mich an jenem klaren Morgen des 15. November 1947, also genau 32 Tage nachdem mit der Bell *X-1* zum ersten Male in der Geschichte der Luftfahrt die Schallmauer durchbrochen worden war, dabei beobachten, wie ich mich unter Anstrengungen aus dem zerstörten Cockpit einer *Me 163 B* zu befreien suchte. Von der Unglücks-

Eine *Me 163 B-1a* während eines sogenannten »heißen Starts« in Bad Zwischenahn. Zum Start wurde die Maschine schwanzlastig getrimmt. Die Räder wurden nach dem Start in einer Höhe zwischen fünf und zehn Metern abgeworfen.

stelle waren es ein paar Meter noch bis zum Platzrand vom Flugplatz Wittering, Northants.
Auf den ersten Blick scheint es zwischen dem Projekt in Farnboroughs Konstruktionsbüros und dem kecken kleinen, raketengetriebenen Jäger aus der Kriegszeit, der unter dem Decknamen ›Komet‹ außerordentliche Berühmtheit erlangt hatte, wenig Berührungspunkte zu geben. Und doch gab es einen solchen: nämlich die Kufe, auf dem dieses Ding landete.
Die von Dr. Multhopp und Dr. Winter vorgetragenen Argumente zugunsten einer Landekufe für das RAE-Projekt waren im Grunde vernünftig, da es sich ja bei diesem Proket um ein reines Versuchsflugzeug handeln sollte. Je schneller ein Flugzeug fliegen sollte, desto schwieriger war die Frage der Unterbringung des Fahrwerks, und in dem Projekt des RAE war kaum Platz für ein konventionelles Fahrwerk, weil alles auf engstem Raum konzentriert war. Deswegen war die vorgesehene Verwendung eines abwerfbaren Startwagens und der Einbau einer Landekufe eine logische Lösung.
Annahmegemäß sollte die Kufe durch ihr Eigengewicht und den Luftwiderstand in ihre Landestellung gedrückt werden.
Berechnungen zufolge sollte die Anschwebegeschwindigkeit des Versuchsflugzeuges bei ungefähr 290 km/h liegen. Bei einer Geschwindigkeit von 275 km/h sollte aufgesetzt werden. Damals besaßen wir in England wenig oder keine Erfahrung mit Hochgeschwindigkeits-Kufenlandungen. Der Hauptgrund für mein Testprogramm mit der *Me 163 B* war also das Sammeln von Erfahrungen in dieser Landetechnik. Die Versuche mit der *Me 163 B* stellten gewissermaßen den Auftakt für eine besondere Versuchsreihe dar, die dem Abschluß des Projektprogrammes zugute kommen sollten. Enthalten waren hierin eine Reihe von Hochgeschwindigkeitslandungen. Da die *Me 163 B* jedoch schon bei etwa 177 km/h aufsetzte, war es notwendig, diese Geschwindigkeit nach und nach zu erhöhen. Ich sammelte die hierzu nötige Erfahrung recht bald und machte schnelle Fortschritte, bis zu jenem Morgen des 15. November 1947.

Eine *Me 163 B* wird mit einem dreirädrigen Schlepper, einem sogenannten Scheuschlepper, zum Start gezogen.

Die Landekufe der *Me 163 B* in ausgefahrenem Zustand.

Eine *Me 163 A*, links, in Gesellschaft ihrer weiterentwickelten »großen Schwester«, der *Me 163 B*.

DIE SENSATIONELLE ›KOMET‹

Meine Bekanntschaft mit der außergewöhnlichen Schöpfung des Dr. Alexander Lippisch währte schon zwei Jahre. In Husum bin ich ihr im Mai 1945 zum ersten Male begegnet. Dort lagen zu jener Zeit einige *Me 163 B* der II. Gruppe des Jagdgeschwaders 400. Diese Gruppe konnte ihre ›Kometen‹ nicht mehr zum Einsatz bringen, da der hierfür nötige Treibstoff fehlte.

In meinen Augen können nur wenige Flugzeugkonstruktionen mit dem Prädikat »sensationell« ausgezeichnet werden. Meiner Meinung nach gehören hierzu vier Voraussetzungen: außergewöhnliche aerodynamische Formgebung, hervorragende Leistungen, hoher Erfüllungsgrad in den ihnen zugedachten Aufgabenbereichen sowie herausragende fliegerische Fähigkeiten bei den für sie vorgesehenen Flugzeugführern. Lippischs Raketenjäger gehörte ohne Frage in die Kategorie der sensationellen Flugzeuge.

Ich hatte zum ersten Mal mehr über die *Me 163* in Bad Zwischenahn/Oldenburg erfahren. Auf dem dortigen Fliegerhorst hatte das Erprobungskommando 16 gelegen, welches für die taktische Erprobung dieses Jägers verantwortlich gewesen war. Hier erfuhr ich Einzelheiten über das Ausbildungsprogramm für die ›Komet‹-Fliegerei, die meine Neugierde erweckten. Diese Einzelheiten wurden zusammen mit Schilderungen über einige grausame Unfälle von der nicht unterzukriegenden Hanna Reitsch, Flugkapitän und erfolgreiche Einfliegerin, bestätigt.[1)]

Insgesamt waren das alles andere als verheißungsvolle Erzählungen für jemanden, der dazu ausersehen war, diese *Me 163 B* zu fliegen. Die *Me 163 B* war als einsitziger Abfangjäger entworfen worden, dessen Zelle als Nurflügler oder »Deltaflugzeug« ausgelegt war, und die von einem Walter-Raketentriebwerk, Typ HWK 509A, angetrieben wurde. Dieses Raketentriebwerk leistete 1700 kp Standschub, welcher durch Verbrennen großer Mengen von Wasserstoffsuperoxyd (mit 20 % chemischer Stabilisatoren) als Sauerstoffträger und einem Gemisch von 57 % Methylalkohol, 30 % Stickstoffhydrat und 13 % Wasser als Treibstoff erreicht wurde. Als Katalysator für die Verbrennung diente Kaliumkupferzyanid. Der Wasserstoffsuperoxyd-Anteil wurde als ›T-Stoff‹, der Kohlenwasserstoff-Anteil (Methylalkohol) als ›C-Stoff‹ bezeichnet. Der Katalysator war dem C-Stoff beigemischt. Die Flächen waren an ihren Vorderkanten 23,3° gepfeilt. Sie waren aus Holz gebaut und ihre Oberfläche bestand aus 8 mm Sperrholz, welches mit einer Kunststofflackschicht überzogen war. Auf einer Länge von 2,13 m war die Flächenvorderkante als fester Vorflügel ausgelegt, der bis auf 30 cm an die Flächenspitzen heranreichte. Die Steuerung um Längs- und Hochachse erfolgte mittels stoffbespannter kombinierter Quer-/Höhenruder. Zusätzlich waren an der Innenseite der Quer-/Höhenruder und hinter den Landeklappen große Trimmkanten zur Trimmung der Längsachse angebracht. Der Zellenquerschnitt war oval, die Beplankung der Zelle aus Aluminium. Hinter der Landekufe befand sich die Befestigung für den zweirädrigen Startwagen.

In Bad Zwischenahn machte ich mich mit dem ›Komet‹-Flugprogramm bekannt. Der Anfang bestand aus Flügen mit dem ›Stummel-Habicht‹, einer Spezialausführung des bekannten Segelflugzeuges ›Habicht‹. Dann folgten Gleitflüge in einer mit Wasserballast versehenen *Me 163 A* und schließlich Flüge auf demselben Muster unter Einbeziehung des Raketenmotors. Erst dann konnte die Umschulung auf die weitaus stärkere *Me 163 B* erfolgen. Ich war fest entschlossen, den Anweisungen des Einführungsprogrammes so genau wie möglich zu folgen, denn ich erinnerte mich daran, daß selbst eine so außergewöhnlich erfahrene Flugzeugführerin wie Hanna Reitsch einen

1) Vergl. hierzu: Mano Ziegler, Raketenjäger Me 163; Stuttgart 1961, Motorbuchverlag.

Messerschmitt Me 163 B-1a Schnittzeichnung:

1 Generator
2 Generator
3 Druckluftbehälter
4 Batterie und FuG 16
5 Einlaß für Kabinenbelüftung
6 Rumpfbugpanzerung (15 mm)
7 Sammlerdruckbelüftung
8 direkte Kabinenbelüftung
9 FuG 25a (Freund-Feind-Kennungsgerät)
10 Seitenrudersteuerung/-pedale
11 Füllkopf für Hydraulikflüssigkeit und Druckluft
12 Steuerknüppellager für Höhen-/Querrudersteuerung
13 Steuerungsstoßstange
14 Steuerknüppelgehäuse
15 Seitenruderpedale
16 Funkabstimmgerät
17 Verdrehstab
18 Linker T-Stoffbehälter in der Kabine, 60 l
19 Steuerknüppel
20 Instrumentenbrett
21 Strebe für das Panzerglas
22 Reflexvisier 16 B
23 Panzerglas (90 mm)
24 Waffen- und Funkgeräteschalter (rechte Gerätekonsole)
25 Führersitz
26 Rückenpanzerung (8 mm)
27 Kopf- und Schulterpanzerung (13 mm)
28 Frequenzschalter
29 Kopfstütze
30 mechanisch abwerfbare Kabinenhaube
31 Seitenfenster
32 fester Vorflügel
33 Trimmklappe
34 Höhen-/Querruder (stoffbespannt)
35 Landeklappe (unter der Tragfläche angebracht)
36 Trimmfläche
37 Antennenmast für FuG 16 ZY-Empfänger
38 Füllkopf für den T-Stoff
39 Rumpfhauptbehälter für T-Stoff, 1040 l
40 hintere Führerraumverglasung
41 Vollgurtkasten für die linke Tragflächenkanone
42 Vollgurtkasten für die rechte Tragflächenkanone
43 Gurtzuführung
44 T-Stoff-Anlaßbehälter
45 oberer Winkelhebel für Seitenrudersteuerung
46 Füllkopf für C-Stoff
47 Gehäuse für Walter Raketenmotor HWK 509 A-1
48 Halterung für den Raketenmotor
49 Seitenrudergestänge
50 Trennstelle
51 Antennenanpassungsgerät für FuG 16 ZY
52 Anflanschung vorderer Seitenflossenholm/Rumpf
53 Seitenflossenaufbau
54 Seitenruderausgleich
55 oberes Seitenrudergelenk
56 Seitenruderrahmen
57 Seitenrudertrimmkante
58 Kipphebel für Seitenrudersteuergestänge
59 Gestängeverkleidung
60 Anflanschung hinterer Seitenflossenholm/Rumpf
61 Brennkammer für den Raketenmotor
62 Strahlrohr
63 Verkleidung der Seitenruderwurzel
64 Schubdüse
65 Austritt für Entlüftungsrohr
66 Steuerzylinder
67 Anhebepunkt
68 Spornradverkleidung
69 Spornrad, steuerbar
70 Spornradachsgabel
71 Spornradölfederbein
72 Steuergestänge für Spornrad
73 Kupplungsstück
74 Übergangsverkleidung
75 Brennkammer-Stützstrebe/Abstrebung
76 Elektrischer Geräteträger der Kanone

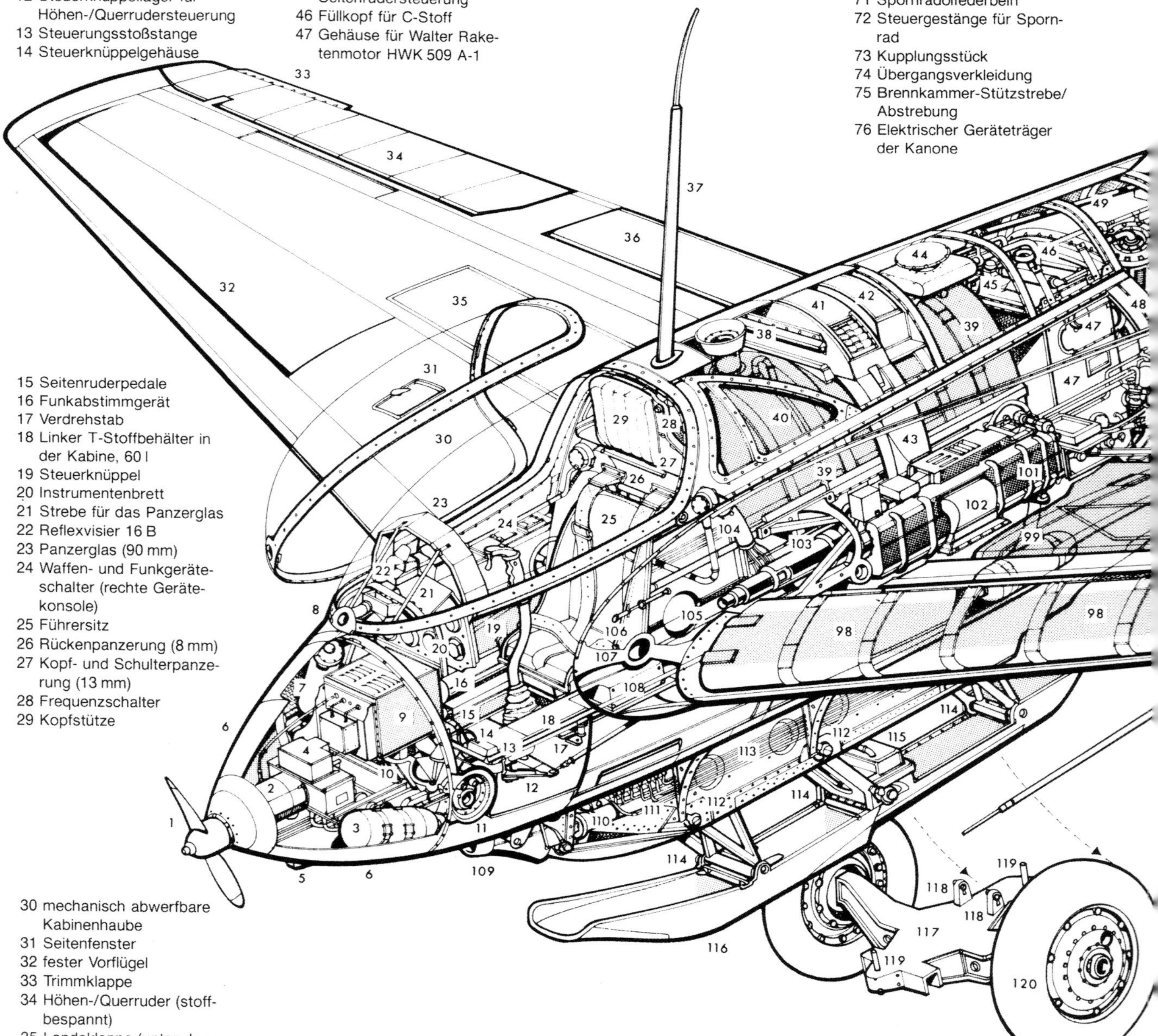

91 Winkelhebel am Höhen-/Querrudergestänge
92 Lage der linken Landeklappe
93 Schubgestänge im vorderen Tragflächenholm
94 vorderer Tragflächenholm
95 Antenne für FuG 25a
96 Staurohr
97 Verkleidung der Tragflächen-Treibstoffleitung
98 C-Stoffbehälter in Flügelnase
99 Preßluftbehälter zum Durchladen der Bordkanone
100 Haupt-C-Stoffbehälter in der Tragfläche, 173 l
101 linke Bordkanone MK 108 mit kurzem Lauf
102 Hülsen-/Gurtauswurföffnung
103 vordere Kanonenlagerung
104 druckdichter Durchgang für Leitungen zur Kanonensteuerung
105 Rohrmantel
106 Ziellinienprüfer
107 Kanonenmündung

Oben und unten: Vorder- und Hinteransicht der *Me 163 B,* welche von 1946/1947 für Start- und Landeversuche, ohne Walter-Raketentriebwerk, in Wisley und Wittering vom Autor erprobt wurde.

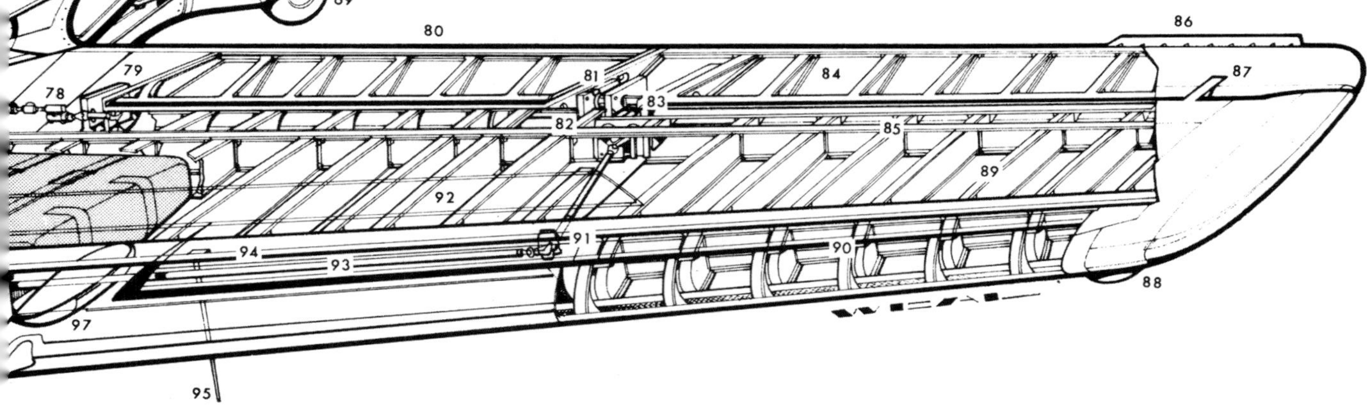

77 Verstellgetriebe für Trimmfläche (am Spant angeflanscht)
78 Spindeltrieb
79 Trimmflächenbefestigung
80 linke Trimmfläche
81 Befestigung Höhen-Querruder
82 Kipphebelgestänge
83 Schubstange für Höhen-/Querruderbetätigung
84 linkes Höhen-/Querruder
85 hinterer Tragflächenholm
86 Trimmkante
87 äußeres Höhen-/Querruderscharnier
88 Flügelspitzen-Stoßfänger
89 Tragflächenaufbau
90 fester Vorflügel

108 FuG 25a Freund-Feind-Kennungsgerät
109 Schleppkupplung
110 Arbeitszylinder für Landekufe
111 Hydraulik- und Preßluftleitungen
112 Landekufenschwenkböcke
113 Landekufenaufhängung unter dem Rumpfkiel
114 Aufhängungsböcke für die Landekufe
115 Abwurfmechanismus für den Startwagen
116 Landekufe
117 Startwagenrahmen
118 Halteösen für Startwagen
119 Führungsstifte
120 Niederdruckreifen

Technische Daten der Messerschmitt Me 163 B-1a

Triebwerk: Ein Walter-Raketentriebwerk HWK 509 A-1 oder -2 mit einer Höchstschubleistung von 1700 kp.

Bewaffnung: Zwei Maschinenkanonen Rheinmetall-Borsig MK 108 mit je 60 Schuß Munition.

Leistungen: Höchstgeschwindigkeit in Seehöhe: 830 km/h; 955 km/h zwischen 3000 m und 9000 m Flughöhe; Steigzeit bis auf 9000 m: 2,6 min, Steigzeit auf 12 000 m Flughöhe: 3,35 min; Flugdauer mit höchster Schubleistung: 7,5 min; Brenndauer des Triebwerkes nach einem Steigflug auf 9000 m Flughöhe bei einer Geschwindigkeit von 800 km/h: 2,5 min. Anfangssteiggeschwindigkeit: 81 m/sec. Durchschnittliche Einsatzreichweite: 35,5 km bei einer Geschwindigkeit von 800 km/h. Startrollstrecke zum Überfliegen eines 15 m hohen Hindernisses: 640 m.

Gewichte: Leergewicht mit Ausrüstung: 1980 kg, höchstzulässiges Abfluggewicht: 4310 kg.

Abmessungen: Spannweite: 9,33 m; Länge: 5,85 m; Höhe (ohne Startwagen): 2,76 m; Flügelfläche: 18,50 m².

Oben und unten: Die *Me 163 B,* welche vom Autor im Schlepp- und Gleitflug geflogen wurde. Das Walter-Raketentriebwerk war ausgebaut und an seine Stelle ein Flugschreiber eingebaut worden.

schweren Absturz in einer *Me 163 B*, die ohne Raketenantrieb von ihr geflogen worden war, hinter sich hatte.

In Bad Zwischenahn befand sich zu jener Zeit eine intakte *Me 163 A*, jedoch war das Flugfeld auf Grund der Kriegseinwirkungen in so schlechtem Zustand, daß ich gezwungen war, einen deutschen Fluglehrer zu bitten, sie im Schlepp einer ebenfalls erbeuteten *Bf 110* nach Faßberg zu überführen. Parallel zu diesem Gespann flog ich mit einer zweiten *Bf 110*. Auf diese Weise konnte ich den gesamten Flug der *Me 163 A* aus nächster Nähe beobachten. Nach unserer Ankunft in Faßberg machte ich einen Flug nach dem anderen in der *Me 163 A* (ohne

Raketenmotor), bis ich mich sicher genug fühlte, es mit der *Me 163 B* zu versuchen. Es war jedoch keine *Me 163 B* verfügbar. Die Techniker des RAE hatten nämlich darauf bestanden, das für das Versuchsprogramm vorgesehene Flugzeug im Laderaum einer Arado *Ar 232* nach Farnborough zu überführen. Dort sollte es dann für die Versuchsflüge hergerichtet werden. Ich ahnte nicht, daß nach meinen ersten Flugversuchen in einer *Me 163 A* über Faßberg ganze 14 Monate ins Land gehen würden, ehe ich mich dann hinter den Steuerknüppel einer *Me 163 B* setzen konnte. Man vergaß jedoch die Eigenschaften des von Lippisch konstruierten Nurflügelflugzeuges nicht so leicht. Ich habe während der Flüge mit der motorlosen *Me 163 A* viel gelernt und war nun gespannt auf die Flüge mit ihrer Nachfolgerin unter den Bedingungen des Raketenantriebes.

Während der 14 Monate währenden Zwangspause konnten die Tüftler vom RAE einige wertvolle Informationen über die hervorstechendsten Eigenschaften des Walter-Raketentriebwerks HWK 509 A erlangen, so suchten sie die Raketenteststände der Hellmuth Walter-Werke in Kiel auf. Eines der Ergebnisse dieser Besuche war die Entscheidung, unsere Versuchsflüge mit der *Me 163* ohne Rakenantrieb durchzuführen. Ich selbst wurde hierzu nicht gefragt. Beim Testlauf eines Raketentriebwerks in den Walterwerken in Kiel konnte ich Zeuge sein und erlebte dabei eine beeindruckende Demonstration: Dr. Walter füllte einen Tropfen des T-Stoffes in eine Glasröhre und eine ebenso kleine Menge des C-Stoffes in eine andere Glasröhre. Diese kleinen Mengen ließ er nacheinander auf den Boden tropfen. Sofort ereignete sich eine heftige Explosion. Beide Röhrchen, die Dr. Walter in seiner Hand gehalten hatte, wurde dabei in Stücke zerrissen. Der Entscheidung unserer Techniker gegen einen Flugversuch mit dem Raketentriebwerk konnte ich mich nie anschließen, aber nach dieser Demonstration war es mir leichter gefallen, ihn zu verstehen.

Die ›Komet‹ war gewiß ein äußerst unfallträchtiges Flugzeug gewesen. Schon die kleinste Unregelmäßigkeit in der Gemischzusammensetzung der beiden Chemikalien, häufig durch eine momentane Unterbrechung des Zuflusses des einen oder anderen Stoffes zur Brennkammer verursacht, führte zur Explosion, und dann blieb wenig übrig vom Flugzeug und dem unglücklichen Flugzeugführer. Schon eine harte Landung konnte dieselben verheerenden Wirkungen zur Folge haben, denn, wie bereits erwähnt, führten schon die kleinsten unverbrauchten Reste der Antriebsflüssigkeiten bei falscher Behandlung zu heftigen Explosionen. Neben den Gefahren von seiten der Antriebschemikalien drohten noch andere. Zum Start mit der *Me 163* hatte man einen zweirädrigen Startwagen, der mittels Ösen an der Landekufe befestigt wurde und unmittelbar, nachdem das Flugzeug in die Luft gekommen war, abgeworfen wurde. Die Ausklinkhöhe mußte 7 bis 9 Meter betragen. Wurde diese Höhe unterschritten, dann konnte es leicht geschehen, daß der Startwagen beim mehrmaligen Hochspringen nach dem Ausklinken Berührung mit dem Flugzeug bekam. Die Folgen waren jedesmal tödlich! Oder aber der Startwagen klinkte nicht aus. Dann blieb nur der Absprung mit dem Fallschirm, denn eine Landung mit diesem Ding war so gut wie ausgeschlossen. Hanna Reitsch mußte das schmerzlich am eigenen Leib verspüren.[1] Die Landegeschwindigkeit war außerordentlich hoch, die Landung selbst war natürlich mit abgestelltem Raketentriebwerk auszuführen. Das bedeutete nicht weniger, als daß man ein ausgesprochen sicheres Gefühl für die Einteilung des Landeanfluges bei den unterschiedlichsten Windbedingungen entwickelt haben mußte, ehe man sich mit der *Me 163 B* in die Luft wagen konnte. War man, aus welchen Gründen auch immer, nicht in der Lage, nahe genug am Landekreuz aufzusetzen, und kam man einer zu langen Landung wegen auf unebenes Gelände, dann war ein Überschlagen des Flugzeuges ziemlich wahrscheinlich. Explodierte dann der Resttreibstoff mit den bekanntermaßen verheerenden Folgen nicht sofort, dann konnte immer noch geschehen, daß die Chemikalien ausliefen, sich durch die Rückwand der Kanzel hindurchfraßen, den Asbestanzug des Flugzeugführers zerstörten und diesen in Nichts auflösten.[2] Überstand aber ein Flugzeugführer mit viel Dusel eine harte Landung lebend, dann konnte er als »Andenken« daran immer noch ein »Komet-Rückgrat« davongetragen haben, also schwere Wirbelverletzungen auf Grund der großen Auftreffwucht, die ja durch kein hydraulisch gefedertes Fahrwerk abgefangen wurde.

[1] Hanna Reitsch war dazu ausersehen worden, in Obertraubling Testflüge mit der Vorserie der *Me 163 B* ohne Raketenantrieb durchzuführen. Beim fünften derartigen Versuch konnte sie den Startwagen nicht abwerfen. Also landete sie mit diesem Ding! Die Folge war, daß das Flugzeug aus 30 Meter Höhe abschmierte und mit großer Wucht auf die Erde knallte. Hanna Reitsch trug sechs Schädelbrüche sowie eine Verschiebung des oberen Kieferknochens davon.

[2] Vergl. Mano Ziegler, a. a. O., Seite 33

Deutschen Quellen zufolge traten 80 % der Verluste mit der ›Komet‹ während der Start- und Landephase auf, 15 % wurden durch in der Luft auftretendes Feuer oder durch Steuerlosigkeit infolge zu schnell gewordener Sturzflüge verursacht. Nur 5 % gingen auf das Konto von Feindeinwirkungen. Notausstiege in Geschwindigkeitsbereichen oberhalb 400 km/h waren unmöglich, da sich die Kabinenhaube in diesen Geschwindigkeitsbereichen nicht mehr absprengen ließ. Mit diesen ernüchternden Hintergrundinformationen startete ich mit der *Me 163 B* zum ersten Mal am 10. Oktober 1946. Ich muß jedoch hinzufügen, daß meine ›Komet‹ keinen der schrecklichen Treibstoffe in den neben dem Flugzeugführer liegenden Tanks geladen hatte. Außerdem war das Raketentriebwerk dieses Flugzeuges, welches jetzt die Zeichen der RAF mit der Nummer VF 241 trug, durch einen Flugschreiber zur Erfassung der Flugdaten ersetzt worden.

WUNDERBAR ZU FLIEGEN

Als Schleppflugzeug diente eine ›Spitfire‹ IX. Um Beschädigungen der Landekufe auf Farnboroughs Betonbahnen zu vermeiden, wurde das Versuchsprogramm auf dem Grasplatz von Wisley begonnen. Obwohl seit meinen ersten Flügen in der *Me 163 A* mehr als ein Jahr vergangen war, wurde ich ohne weitere Umschweife in das Testprogramm »geworfen«. Der erste Schleppflug brachte uns auf eine Höhe von 4875 Metern. Es sollte das Stabilitätsverhalten um die Längsachse überprüft werden. Während des Startvorgangs konnte die ›Spitfire‹ eher in der Luft sein als die ›Komet‹, deshalb wurde der Flugzeugführer der ›Spitfire‹ angewiesen, mit seiner Maschine so lange dicht am Boden zu bleiben, bis ich genügend Luft unter den Schwingen hatte. Auf Grund der fehlenden Federung am Startwagen der *Me 163 B* vollführte diese während des Startes wilde Sprünge. Und da der für den Kopf vorgesehene Raum in der Kanzel der *Me 163 B* ziemlich knapp war und der Sitz nur am Boden zu verstellen ging, war ich dem Himmel dankbar, daß er mich mit einer für die *Me 163 B* günstigen Größe ausgestattet

Eine *Me 163 B-1a*, die zu Erprobungszwecken in die USA überführt worden war. Obwohl alle Hauptverbündeten auch in den Besitz einiger Messerschmitt-Raketenjäger *mit* Raketentriebwerk gelangt waren, wurde in keinem dieser Länder der Versuch unternommen, diese Maschine mit gezündeten Raketentriebwerk zu erproben. Es wurden also nach dem Krieg nur Gleitversuche mit diesem Abfangjäger unternommen.

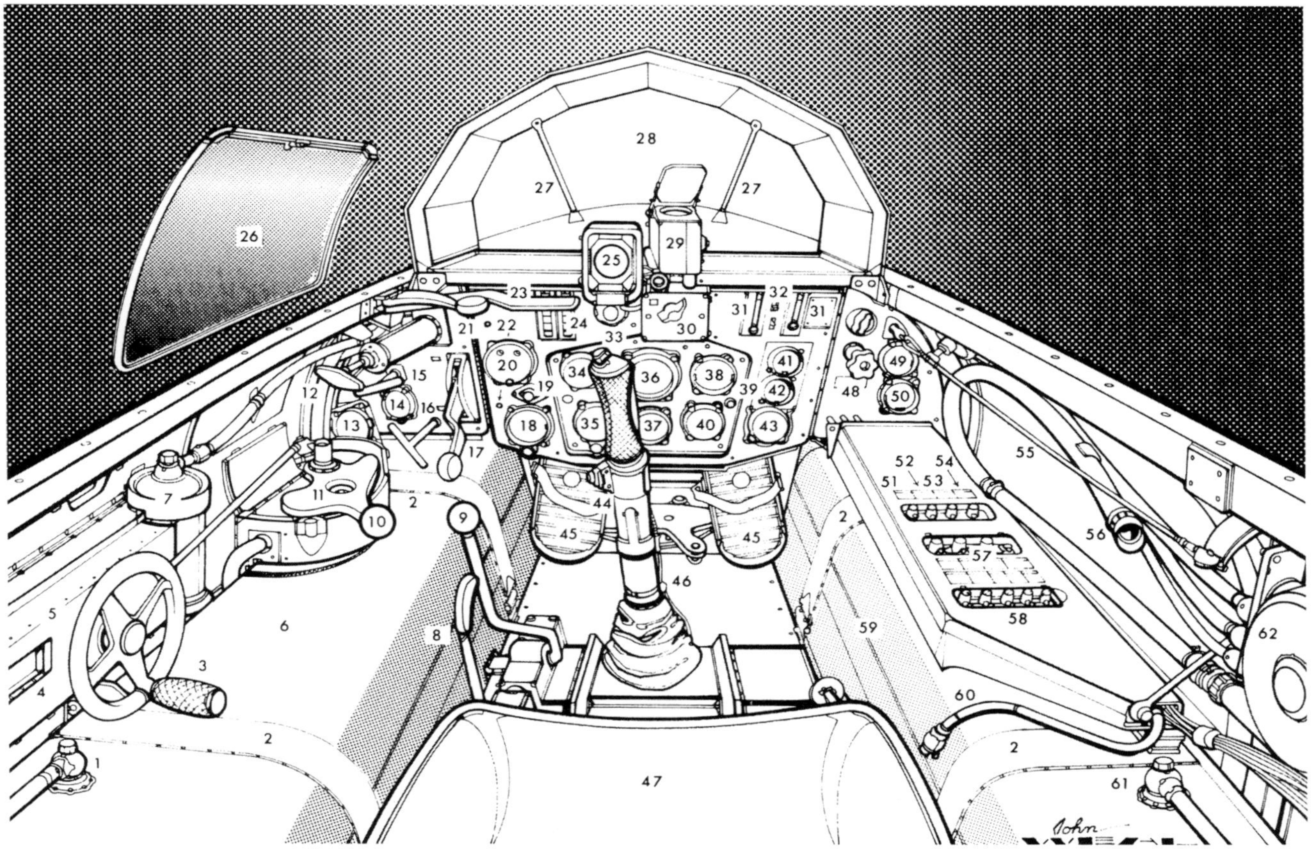

Messerschmitt Me 163 B Führerraum:

1 T-Stoffleitung
2 Haltegurte für T-Stoff-behälter
3 Trimmrad
4 Trimmanzeige
5 Trimmanlage-Schaltkasten
6 linker T-Stoffbehälter
7 Druckölbehälter
8 Schalter für Landeklappen
9 Handpumpe zum manuellen Ausfahren der Landeklappen
10 Leistungshebel (Anfahrhebel)
11 Anlaßschalter
12 Ventil für Rollwerknotbetätigung
13 Druckmesser für Preßluft
14 Druckanzeige für Rollwerknotbetätigung
15 Notzug für Schnellablaß
16 Auslösegriff für Schleppkupplung
17 Bedienhebel für Landekufe und Sporn
18 Bord-/Stoppuhr
19 Netzausschalter
20 Anzeigegerät für Kufe und Rollwerk
21 Haubenverriegelung
22 Halteschrauben für klappbares Instrumentenbrett
23 Haubennotwurfhebel
24 Doppelanzeiger für Rollwerk (links) und Landekufe (rechts)
25 Kompaß
26 Schlechtwetter-Seitenscheibe
27 Abstützungen für innere Panzerglasscheibe
28 Panzerglas(90 mm)
29 Reflexvisier (Revi) 16 B
30 Schaltgerät für FuG 25a
31 Schalt- Zähl- und Kontrollkasten (SZKK 2)
32 Kanonenschalter
33 Kanonenauslöseknopf
34 Höhenmesser
35 Fahrtmesser
36 Wendehorizont
37 Drehzahlanzeiger
38 Variometer
39 Reststandwarnleuchten
40 Temperaturanzeige
41 Schubanzeigegerät (von 0-6 kg/cm², mit rotem Warnstrich bei 3 kg/cm²)
42 Schubanzeigegerät (von 0-25 kg/cm², mit rotem Warnstrich bei 18,5 kg/cm²)
43 Verbrauchsmeßanzeiger
44 Durchladeknopf für Bordkanonen
45 Seitenruderpedale
46 Steuerknüppel
47 verstellbarer Führersitz
48 Fernventil für Höhenatmeranlage
49 Sauerstoffdruckanzeige
50 0_2-Wächter
51 Schalter für Wendezeiger
52 Einschaltung linke Bordkanone
53 Einschaltung rechte Bordkanone
54 Netzausschalterkontrolle
55 Haubennotwurfgestänge
56 Atemschlauch
57 Schalter für FuG 25a
58 Schalter für F/T-Anlage FuG 16 ZY
59 rechter T-Stoffbehälter
60 Anschluß für Fliegerkopfhaube
61 Kraftstoffleitung (T-Stoff)
62 Sauerstoffdusche und Höhenatmer

13

hatte. Ich brauchte mir nicht überall den Kopf anzuschlagen und war auf der anderen Seite groß genug, um aus der Windschutzscheibe blicken zu können. Das Richtungshalten während des Starts war ohne Problem, da das Spornrad steuerbar war. Klappen wurden zum Start nicht benötigt, die Trimmung blieb auf neutraler Stellung. Nach dem Abheben zog ich die ›Komet‹ schnell durch die Luftwirbel des Schleppflugzeuges auf etwa 6 m Höhe. Gleichzeitig wurde die Landekufe eingezogen und der Startwagen abgeworfen. Inzwischen war die ›Spitfire‹ ebenfalls in ihrem Element. Ihr Flugzeugführer drückte etwas an, um schnell auf 274 km/h zu kommen. Aus meinen Erfahrungen mit der *Me 163 A* wußte ich, daß die günstigste Position hinter einem Schleppflugzeug leicht oberhalb des Schleppflugzeuges war. Kam man hierbei zu hoch, endete das in heftigen Schwingungen um die Querachse.

In der Luft war die ›Komet‹ einfach wunderbar zu handhaben. Die Abstimmung ihrer Steuerorgane war durch und durch harmonisch und ihre Stabilität um alle drei Flugachsen gut.

In der Tat wäre es schwer gewesen, an diesem Flugzeug irgendwelche Schwächen in bezug auf Steuerbarkeit festzustellen, obwohl es ohne eigentliches Höhenruder konstruiert war.

Der Landeanflug war auf Grund der schlechten Sichtverhältnisse aus der Kanzel schwierig. Verstärkt wurde das noch durch die Tatsache, daß der Landeanflug wegen des Fehlens von Fahrwerk und laufendem Motor sehr flach gehalten werden mußte.

Landeklappen wurden erst im Endanflug ausgefahren. Der hierfür vorgesehene Hebel und die Handpumpe waren unhandlich auf der linken Seite des Kanzelbodens angebracht. Ehe die Handpumpe in Gang gesetzt werden konnte, mußte der Hebel erst um 180° gedreht werden, und dann bedurfte es ganzer sechs Ausschläge, ehe die Klappen unten waren. Mit voll ausgefahrenen Landeklappen konnte der Gleitwinkel ganz beträchtlich erhöht werden. Als ich mir sicher war, daß die Landung sitzen würde, fuhr ich die Landekufe aus, flog dicht an den Boden heran, dabei hielt ich das Flugzeug so lange wie möglich in der Luft. Ich setzte mit ungefähr 185 km/h zuerst mit dem Spornrad auf, dann ließ ich die Maschine auf die Kufe nieder – das Ganze ohne harten Stoß. Bei abnehmender Ausrollgeschwindigkeit konnten die Flächen nur durch harten Ausschlag der Querruder horizontal gehalten werden. Hierbei berührten die Flächenenden hin und wieder den Boden, was der Richtungsstabilität keinen Abbruch tat. Nach einer Ausrollstrecke von etwa 365 Metern kam die ›Komet‹ zum Stillstand. Vor dem Aufsetzen hatte ich höllisch darauf achtgegeben, das Flugzeug in Bodennähe nicht zu überziehen. Viele Flugzeugführer der deutschen Luftwaffe sind mit verstauchtem Rückgrat aus ihrer ›Komet‹ geborgen worden, weil sie versucht hatten, die ›Komet‹ vor der Landung auszuhungern oder weil sie den Landekufenhebel fälschlicherweise nach unten drückten und die hydraulischen Stoßdämpfer damit unter Druck setzten, oder aber sie landeten mit eingezogener Kufe und das zog immer die schwerwiegendsten Folgen nach sich. Mein Flug mit der *Me 163 B* hatte ganze 25 Minuten gedauert, und es sollte eine geraume Zeit ins Land gehen, ehe ich wieder Gelegenheit erhielt, mit der ›Komet‹ zu fliegen. Vom RAE war zwar ein ausgedehntes Erprobungsprogramm geplant worden, aber diese Pläne wurden, bedingt durch Wartungs- und Instandsetzungsschwierigkeiten, arg beschnitten. Große Schwierigkeiten bereiteten uns insbesondere das Hydrauliksystem für die Landekufe und das Spornrad. Bereits auf meinem ersten Flug mit der *Me 163 B* hatte ich Schwierigkeiten beim Ausfahren der Landekufe. Die daraufhin eingeleiteten Untersuchungen ergaben, daß der Hydraulikdruckbehälter versagt hatte. Die eigentliche Schwierigkeit bestand nun einfach darin, daß überhaupt keine Ersatzteile für die *Me 163 B* aufzutreiben waren. Dieser Mangel kostete uns nahezu ein Jahr Zeit.

ZUKUNFTSMUSIK

Während der Zeit, in der unsere ›Komet‹ am Boden lag, waren Dr. Multhopp und Dr. Winter eifrig damit beschäftigt, an den Zeichenbrettern des RAE ein Projekt zu entwerfen, das – wenn es das Schicksal gewollt hätte – genau so umwälzend fortschrittlich geworden wäre wie Dr. Lippischs ›Komet‹. Dieses von den beiden deutschen Aerodynamikern in Farnborough entworfene Projekt sollte eine Geschwindigkeit von Mach 1,24 in 11 000 Metern Höhe erreichen. Es handelte sich um einen äußerst fortschrittlichen Entwurf. Beurteilt man ihn mit dem Wissen von heute, dann kommt man zu dem Schluß, daß es für damalige Verhältnisse vielleicht zu fortschrittlich war. In jener weit zurückliegenden Zeit von 1947 wurde jedoch dieses Überschallprojekt eifrig verfolgt.

Und »unsere« ›Komet‹ sollte ihre Rolle dabei spielen. Sie sollte uns vor allen Dingen beim Sammeln von Erfahrungen mit Hochgeschwindigkeitslandungen auf Kufen nützlich sein. Vor dem 30. September 1947 sollten wir jedoch die ›Komet‹ VF 241 nicht mehr startklar bekommen. Ehe wir mit dem für das neue Projekt so wichtigen Testprogramm beginnen konnten, mußten wir erst noch mit den Flugversuchen fortfahren, die uns etwas Sicherheit im Umgang mit ihr geben sollten.
Ich setzte also die Flüge mit ihr fort, die uns Aufschluß über ihre Stabilität in den verschiedensten Geschwindigkeitsbereichen geben sollten. Alle diese Flüge lieferten uns Erkenntnisse, die es wert sind festgehalten zu werden.
Im überzogenen Flugzustand schmierte die Maschine plötzlich und mit heftiger Bewegung um die Längsachse ab. Lag der Schwerpunkt der Maschine jedoch vorne, dann konnte die Maschine auf Grund zu geringer Einwirkungsmöglichkeit auf das kombinierte Höhen-/Querruder überhaupt nicht überzogen werden. Bei jeder anderen Schwerpunktlage erfolgte vor dem Strömungsabriß keine Warnung, es wurde nur plötzlich still, und die Steuerorgane wurden äußerst leichtgängig, ohne Steuerfunktionen auszuüben. Die linke Fläche rutschte danach nach unten weg, während die Nase nach links vorne kippte. Der sich anschließende Drehsturz (Steiltrudeln) war steil, konnte aber ziemlich schnell in einen geraden Sturz übergeleitet werden, aus welchem dann abgefangen werden konnte.
Die Überziehungsgeschwindigkeiten wurden von uns mit Hilfe einer Geräteeinrichtung gemessen, die im Schlepp gezogen wurde, und aus einer Meßdüse (Venturidüse) und einem Staurohr bestand. Zu diesem Zweck hatte ich einen etwa 30 Meter langen Gummischlauch, an dessen Ende ein Meßgerät, wie eine 5-kg-Übungsbombe aussehend, befestigt war, im Schlepp hinter mir herzuziehen. Dieser »Apparatismus« wurde zum Start klein zusammengepackt und sollte während des Fluges entfaltet und am Ende des jeweiligen Versuchs abgeworfen werden. Ein Verzögerungsschirm sollte ihn sanft zur Erde gleiten lassen. Ich hatte mit diesem Instrumentarium meine liebe Not. Einmal verlor ich das ganze Zeug auf Grund heftiger Sprünge, die das Flugzeug während des Startvorganges vollführte, ein anderes Mal wickelten sich Schlauch und »Bombe« während des Trudelns um Rumpf und Seitenleitwerk. Um das Zeug wieder loszuwerden, hielt ich die ›Komet‹ im Sturz, nachdem das Überziehmanöver bereits beendet war, zog hoch und drehte eine halbe Rolle. In der Rückenlage drückte ich ein wenig an und sprengte den ganzen »Klapparatismus« ab. Das funktionierte alles wunderbar – nur der Verzögerungsschirm verhedderte sich im Spornrad, wo er bis zur Landung hängen blieb.
Den oberen Geschwindigkeitsbereich der ›Komet‹ konnten wir leider nur bis zu einem gewissen Grade erfliegen, denn »unsere« ›Komet‹ mußte ja ohne Raketentriebwerk getestet werden; außerdem gelangten wir mit unserem Schleppflugzeug über eine Höhe von 6095 Metern nicht hinaus. Aber auch ohne Antrieb beschleunigte die ›Komet‹ im Sturz zunehmend. Ein einziges Mal brachten wir sie auf eine Höhe von 7620 Metern. Im anschließenden Sturz erzielte ich (ohne Antrieb!) in 5180 Metern Höhe eine Geschwindigket von 708 km/h, was Mach 0,8 entsprach.
Bei dieser Machzahl ließ sich die Höhen-/Querrudersteuerung immer noch leicht betätigen, auch konnte ich keinerlei Anzeichen von Kompressibilitätseffekten feststellen, die ich eigentlich erwartet hatte. Flugzeugführer der deutschen Luftwaffe hatten mir übereinstimmend berichtet, daß sich die ›Komet‹ bei Mach 0,84 heftig schütteln würde, um danach abrupt über die Nase in einen nahezu tödlichen Sturz überzugehen.
Wir hatten endlich den Punkt erreicht, der unser erklärtes Ziel gewesen war: in einer Serie von Versuchsflügen konnten wir die Lande- und Aufsetzgeschwindigkeiten immer höher legen. Folgendes Verfahren habe ich mir dafür erflogen: die Platzrunde wurde in Flugrichtung in einer Höhe von 500 Metern bei einer Geschwindigkeit von 250 km/h begonnen. Über dem Platzrand fuhr ich die Landekufe aus, hierbei blieb die Trimmung unverändert. Gleichzeitig wurde der Hebel für die Klappen in Ausfahrstellung gebracht. Bei dieser langsamen Gleitgeschwindigkeit verschlechterte sich die Stabilität des Flugzeuges, die Steuerorgane mit Ausnahme des Seitenruders wurden sehr leichtgängig. Die Platzrunde selbst wurde weit ausholend geflogen. Auf den Endanflug kurvte ich flach ein, um nicht zu viel Höhe zu verlieren. Die Sicht war dadurch miserabel. Das änderte sich erst, nachdem die Landeklappen ausgefahren wurden und der Gleitwinkel dadurch etwas steiler werden konnte. Den Endanflug begann ich mit 217 km/h aus einer Höhe von 213 Metern. Die Klappen wurden in dieser Phase je nach erforderlichem Gleitwinkel geändert. Beim Ausfahren trat eine leichte Kipptendenz um die Querachse auf. Deswegen

Ein Abfangjäger *Me 163 B-1a* des Jagdgeschwaders 400 im Herbst 1944, also am Anfang der Karriere dieses fortschrittlichen Flugzeuges, die durch so viele Ausfälle überschattet war.

trimmte ich immer leicht schwanzlastig, damit konnte ich möglichen Sinktendenzen vorbeugen, wenn die Klappen im letzten Teil des Endanfluges noch ein paar Grade hochgefahren werden mußten. War der Endanflug zu hoch angesetzt, mußte also mehr Höhe als sonst aufgegeben werden, wackelte ich einfach mit den Flächen. Die Sliptechnik wandte ich wegen der »Matschigkeit« der Steuerorgane nicht an. Bei böigen Windverhältnissen wurde die geringe Wirksamkeit der Steuerorgane zum Problem: große Steuerausschläge waren dann nötig, um die Kiste gerade zu halten.

Diese Schwächen wurden von Flugzeugführern der deutschen Luftwaffe immer hervorgehoben. Zu Recht, wie ich selbst feststellen mußte. Trotz der relativen Verminderung der Stabilität in niedrigen Geschwindigkeitsbereichen, war das Landen mit der ›Komet‹ bei weitem einfacher als mit Nurflügelflugzeugen, die in England gebaut und erprobt worden sind. Bei vielen dieser Konstruktionen trat eine Tendenz zum Ausbrechen auf, sobald man den Endanflug eingeleitet hatte. Das machte ein sofortiges Andrücken nötig, um das Flugzeug sicher an den Boden zu bringen. Dieses unstabile Verhalten ist auf die Verschlechterung der Längsstabilität kurz vor dem Strömungsabriß zurückzuführen. Unsere Tests mit der ›Komet‹ haben hingegen ergeben, daß sie in der Nähe des Strömungsabrisses eine erhöhte Stabilität aufwies. Dieses allen anderen Flugzeugen ähnlicher Bauart gegenüber überlegene Verhalten war wohl größtenteils auf die Vorflügel zurückzuführen. Diese verzögerten ein schnelles Abreißen der Strömung im Bereich der Flächenspitzen.

Ein Anschweben in »Bierflaschenhöhe« war also anstrebenswert, um dann sanft auf dem Gras aufzusetzen. Auf trockenem Untergrund betrug die Ausgleitstrecke durchschnittlich 365 Meter. Auf nassem Gras verdoppelte sich dieser Wert nahezu.

HOCHGESCHWINDIGKEITSLANDUNG UND DAS ENDE

Wir waren also soweit, um mit den Hochgeschwindigkeitslandungen beginnen zu können. Wir stellten fest, daß Wisley hierfür nicht der geeignete Ort war und zogen deshalb nach Wittering um. Wittering war während des Krieges einer von drei Notlandeplätzen, welche stark beschädigte Bomber aufnehmen sollten, wenn Beschädigungen eine Bruchlandung wahrscheinlich machten. Dieser Grasplatz war ursprünglich 8000 Meter lang gewesen. Zu jener Zeit aber, als wir den Platz mit der ›Komet‹ benutzen wollten, waren zwei Fünftel von ihm an die Bauern zurückgegeben worden. Am 1. 11. 1947 wurde die VF 241 von mir im Schlepp von Wisley nach Wittering in einer Höhe von 1070 Metern überführt. Für die Strecke von 193 Kilometern benötigten wir 35 Minuten Flugzeit.

Ich vertrieb mir die Zeit damit, daß ich mir die aus unserer Höhe nur taschentuchgroß erscheinden englischen Flugfelder betrachtete, über die unser Flugweg führte. Die ›Komet‹ wurde in Wittering zunächst einmal ein paar Tage lang für unsere Landeversuche bei Hochgeschwindigkeiten vorbereitet. Am 13. 11. kehrte ich nach dorthin zurück und begann noch am selben Nachmittag mit den geplanten Versuchen. Gleich die erste Landung wurde, ohne Klappen zu benutzen, ausgeführt und hierbei eine Aufsetzgeschwindigkeit von 214 km/h erreicht. Diese Landung verlief ohne Beanstandung. Bei der zweiten Landung setzte ich mit einer Geschwindigkeit von 219 km/h auf. Diese Landung verlief etwas rauher als die erste. Ich nehme jedoch an, daß dies weniger an der um ein paar Kilometer höher liegenden Geschwindigkeit als vielmehr am holperigen Untergrund gelegen hatte. Tags darauf hatten wir kein Flugwetter. Der 15. November begann dafür mit klarem Wetter. Bei der Besprechung der vorangegangenen Versuche wurde vorgeschlagen, die Klappen ein paar Grad auszufahren, um dadurch eine höhere Anschwebegeschwindigkeit zu erzielen. Auf diese Weise konnte das Pumpen während sehr langer Anschwebestrecken vermieden werden, mit dem man die Fahrt zu vermindern suchte. Ich möchte an dieser Stelle noch einmal darauf verweisen, daß die Landeklappen der ›Komet‹ eher die Funktion von Sturzflugbremsen als die von Auftriebshilfen hatten. Ihr Auftriebsbeiwert betrug höchstens 0,1. Diese neue Anschwebetechnik erfüllte ihren Zweck. Möglicherweise war sie etwas zu wirksam, denn beim nächsten Landemanöver setzte ich mit 254 »Sachen« auf. Hierbei bereitete das eigentliche Aufsetzen weniger Schwierigkeiten, jedoch war die Ausgleitstrecke doch zu lang für die hydraulisch gefederte Kufe – am Ende der Strecke brach sie zusammen und drückte die Rumpfunterseite ein, wobei das Seitenrudergestänge nach rechts verschoben wurde. Meine Beine erhielten einen Stoß von unten und wurden anschließend gegen das Instrumentenbrett geschmettert. Die ›Komet‹ brach dann in einer großen Kurve nach links aus, die dann immer enger wurde, bis die linke Fläche abkippte und den Boden aufwühlte. Daraufhin löste sich das Instrumentenbrett aus seiner Verankerung und wurde in Teilen gegen mich geschleudert. Kurz vor der Flugfeldbegrenzung, nach ungefähr 560 Metern, kam dann das Flugzeug zum Stehen. Ehe ich mich aus den Trümmern des Cockpits befreien konnte, verging eine geraume Weile. Mein erster Gedanke galt nicht den Schnittwunden und Schürfungen, welche ich davongetragen hatte, sondern meiner Wirbelsäule. Wenn ich behauptete, ich hätte einen harten Stoß versetzt bekommen, dann wäre das leicht untertrieben. Tatsächlich war mein Rücken von oben bis unten grün und blau geschlagen.

Die Schäden an der Kufe waren nicht mehr zu beheben. Auf diese Weise hatte das Versuchsprogramm des RAE mit der ›Komet‹ ein allzu frühes Ende gefunden. Dieser Unfall bedeutete jedoch nicht das Ende der Forschungen des RAE im Hinblick auf die Konstruktion eines Überschallflugzeuges. Diese wurden eigentlich nur durch die finanzielle Misere in der unmittelbaren Zeit nach dem Kriege, welche besonders zu Lasten der Luftfahrt, ihrer Entwicklung und der damit zusammenhängenden Forschung ging, beeinflußt. Obwohl es mir nicht mehr vergönnt war, die *Me 163 B* als Raketenflugzeug zu fliegen, so habe ich doch aus eigener Anschauung einen Eindruck von den Flugeigenschaften erhalten, die dieses Flugzeug auszeichneten. Daneben ergab sich die Gelegenheit, eine stattliche Anzahl ehemaliger Flugzeugführer der ›Komet‹ befragen zu können, so daß ich mich in der Lage sehe, ein fundiertes Urteil über den Einsatzwert dieser Maschine abgeben zu können.

Ihr zweifellos hervorstechendstes Leistungsmerkmal war ihr raketengleicher Steigflug, mit welchem sie bei einer Geschwindigkeit von 700 km/h in weniger als 4 Minuten auf eine Höhe von sage und schreibe 12 200 Metern emporgetragen wurde.[1] In dieser Höhe kurvte sie weit über den feindlichen Bomberverbänden und war durch keine feindlichen Jäger verwundbar. Sie verfügte über keine Druckkabine, so daß diese Höhe etwa ihre größtmögliche Einsatzhöhe darstellte. Selbst in einer Höhe von 9150 Metern hatte man mit ihr einen großen Höhenvorteil, von dem aus man mit abgestelltem Raketentriebwerk durch die einfliegenden Bomberströme hindurch fliegen konnte, dabei alles vom Himmel fegend, was vor den zwei 3-cm-Kanonen auftauchte. Für jede dieser Kanonen waren 60 Schuß Munition gegurtet. Mit ihrer Kampfgeschwindigkeit von Mach 0,84 flog sie allen gegnerischen Begleitjägern auf und davon. Nur – die Annäherungsgeschwindigkeit der ›Komet‹ an ihre Opfer war gewaltig, und die Höchstschußweite, von welchem aus das Feuer auf Bomber von der Größe der *B 17* ›Flying Fortress‹ eröffnet werden konnte, betrug 595 Meter; bei einer Entfernung von 185 Meter zum Ziel mußte der Angriff abgebrochen werden, um einen Zusammenstoß mit dem aufs Korn genommenen Bomberflugzeug zu vermeiden. Blieben also etwas weniger als 3 Sekunden Zeit, um mit der langsam feuernden Maschinenkanone ein Ziel zu bekämpfen. Nach dem ersten Angriff wurde es dann für den Flugzeugführer in der ›Komet‹ kritisch, denn nun mußte er sein Walter-Raketentriebwerk wieder zünden, um sich erneut zu Angriffszwecken in eine erhöhte Position zu bringen, oder aber schon im Steigflug einen neuen Angriff anzusetzen.

Die Gesamtflugzeit betrug bei voller Triebwerksleistung ganze 230 Sekunden, und zwei Minuten mußte der zeitliche Abstand zwischen Abschalten und neuerlichem Anlassen des Raketentriebwerks betragen, um Fehlfunktionen zu vermeiden, die leicht tödlich enden konnten. So wurde die Stoppuhr zum lebensnotwendigen Fluginstrument in der Kanzel der ›Komet‹. Der Flugzeugführer hatte außerdem darauf zu achten, daß er nach seinem zweiten Angriff noch über genügend Resttreibstoff verfügte, um notfalls der Verfolgung durch gegnerische Begleitjäger entkommen zu können. Auf Grund der kurzen Brenndauer des Raketentriebwerks und der demzufolge zu kurzen Reichweite mußte die ›Komet‹ im Einsatz vom Platz-

[1] Das sind Leistungen, welche von Flugzeugen, die mehr als 15 Jahre später als beste Jagdflugzeuge ihrer Zeit galten, so die *F 104* ›Starfighter‹ und *F 4* ›Phantom II‹, gerade erreicht wurden; d. Ü.

Der Autor (rechts im Bild) im Gespräch mit dem (inzwischen verstorbenen) ehemaligen Chefeinflieger von Messerschmitt, Flugkapitän Fritz Wendel, bei der Enthüllung einer restaurierten *Me 163 B* in München 1965. Rudolf »Pitz« Opitz, verantwortlich für den größten Teil der *Me 163*-Erprobung, ist rechts hinter dem Autor zu erkennen.

radar direkt an die zu bekämpfenden Objekte herangeführt werden. Für den Nacht- und Schlechtwettereinsatz war sie nicht geeignet, sie war also ein sogenannter Schönwetterjäger.

Will man die ›Komet‹ unter Würdigung aller Aspekte beurteilen, dann muß man sagen, daß ihre Wirksamkeit im Einsatz etwas zweifelhafter Natur war. Sie war für ihre Piloten möglicherweise bedrohlicher als für den Gegner, zu dessen Vernichtung sie eingesetzt wurde. Ihre Einsatzergebnisse rechtfertigen den riesigen Aufwand kaum, welcher mit ihr getrieben wurde, um sie zur Frontverwendung tauglich zu machen. Ohne sich in Widersprüche zu verwickeln, kann man jedoch behaupten, daß die *Me 163 B* einer brillanten Konzeption ihr Entstehen verdankte. Hätte man mehr Zeit zur Entwicklung des Walter-Raketentriebwerks zur Verfügung gehabt, um es zuverlässiger und anpassungsfähiger zu machen, die ›Komet‹ wäre bestimmt zu einer ernsthaften Bedrohung der alliierten Bomber bei Tage geworden. Auf Seiten der Alliierten wurde diese Bedrohung übrigens befürchtet, als man das erste Mal von ihrer Existenz erfahren hatte.

Nachwort

Auf Grund meiner früheren »Bekanntschaft« mit der *Me 163 B* spielte ich bei der Rückführung eines Exemplars dieses Flugzeuges in sein Ursprungsland eine gewisse Rolle. Im November 1964 übergab die RAF den Deutschen eine Zelle der *Me 163,* der also das Raketentriebwerk fehlte. In Deutschland selbst hatte offenbar keines dieser Triebwerke die Nachkriegszeit überstanden. Zu jener Zeit versah ich gerade meinen Dienst als Marineattaché in Bonn, und diejenigen deutschen Flieger aus der Zeit des Zweiten Weltkrieges, die um meine Versuchsflüge mit der *Me 163 B* wußten, fragten mich, ob es mir vielleicht möglich sei, bei der Besorgung eines solchen Triebwerkes behilflich zu sein. Ganz vage konnte ich mich daran erinnern, im Jahre 1949 den Walter-Motor der VF 241 zusammen mit Teilen der V1 und V2 sowie Fragmenten der Caproni-Campini *C.C.2.* in einem Hangar des RAE liegen gesehen zu haben. Vielleicht verstaubte dieses Raketentriebwerk noch immer in jener Hangarecke in Farnborough?
Nachforschungen haben dann ergeben, daß das tatsächlich der Fall war. Das RAE gab dieses Stück großzügigerweise an die Deutschen zurück. Auf diese Art konnte am 2. Juli 1965 eine komplette *Me 163 B* in den Farben der alten Luftwaffe, jedoch ohne die Hoheitsabzeichen des Dritten Reiches, die Hakenkreuze, (auf Grund immer noch existierender Empfindlichkeiten, die bis heute andauern), jedoch mit den inoffiziellen Wappen der 7. Staffel des Jagdgeschwaders 400 im Deutschen Museum in München enthüllt werden. Ich war zu dieser Feier eingeladen worden.
Es war eine nostalgische Versammlung von bedeutenden Männern der Luftfahrt, zu welcher der Schöpfer der ›Komet‹, Dr. Alexander Lippisch ebenso gehörte wie Prof. Willy Messerschmitt, der so etwas wie ein unfreiwilliger Ziehvater der ›Komet‹ geworden war, oder Dr. Hellmuth Walter, der Konstrukteur des Raketentriebwerkes, dann Rudolf »Pitz« Opitz, der das Versuchsprogramm der *Me 163 B* von Heini Dittmar übernommen hatte, nachdem dieser in ihr schwere Rückgratverletzungen erlitten hatte. Opitz war es gewesen, der den ersten Flug in der *Me 163 B* mit Raketenantrieb durchgeführt hatte. Später wurde er Kommandeur der II./JG 400. Nur Heini Dittmar, der ein paar Jahre zuvor einem Flugunfall zum Opfer gefallen war, und Hanna Reitsch fehlten in diesem »inneren Kreis« um die ›Komet‹.
Es ist unwahrscheinlich, daß solch ein Treffen jemals wieder zustande kommen wird, da viele der damals Anwesenden über den ganzen Globus verstreut leben. Dieser kleine und exklusive Kreis war damals fast vollzählig erschienen, um einem Flugzeug seine Reverenz zu erweisen, das als das außergewöhnlichste in die Annalen der deutschen Luftfahrtgeschichte eingegangen ist und von dem nun endlich ein Exemplar nach Hause zurückgeführt wurde, um den ihm gebührenden Ehrenplatz einnehmen zu können.